Physics

by

Shoichiro KOIDE

〈New Edition〉

SHOKABO
TOKYO

本書は 1997 年 11 月刊，小出昭一郎 著「物理学（三訂版）」を “新装版” として刊行するものです．

三　訂　序

本書の初版が出てから23年になる．その間，全く予期しないほど多数の大学や高専で教科書として採用して頂いたことは，著者にとって非常な光栄であった．この程度の内容を1冊にまとめた教科書が少なかったことが主な理由と考えられるが，著者としてはおおいに責任を感じた次第である．

10年を機会に全面的な改訂を施したが，その際には御採用の先生方にアンケートをお願いして，出来るかぎり御意見を取り入れようと努力した．しかし，「流体に関するオイラーの方程式は不要である」という御意見と「ナヴィエ－ストークスの方程式まで入れたほうがよい」という御意見のように相反するものも少なくなかったので，適当に妥協せざるを得なかった．そのへんは，教授される先生方の御判断で，取捨選択し補足して頂けばよいと思っている．

ところどころに ※ をつけた部分があるが，これは少し程度の高い箇所で，きわめて行けば限りのない学問という深山の，やや険しい登山道の入り口である．垣間見るようなつもりで少し踏み込んでみて頂いても，最初は敬遠し飛ばして頂いても，どちらでもよいところである．これらを敢えて残しておくのは，学問というものが小ぢんまりと「閉じた」ものではないことを読者に知ってほしいからである．飛ばしてもよい，というのは，すべての人が何でもかでも頭に詰め込もうとするのは無意味と思うからである．

初版との主な違いは，図を全部書き直してなるべく親しみやすくしたこと，数学的知識を補う記述は巻末にまとめたこと，各節にやさしい［問］を入れたこと，光を振動・波動といっしょの章にしたこと，気体分子運動論と統計力学の初歩を熱の章の後半にまわしたこと，相対論と原子物理学・量子論などを現代物理学という1つの章にまとめたこと，そして，電磁気学は初版の $\boldsymbol{E}$－$\boldsymbol{B}$ 対応をやめて $\boldsymbol{E}$－$\boldsymbol{H}$ 対応にしたことなどである．

改訂版は初版よりもさらに好評であったが，その改訂からですら，すでに13年も過ぎてしまったので，今回再び版を改めることになった．しかし，内容は「古典」物理学が主であり，ある大先生から「よく刈り込んでありますなあ」という評価を頂いたことでもわかるように，これ以上刈り込む余地がない内容になっている．さらに前回には全力投球したこともあり，へたに手をつけると改悪になりかねないという気がした．そんなわけで，今回の改訂はごく一部にとどめたことをお断わりしておきたい．

今回も裳華房の真喜屋実孜氏には大変お世話になった．厚く御礼申し上げる．この三訂版を，初版の執筆を勧めて下さった故遠藤恭平氏に捧げたい．

1997 年 10 月

著　者

初　版　序

どの学問でも深さは無限であろうから，教える立場になれば材料は際限なくあるし，本を書くにしても書きたいことを考えるときりがない．たしかに，学問によっては，何よりもまずたくさん知っていることが不可欠のものもある．だが，自然科学の基盤になる物理学においては，「理解」していることが何よりも大切であって，理解できないことをいくらたくさん「知って」いても何にもならない．そしてその「理解」することがこれほど困難な学問も，他にはあまりないのではあるまいか．

物理学はすべての自然科学の基礎であるから，できるだけ多数の人に学んで頂きたいのであるが，とくに物理学の好きな人でもない限り，あまり多くのことをつめこもうとしたら拒絶反応を示されるのも無理はない．その性格から考えても，やたらに多くを知るよりも，基礎的なことを確実に理解する努力をすることが，物理学の正しい勉強法であると思う．

最近は，すぐれた親切な教科書も多く，面白い啓蒙書やくわしい参考書も選択に迷うほどたくさん出ている．知識欲の旺盛な人は，その気になればこれらの書物によって，いくらでも深く，広く勉強を進めることができるであろう．

以上のような理由で，自然科学系のどの分野に進むにしても不可欠と思われる基本的なことだけに材料を限定した，あまり部厚でない教科書をつくることにも意義があるのではなかろうかと考えて，裳華房の遠藤恭平氏のおすすめに従って本書を編んでみた．大ていの教科書が２冊になっているので，本書はこれを１冊にまとめることにした．自分が学生だった頃のことを考えて，消化不良をおこすに違いないようなことは思い切って割愛した．また，初学者は，作用反作用の法則と力の釣合いを混同するというように，あとで考えるとおかしくなるような誤りをおかしたり考え違いで混迷に陥ることがあるが，それが案外どの本にも書いてなくて困るものなのである．本書には，できればそういう点でも，あまり秀才でなかった著者の特色（？）を出してみたいと思ってみたのであるが，それがどのくらい果せたかは読者に指摘して頂くのを待つよりほかはない．

物理学者と名のつく人なら，大学初年級の物理学くらい完全に理解しているに決まっている，と思う人も多いであろうが，著者はそう思わない．自分が怪しいから，ということもあるが，それほど学問とは底が知れず，また日夜進歩しているものなのである．したがって，本書のような形で，手際よくまとめた定食のような物理学を提供して，これだけやれば「卒業です」と言うつもりは毛頭ない．むしろ，こんな本では物足らない，もっと勉強してみたい，という気を大いにおこして下さるよう読者に期待している．そのような読者のために，巻末に参考書を挙げておいた．また，各章末の問題はあまり数も多くないし，本文の一部を補う意味もあるので，必ず全部自分で試みて頂きたい．本文中※印のところは，少し程度が高いので，最初はとばして先へ進んでもよいところである．説明の足りないところ，わかりにくいか所など，読者の遠慮のないご叱正を期待している．

本書の執筆をすすめて下さった遠藤恭平氏，原稿を本にするまでの過程でいろいろお世話になった真喜屋実孜氏，きわめて短期間に無理をして組版を完了して下さった印刷所の方々に，心から感謝の意を表したい．

1975 年 1 月

小 出 昭 一 郎

目　　次

1. 質点の力学

2. 質点系と剛体

3. 弾性体と流体

4. 波 と 光

5. 温度と熱

6. 静 電 場

7. 電流と磁場

8. 電磁誘導と電磁波

9. 現代物理学

付 録

コ ラ ム

1. 質点の力学

物体を1点で代表させてその運動を調べるのが，この章の目的である．位置をベクトルで表すこと，その時間変化の割合を示す速度や，さらにその変化を表す加速度といった概念をしっかり把握することが，まずなによりも大切である．

運動の法則は力学の基本法則であり，次章以下でも重要な役割をはたす．その意味を確実に理解し，さらにそれから導かれるエネルギー保存則などについても，意味もわからずにただ記憶するのではなく，日常の諸体験と結びつけて“体得”しておくことが必要である．

ケプラーの法則の導出のような技術的なことは，物理としてそう本質的に重要なことではないのである．

§1.1 質 点

物体の運動を考えるとき，全体としての並進運動だけに注目し，変形や回転を考えない場合がある．このようなときには，物体を1つの点で代表させ，それがもつ諸性質のうちで質量だけを考慮すればよい．このように**質量をもった**点という形に抽象化 —— あるいはモデル化 —— した物体を質点という．

原子のような小さなものも，その内部構造を考えるときには質点ではなくて質点系であり，地球のように大きなものも，太陽の周りの公転だけを扱うときには質点とみなすのである．

質点の位置を表すには，座標系を適当に定め，直角座標 (x, y, z)，極座標 (r, θ, ϕ)，円筒座標 (ρ, ϕ, z) など，問題に適した座標を用いる．どの場合にも，一般に3つの数値の1組を必要とするので，質点の**自由度**は3であるという．運動が1つの平面内に限られる場合には，直角座標 (x, y)，極座標 (r, θ) のように2つの数だけで表すことができるので，自由度は2である．

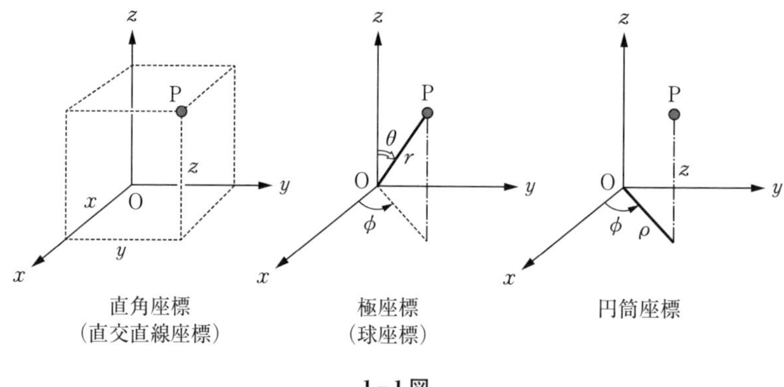

1-1図

質点が運動すると，これらの座標は時間 t の関数として変化する．そのことを数学では $x = f(t)$ のように表すが，文字の種類を節約するために物理では $x(t)$ のように表すことが多い．$x(t), y(t), z(t)$ が具体的にわかれば，すべての t の値ごとに求めた (x, y, z) の表す点をつないだものがその質点の軌道になる．平面運動では，$x = x(t)$ と $y = y(t)$ から t を消去して x と y の関係 $y = F(x)$，または $G(x, y) = 0$ を定めれば，これらが軌道の方程式を与える．

［例］ $x = a\cos\omega t$，$y = b\sin\omega t$ ならば，$\sin^2\omega t + \cos^2\omega t = 1$ を用いて t を消去することにより，次式が得られる．

$$\frac{x^2}{a^2} + \frac{y^2}{b^2} = 1 \qquad \text{(楕円（長円))}$$

問 $x = a + bt$，$y = ct$ ならば軌道はどうなるか．

§1.2 ベクトル

質点がその位置を P_1 から P_2 へ変えたとき，P_1 を起点とし P_2 を終点とする矢印によって**変位**を表す（1-2図）．P_1 と P_2 の距離が変位の**大きさ**であり，矢印の方向が変位の**方向**である．変位 $\overrightarrow{P_1P_2}$ と $\overrightarrow{P_2P_3}$ を**合成**したものは変位 $\overrightarrow{P_1P_3}$ であって，このことを

$$\overrightarrow{\mathrm{P_1P_3}} = \overrightarrow{\mathrm{P_1P_2}} + \overrightarrow{\mathrm{P_2P_3}} \qquad (1.1)$$

と記す．変位というときには，大きさと方向だけに着目し，どこからということは問わないので，変位 $\overrightarrow{\mathrm{P_2P_3}}$ は矢印 $\overrightarrow{\mathrm{P_1Q}}$ で表されていると考えてよい．したがって，変位の合成はよく知られた**平行四辺形の法則**にしたがうことが図からすぐわかるであろう．

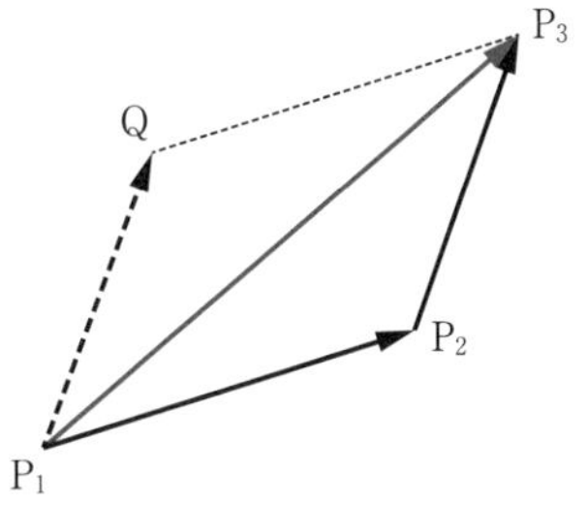

1-2図 平行四辺形の法則

変位のように，大きさと方向によって指定され，その合成が平行四辺形の法則にしたがうものを**ベクトル**という．

大きさと方向で指定できてもベクトルとはよべないものもある．たとえば，物体の回転は回転軸の方向（右ねじの進む向き）と回転角で指定されるが，x 軸の周りの 180° の回転と y 軸の周りの 180° の回転を続けて行った結果は，x 軸と y 軸の間の角の二等分線の周りでの $\sqrt{2} \times 180°$ の回転には等しくない．したがって，回転をベクトルで表すことはできない．

質点の位置 P を表すのに，原点 O と P を結ぶ $\overrightarrow{\mathrm{OP}}$ で与えられる**位置ベクトル**を用いることが多い．この場合には起点 O が特別な意味をもち，矢印を移動するわけにいかない．その意味で位置ベクトルはやや特殊で，このようなベクトルを**束縛ベクトル**ということがある．

ふつうのベクトル（**自由ベクトルという**）も矢印で表すことが多いが，矢印の位置は意味がなく，長さ（ベクトルの大きさに比例してとる）と方向と向きだけが意味をもつ.* 位置ベクトル $\overrightarrow{\mathrm{OP_1}}$ に変位 $\overrightarrow{\mathrm{P_1P_2}}$ を合成したものは，新しい位置を表す位置ベクトル $\overrightarrow{\mathrm{OP_2}}$ になる（1-3図）．

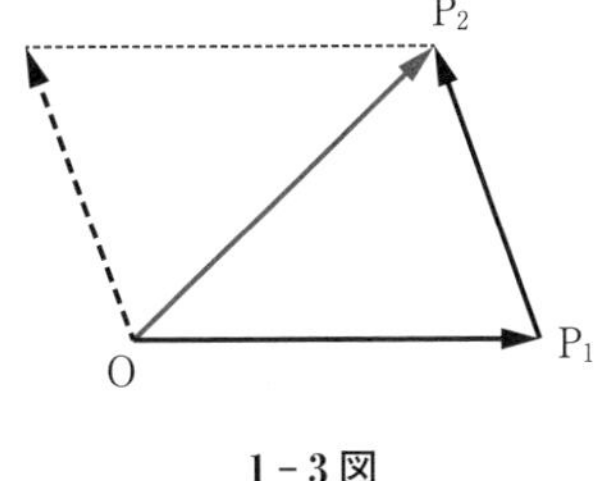

1-3図

本書では一般にベクトルを太い文字で $\boldsymbol{A}$ のように記し，その大きさ（正の実数値）を対応する細文字 A で表すことにする．$\boldsymbol{A}$ の大きさを $|\boldsymbol{A}|$ と表すこともある．$A = |\boldsymbol{A}|$ である．ベクトルに数を掛けたもの $a\boldsymbol{A}$ は，a が正の数

* 方向（たとえば鉛直方向）と向き（上向きとか下向き）を区別しない人もある．

のときには $\boldsymbol{A}$ と方向および向きが同じで大きさが aA のベクトルを表し，a が負のときには大きさが $|aA|$ で $\boldsymbol{A}$ と反対向きのベクトルを表すものと約束する．

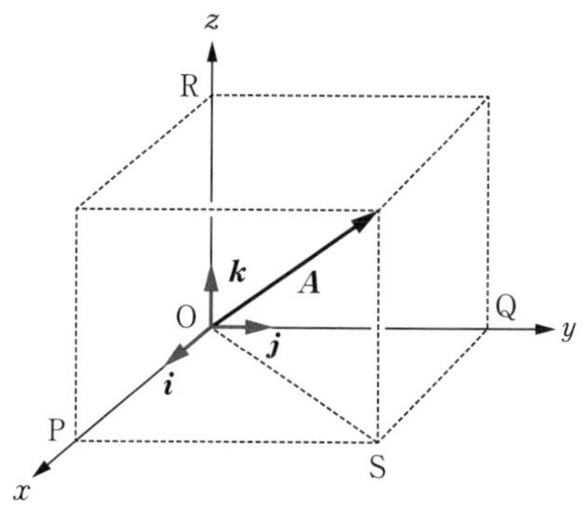

1-4図　ベクトルの分解

座標系 O-xyz を決めたとき，x 軸，y 軸，z 軸の方向をもった長さが 1 のベクトル ── 単位ベクトルという ── を定めることができるから，それらを $\boldsymbol{i}, \boldsymbol{j}, \boldsymbol{k}$ とする．平行四辺形の法則を逆に使えば，ベクトル $\boldsymbol{A}$ は x, y, z 方向をもつ 3 つのベクトルの和に表すことができる．1-4 図で

$$\boldsymbol{A} = \overrightarrow{\mathrm{OS}} + \overrightarrow{\mathrm{OR}} = \overrightarrow{\mathrm{OP}} + \overrightarrow{\mathrm{OQ}} + \overrightarrow{\mathrm{OR}}$$

ところで

$$\begin{cases} \overrightarrow{\mathrm{OP}} = A_x \boldsymbol{i} \\ \overrightarrow{\mathrm{OQ}} = A_y \boldsymbol{j} \\ \overrightarrow{\mathrm{OR}} = A_z \boldsymbol{k} \end{cases}$$

と書けるから

$$\boldsymbol{A} = A_x \boldsymbol{i} + A_y \boldsymbol{j} + A_z \boldsymbol{k} \tag{1.2}$$

となる．A_x, A_y, A_z は実数（正，負，0）であって，$\boldsymbol{A}$ が与えられれば一意的に決まる．逆に 3 つの実数 A_x, A_y, A_z を与えれば，(1.2) 式でベクトル $\boldsymbol{A}$ がただ 1 つ決まる．このように，ベクトルは 3 つの実数の組で表される．A_x, A_y, A_z をベクトル $\boldsymbol{A}$ の x **成分**，y **成分**，z **成分**とよぶ．

直角座標 x, y, z はそれぞれ位置ベクトル $\boldsymbol{r}$ の x 成分，y 成分，z 成分であると考えることができる．このときは原点は特別の意味をもつ．一般のベクトルでは，$\boldsymbol{i}, \boldsymbol{j}, \boldsymbol{k}$ の方向だけが意味をもつ．

ベクトル $\boldsymbol{A}$ の大きさと成分の間に

$$A = \sqrt{A_x{}^2 + A_y{}^2 + A_z{}^2} \tag{1.3}$$

という関係があることは明らかであろう．2 つのベクトルの和 ── 平行四辺

形の法則に従う合成 —— を

$$\boldsymbol{C} = \boldsymbol{A} + \boldsymbol{B} \tag{1.4 a}$$

とすると，成分の間に

$$\begin{cases} C_x = A_x + B_x \\ C_y = A_y + B_y \\ C_z = A_z + B_z \end{cases} \tag{1.4b}$$

という関係がある（1-5 図）.

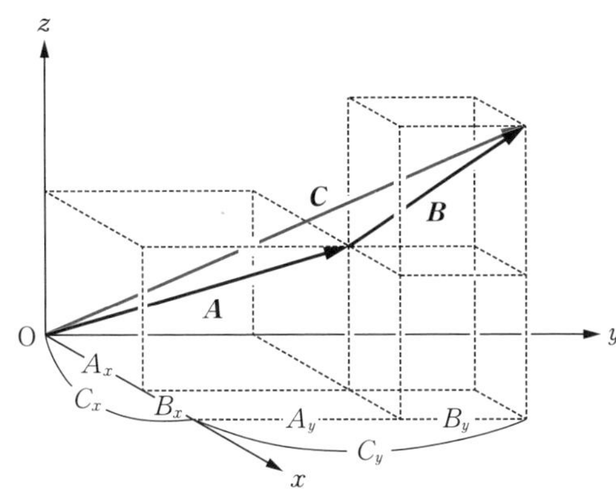

1-5 図　ベクトルの合成と成分の関係

ベクトル $-\boldsymbol{B}$ は $\boldsymbol{B}$ の -1 倍 —— つまり，大きさが $B = |\boldsymbol{B}|$ に等しく $\boldsymbol{B}$ と反対向きのベクトル —— であるから，差 $\boldsymbol{A} - \boldsymbol{B}$ は $\boldsymbol{A} + (-\boldsymbol{B})$ であると考えればよい．その成分は，$A_x - B_x$，$A_y - B_y$，$A_z - B_z$ である．

問　東に向かって流速 6 km/h で流れる川を，船首を真北に向けて（水に対する相対）速度 8 km/h で進む船の速さは岸から見るといくらになるか．その進行方向はどうなるか．

§1.3　変位と速度

運動している質点がある時刻 t に P を通過し，それから Δt だけあとに P′ を通ったとする．変位 $\overrightarrow{\mathrm{PP'}}$ を $\Delta\boldsymbol{r}$ と表すことにする.* $\Delta\boldsymbol{r}$ に数 $1/\Delta t$ を掛けたものを $\Delta\boldsymbol{r}/\Delta t$ と記すと，これは1つのベクトルで，その方向は $\overrightarrow{\mathrm{PP'}}$，大きさは

$$\left|\frac{\Delta\boldsymbol{r}}{\Delta t}\right| = \left|\frac{\overrightarrow{\mathrm{PP'}}}{\Delta t}\right|$$

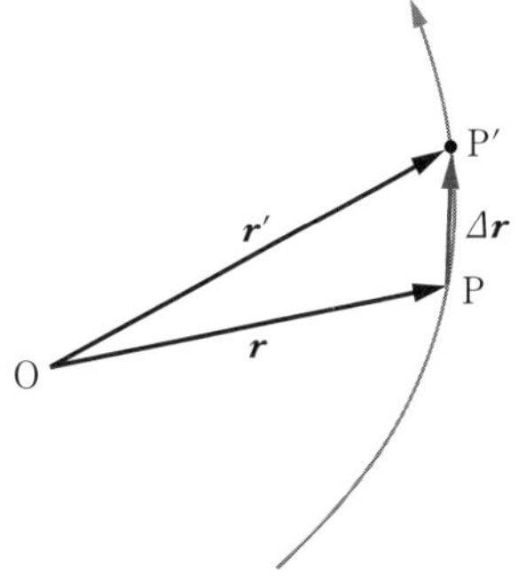

1-6 図　微小変位

*　物理量 f の差を表すのに，差（difference）の頭文字 d に対応するギリシャ文字デルタ（Δ, δ）を用いて Δf とか δf などと記すことが多い．差が無限小のときには df と書く．

に等しい．Δt を十分短くとれば $|\Delta\boldsymbol{r}| = |\overrightarrow{\mathrm{PP'}}|$ は Δt の間に質点の動いた距離に近づくから，それを Δt で割ったものはこのときの（平均の）速さである．ここで $\Delta t \to 0$ とした極限を考えると，$\mathrm{P'} \to \mathrm{P}$ であるから，

$$\boldsymbol{v} = \lim_{\Delta t \to 0} \frac{\Delta \boldsymbol{r}}{\Delta t} = \frac{d\boldsymbol{r}}{dt} \tag{1.5}$$

とすると，これは**軌道の接線の方向をもち**，P を通る**瞬間の速さを大きさとするベクトル**になっている．この $\boldsymbol{v}$ を速度という．

変位 $\Delta\boldsymbol{r}$ の成分を $\Delta x, \Delta y, \Delta z$ とすると

$$\Delta\boldsymbol{r} = \Delta x\,\boldsymbol{i} + \Delta y\,\boldsymbol{j} + \Delta z\,\boldsymbol{k}$$

であるから

$$\begin{aligned}\boldsymbol{v} &= \lim_{\Delta t \to 0} \frac{\Delta \boldsymbol{r}}{\Delta t} \\ &= \lim_{\Delta t \to 0}\left(\frac{\Delta x}{\Delta t}\boldsymbol{i} + \frac{\Delta y}{\Delta t}\boldsymbol{j} + \frac{\Delta z}{\Delta t}\boldsymbol{k}\right) \\ &= \frac{dx}{dt}\boldsymbol{i} + \frac{dy}{dt}\boldsymbol{j} + \frac{dz}{dt}\boldsymbol{k}\end{aligned}$$

となり

$$v_x = \frac{dx}{dt}, \qquad v_y = \frac{dy}{dt}, \qquad v_z = \frac{dz}{dt} \tag{1.6}$$

であることがわかる．

［例］ $x = a\cos\omega t$，$y = a\sin\omega t$，$z = ct$ は 1-7 図のようならせん運動を表す．この場合の速度ベクトルの成分は（1.6）式から

$$v_x = -a\omega\sin\omega t, \qquad v_y = a\omega\cos\omega t, \qquad v_z = c$$

となる．速さ ── 速度ベクトルの大きさ ── は（1.3）式を適用して

$$v = \sqrt{a^2\omega^2 + c^2}$$

であることがわかる．特に $c = 0$ ならば xy 面内の等速円運動となり，速さは $v = a\omega$，速度の方向は円の接線の方向と一致する（1-8 図）．

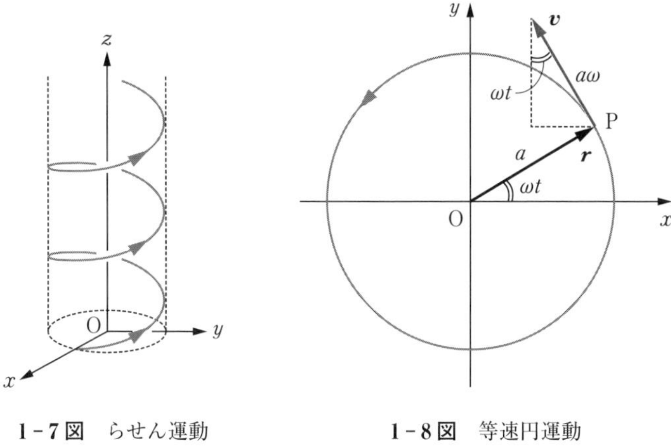

1-7 図　らせん運動　　**1-8 図**　等速円運動

問　v_x と v_y が一定で $v_z = 0$ ならば，その軌道は xy 面に平行な 1 本の直線になることを示せ.

§1.4 加 速 度

一般の運動では速度ベクトルは時間とともに変化する．大きさ（速さ）だけでなく，方向の変化もベクトルとしては変化したことになる．位置ベクトルの時間的変化を表すものが速度ベクトルであったが，これと全く同様にして，速度ベクトルの時間的変化を表すベクトルとして**加速度**を定義する.

1-9 図のように各時刻の速度を表す矢印の根元を 1 点に集めると，矢の先端は時間の変化とともに曲線をえがく．この曲線を**ホドグラフ**または**速度図**という.

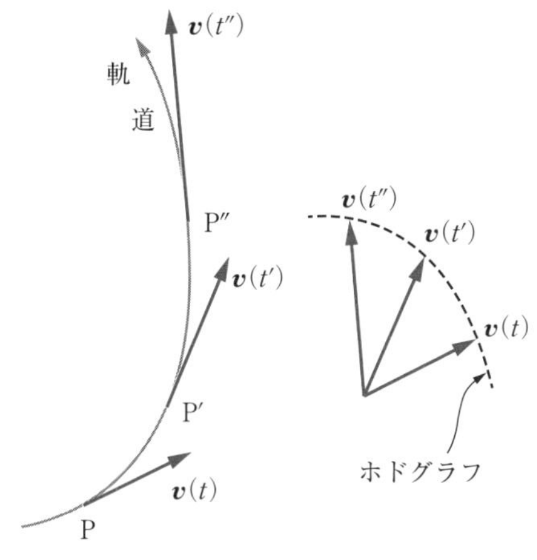

1-9 図　軌道とホドグラフ

$\Delta t = t' - t$ の間の速度ベクトルの変化は $\Delta \boldsymbol{v} = \boldsymbol{v}(t') - \boldsymbol{v}(t)$ で

あるから，これを Δt で割って $\Delta t \to 0$ とした

$$\boldsymbol{a} = \lim_{\Delta t \to 0} \frac{\Delta \boldsymbol{v}}{\Delta t} = \frac{d\boldsymbol{v}}{dt} \tag{1.7}$$

が時刻 t に P 点を通ったときの加速度である．加速度の方向はホドグラフの接線と一致するが，軌道の接線とは直接の関係はない．

成分に分けると，(1.6) 式の場合と同様に

$$a_x = \frac{dv_x}{dt}, \qquad a_y = \frac{dv_y}{dt}, \qquad a_z = \frac{dv_z}{dt} \tag{1.8 a}$$

となるが，v_x, v_y, v_z に (1.6) 式を代入すれば

$$a_x = \frac{d^2x}{dt^2}, \qquad a_y = \frac{d^2y}{dt^2}, \qquad a_z = \frac{d^2z}{dt^2} \tag{1.8 b}$$

とも書けることがわかる．

［例］ らせん運動 $x = a\cos\omega t$，$y = a\sin\omega t$，$z = ct$ の加速度を (1.8 b) 式から求めると

$$a_x = -a\omega^2\cos\omega t, \qquad a_y = -a\omega^2\sin\omega t, \qquad a_z = 0$$

となる．特に $c = 0$ の等速円運動では

$$a_x = -a\omega^2\cos\omega t = -\omega^2 x, \qquad a_y = -a\omega^2\sin\omega t = -\omega^2 y$$

であって $z = 0$，$a_z = 0$ であるから $\boldsymbol{a} = -\omega^2\boldsymbol{r}$ となり，加速度は常に円の中心に向かい，大きさは半径の ω^2 倍（ω は角速度）に等しいことがわかる．

加速度の概念を理解するのに，自動車に乗っている場合を想定して，アクセルやブレーキとハンドルの操作に関連させて考えるとよいであろう．

軌道上の 2 点 P, P′ が十分に近くとってあれば，軌道の微小部分 PP′ を円の一部分とみなしてよいから，その円の中心（**曲率中心**）を C とする．速度は軌道の接線の方向をもつから，P, P′ を通るときの速度 $\boldsymbol{v}, \boldsymbol{v}'$ と CP, CP′ とは垂直であり，したがって $\boldsymbol{v}$ と $\boldsymbol{v}'$ の間の角 $\Delta\theta$ は CP と CP′ の間の角に等しい．

1-10 図は，自動車の場合なら左へハンドルを切りながらアクセルを踏んでいる場合に相当する．$\Delta\boldsymbol{v}$ を $\boldsymbol{v}$ に平行な成分 Δv_{t} と垂直な成分 Δv_{n} に分け

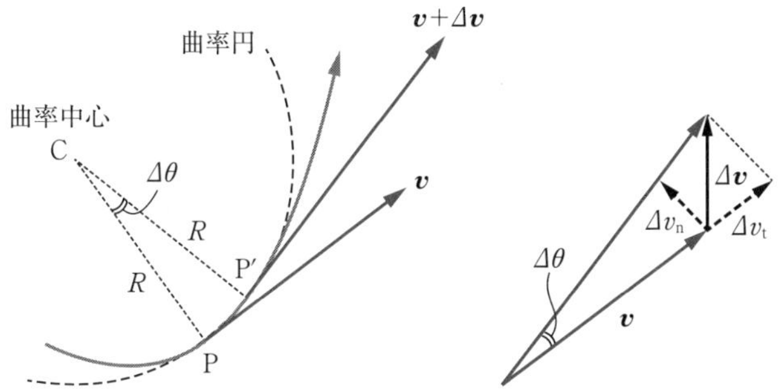

1-10図　速度の変化の接線成分と法線成分

ると*，$\Delta\theta$ は小さい角（ラジアンで測る）なので，$\Delta v_{\mathrm{n}} = v\,\Delta\theta$ とみなしてよい．P から P′ までの長さを Δs とすると，CP = CP′ = R（**曲率半径**という）として $\Delta s = R\,\Delta\theta$ であるから

$$\Delta v_{\mathrm{n}} = v\,\Delta\theta = \frac{v}{R}\Delta s$$

となる．したがって，加速度の法線成分は

$$a_{\mathrm{n}} = \lim_{\Delta t\to 0}\frac{\Delta v_{\mathrm{n}}}{\Delta t} = \lim_{\Delta t\to 0}\frac{v}{R}\frac{\Delta s}{\Delta t} = \frac{v^2}{R}$$

となる．ただし，ここで

$$v = \lim_{\Delta t\to 0}\frac{\Delta s}{\Delta t} = \frac{ds}{dt}$$

であることを用いた．またこれを使えば，加速度の接線成分が

$$a_{\mathrm{t}} = \lim_{\Delta t\to 0}\frac{\Delta v_{\mathrm{t}}}{\Delta t} = \lim_{\Delta t\to 0}\frac{\Delta v}{\Delta t} = \frac{dv}{dt} = \frac{d^2s}{dt^2}$$

と表されることがわかる．s は，軌道上のどこか基準点（たとえば $t = 0$ のときの位置）から軌道に沿って測った質点の位置までの長さ（走行距離）であり，運動とともに t の関数として変化する．この $s(t)$ を t で微分すれば速度の接線成分 $v(t)$ が得られ，それをもう一度微分すれば接線方向の ── つまりアクセルやブレーキによる ── 加速度成分が得られる．

方向の変化，つまりハンドル操作による加速度が a_{n} であって，それは軌

*　ベクトルを成分に分けるのは座標軸の方向とは限らない．なお，t と n はそれぞれ接線（tangent），法線（normal）の頭文字．

道（＝ 進行方向）に垂直で曲率の中心に向かう方向（主法線方向）をもち，大きさは速さの 2 乗を曲率半径で割ったものに等しい．

$$a_{\mathrm{t}} = \frac{dv}{dt} = \frac{d^2s}{dt^2}, \qquad a_{\mathrm{n}} = \frac{v^2}{R} \tag{1.9}$$

［例］ 時速 40 km で走る車が曲率半径 20 m のカーブを曲がるときの法線加速度は，$v = 40\ \mathrm{km/h} = (4 \times 10^4)/3600\ \mathrm{m/s}$，$R = 20\ \mathrm{m}$ より，

$$a_{\mathrm{n}} = \frac{v^2}{R} = 6.2\ \mathrm{m/s^2}$$

となり，重力加速度 $g = 9.8\ \mathrm{m/s^2}$ の 65 ％である．

§1.5 力と慣性

われわれが経験するいろいろな事実から，自然界では次の法則が成り立っていると考えられる．

ニュートンの運動の第 1 法則：物体は，他のすべての物体から十分遠く離れていてなんらの影響も受けていない状態では，静止または等速度運動を続ける．

物体がもつこの性質を**慣性**とよぶので，これを**慣性の法則**ともいう．

われわれの身近にはこのように孤立した物体はないけれども，静止または等速度運動を続ける物体は存在する．この場合には，その物体にはいくつかの**力**がはたらいているが，平行四辺形の法則でそれらの力を合成したもの ── **合力**という ── が 0 になっていると考えられる．

速度が変化する，つまり加速度が生じるのは，物体に力が作用したためであると考える．もっと正確には，物体にはたらく力の合力が 0 にならない場合である．以下で単に力といっても合力を意味することが多い．

ニュートンの運動の第 2 法則：物体が力を受けると，その力の方向･向きに加速度を生じ，その加速度の大きさは力の大きさに比例し，物体の質量に逆比例する．

力 $\boldsymbol{F}$ を受けて質量が m の物体（質点といった方が正確）に生じる加速度を $\boldsymbol{a}$ とすると，この法則は

$$\boldsymbol{F} = m\boldsymbol{a} \tag{1.10 a}$$

というベクトルの関係式で表される．これを**ニュートンの運動方程式**という．成分で書けば

$$F_x = ma_x, \qquad F_y = ma_y, \qquad F_z = ma_z \tag{1.10 b}$$

となる．また，大きさの間に $F = ma$ という関係があることはもちろんである．

加速度（の大きさ）の SI（MKS）単位は m/s^2，質量のそれは kg であるから，力の単位は kg·m/s^2，ということになる．これを**ニュートン**とよび N と記す．

力の実用単位は 1 kg の物体にはたらく重力の大きさで，これを **1 重量キログラム**または **1 キログラム重**とよび 1 kgw などと書くが，これとニュートンの関係は

$$1\,\mathrm{kgw} = 9.80665\,\mathrm{N}$$

である．1 N は約 0.1 kgw = 100 gw，みかん 1 個にはたらく重力程度の力である．

運動方程式が示すように，同じ大きさの力を与えたときに，質量の大きなものは生じる加速度が小さい，つまり速度を変えにくい．したがって，**質量とは慣性の大きさを示す量**といえる．この意味で，(1.10) 式で定まる質量を**慣性質量**とよぶ．他方，地上の物体にはすべて重さがあり，その重さに比例した量として**重力質量**が定義され，天びんなどによって測定されてきている．この両者が一致することをエートヴェッシュは精密な測定で証明した．

運動方程式は，力が与えられたときにどのような運動が行われるかを求めるのにも用いられるが，運動がわかっているときに，どのような力がはたらいているかを知るのにも用いられる．たとえば，質量 m の質点が半径 a の円周上を一定角速度 ω で等速円運動をしているときには，円の中心に向かって大きさが $ma\omega^2$ の力がはたらいている．この力を**求心力**または**向心力**という．この場合の速さは $v = a\omega$ であるから，求心力は mv^2/a とも表せる．これは (1.9) 式で $a_{\mathrm{t}} = 0$，$a_{\mathrm{n}} = v^2/a$ $(R = a)$ の場合である．

問 10ページの［例］のような曲がり方をする車に乗っている人が，車から放り出されたり転倒したりしないためには，座席や釣革や手すりなどから，どれだけの力を受ける必要があるか．体重を 50 kg とする．

§1.6 放物運動

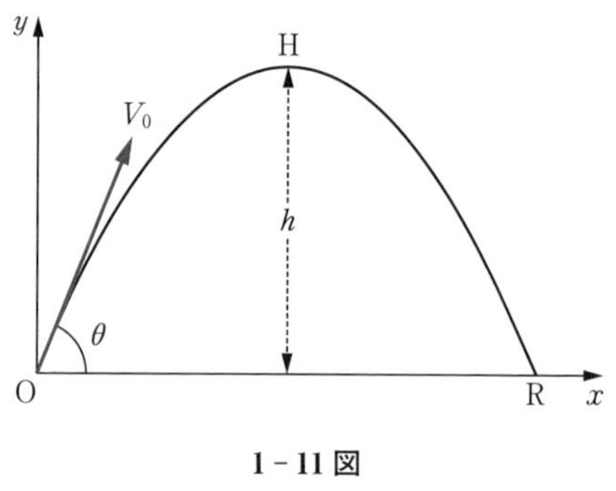

1-11 図

運動方程式をもとにして運動を決める例として最もよく知られているのは，一様な重力を受けている質点が行う放物運動である．地上の物体にはその質量に比例した重力が鉛直下向きにはたらく．いま，質点を投げ出した点を原点 O と定め，鉛直上向きに y 軸，初速度ベクトルと y 軸が決める平面内に水平に x 軸をとる．$t=0$ のときに与えられた条件 —— **初期条件**という —— は

$$\begin{cases} x(0)=0, & y(0)=0 \\ v_x(0)=V_0\cos\theta, & v_y=V_0\sin\theta \end{cases} \tag{1.11}$$

である．ただし，V_0 は初速度の大きさ，θ は初速度ベクトルと x 軸の間の角であり，$\theta \leqq \pi/2$ となるように x 軸の向きをとってあるものとする．

質点にはたらく重力は $-y$ 方向であるから

$$F_x=0, \qquad F_y=-mg$$

と表せる．比例の定数 g は**重力加速度**とよばれ，地球上の場所によって多少の違いはあるが，大体

$$g=9.8\,\mathrm{m/s^2}$$

という値をとる．運動方程式（1.10 b）は，（1.8 b）式を用いると

$$m\frac{d^2x}{dt^2}=0, \qquad m\frac{d^2y}{dt^2}=-mg$$

となるから

$$\begin{cases} \dfrac{d^2x}{dt^2} = 0 & \text{(1.12 a)} \\ \dfrac{d^2y}{dt^2} = -g & \text{(1.12 b)} \end{cases}$$

を与える．これを t について積分すれば

$$v_x(t) = \frac{dx}{dt} = C_1, \qquad v_y(t) = \frac{dy}{dt} = C_2 - gt$$

が得られる．C_1 と C_2 は定数である．初期条件（1.11）式に合わせてこれらを決めると，$C_1 = V_0 \cos\theta$，$C_2 = V_0 \sin\theta$ となることがわかる．これらを代入して，もう一度積分すれば

$$x(t) = V_0 t \cos\theta + K_1, \qquad y(t) = V_0 t \sin\theta - \frac{1}{2} g t^2 + K_2$$

が得られるが，初期条件（1.11）式を見れば定数 K_1, K_2 はどちらも 0 であることがわかる．こうして，結局

$$v_x(t) = V_0 \cos\theta, \qquad v_y(t) = V_0 \sin\theta - gt \tag{1.13}$$

$$x(t) = V_0 t \cos\theta, \qquad y(t) = V_0 t \sin\theta - \frac{1}{2} g t^2 \tag{1.14}$$

のように運動が定まる．以下，(t)を省略する．

（1.14）式から t を消去すれば軌道の式が得られる．それには第 1 式から t を x で $t = x / V_0 \cos\theta$ と表しておいて第 2 式へ代入すればよい．結果は

$$y = -\frac{g}{2{V_0}^2 \cos^2\theta} x^2 + (\tan\theta) x \tag{1.15}$$

という放物線になる．

最高点では $v_y = 0$ となるはずであるから，（1.13）の第 2 式の左辺を 0 にする t として

$$(\text{投げてから最高点に達するまでの時間}) = \frac{V_0}{g} \sin\theta$$

が得られる．これを (1.14) の第 2 式の t に代入すれば，最高点の高さとして

$$h = \frac{{V_0}^2}{2g} \sin^2\theta$$

また，（1.15）式で $y = 0$ にする x は，$x = 0$ のほかに

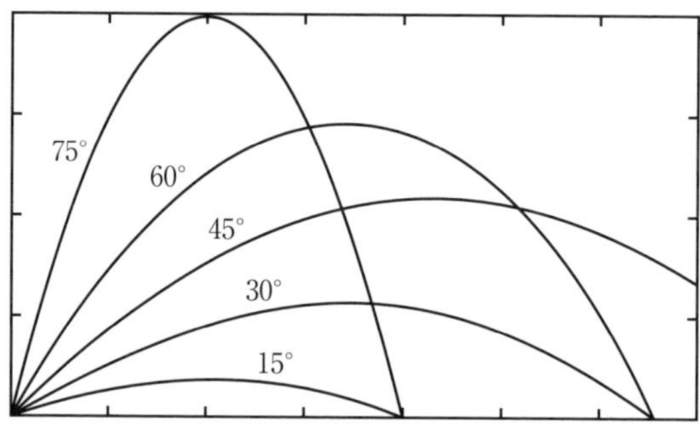

1-12 図 同じ初速で投げた放物体の軌道

$$x = \frac{2V_0{}^2}{g}\sin\theta\cos\theta = \frac{V_0{}^2}{g}\sin 2\theta$$

があることがわかる．これは 1-11 図の OR の長さ（射程）である．$\sin 2\theta$ が最大値 1 をとるのは $2\theta = \pi/2$ のときであるから，$\theta = \pi/4$（45°）の仰角で投げたときに物体は最も遠くまでとどくことがわかる．

このように，運動方程式という微分方程式を積分すると定数が現れるが，初期条件として，運動開始の時刻（ふつうは $t = 0$）における位置と速度が与えられるとこれらの定数は決まるので，それ以後の速度も位置も時間 t の関数として確定する．ニュートン力学は因果律を満たすようにできているのである．

問 仰角 30° で打ったテニスのボールが，8 m 先の壁にちょうど直角に当たった．初速はいくらか．

§1.7 単 振 動

一定点からの距離に比例する引力を受けて，その点を通る一直線上で動く運動を考える．定点を原点にとり直線を x 軸にとると，比例の定数を k（$k > 0$）として，引力は $-kx$ と表されるから，運動方程式は

$$m\frac{d^2x}{dt^2} = -kx \tag{1.16}$$

となる．両辺を m で割り $k/m = \omega^2$ とおけば

$$\frac{d^2x}{dt^2} = -\omega^2 x, \qquad \omega = \sqrt{\frac{k}{m}} \tag{1.17}$$

となる．この式を満たす一般的な $x = f(t)$ が，C と ϕ をかってな定数として，$x = C\sin(\omega t + \phi)$ で与えられることは，これを（1.17）式に代入してみればわかる．

🏃 この解を求める方法はいろいろあるが，ここでは指数関数を用いる方法を紹介する．それには（1.17）式の解が $x = \mathrm{e}^{pt}$ という形をもつと仮定すると，付録の（A.10）式により

$$\frac{dx}{dt} = p\,\mathrm{e}^{pt}, \qquad \frac{d^2x}{dt^2} = p^2\,\mathrm{e}^{pt}$$

であるから，これを（1.17）式に代入すると

$$p^2 = -\omega^2 \quad \text{したがって} \quad p = \pm i\omega$$

であることがわかる．ゆえに（1.17）式には

$$x = \mathrm{e}^{i\omega t} = \cos\omega t + i\sin\omega t$$

および

$$x = \mathrm{e}^{-i\omega t} = \cos\omega t - i\sin\omega t$$

という解のあることがわかる．

ところで（1.17）式の形から，$x = f_1(t)$，$x = f_2(t)$ という解があれば，A_1, A_2 をかってな定数として，$x = A_1 f_1(t) + A_2 f_2(t)$ も（1.17）式の解になっていることがすぐわかる．したがって

$$x = (A_1 + A_2)\cos\omega t + (A_1 - A_2)i\sin\omega t$$

も（1.17）式の解である．解としてだけなら A_1 と A_2 はどんな複素数でもよいが，

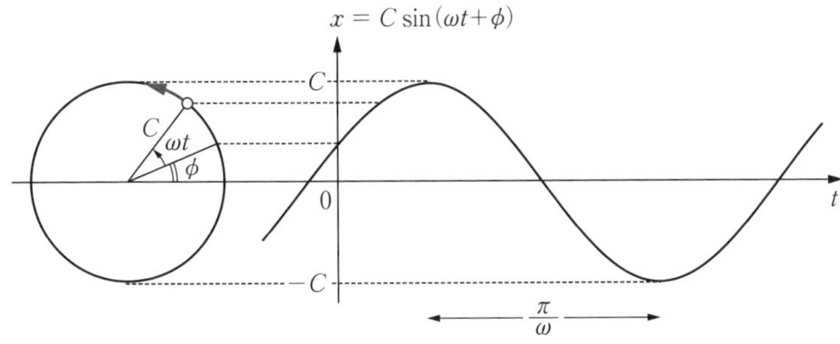

1-13 図　単振動

🏃 印のところは，やや程度が高いので，とばして先へ進んでよい．

x が実数でなければならないとすると，$A_1 + A_2$ が実数で $A_1 - A_2$ が純虚数でなければ困るから，$A_1 = A_2^*$（* は複素共役の印）が要請される．結局，A，B をかってな実数として

$$x = A\cos\omega t + B\sin\omega t \tag{1.18}$$

が (1.17) 式の実数一般解であることがわかる．

これは，C と ϕ をかってな実数定数として

$$x = C\sin(\omega t + \phi) \tag{1.19}$$

が (1.17) 式の一般解である，というのと同じことである．

$$C = \sqrt{A^2 + B^2}, \qquad \tan\phi = \frac{A}{B}$$

がこれらの定数の間の関係である．

このように，時間 t の正弦関数で表される運動のことを単振動という．単振動を (1.19) 式のように表したとき，C を振幅，ω を角振動数，$\nu = \omega/2\pi$ を振動数という．ν は単位時間に往復する回数を表し，その逆数 $T = 1/\nu$ は振動の周期である．$\omega t + \phi$ を位相，ϕ を初期位相または位相定数とよぶ．振動数の単位は s^{-1} で，これをヘルツ (Hz) とよぶ．

［例］ 初期条件として $t = 0$ で $x = a$，$dx/dt = 0$ が与えられたとき，(1.18) 式の方が便利である．$t = 0$ を入れると，$A = a$ が直ちに得られる．また，(1.18) 式を t で微分した式

$$\frac{dx}{dt} = -A\omega\sin\omega t + B\omega\cos\omega t$$

で $t = 0$ とすれば $0 = B\omega$．したがって $B = 0$ となり，求める解は $x = a\cos\omega t$．

問 振幅が 1 cm で周期が 0.5 s の単振動の速さと加速度の最大値はいくらか．

§1.8 単振り子

一端を固定した糸の他端に質点をつるし鉛直面内で振動させるとき，これを単振り子という．質点の位置を表すのに，最下点から円弧に沿って測った長さ* s を用いれば，$s(t)$ だけを求めると運動が確定するので，一種の一次

* ただし，1-14 図で，M より右にいったとき $s > 0$，左へいったとき $s < 0$ と約束する．

元運動である．このときに

$\dfrac{ds}{dt}$ は速度（正負で向きを示す）

$\dfrac{d^2s}{dt^2}$ は加速度の接線成分 a_t（同上）

を表している（9ページを参照）．

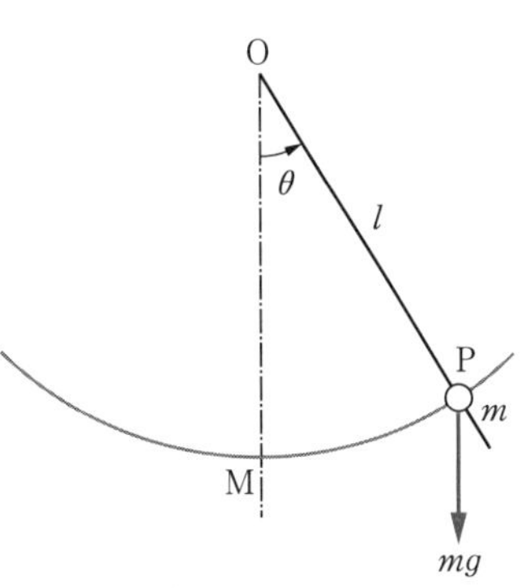

1-14図

力としては重力と糸の張力（$\overrightarrow{PO}$ の方向）があるが，接線成分は重力からくる

$$F_t = -mg\sin\theta$$

だけである．ゆえに，運動方程式から

$$m\frac{d^2s}{dt^2} = -mg\sin\theta \quad (s = l\theta)$$

が得られる．

一般の場合に上の式を解くには，楕円関数という特別な関数を必要とするので，ここでは θ が小さいときだけに話を限ることにする．そうすると，$\sin\theta = \theta$ とおいてよいので，上の式は

$$\frac{d^2\theta}{dt^2} = -\frac{g}{l}\theta \tag{1.20}$$

または

$$\frac{d^2s}{dt^2} = -\frac{g}{l}s \tag{1.21}$$

となる．$g/l = \omega^2$ とおくとこれらは前節の（1.17）式と全く同形であるから，結果をそのまま使うことができる．θ_0 と ϕ をかってな定数として

$$\theta = \theta_0\sin\left(\sqrt{\frac{g}{l}}t + \phi\right) \tag{1.22}$$

が一般解である．単振り子の周期は

$$T = 2\pi\sqrt{\frac{l}{g}} \tag{1.23}$$

となって──振幅が小さい限り──振幅 θ_0 に無関係である．これを**等時性**という．

問 周期がちょうど1秒になるような単振り子の糸の長さはいくらか．

§1.9　仕事と運動エネルギー

9ページで加速度を軌道の接線方向の成分 a_{t} と主法線方向（曲率中心に向かう）の成分 a_{n} とに分けた．速さ（速度の大きさ）の変化に関係のあるのは a_{t} であり，a_{n} の方は運動方向の変化だけに関係している．このことは，等速円運動では $a_{\mathrm{t}}=0$ であることによってもわかる．

質点にはたらいている力（すべての力の合力）を $\boldsymbol{F}$ とすると $\boldsymbol{F}=m\boldsymbol{a}$ であるから，$\boldsymbol{F}$ を接線成分 F_{t} と主法線成分 F_{n} に分けたとき，(1.9) 式により

$$F_{\mathrm{t}}=ma_{\mathrm{t}} \quad \text{から} \qquad m\frac{dv}{dt}=F_{\mathrm{t}} \tag{1.24}$$

$$F_{\mathrm{n}}=ma_{\mathrm{n}} \quad \text{から} \qquad m\frac{v^2}{R}=F_{\mathrm{n}} \tag{1.25}$$

であることがわかる．つまり，速さの変化をひき起こすのは $\boldsymbol{F}$ のうちの接線成分 F_{t} だけである．

いま，質点の軌道上の2点 A, B の間を n 個の等しい長さ（Δs とする）の部分に細分し，i 番目と $i+1$ 番目の分点の間で速さが v_i から v_{i+1} に変化したとする．このとき，$mv^2/2$ という量の変化高は

$$\frac{m{v_{i+1}}^2}{2}-\frac{m{v_i}^2}{2}=m\frac{v_{i+1}+v_i}{2}(v_{i+1}-v_i)$$

となるが，Δs が微小ならこれを

$$mv_i\,\Delta v_i \qquad (\Delta v_i=v_{i+1}-v_i)$$

としてよいであろう．* これを A から B まで n 個よせ集めると

1-15 図

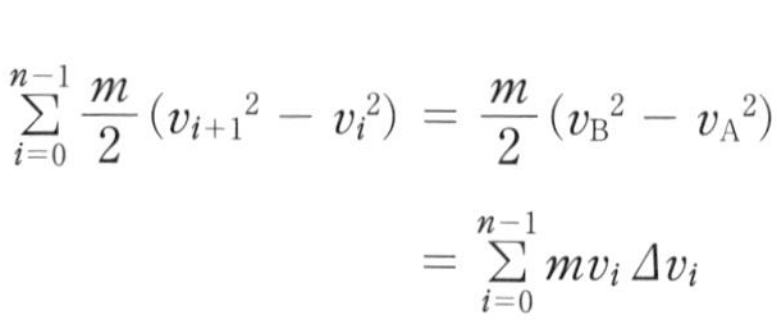

$$\sum_{i=0}^{n-1}\frac{m}{2}({v_{i+1}}^2-{v_i}^2)=\frac{m}{2}({v_{\mathrm{B}}}^2-{v_{\mathrm{A}}}^2)$$
$$=\sum_{i=0}^{n-1}mv_i\,\Delta v_i$$

---

*　$v_{i+1}+v_i$ では差を無視してこれを $2v_i$ としても**相対**誤差は小さいが，$v_{i+1}-v_i$ では差を無視したら誤差が 100 %になってしまう．微小量を無視してよいのは相対誤差が → 0 のときである．

となる（$v_n = v_\mathrm{B}$，$v_0 = v_\mathrm{A}$ は両端における速さ）．i から $i+1$ までに要した時間を Δt_i とすると

$$v_i \Delta v_i = v_i \frac{\Delta v_i}{\Delta t_i} \Delta t_i = \frac{\Delta v_i}{\Delta t_i} v_i \Delta t_i = \frac{\Delta v_i}{\Delta t_i} \Delta s$$

であるから

$$\frac{m}{2}({v_\mathrm{B}}^2 - {v_\mathrm{A}}^2) = \sum_{i=0}^{n-1} m \frac{\Delta v_i}{\Delta t_i} \Delta s$$

となる．分割を無限に細かくしたときには，右辺の Δ は d と記してよく，和は積分となるから

$$\frac{m}{2}({v_\mathrm{B}}^2 - {v_\mathrm{A}}^2) = \int_\mathrm{A}^\mathrm{B} m \frac{dv}{dt} ds$$

となることがわかる．右辺に（1.24）式を用いれば

$$\int_\mathrm{A}^\mathrm{B} F_\mathrm{t}\, ds = \frac{1}{2} m{v_\mathrm{B}}^2 - \frac{1}{2} m{v_\mathrm{A}}^2 \qquad (1.26)$$

が得られる．左辺の積分は $F_\mathrm{t}\, ds$ という量を A から B までについて合計せよということを表している．これを，力 $\boldsymbol{F}$ が A から B までの間にこの質点に対して行った仕事とよぶ．$mv^2/2$ をその質点の運動エネルギーというが，（1.26）式は**力（質点にはたらくすべての力の合力）のした仕事はその間における運動エネルギーの変化高に等しい**ということを示している．

ベクトルのスカラー積

2 つのベクトル $\boldsymbol{a}, \boldsymbol{b}$ の間の角を θ とするとき，$ab\cos\theta$ を $\boldsymbol{a}$ と $\boldsymbol{b}$ のスカラー積または内積とよび，$\boldsymbol{a}\cdot\boldsymbol{b}$ または（$\boldsymbol{a}\cdot\boldsymbol{b}$）などと記す．

$$\boldsymbol{a}\cdot\boldsymbol{b} = ab\cos\theta \qquad (1.27)$$

1-16 図

θ が鋭角ならスカラー積は正，鈍角なら負，直角なら 0 である．互いに直交する単位ベクトル $\boldsymbol{i}, \boldsymbol{j}, \boldsymbol{k}$ については

$$\boldsymbol{i}\cdot\boldsymbol{i} = \boldsymbol{j}\cdot\boldsymbol{j} = \boldsymbol{k}\cdot\boldsymbol{k} = 1, \quad \boldsymbol{i}\cdot\boldsymbol{j} = \boldsymbol{j}\cdot\boldsymbol{k} = \boldsymbol{k}\cdot\boldsymbol{i} = 0 \qquad (1.28)$$

が成り立つことはすぐわかる．

スカラー積については，ふつうの数の掛算と同様に次の規則が成り立つ（1-17 図参照）．

$$\boldsymbol{a}\cdot\boldsymbol{b} = \boldsymbol{b}\cdot\boldsymbol{a}, \quad \boldsymbol{a}\cdot(\boldsymbol{b}+\boldsymbol{c}) = \boldsymbol{a}\cdot\boldsymbol{b} + \boldsymbol{a}\cdot\boldsymbol{c} \qquad (1.29)$$

$\boldsymbol{a}$ と $\boldsymbol{b}$ を成分を用いて

$$\boldsymbol{a} = a_x \boldsymbol{i} + a_y \boldsymbol{j} + a_z \boldsymbol{k}$$
$$\boldsymbol{b} = b_x \boldsymbol{i} + b_y \boldsymbol{j} + b_z \boldsymbol{k}$$

と表し，ふつうの数のように掛算をして (1.28) 式を適用すれば

$$\boldsymbol{a}\cdot\boldsymbol{b} = a_x b_x + a_y b_y + a_z b_z \qquad (1.30)$$

と表されることがわかる．特に

$$\boldsymbol{a}\cdot\boldsymbol{a} = a_x^2 + a_y^2 + a_z^2 = a^2 \qquad (1.31)$$

はベクトルの大きさの 2 乗に等しい．

1 - 17 図

$\boldsymbol{a}\cdot\boldsymbol{b} = a \times \overline{\mathrm{OP}}$，$\boldsymbol{a}\cdot\boldsymbol{c} = a \times \overline{\mathrm{OQ}}$

$\boldsymbol{a}\cdot(\boldsymbol{b}+\boldsymbol{c}) = a \times \overline{\mathrm{OR}}$

$= a(\overline{\mathrm{OP}} + \overline{\mathrm{PR}})$

ところが $\overline{\mathrm{OQ}} = \overline{\mathrm{PR}}$ であるから

$\boldsymbol{a}\cdot(\boldsymbol{b}+\boldsymbol{c}) = \boldsymbol{a}\cdot\boldsymbol{b} + \boldsymbol{a}\cdot\boldsymbol{c}$

軌道を細分して無限小変位 $d\boldsymbol{r}$ の集まりとみなし (1 - 18 図)，$F_{\mathrm{t}} = F\cos\theta$ であることを用いると

$$F_{\mathrm{t}}\, ds = F\cos\theta\, ds = \boldsymbol{F}\cdot d\boldsymbol{r}$$

と書かれる．スカラー積に (1.30) 式を適用すれば，$\boldsymbol{F}\cdot d\boldsymbol{r} = F_x\,dx + F_y\,dy + F_z\,dz$ と表すことができるから，仕事の計算は

$$\int_{\mathrm{A}}^{\mathrm{B}} \boldsymbol{F}\cdot d\boldsymbol{r} = \int_{\mathrm{A}}^{\mathrm{B}} (F_x\,dx + F_y\,dy + F_z\,dz) \qquad (1.32)$$

によって行うことができる．

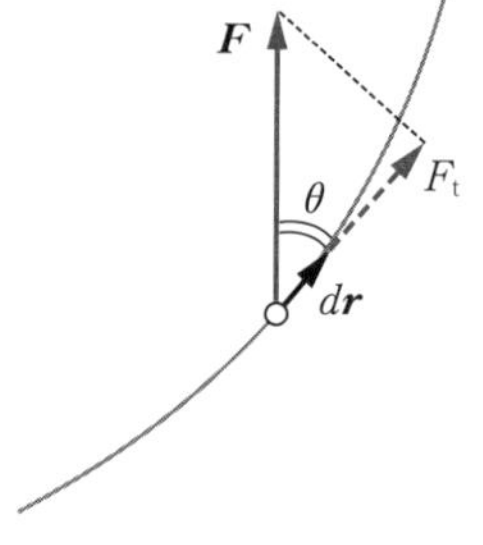

1 - 18 図

［例］ 放物運動 (12〜13 ページ) では，$z = 0$ なので z 成分は考える必要がなく，$F_x = 0$，$F_y = -mg$ であるから

$$\int_{\mathrm{A}}^{\mathrm{B}} \boldsymbol{F}\cdot d\boldsymbol{r} = \int_{\mathrm{A}}^{\mathrm{B}} (-mg)\,dy = -mg\int_{\mathrm{A}}^{\mathrm{B}} dy$$

となるが，dy の和というのは y_{B} と y_{A} の差にほかならないから

$$\int_{\mathrm{A}}^{\mathrm{B}} \boldsymbol{F}\cdot d\boldsymbol{r} = -mg(y_{\mathrm{B}} - y_{\mathrm{A}}) \qquad (1.33)$$

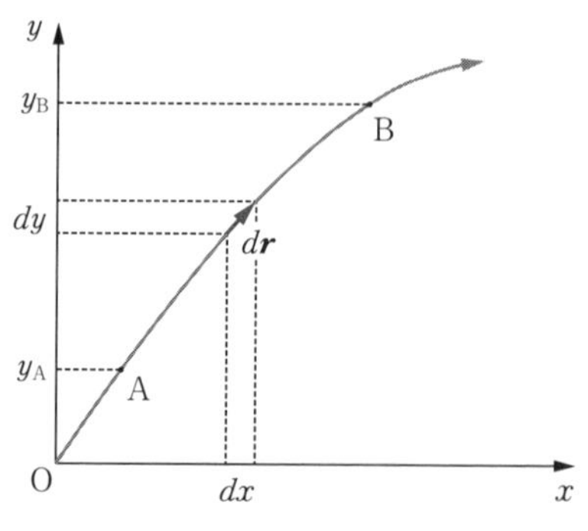

1 - 19 図

となることがわかる．なお，dy は図のように上昇のときには正であるが，下降のときには負となるので，(1.33) 式は A と B が放物線上のどこにあるときでも使うことができる．

問 等速円運動をする質点の位置ベクトルと速度とは常に直交することを示せ．

§1.10 束縛運動

1-20 図のように，傾角 ϕ の斜面の最大傾斜線に沿ってすべり落ちる物体を考える．この物体には重力のほかに斜面からの抗力 $\boldsymbol{f}$ が作用している．抗力を斜面に垂直な垂直抗力 $f_{\rm n}$ と摩擦力 $f_{\rm t}$ とに分け，重力も斜面に垂直な $mg\cos\phi$ と平行下向きの $mg\sin\phi$ に分けて考えると都合がよい．

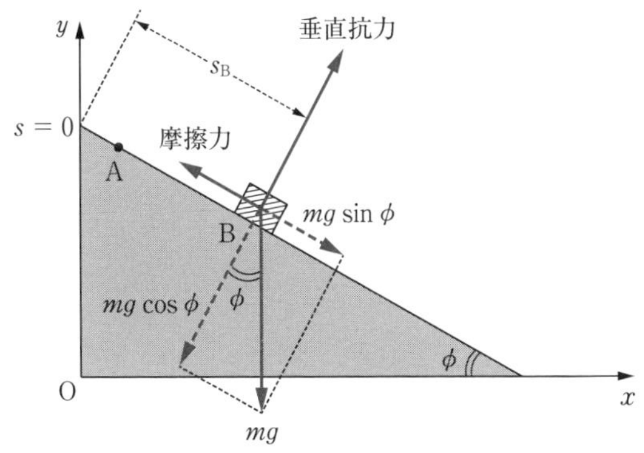

1-20 図　斜面上の物体にはたらく力

垂直抗力は斜面に物体がめりこむのを防ぎ，面の形を保持しようとするために**現れる**力である．いまの場合には重力の垂直成分 $mg\cos\phi$ をちょうど打ち消すだけであればよいから，そのように現れる．力があらかじめわかっていてそれから運動が決まる，というよりは，運動が ── 斜面に沿って行われる，というように ── あらかじめ決まっていてそうなるように力が現れる，と考えたらよい．この場合は $f_{\rm n} = mg\cos\phi$ となる．

摩擦力は運動を**妨げる**ように生じる．つまり速度と反対方向にはたらく．その大きさは物体と面が押し合っている力 ── いまの場合は $mg\cos\phi$ ── に

ほぼ比例することが経験的に知られている.* 比例係数を(運動)摩擦係数という. これを μ とすると

$$f_{\mathrm{t}} = \mu mg\cos\phi$$

となる. これが $mg\sin\phi$ より小さいとき物体はすべり落ちる. そのとき, 面に沿ってすべり落ちた距離を s とすると

$$m\frac{d^2s}{dt^2} = mg\sin\phi - \mu mg\cos\phi$$

これより

$$\frac{d^2s}{dt^2} = g(\sin\phi - \mu\cos\phi) \qquad (\text{右辺は一定})$$

であるから, 積分し, $t=0$ で $v=0$, $s=0$ として

$$v = \frac{ds}{dt} = g(\sin\phi - \mu\cos\phi)t \tag{1.34 a}$$

$$s = \frac{1}{2}g(\sin\phi - \mu\cos\phi)t^2 \tag{1.34 b}$$

が求められる.

運動エネルギーを(1.34 a)式から求め, (1.34 b)式を用いると

$$\frac{1}{2}mv^2 = mg(\sin\phi - \mu\cos\phi)s$$

したがって, A と B における差をとれば

$$\frac{1}{2}m{v_{\mathrm{B}}}^2 - \frac{1}{2}m{v_{\mathrm{A}}}^2 = mg(\sin\phi - \mu\cos\phi)(s_{\mathrm{B}} - s_{\mathrm{A}}) \tag{1.35}$$

が得られる.

次に仕事を考えてみる. 物体にはたらく力がいくつかの力の合力 $\boldsymbol{F} = \boldsymbol{F}_1 + \boldsymbol{F}_2 + \boldsymbol{F}_3 + \cdots$ のときには, 仕事もこれらそれぞれの力がする仕事の和になる((1.29)の第 2 式). 変位に垂直な力は仕事をしない ── 速さの増減に関与しない ── から, 仕事をするのは重力の成分 $mg\sin\phi$ と摩擦力だけである. 摩擦力と変位とは逆向き($\cos\theta = -1$)なので

$$\int_{\mathrm{A}}^{\mathrm{B}}\boldsymbol{F}\cdot d\boldsymbol{r} = \int_{\mathrm{A}}^{\mathrm{B}} mg\sin\phi\, ds - \int_{\mathrm{A}}^{\mathrm{B}}\mu mg\cos\phi\, ds$$

* これは多くの経験事実からわかった**経験法則**であって, ニュートンの運動の法則のような基本的な法則ではない.

$$= mg(\sin\phi - \mu\cos\phi)(s_{\rm B} - s_{\rm A})$$

となり，確かに（1.35）式の右辺と一致する．

$\mu = 0$ ならば $mg(s_{\rm B} - s_{\rm A})\sin\phi = mg(y_{\rm A} - y_{\rm B})$ という重力の仕事がそのまま運動エネルギーの増加になるが，摩擦力があるとそれが負の仕事をするので，合力の仕事は小さくなり，運動エネルギーの増加も少なくなる．

単振り子の糸の張力は，常に運動の方向に垂直にはたらき，糸の長さを一定に保つように作用する．仕事は全くしない．

問　水平との角が 12° の斜面上に静止していた物体を下向きにちょっと押したら，それからずるずるとほぼ等速度で斜面をすべり下ったという．運動摩擦係数はおよそいくらか．小さい角 θ（ラジアン）に対しては $\tan\theta = \theta$ としてよい．

§1.11　保存力とポテンシャル

質点が A から B まで動く間に力 $\boldsymbol{F}$ がこれに対して行う仕事は，(1.32) 式

$$W_{\rm AB} = \int_{\rm A}^{\rm B} \boldsymbol{F}\cdot d\boldsymbol{r}$$

$$= \int_{\rm A}^{\rm B} (F_x\,dx + F_y\,dy + F_z\,dz)$$

で計算される．力が

$$\begin{cases} F_x = 0 \\ F_y = -mg \\ F_z = 0 \end{cases}$$

の一様な重力のときには

$$W_{\rm AB} = -mg\int_{\rm A}^{\rm B} dy$$

$$= -mg(y_{\rm B} - y_{\rm A})$$

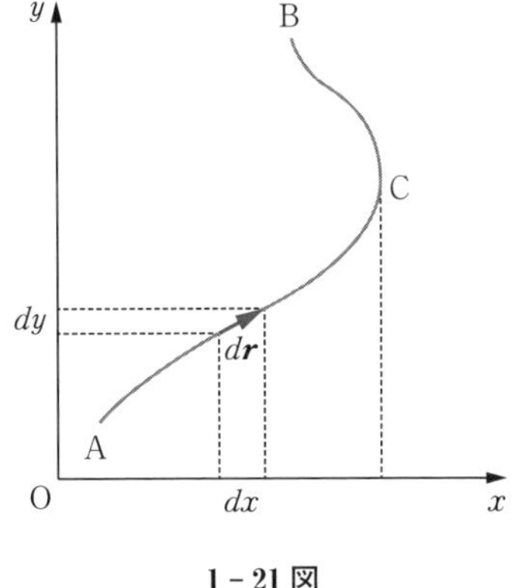

1-21 図

となって，両端の y 座標だけで値が決まり，途中の経路にはよらない．A から B までの経路に上がったり下がったりがあっても，dy に正負を考えるので結果は同じである．

力が原点からの距離に比例する大きさをもち，原点へ向かう引力の場合を考える．そのような力 $\boldsymbol{F} = -k\boldsymbol{r}$ は成分で書くと

$$\begin{cases} F_x = -kx \\ F_y = -ky \\ F_z = -kz \end{cases} \qquad (1.36)$$

で与えられる（1-22 図）．この場合には

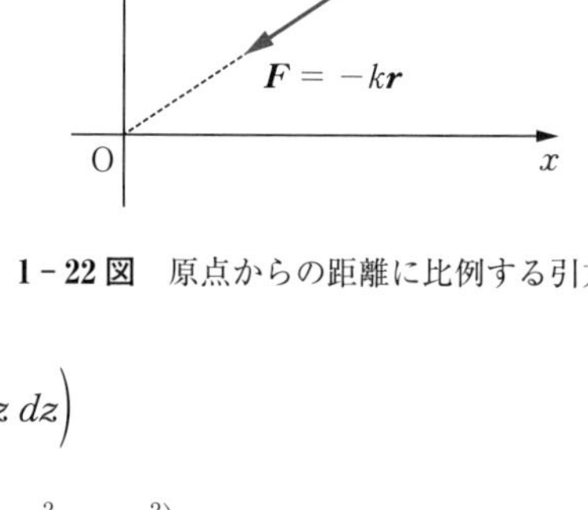

1-22 図　原点からの距離に比例する引力

$$\begin{aligned} W_{AB} &= \int_A^B \boldsymbol{F}\cdot d\boldsymbol{r} \\ &= -k\int_A^B (x\,dx + y\,dy + z\,dz) \\ &= -k\left(\int_{x_A}^{x_B} x\,dx + \int_{y_A}^{y_B} y\,dy + \int_{z_A}^{z_B} z\,dz\right) \\ &= -\frac{1}{2}k({x_B}^2 - {x_A}^2 + {y_B}^2 - {y_A}^2 + {z_B}^2 - {z_A}^2) \\ &= -\frac{1}{2}k({x_B}^2 + {y_B}^2 + {z_B}^2) + \frac{1}{2}k({x_A}^2 + {y_A}^2 + {z_A}^2) \end{aligned}$$

と計算される．これも両端 A と B の位置だけで決まり，途中の道すじに関係しない．

1-21 図のようなときには $z = 0$ なので x, y 成分だけを考えればよい．x 成分は A → C，C → B に分けて求めれば，

$$\text{A} \to \text{C では} \quad \int_{x_A}^{x_C} x\,dx = \frac{1}{2}({x_C}^2 - {x_A}^2) > 0$$

$$\text{C} \to \text{B では} \quad \int_{x_C}^{x_B} x\,dx = \frac{1}{2}({x_B}^2 - {x_C}^2) < 0$$

であって，合計したものは $({x_B}^2 - {x_A}^2)/2$ である．

これらの例のように，仕事が途中の道すじによらず，両端の位置だけの関数として

$$W_{AB} = \int_A^B \boldsymbol{F}\cdot d\boldsymbol{r} = U(x_A, y_A, z_A) - U(x_B, y_B, z_B) \qquad (1.37)$$

のように表されるとき，この力を**保存力**といい，$U(x, y, z)$ をその力のポテンシャルという．

一様な重力では，物を直接に真上にもち上げても，力を節約するために斜面に沿ってすべらせても，てこを使っても，必要な仕事の量が同じであることは昔から**仕事の原理**として知られている．そして，その仕事はポテンシャル

$$U = mgy \tag{1.38 a}$$

から得られる．原点からの距離に比例する引力（1.36）式では

$$U = \frac{1}{2}k(x^2 + y^2 + z^2) \tag{1.38 b}$$

である．いま，この $U(x, y, z)$ という関数を，y と z は定数のように考えて x だけについて微分 —— x に関する偏微分という —— したものを $\partial U/\partial x$，同様にして y で偏微分したものを $\partial U/\partial y$，z で偏微分したものを $\partial U/\partial z$ と記すことにすると，

（1.38 a）式の U では　$-\dfrac{\partial U}{\partial x} = 0, \quad -\dfrac{\partial U}{\partial y} = -mg, \quad -\dfrac{\partial U}{\partial z} = 0$

（1.38 b）式の U では　$-\dfrac{\partial U}{\partial x} = -kx, \quad -\dfrac{\partial U}{\partial y} = -ky, \quad -\dfrac{\partial U}{\partial z} = -kz$

となってちょうど F_x, F_y, F_z を与えていることがわかる．これは偶然ではなく，（1.37）式を満たすような力 $\boldsymbol{F}$ は一般に

$$F_x = -\frac{\partial U}{\partial x}, \qquad F_y = -\frac{\partial U}{\partial y}, \qquad F_z = -\frac{\partial U}{\partial z} \tag{1.39}$$

で与えられることが数学的に証明される．上の式は

$$\boldsymbol{F} = -\frac{\partial U}{\partial x}\boldsymbol{i} - \frac{\partial U}{\partial y}\boldsymbol{j} - \frac{\partial U}{\partial z}\boldsymbol{k}$$

とも書くことができるが，これを

$$\boldsymbol{F} = -\mathrm{grad}\, U \quad \text{または} \quad \boldsymbol{F} = -\nabla U \tag{1.40}$$

と書くならわしになっている．grad は**勾配**（gradient）の略号で，grad U はグラディエント U と読む．∇ という記号は**ナブラ**と読み，微分演算子

$$\frac{\partial}{\partial x}, \qquad \frac{\partial}{\partial y}, \qquad \frac{\partial}{\partial z}$$

をそれぞれ x 成分，y 成分，z 成分とするベクトル（？）のようにみなすのである．

（1.37）式から（1.39）式を導くこと

A と B がきわめて近く $\overrightarrow{\mathrm{AB}} = \Delta\boldsymbol{r}$ の 3 成分 $\Delta x, \Delta y, \Delta z$ が微小量のときを考える．このとき（1.37）式の積分は

$$\int_{\mathrm{A}}^{\mathrm{B}} \boldsymbol{F}\cdot d\boldsymbol{r} = \boldsymbol{F}\cdot\Delta\boldsymbol{r} = F_x\,\Delta x + F_y\,\Delta y + F_z\,\Delta z$$

となる．一方，(1.37) 式の最右辺は付録の (A.20) 式により

$$U(x_A, y_A, z_A) - U(x_A + \Delta x, y_A + \Delta y, z_A + \Delta z) = -\left(\frac{\partial U}{\partial x}\Delta x + \frac{\partial U}{\partial y}\Delta y + \frac{\partial U}{\partial z}\Delta z\right)$$

と書かれる．ただし，$\partial U/\partial x$，$\partial U/\partial y$，$\partial U/\partial z$ は A 点での値を入れる．この両者を比較すると，$\Delta x, \Delta y, \Delta z$ はかってにとってよいので，それらがいつも一致するためには

$$F_x = -\frac{\partial U}{\partial x}, \qquad F_y = -\frac{\partial U}{\partial y}, \qquad F_z = -\frac{\partial U}{\partial z}$$

でなくてはならない．これが (1.39) 式である．

［例 1］

$$U = -\frac{C}{\sqrt{x^2 + y^2 + z^2}} \qquad (C\text{ は正の定数}) \tag{1.41 a}$$

微分してみればすぐわかるように，$r = \sqrt{x^2 + y^2 + z^2}$ として

$$F_x = -\frac{C}{r^2}\frac{x}{r}, \qquad F_y = -\frac{C}{r^2}\frac{y}{r}, \qquad F_z = -\frac{C}{r^2}\frac{z}{r} \tag{1.41 b}$$

となる．この F は大きさが $F = C/r^2$ で，原点へ向かう方向をもったベクトルである．つまり，原点からの距離の 2 乗に逆比例した大きさの引力である．

［例 2］ $F_x = F_y = 0$ で $F_z = f(x, y)$ であるような力（常に鉛直下向きだが場所によって大きさの違う重力（？）を想像せよ）は，保存力でありうるか．

$F_x = F_y = 0$ であるから，U があるとすれば z だけの関数でなければならない．そうすると，$F_z = -\partial U/\partial z$ は x, y の関数ではありえないことになる．

問 もし上のような重力があったら，電力不要のモーターができる！　どうすればよいか．

§1.12　位置のエネルギー

保存力は，空間の位置の関数であるポテンシャル $U(x, y, z)$ ── この U はベクトルでなくスカラーである ── から導かれる F_x, F_y, F_z によって決まる力であるが，一般に F_x, F_y, F_z もやはり空間の位置の関数である．このように空間の場所ごとに決まった力 $\boldsymbol{F}(x, y, z)$ が与えられているとき，この空間を力の場とよぶ．われわれの住んでいる地球上は重力の場である．一般の

力の場を与えるためには，$F_x(x,y,z)$，$F_y(x,y,z)$，$F_z(x,y,z)$ という3つの関数が必要である．保存力では，これがたった1個の関数 $U(x,y,z)$ から求められる点に特色がある．

いま，保存力 $\boldsymbol{F}_{\mathrm{c}}$ のはたらく場のなかで運動している質点を考える．質量を m とし，この質点にはたらく $\boldsymbol{F}_{\mathrm{c}}$ 以外の力（の合力）を $\boldsymbol{F}'$ とする．質点が A から B まで動いたときの仕事と運動エネルギーの関係は（1.26）式により

$$\frac{1}{2}mv_{\mathrm{B}}{}^2-\frac{1}{2}mv_{\mathrm{A}}{}^2=\int_{\mathrm{A}}^{\mathrm{B}}\boldsymbol{F}_{\mathrm{c}}\cdot d\boldsymbol{r}+\int_{\mathrm{A}}^{\mathrm{B}}\boldsymbol{F}'\cdot d\boldsymbol{r} \tag{1.42}$$

で与えられる．ところが，保存力に対しては（1.37）式が成り立つから，上の式の右辺第1項はポテンシャル U を用いて

$$\int_{\mathrm{A}}^{\mathrm{B}}\boldsymbol{F}_{\mathrm{c}}\cdot d\boldsymbol{r}=U(\boldsymbol{r}_{\mathrm{A}})-U(\boldsymbol{r}_{\mathrm{B}}) \tag{1.43}$$

と書かれる．ただし，右辺で $U(x,y,z)$ を $U(\boldsymbol{r})$ と略記する記法を採用した．今後も場所の関数をこのように記すことにする．

（1.43）式を（1.42）式に代入し，移項し整理すると

$$\left\{\frac{1}{2}mv_{\mathrm{B}}{}^2+U(\boldsymbol{r}_{\mathrm{B}})\right\}-\left\{\frac{1}{2}mv_{\mathrm{A}}{}^2+U(\boldsymbol{r}_{\mathrm{A}})\right\}=\int_{\mathrm{A}}^{\mathrm{B}}\boldsymbol{F}'\cdot d\boldsymbol{r} \tag{1.44}$$

という式になる．このように運動エネルギーと一緒にしたとき，$U(\boldsymbol{r})$ のことを（質点が位置 $\boldsymbol{r}$ に来たときにもつ）**位置のエネルギー**または**ポテンシャルエネルギー**という．（1.44）式は，考えている保存力**以外の**力の行う仕事が，運動エネルギーと位置のエネルギー ── これらを**力学的エネルギー**と総称する ── の和の変化高に等しい，という関係を表している．特に保存力以外に力がはたらかない場合や，はたらいていても垂直抗力や糸の張力のように常に質点の運動方向に垂直で仕事をしない場合には，（1.44）式の右辺が0になるから，

$$\frac{1}{2}mv_{\mathrm{B}}{}^2+U(\boldsymbol{r}_{\mathrm{B}})=\frac{1}{2}mv_{\mathrm{A}}{}^2+U(\boldsymbol{r}_{\mathrm{A}}) \tag{1.45}$$

つまり，運動の間，常に全力学的エネルギーが不変に保たれることがわかる．これを**力学的エネルギーの保存則**という．

［例］ 糸の長さ l の単振り子で，糸が鉛直と 60° の角をつくる位置 A で，おもりを静かに放す．おもり（質量 m）が最下点を通るときの速さを v_0 とする．

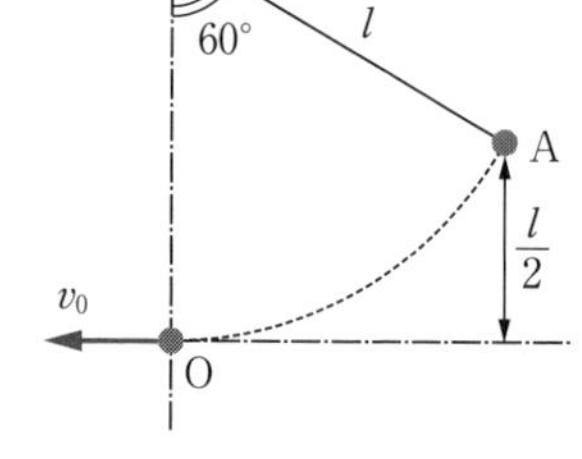

1-23 図

$$U(\boldsymbol{r}_\mathrm{A}) = mg\frac{l}{2}, \quad \frac{1}{2}mv_\mathrm{A}{}^2 = 0, \quad U(\boldsymbol{r}_0) = 0$$

であるから，エネルギー保存則により

$$\frac{1}{2}mv_0{}^2 = mg\frac{l}{2}$$

ゆえに

$$v_0 = \sqrt{gl}$$

が得られる．この速さで O 点を通るときの法線方向の加速度は（1.9）式からわかるように $a_\mathrm{n} = v_0{}^2/l = g$ という大きさをもち，鉛直上向きである．この瞬間に質点にはたらいているのは，上向きに糸の張力（大きさを S_0 とする）と下向きに重力（大きさ mg）である．この合力の大きさが $ma_\mathrm{n} = mg$ に等しいのであるから

$$S_0 - mg = ma_\mathrm{n} \ (= mg)$$

これより

$$S_0 = 2\,mg$$

であることがわかる．

問 力 $F = -kx$ を受けて質量 m の質点が行う振幅 C の単振動の力学的エネルギーは $kC^2/2$ に等しいことを示せ．

※§1.13 平面運動の極座標表示

ベクトルはその成分を表す 3 つの数で表されるが，この 3 つの数はどのような成分をとるかによって異なる．まず，簡単のために平面内のベクトル（二次元のベクトル）の場合を考える．座標軸 O-xy とこれを角 θ だけ回転した O-$x'y'$ に関する成分の間には

$$\begin{cases} A_{x'} = A_x \cos\theta + A_y \sin\theta \\ A_{y'} = -A_x \sin\theta + A_y \cos\theta \end{cases} \tag{1.46}$$

※印の節は，やや程度が高いので，とばして先へ進んでよい．

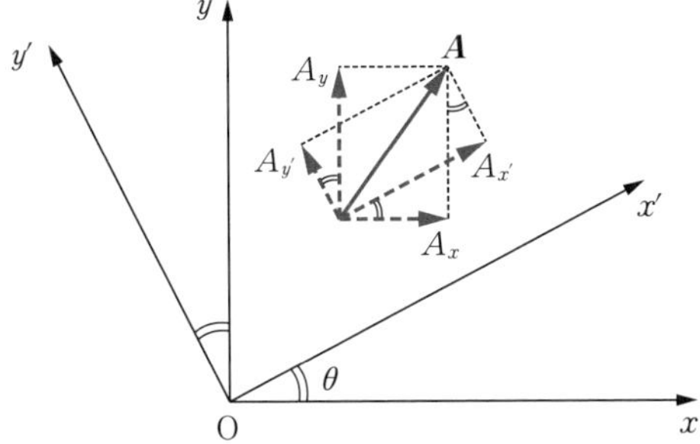

1-24 図　二次元ベクトルの分解

$$\begin{cases} A_x = A_{x'}\cos\theta - A_{y'}\sin\theta \\ A_y = A_{x'}\sin\theta + A_{y'}\cos\theta \end{cases} \tag{1.47}$$

という関係のあることが 1-24 図からわかる．

これらは行列（マトリックス）を用いて

$$\begin{pmatrix} A_{x'} \\ A_{y'} \end{pmatrix} = \begin{pmatrix} \cos\theta & \sin\theta \\ -\sin\theta & \cos\theta \end{pmatrix} \begin{pmatrix} A_x \\ A_y \end{pmatrix} \tag{1.46$'$}$$

$$\begin{pmatrix} A_x \\ A_y \end{pmatrix} = \begin{pmatrix} \cos\theta & -\sin\theta \\ \sin\theta & \cos\theta \end{pmatrix} \begin{pmatrix} A_{x'} \\ A_{y'} \end{pmatrix} \tag{1.47$'$}$$

と表すこともできる．

次に，速度や加速度を極座標で表すことを考えよう．位置は

$$x = r\cos\theta, \qquad y = r\sin\theta$$

で与えられるが，x と y が時間 t とともに変わるときには r や θ も t の関数である．したがって，これを t で微分して

$$\begin{cases} v_x = \dfrac{dx}{dt} = \dfrac{dr}{dt}\cos\theta - r\dfrac{d\theta}{dt}\sin\theta \\[2ex] v_y = \dfrac{dy}{dt} = \dfrac{dr}{dt}\sin\theta + r\dfrac{d\theta}{dt}\cos\theta \end{cases}$$

あるいは略号* を用いて

---

*　t で微分するときには，ニュートンにならって，これを文字の上の点で表すことが多い．$\dfrac{dx}{dt}=\dot{x}$，$\dfrac{d^2r}{dt^2}=\ddot{r}$ などである．

$$\begin{cases} v_x = \dot{r}\cos\theta - r\dot{\theta}\sin\theta \\ v_y = \dot{r}\sin\theta + r\dot{\theta}\cos\theta \end{cases}$$

を得る．いまこの速度ベクトル $\boldsymbol{v}$ を，動径方向（$\overrightarrow{\mathrm{OP}}$ 方向）とそれに垂直（θ の増す向きを正とする）な方向の成分に分けることを考えると，これは 1‑24 図の場合と同じであるから（1.46）式が適用できて

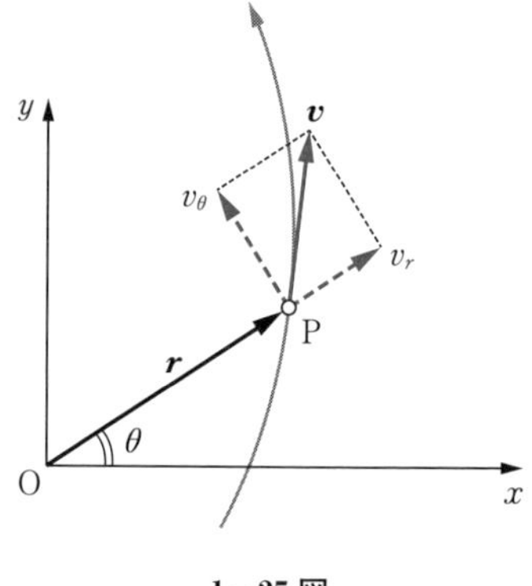

1‑25 図

$$\begin{cases} v_r = v_x\cos\theta + v_y\sin\theta \\ v_\theta = -v_x\sin\theta + v_y\cos\theta \end{cases}$$

であるが，これに上記の式を代入すれば

$$v_r = \frac{dr}{dt}, \qquad v_\theta = r\frac{d\theta}{dt} \tag{1.48}$$

が得られる．$\dot{\theta}$ を原点に関する質点の角速度という．

上の v_x, v_y をさらに微分すれば

$$a_x = \dot{v}_x = \ddot{r}\cos\theta - 2\dot{r}\dot{\theta}\sin\theta - r\dot{\theta}^2\cos\theta - r\ddot{\theta}\sin\theta$$

$$a_y = \dot{v}_y = \ddot{r}\sin\theta + 2\dot{r}\dot{\theta}\cos\theta - r\dot{\theta}^2\sin\theta + r\ddot{\theta}\cos\theta$$

となるが，加速度 $\boldsymbol{a}$ にも（1.46）式を適用してその動径成分 a_r およびそれに垂直な成分 a_θ を求めることができる．結果は

$$\begin{cases} a_r = \dfrac{d^2r}{dt^2} - r\left(\dfrac{d\theta}{dt}\right)^2 \\ a_\theta = 2\dfrac{dr}{dt}\dfrac{d\theta}{dt} + r\dfrac{d^2\theta}{dt^2} \end{cases} \tag{1.49}$$

となる．あるいは

$$a_r = \ddot{r} - r\dot{\theta}^2, \qquad a_\theta = 2\dot{r}\dot{\theta} + r\ddot{\theta} \tag{1.49$'$}$$

と書いてもよい．a_θ は

$$a_\theta = \frac{1}{r}\frac{d}{dt}\left(r^2\frac{d\theta}{dt}\right) \tag{1.50}$$

と表すことができる．

特に円運動では $r =$（一定）（R とする）であるから，$\dot{r} = 0$，$\ddot{r} = 0$ となり

$$a_r = -R\dot{\theta}^2, \qquad a_\theta = R\ddot{\theta} \quad \text{（円運動）}$$

が得られる．a_r の負号は加速度が原点側へ向かっていることを示す．円運動では

動径方向は主法線方向，それに垂直な方向は接線方向になっているから，上の式は（1.9）式の特別な場合（$r =$（R 一定））である．

1-26 図に示すように微小時間 dt の間に質点が $\mathrm{P} \to \mathrm{P}'$ のように動いたとする．P から OP′ へ下した垂線を PH とすると，$d\theta$ は微小角なので $\overline{\mathrm{PH}} = r d\theta$ となり，したがって

$$\triangle \mathrm{OPP}' \approx \triangle \mathrm{OPH} = \frac{1}{2}\overline{\mathrm{OP}}\cdot\overline{\mathrm{PH}} = \frac{1}{2}r^2 d\theta$$

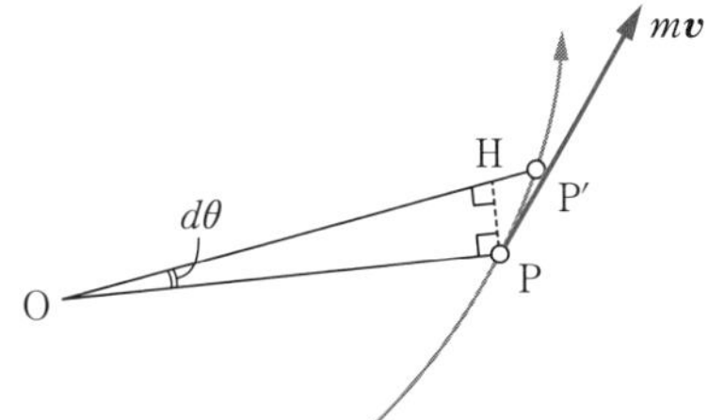

1-26 図　三角形 OPP′ の面積を dt で割ったものが面積速度である．

となる．これは dt 時間に動径（O と質点を結ぶ線分）が掃過する面積である．これを dt で割ったものはこの場合の**面積速度**とよばれるものである．

$$（面積速度）= \frac{1}{2}r^2\frac{d\theta}{dt} \tag{1.51}$$

§1.14　万有引力と惑星の運動

地球上の物体はすべて地球から引力（重力）を受けている．月も地球による引力のために地球の周りを離れることができない．太陽の周りを地球や火星，水星などの惑星が回っているのも同様な引力による．このように，すべての物体の間 —— 地球上にある物体相互間も含めて —— には引力がはたらいている．これを**万有引力**とよび，その大きさは両物体の質量に比例し，その間の距離の 2 乗に逆比例することが検証されている．

$$F_r = -G\frac{mm'}{r^2} \tag{1.52}$$

このときの比例の定数

$$G = 6.67430 \times 10^{-11}\ \mathrm{m^3/kg\cdot s^2}$$

を**万有引力定数**という．これはきわめて小さいので，地上の物体相互間の万有引力はほとんど感知できない．§1.11 の［例 1］（26 ページ）が示すように，万有引力は保存力で，（1.52）式を与えるポテンシャルは（1.41a）式で $C = Gmm'$ としたものになっている．

$$U = -G\frac{mm'}{r} \tag{1.52 a}$$

いま，太陽を不動と考えてこれを原点にとり，そこから万有引力を受けて運動している1つの惑星を考える．太陽の質量を M，惑星の質量を m とすると，万有引力の大きさは GMm/r^2 で与えられ，その方向は動径方向（負の向き）と一致するから，運動方程式 $\boldsymbol{F} = m\boldsymbol{a}$ を表すのに動径成分とそれに垂直な成分とに分けると便利である．そうすると，

$$F_r = ma_r, \qquad F_\theta = ma_\theta = 0$$

および（1.49）式から

$$-G\frac{Mm}{r^2} = m(\ddot{r} - r\dot{\theta}^2), \qquad 0 = \frac{m}{r}\frac{d}{dt}(r^2\dot{\theta})$$

を得る．第2式から直ちに

$$r^2\dot{\theta} = (\text{一定}) \tag{1.53}$$

が求められる．万有引力のように，力が常に一定の点と質点とを結ぶ直線（動径）の方向にはたらくとき，この力を**中心力**とよぶ．中心力では $F_\theta = 0$ なので，（1.53）式がいつでも成り立つ．つまり，**面積速度が一定**である．惑星についてこれが成り立っていることは，観測値をもとにして，ケプラーが見出していた（**ケプラーの第2法則**）．

動径方向の運動方程式からは

$$\ddot{r} - r\dot{\theta}^2 = -\frac{GM}{r^2}$$

が得られるが，$r^2\dot{\theta} = h$ とおいて得られる $\dot{\theta} = h/r^2$ を代入すれば

$$\frac{d^2}{dt^2}r - \frac{h^2}{r^3} = -\frac{GM}{r^2}$$

ここで r を t で微分するとき，r は $\theta(t)$ の関数として t に依存していると見て

$$\frac{d}{dt} = \frac{d\theta}{dt}\frac{d}{d\theta} = \frac{h}{r^2}\frac{d}{d\theta}$$

を用いると

$$\frac{h^2}{r^2}\frac{d}{d\theta}\left(\frac{1}{r^2}\frac{dr}{d\theta}\right) - \frac{h^2}{r^3} = -\frac{GM}{r^2}$$

となるが，さらに $r = 1/u$ とおくと左辺の（　）内は

$$\frac{1}{r^2}\frac{dr}{d\theta} = u^2\frac{d}{d\theta}\left(\frac{1}{u}\right) = u^2\left(-\frac{1}{u^2}\right)\frac{du}{d\theta} = -\frac{du}{d\theta}$$

となるので，上の式は

$$\frac{d^2u}{d\theta^2} + u = \frac{GM}{h^2}$$

と簡単になる．$u - GM/h^2 = w$ とおけば，これは

$$\frac{d^2w}{d\theta^2} = -w$$

となるから，容易に解くことができて

$$w = C\cos(\theta + \alpha)$$

が得られる．C と α は積分定数である．w から u を経て r にもどせば，r と θ の関係として

$$r = \frac{l}{1 + e\cos(\theta + \alpha)} \qquad \left(l = \frac{h^2}{GM},\quad e = \frac{h^2C}{GM}\right) \tag{1.54}$$

が得られる．これが惑星の軌道を与える式である．

解析幾何学の教えるところによれば，(1.54) 式は原点を焦点とした離心率が e の円錐曲線（楕円，放物線，双曲線の総称）を表す．$e = 1$ なら放物線，$e > 1$ なら双曲線で，どちらの場合も右辺の分母が 0，つまり r が無限大になるときがある．惑星では r はいつも有限なので，$e < 1$ の楕円（長円）の場合に相当する．したがって，**惑星は太陽を焦点とする楕円軌道を描いて運動している**という，ケプラーの第 1 法則が示された．

この場合，$e > 0$，$\alpha = 0$ と選んでも一般性をそこなわない．これは r が最小になる位置から θ を測ることに相当する (1 - 27 図)．こうすると

$$r = \frac{l}{1 + e\cos\theta}$$

であるから

$$\overline{\mathrm{OA}} = \frac{l}{1+e}, \qquad \overline{\mathrm{OB}} = \frac{l}{1-e}$$

したがって

$$\overline{\mathrm{AB}} = \frac{2l}{1-e^2}$$

となり，この楕円の長半径（$= \overline{\mathrm{MA}} = \overline{\mathrm{MB}}$）は

$$(\text{長半径}) = \frac{l}{1-e^2}$$

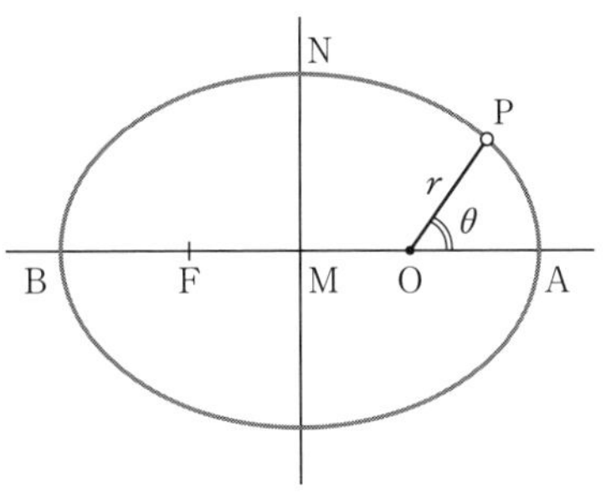

1 - 27 図

1‐1表　惑星軌道の長半径の長さ(a)と公転周期(T)
(国立天文台 編「理科年表プレミアム 1925‐2022」による)

惑　星	T[年]	a[AU]	T^2/a^3[年^2/AU^3]
水　星	0.24085	0.3871	1.00005
金　星	0.61520	0.7233	1.00018
地　球	1.00002	1.0000	1.00004
火　星	1.88085	1.5237	1.00002
木　星	11.8620	5.2026	0.99920
土　星	29.4572	9.5549	0.99473
天王星	84.0205	19.2184	0.99453
海王星	164.7701	30.1104	0.99451

※　1 AU(天文単位) = 1.496×10^{11} m

となることがわかる．また，$\overline{\mathrm{MO}} = le/(1-e^2)$ であることも導ける．P が N に来たときには $r\cos\theta = -\overline{\mathrm{MO}}$ になることを利用すると，楕円の式からこのときの r ($= \overline{\mathrm{ON}}$) が $l/(1-e^2)$ であることがわかり，$\overline{\mathrm{MN}}^2 = \overline{\mathrm{ON}}^2 - \overline{\mathrm{MO}}^2$ から $\overline{\mathrm{MN}}$，つまり

$$(\text{短半径}) = \frac{l}{\sqrt{1-e^2}}$$

が得られる．(楕円の面積) $= \pi \times$ (長半径) $\times$ (短半径) であるから

$$(\text{楕円の面積}) = \frac{\pi l^2}{(1-e^2)^{3/2}}$$

となる．これを面積速度 $h/2$ で割れば，楕円を一周するのに要する時間，つまり，周期が求められる．

$$(\text{周期}) = T = \frac{2\pi l^2}{h(1-e^2)^{3/2}}$$

これを 2 乗し，$l = h^2/GM$ ($\therefore\ h^2 = lGM$) を用いると

$$T^2 = \frac{4\pi^2 l^4}{h^2(1-e^2)^3} = \frac{4\pi^2}{GM}\left(\frac{l}{1-e^2}\right)^3 = \frac{4\pi^2}{GM} \times (\text{長半径})^3$$

が成り立っていることがわかる．惑星には太陽に近いものから遠いものまでいろいろあるが，上式はそれらの**公転周期の 2 乗は軌道の長半径の 3 乗に比例すること**を示している．これをケプラーの第 3 法則という．

ケプラーの 3 法則は，いずれも観測結果を整理して見出されたものであるが (1609 年)，それがニュートンの万有引力の法則と運動の方程式から理論的にも導き出されることがわかったのである．

§1.15　ガリレイ変換と回転座標系

力学で物体の運動を調べるには，位置を表すための座標系を決めなくてはならない．ある座標系で質点の位置が x, y, z で表されたとすると，速度の成分は $\dot{x}, \dot{y}, \dot{z}$ で与えられ，加速度の成分は $\ddot{x}, \ddot{y}, \ddot{z}$ によって求められる．そして，運動方程式として

$$F_x = m\frac{d^2x}{dt^2}, \qquad F_y = m\frac{d^2y}{dt^2}, \qquad F_z = m\frac{d^2z}{dt^2} \tag{1.55}$$

が成り立つ，というのがニュートン力学である．しかしよく考えてみると，座標系というものは，そういい加減な選び方をしてよいものではない．ぐらぐらゆれる車に固定した座標系や回転している座標系では（1.55）式は成り立たない．(1.55) 式が成り立つような座標系のことを慣性系という．地上の運動を扱う多くの場合，地球に固定した座標系を慣性系と見てよいが，地球も自転や公転をしているから，決して正しい慣性系とはいえない．太陽に固定し，恒星によって方向を定めた座標系は，まず慣性系と見て間違いない．

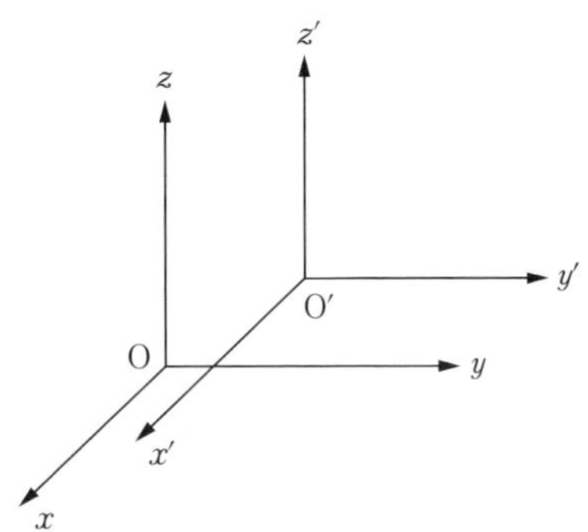

1-28 図

いま，1 つの慣性系 O - xyz (以下 K 系とよぶ）に対し，これと軸が平行なもうひとつの座標系 O′ - $x'y'z'$（K′ 系とよぶ）があって，O′ が K 系で見て

$$x_0 = a + ut, \qquad y_0 = b + vt, \qquad z_0 = c + wt$$

のような等速度運動をしているとする．このときには

$$x = x' + a + ut, \qquad y = y' + b + vt, \qquad z = z' + c + wt \tag{1.56}$$

であるから，速度は

$$\frac{dx}{dt} = \frac{dx'}{dt} + u, \qquad \frac{dy}{dt} = \frac{dy'}{dt} + v, \qquad \frac{dz}{dt} = \frac{dz'}{dt} + w \tag{1.57}$$

加速度は

$$\frac{d^2x}{dt^2}=\frac{d^2x'}{dt^2},\qquad \frac{d^2y}{dt^2}=\frac{d^2y'}{dt^2},\qquad \frac{d^2z}{dt^2}=\frac{d^2z'}{dt^2} \tag{1.58}$$

という関係で結ばれる．力 $\boldsymbol{F}$ は座標系によって変わらず，成分 F_x, F_y, F_z は座標軸の方向だけで決まると考えられるので，$F_{x'}=F_x$，$F_{y'}=F_y$，$F_{z'}=F_z$ である．したがって，K 系で (1.55) 式が成り立っているのなら，K′ 系でも

$$F_{x'}=m\frac{d^2x'}{dt^2},\qquad F_{y'}=m\frac{d^2y'}{dt^2},\qquad F_{z'}=m\frac{d^2z'}{dt^2} \tag{1.55a}$$

が成り立つ．つまり，**慣性系に対して等速度運動をする座標系はすべて慣性系である**．K 系と K′ 系との間の上記のような変換 (1.56) 式 ～ (1.57) 式をガリレイ変換といい，ガリレイ変換で結ばれる慣性系で，$\boldsymbol{F}=m\ddot{\boldsymbol{r}}$ という法則が成り立つということを，ガリレイの相対性原理という．運動法則が同じ形で成り立つ，ということを，**ガリレイ変換で運動方程式は不変**であるなどということもある．

以上は $\ddot{x}_0=\ddot{y}_0=\ddot{z}_0=0$ の場合であるが，もしこれらが 0 でないならば

$$\frac{d^2x}{dt^2}=\frac{d^2x'}{dt^2}+A_{0x}\qquad \left(A_{0x}=\frac{d^2x_0}{dt^2}\right)$$

などが成り立つから，K 系が慣性系（$m\ddot{x}=F_x$ など）なら

$$m\frac{d^2x'}{dt^2}=F_x-mA_{0x}\qquad (y', z' \text{ 成分も同様})$$

あるいは

$$m\frac{d^2\boldsymbol{r}'}{dt^2}=\boldsymbol{F}-m\boldsymbol{A}_0 \tag{1.59}$$

が得られる．右辺第 2 項は，座標系（O′ - $x'y'z'$）の加速度運動に起因する**見かけの力**である．

［例 1］ 電車が一様な加速度 a でスピードを増しつつあるとき，つり皮がどれだけ傾くか．この類の問題を考えるのには，(1.59) 式を適用すると便利である．電車に固定した座標系で考えると，重力 $\boldsymbol{F}$（下向きに mg）のほかに，電車の加速度と反対向きに大きさが ma の見かけの力が現れる．したがって，つり皮は $\tan^{-1}(a/g)$ だけ傾くことになる．

回転座標系

慣性系 O-xyz の z 軸を ζ 軸とし，その周りを一定の角速度 ω で回転する座標系 O-$\xi\eta\zeta$ を考える．

$$\begin{cases} x = \xi\cos\omega t - \eta\sin\omega t \\ y = \xi\sin\omega t + \eta\cos\omega t \end{cases} \tag{1.60}$$

これを t で二度微分すると

$$\begin{cases} \dfrac{d^2x}{dt^2} = \left(\dfrac{d^2\xi}{dt^2} - 2\omega\dfrac{d\eta}{dt} - \omega^2\xi\right)\cos\omega t - \left(\dfrac{d^2\eta}{dt^2} + 2\omega\dfrac{d\xi}{dt} - \omega^2\eta\right)\sin\omega t \\ \dfrac{d^2y}{dt^2} = \left(\dfrac{d^2\xi}{dt^2} - 2\omega\dfrac{d\eta}{dt} - \omega^2\xi\right)\sin\omega t + \left(\dfrac{d^2\eta}{dt^2} + 2\omega\dfrac{d\xi}{dt} - \omega^2\eta\right)\cos\omega t \end{cases} \tag{1.61}$$

が得られる．慣性系 O-xyz で測った加速度を $\boldsymbol{a}$ とし，回転系 O-$\xi\eta\zeta$ で見た位置 (ξ,η,ζ)，速度 $(\dot{\xi},\dot{\eta},\dot{\zeta})$，加速度 $(\ddot{\xi},\ddot{\eta},\ddot{\zeta})$ を $\boldsymbol{r}',\boldsymbol{v}',\boldsymbol{a}'$ とすると，上の式は

$$\begin{cases} a_\xi = a_\xi' - 2\omega v_\eta' - \omega^2\xi \\ a_\eta = a_\eta' + 2\omega v_\xi' - \omega^2\eta \\ a_\zeta = a_\zeta' \end{cases}$$

であることを示している．$m\boldsymbol{a} = \boldsymbol{F}$ であるから

$$\begin{cases} ma_\xi' = F_\xi + 2m\omega v_\eta' + m\omega^2\xi \\ ma_\eta' = F_\eta - 2m\omega v_\xi' + m\omega^2\eta \\ ma_\zeta' = F_\zeta \end{cases} \tag{1.62}$$

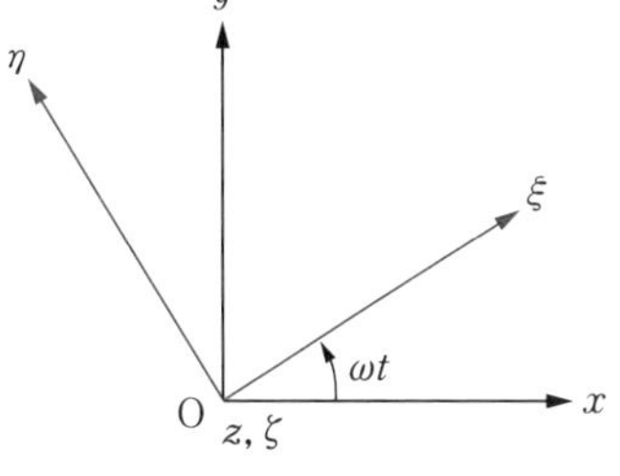

1－29 図

が得られる．右辺の第 2 項は，($\boldsymbol{v}'$ が $\xi\eta$ 面内にあるとき) $\xi\eta$ 面内で $\boldsymbol{v}'$ に垂直で大きさが $2m\omega|\boldsymbol{v}'|$ に等しい見かけの力を表す．これを**コリオリの力**という．これに対して右辺の第 3 項は，大きさが $m\omega^2\rho$ ($\rho = \sqrt{\xi^2+\eta^2}$ は ζ 軸からの距離) で，ζ 軸から質点を遠ざけるようにはたらく見かけの力であって，**遠心力**とよばれるものである．

［例 2］　地球を半径が 6400 km の球として赤道上での遠心力を求めると，角速度が $\omega = 2\pi/(24\times60\times60) = 0.73\times10^{-4}$ であるから

$$\omega^2\rho = (0.73\times10^{-4})^2\times6.4\times10^6 = 3.4\times10^{-2}\ \mathrm{m/s^2} = 3.5\times10^{-3}\,g$$

となって，重力の約 1/300 である．

問　　題

1. 自動車が発車して20秒後に時速60 kmになった．平均の加速度の大きさ，等加速度運動としてこの間の走行距離はいくらか．
2. 時速V kmで走っている車がすべらない程度の急ブレーキをかけたとき，止まるまでに約$(V^2/100)$ m走るという．ブレーキでかけることのできる加速度の大きさはどのくらいか．
3. テレビのブラウン管で電子は約2×10^8 m/sにまで加速される．静止から一様な大きさの加速度を受けて上記の速度になるものとして，電子がその陰極から画面までの約30 cmを走るのに要する時間を求めよ．
4. 質量mの車が高さh，長さLの坂を重力だけでくだったとき，ふもとでもつ速さは

$$v = \sqrt{2gh - \frac{2Lf}{m}}$$

になることを示せ．fは摩擦力の大きさ（の平均値）である．

5. 速さに比例する抵抗を受けながら落下する物体の運動を次のようにして求めよ．

（i） 鉛直下向きにx軸をとり，$v = \dot{x}$として運動方程式を立てると，$m\dot{v} = -Cv + mg$となる．$v - (mg/C)$を変数（tの関数）と見て，この方程式を積分せよ．

（ii） $t = 0$で$v = 0$として積分定数を決定せよ．

（iii） $t \to \infty$のときの速さはいくらか．

（iv） $v(t)$を積分して$x = x(t)$を求めよ．$x(0) = 0$とする．

（v） $C \to 0$のとき，上に求めた$x(t)$が$gt^2/2$になることを確かめよ．必要ならば，$e^{-\delta} \approx 1 - \delta + (\delta^2/2) - (\delta^3/6) + \cdots$（$|\delta|$が小さいとき）を用いよ．

6. 質量mの質点が原点から距離の2乗に逆比例する引力（大きさをC/r^2とする）を受けて，半径がRの円運動をしているとき，この質点の全エネルギーは$-C/2R$に等しいことを証明せよ．ただし，位置エネルギーは$r \to \infty$のときに0になるようにとる．
7. 定点からの距離に比例する引力を受け一平面内を動く質点の運動を，直角座標

を用いて調べよ．その軌道は定点を中心とする楕円になることを示せ．このような運動を**楕円振動**という．

8. 500 g の質点が 10 cm 離れて置かれているとき，これらの間にはたらいている万有引力の大きさはいくらか．

9. 長さ l の糸の一端を固定し，他端に質量 m のおもりをつける．おもりが水平面内で角速度 ω の等速円運動をするとき（**円錐振り子**），糸と鉛直線の間の角，およびその張力を求めよ．

10. 人工衛星を，赤道上の一地点の上にいつまでもいるようにするには，どのような高さで円運動させればよいか．またその速さはいくらか．地表の重力加速度を $g = 9.8\,\mathrm{m/s^2}$，地球は半径 $R = 6378\,\mathrm{km}$ の球とし，地球の公転は無視する．

（ヒント：自転と同じ周期で回転させるときの求心力がちょうど万有引力になる高さを求めればよい．気象衛星ひまわりはこのようになっている．）

11. 赤道上で，見かけの重力加速度が 0 になるためには，1 日の長さがどのように変わればよいか．地球の半径を $6.37 \times 10^6\,\mathrm{m}$ とする．

力学と自由意志

力学は物理学の基礎になっているだけでなく，すべての科学 ── 自然科学だけでなく広義の科学 ── の規範にすらなっているものである．それが確立されたのは，ニュートンの偉大な著書『自然哲学の数学的原理』（プリンキピアと略称される）が出た年（1687 年）であるといってよいであろう．この本で，力学の基本原理ともいうべき「運動の 3 法則」が明示され，運動が数式を使って定量的に求められることが示されたのである．

Isaac Newton（1642 - 1727）

最初の位置と速度が与えられ，力が既知ならば，その後の運動は ── 原理的には ── “決定” する．実際にそのような計算が可能な具体例は少ないが，惑星の運動によって力学の威力はみごとに実証された．予測とはずれた天王星の振舞は，力学の破綻を示すものではなく，他の惑星の存在によるとして，計算の予言にしたがって望遠鏡を向けた位置に海王星が発見されたとき，人びとは力学のすばらしさに驚嘆したのである．

一般の場合には，多数の物体が力をおよぼし合って複雑なので，このように正確な定量的計算はできないことが多いが，原理的には同様であると考えられる．もし万物は微粒子からできているとして，このような考えをあてはめると，すべての現象や変化はもう “決定” されているということになる．しかし，ビッグバンの瞬間に，読者の今晩のおかずまで決まっていた，などと考えることはちょっとむずかしい．自由意志と力学的決定論の関係は，力学の確立以来 300 年たっても解けない難問である．

2. 質点系と剛体

一般の物体は，多数の質点の集まり（質点系という）と考えることができる．この章の前半では，そのような質点系一般に対して成り立ついくつかの重要な事項を学ぶ．本来は質点系と考えねばならない物を質点として扱ってよい理由も判明する．

多くの固体では変形は小さいので，全く変形しない仮想的な物体（剛体という）を考え，その運動を考察することによって，多くの貴重な結論が得られる．本章の後半はそのような剛体の力学の入門である．質点力学にはない概念として，剛体の回転とそれに対する慣性を表す慣性モーメントという量をしっかり把握する必要がある．

§2.1 二体問題

まず，2つの質点（質量を m_1, m_2 とする）が互いに力をおよぼし合いながら運動している場合を考えよう．質点1が2におよぼす力を $\boldsymbol{F}_{12}$，2が1におよぼす力を $\boldsymbol{F}_{21}$ とする．また，質点の位置ベクトルを $\boldsymbol{r}_1, \boldsymbol{r}_2$ とするとき，1から見た2の位置は $\boldsymbol{r} = \boldsymbol{r}_2 - \boldsymbol{r}_1$ で与えられる．

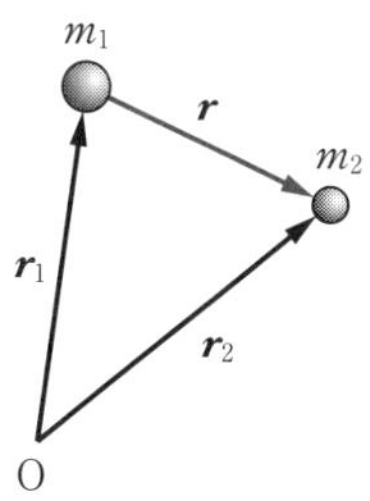

2-1図

このように，質点が力をおよぼし合っているときに成り立っていると考えられる最も基本的な法則は，**2つの質点が互いにおよぼし合う力はそれらを結ぶ線上にあって，大きさが等しく向きが反対である**，という**運動の第3法則**である．これはまた**作用・反作用の法則**ともよばれる．式で表せば

$$\boldsymbol{F}_{12} = -\boldsymbol{F}_{21} \tag{2.1}$$

であって，これらは $\boldsymbol{r} = \boldsymbol{r}_2 - \boldsymbol{r}_1$ に平行である．

作用・反作用の法則と力のつり合いとを混同している人がときどきある．力のつり合いは，**同一物体**にはたらく2力の大きさが等しく，反対

向きのときにその作用が打ち消し合うということであり，作用・反作用の法則は，**2つ**の物体がおよぼし合う力が (2.1) 式のようになっているということを述べているのであって，内容は全く異なる．後の場合，物体1の運動を支配するのは $\boldsymbol{F}_{21}$，その他1が**受ける**力であって，$\boldsymbol{F}_{12}$ のように1が**他におよぼす**力ではない．したがって，$\boldsymbol{F}_{21}$ と $\boldsymbol{F}_{12}$ のつり合いを考えることなどは全く意味のないことである．しかし，関係 (2.1) が存在するために，これらの力によって質点1と2に生じる運動には，次の重要な関係がある．

いま，2つの質点が相互におよぼし合う力だけで運動している場合に，それぞれに対して運動方程式を書くと

$$\begin{cases} m_1 \dfrac{d^2\boldsymbol{r}_1}{dt^2} = \boldsymbol{F}_{21} \\[2ex] m_2 \dfrac{d^2\boldsymbol{r}_2}{dt^2} = \boldsymbol{F}_{12} \end{cases} \tag{2.2}$$

となるが，この2式を加えると，(2.1) 式によって $\boldsymbol{F}_{21} + \boldsymbol{F}_{12} = 0$ であるから

$$\frac{d^2}{dt^2}(m_1\boldsymbol{r}_1 + m_2\boldsymbol{r}_2) = 0 \tag{2.3}$$

を得る．いま，$M = m_1 + m_2$（質点系の全質量）として，

$$M\boldsymbol{R} = m_1\boldsymbol{r}_1 + m_2\boldsymbol{r}_2 \tag{2.4}$$

によって**重心**（または**質量中心**）の位置を定義しよう．成分で書けば $MX = m_1x_1 + m_2x_2$ などである．これは2つの質点を結ぶ線分を質量の逆比に内分する点Gである（$\overline{\mathrm{P_1G}}/\overline{\mathrm{P_2G}} = m_2/m_1$）．そうすると (2.3) 式は

$$M\frac{d^2\boldsymbol{R}}{dt^2} = 0 \tag{2.5}$$

となり，重心Gは加速度が0，つまり等速度運動をすることがわかる．その速度が最初に0ならば，いつまでたっても0，つまり重心は不動に保たれる．

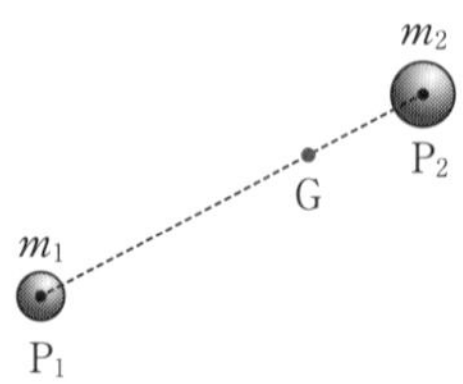

2-2図　二体系と重心 $\dfrac{\mathrm{P_1G}}{\mathrm{P_2G}} = \dfrac{m_2}{m_1}$

次に，(2.2) 式を

$$\frac{d^2\boldsymbol{r}_1}{dt^2} = \frac{1}{m_1}\boldsymbol{F}_{21}, \qquad \frac{d^2\boldsymbol{r}_2}{dt^2} = \frac{1}{m_2}\boldsymbol{F}_{12}$$

として引き算をすると，$\boldsymbol{r} = \boldsymbol{r}_2 - \boldsymbol{r}_1$ および (2.1) 式を使って

$$\frac{d^2\boldsymbol{r}}{dt^2} = \left(\frac{1}{m_1} + \frac{1}{m_2}\right)\boldsymbol{F}_{12}$$

が得られるが，ここで

$$\mu = \frac{1}{\dfrac{1}{m_1} + \dfrac{1}{m_2}} \tag{2.6}$$

によって，この2質点の**換算質量**を定義すると，上の式は

$$\mu\frac{d^2\boldsymbol{r}}{dt^2} = \boldsymbol{F}_{12} \tag{2.7}$$

という1個の質点に対する運動方程式と同じ形の式になる．

一般に，力 $\boldsymbol{F}_{12}$ は2質点間の相対座標 $\boldsymbol{r}$ の関数である．たとえば，万有引力ならば

$$F_{12} = G\frac{m_1 m_2}{r^2}$$

であり，方向や向きまで考えてベクトルにすれば

$$\boldsymbol{F}_{12} = -G\frac{m_1 m_2}{r^2}\frac{\boldsymbol{r}}{r}$$

と書かれる．このような式を（2.7）式の右辺に代入してからあとは，$\boldsymbol{r}$ が相対座標であることなど忘れて，1個の質点の場合と同じに扱って運動を決めればよい．$\boldsymbol{R}(t)$（等速度運動）と $\boldsymbol{r}(t)$ が求められれば，各質点の運動は

$$\boldsymbol{r}_1(t) = \boldsymbol{R}(t) - \frac{m_2}{M}\boldsymbol{r}(t), \qquad \boldsymbol{r}_2(t) = \boldsymbol{R}(t) + \frac{m_1}{M}\boldsymbol{r}(t)$$

によって与えられる．これらの式の導出は読者自ら試みてほしい．

［例］ 2つの星が万有引力で引き合って重心の周りを回っている**連星**は上の典型例である．いま，$r =$（一定）（r_0 とする）で行う運動を考える．（2.7）式で $\boldsymbol{F}_{12}$ に万有引力を入れた場合の一般的な運動は，第1章の§1.14で扱った楕円運動であるが，$r = r_0$ はその特別な場合である等速円運動である．面積速度一定，つまり $r^2\dot{\theta} =$（一定）において $r = r_0$（一定）とすれば $\dot{\theta}$ も一定になるからである．その一定の角速度を $\dot{\theta} = \omega$ とすれば，接線加速度は0，法線加速度は $v^2/r_0 = r_0\omega^2$ であるから，（2.7）式は

$$\mu r_0\omega^2 = G\frac{m_1m_2}{{r_0}^2}$$

となる．$\mu = m_1m_2/(m_1+m_2)$ であることを用いると

$$\omega^2 = \frac{(m_1+m_2)G}{{r_0}^3}$$

が得られるから，周期 T は

$$T = \frac{2\pi}{\omega} = 2\pi\sqrt{\frac{{r_0}^3}{(m_1+m_2)G}}$$

となることがわかる．

問　$m_1 = m_2$（$=m$）のときには換算質量は $\mu = \dfrac{m}{2}$ になることを示せ．

§2.2　重心とその運動

連星は2つの質点からできている質点系であり，太陽系はもっと多数の質点から構成されている質点系とみなすことができる．前節では相互作用している2質点の系を扱ったが，このように扱えるのは2質点の問題（**二体問題**）までであって，**三体問題**以上の**多体問題**になると解析的に厳密な扱いは不可能であることが証明されている．

地上でわれわれが扱う通常の物体は大きさをもっているから，一般には質点としては扱えない．そのような物体 ── 流体なども含めて ── もこれを微小部分に細分して考えれば，多数の質点の集まりとみなすことができる．

すべての物体はこれを原子レベルにまで細かく分けて考えれば，原子核と電子の集まりであり，原子核もさらに中性子と陽子からできているから，質点系であるに違いないともいえる．しかしそこまで細かくすると，ニュートン力学では扱えなくなってしまう．そこで上の微小部分というのはマクロ（巨視的）には十分小さいが，ミクロ（微視的）には十分大きくて多数の原子を含み，考えている物質の小片とみなしうるようなものとするのである．

質点 $1, 2, 3, \cdots$ が互いに力をおよぼし合っていて，i 番目が j 番目におよぼす力を $\boldsymbol{F}_{ij}$ とする．このように質点系内で互いにおよぼし合っている力を**内力**とよぶ．いま考えている質点系にはこのほかに外部からも力が作用して

いるものとし，i 番目の質点が受けている**外力**を $\boldsymbol{F}_i$ と表すことにする．そうすると，各質点の質量を $m_1, m_2, m_3, \cdots$，それらの位置を $\boldsymbol{r}_1, \boldsymbol{r}_2, \boldsymbol{r}_3, \cdots$ として，運動方程式は

$$\begin{cases} m_1 \dfrac{d^2\boldsymbol{r}_1}{dt^2} = \boldsymbol{F}_1 + \boldsymbol{F}_{21} + \boldsymbol{F}_{31} + \cdots \\ m_2 \dfrac{d^2\boldsymbol{r}_2}{dt^2} = \boldsymbol{F}_2 + \boldsymbol{F}_{12} + \boldsymbol{F}_{32} + \cdots \\ \qquad\qquad \cdots\cdots\cdots \end{cases} \tag{2.8}$$

となる．これらを全部加え合わせると，内力については作用・反作用の法則により $\boldsymbol{F}_{ij} + \boldsymbol{F}_{ji} = 0$ が成り立つから，右辺の和としては外力だけが残って

$$m_1 \frac{d^2\boldsymbol{r}_1}{dt^2} + m_2 \frac{d^2\boldsymbol{r}_2}{dt^2} + \cdots = \boldsymbol{F}_1 + \boldsymbol{F}_2 + \cdots \tag{2.9}$$

が得られる．いま

$$M = m_1 + m_2 + \cdots$$

として，重心または質量中心の位置 $\boldsymbol{R}$ を

$$M\boldsymbol{R} = m_1\boldsymbol{r}_1 + m_2\boldsymbol{r}_2 + \cdots \tag{2.10}$$

によって定義すると，上の式は

$$M \frac{d^2\boldsymbol{R}}{dt^2} = \boldsymbol{F}_1 + \boldsymbol{F}_2 + \cdots = \sum_i \boldsymbol{F}_i \tag{2.11}$$

となる．この式は，質量が M である **1 個**の質点 —— その位置を $\boldsymbol{R}$ とする —— に外力 $\boldsymbol{F}_1, \boldsymbol{F}_2, \cdots$ が作用しているときの運動方程式になっている．つまり，**質点系の重心は，質点系の全質量がそこに集中し，外力もすべてそこにはたらいているときの 1 つの質点と全く同じ運動をする**．実際には大きさのあるものを質点とみなし，第 1 章で調べたような方法で扱ってよいのはこのためである．

ふつうの物体は豆細工のようなものではなく，マクロには質量が連続的に分布していると考えられる．そのような物の重心を (2.10) 式で求めるには，これを微小部分に細分してその各部分を質点とみなせばよい．微小部分の体積を dV とし，各部分 —— その位置を $\boldsymbol{r}$ で表す —— の密度を $\rho(\boldsymbol{r})$ とすると，$\boldsymbol{r}$ にある微小部分の質量は $\rho(\boldsymbol{r})\,dV$ と表される．これが m_i に対応する．i についての和は積分に対応する．したがって

$$m_1\boldsymbol{r}_1 + m_2\boldsymbol{r}_2 + \cdots = \sum_i m_i\boldsymbol{r}_i \quad \longrightarrow \quad \iiint \rho(\boldsymbol{r})\boldsymbol{r}\,dV$$

$$M = m_1 + m_2 + \cdots = \sum_i m_i \quad \longrightarrow \quad \iiint \rho(\boldsymbol{r})\,dV$$

となるので，重心の位置 $\boldsymbol{R}$ は

$$\boldsymbol{R} = \frac{\iiint \rho(\boldsymbol{r})\boldsymbol{r}\,dV}{\iiint \rho(\boldsymbol{r})\,dV} \tag{2.12}$$

によって計算すればよい．成分で書けば

$$X = \frac{\iiint \rho(x,y,z)\,x\,dx\,dy\,dz}{\iiint \rho(x,y,z)\,dx\,dy\,dz} \qquad (Y, Z\text{ も同様}) \qquad (2.12)'$$

となる．

(2.12) 式による重心の計算は多重積分の演習問題のようなものであるから，ここでは立ち入らないことにする．一様な球の重心はその中心，一様な三角板の重心はその幾何学的重心と一致する．

問　人間も体を曲げれば重心を体の外に出すことができる．棒高飛びの選手はこれをどのように利用しているか．

§2.3　運動量と角運動量

てこなどで容易にわかるように，力 $\boldsymbol{F}$ がある点 (O とする) の周りで物を回転させようとするはたらきの大きさは，力の大きさ F だけでなく，O 点から力の作用線までの距離 —— O から作用線へ下した垂線 OH の長さ l —— にも比例する．この F と l の積を，O 点に関する力 $\boldsymbol{F}$ のモーメントの大きさとよぶ．どういう回転かということは，回転軸の方向によるが，回転軸は力の作用線と O 点の決定する平面に垂直である．この軸の周りでどちら向きかとい

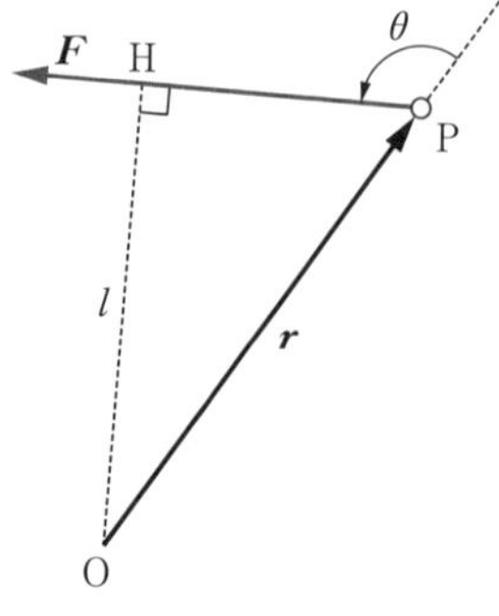

2-3図　力のモーメント

うことは，右ねじの進む向きで表せばよい．2-3図の場合なら時計の針と反対回りであるから手前向きである．そこで，O点に関する $\boldsymbol{F}$ のモーメントを，大きさが Fl で，上記回転軸の方向と向きをもったベクトルと定義する．そしてこれを

$$\boldsymbol{N} = \boldsymbol{r} \times \boldsymbol{F} \qquad (\boldsymbol{r} = \overrightarrow{\mathrm{OP}}) \tag{2.13}$$

で表す．このように定めた $\boldsymbol{N}$ はベクトルの合成則にしたがい，その成分は

$$N_x = yF_z - zF_y, \qquad N_y = zF_x - xF_z, \qquad N_z = xF_y - yF_x \tag{2.14}$$

で与えられることが証明される．

$$N = Fl = Fr\sin\theta \tag{2.15}$$

は $\boldsymbol{r}$ と $\boldsymbol{F}$ を2辺とする平行四辺形の面積である．$\boldsymbol{r}$ と $\boldsymbol{F}$ が平行または反平行（$\theta = 0$ または π）なとき $\boldsymbol{N} = 0$ である．

2つのベクトルのベクトル積

$\boldsymbol{r}$ と $\boldsymbol{F}$ から $\boldsymbol{N}$ を定義したように，2つのベクトル $\boldsymbol{A}$ と $\boldsymbol{B}$ から，大きさが $C = AB\sin\phi$（ϕ は $\boldsymbol{A}$ と $\boldsymbol{B}$ の間の角，π より小さい方をとる）で，$\boldsymbol{A}$ と $\boldsymbol{B}$ の両方に垂直で $\boldsymbol{A}$ から $\boldsymbol{B}$ の向きに右ねじを回したときにそれが進む向きをもつベクトル $\boldsymbol{C}$ を考えることができる．これを $\boldsymbol{A}$ と $\boldsymbol{B}$ のベクトル積といい，

$$\boldsymbol{C} = \boldsymbol{A} \times \boldsymbol{B}$$

で表す．

$$\boldsymbol{A} \times \boldsymbol{B} = -(\boldsymbol{B} \times \boldsymbol{A})$$

に注意を要する．座標軸（右手系とする）方向の単位ベクトル $\boldsymbol{i}, \boldsymbol{j}, \boldsymbol{k}$ に関して

$$\boldsymbol{i} \times \boldsymbol{j} = \boldsymbol{k}, \qquad \boldsymbol{j} \times \boldsymbol{k} = \boldsymbol{i}, \qquad \boldsymbol{k} \times \boldsymbol{i} = \boldsymbol{j} \tag{2.16}$$

が成り立つ．また

$$\boldsymbol{A} = A_x\boldsymbol{i} + A_y\boldsymbol{j} + A_z\boldsymbol{k}, \qquad \boldsymbol{B} = B_x\boldsymbol{i} + B_y\boldsymbol{j} + B_z\boldsymbol{k}$$

とすると，(2.16) 式および $\boldsymbol{i} \times \boldsymbol{i} = 0$ などから

$$\boldsymbol{A} \times \boldsymbol{B} = (A_yB_z - A_zB_y)\boldsymbol{i} + (A_zB_x - A_xB_z)\boldsymbol{j} + (A_xB_y - A_yB_x)\boldsymbol{k} \tag{2.17}$$

と書かれることがわかる．この関係式は，行列式を使って形式的に次のように表すこともできる．

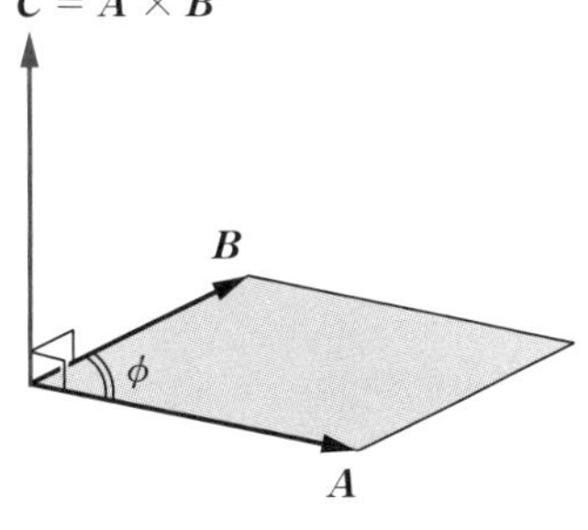

2-4図　ベクトル積

$$\boldsymbol{A}\times\boldsymbol{B}=\begin{vmatrix}\boldsymbol{i} & \boldsymbol{j} & \boldsymbol{k}\\ A_x & A_y & A_z\\ B_x & B_y & B_z\end{vmatrix} \tag{2.18}$$

質量 m の質点が速度 $\boldsymbol{v}$ で運動しているときに，この質点は運動量 $\boldsymbol{p}=m\boldsymbol{v}$ をもっているという．重いものが大きな速さで動いているときは大きな運動量をもつ．運動量というベクトル量は衝突の問題などで重要性を発揮するが，力学においては速度などよりも基本的な量であるともいえるものである．この $\boldsymbol{p}$ を用いると，質点の運動方程式は

$$\boldsymbol{F}=\frac{d\boldsymbol{p}}{dt} \tag{2.19}$$

と書くこともできる．ニュートンが最初に与えたのはこの形の式であった．

運動量のモーメント

$$\boldsymbol{l}=\boldsymbol{r}\times\boldsymbol{p} \tag{2.20}$$

を，（$\boldsymbol{r}$ を測る基準点に関する）角運動量という．

いま，簡単のために xy 平面内で行われる運動を考えると，$\boldsymbol{r}$ も $\boldsymbol{p}$ も $\boldsymbol{F}$ も z 成分をもたないから，$\boldsymbol{N}$ も $\boldsymbol{l}$ も z 成分だけしかもたない．

$$N_z=xF_y-yF_x,\qquad l_z=xp_y-yp_x$$

である．ところで

$$p_x=m\frac{dx}{dt},\qquad p_y=m\frac{dy}{dt}$$

であるから

$$\begin{aligned}\frac{dl_z}{dt}&=m\frac{d}{dt}\left(x\frac{dy}{dt}-y\frac{dx}{dt}\right)\\&=m\left(\frac{dx}{dt}\frac{dy}{dt}+x\frac{d^2y}{dt^2}-\frac{dy}{dt}\frac{dx}{dt}-y\frac{d^2x}{dt^2}\right)\\&=mx\frac{d^2y}{dt^2}-my\frac{d^2x}{dt^2}\end{aligned}$$

となるが，運動方程式 $F_x=m\ddot{x}$，$F_y=m\ddot{y}$ を利用すると，この式は

$$\frac{dl_z}{dt}=xF_y-yF_x \tag{2.21 a}$$

つまり

$$\frac{dl_z}{dt} = N_z \tag{2.21 b}$$

となることがわかる.

一般の運動では x 成分や y 成分でも同様な関係が成り立ち，ベクトルを使って

$$\frac{d\boldsymbol{l}}{dt} = \boldsymbol{N} \tag{2.22}$$

と表されることがわかる.

中心力では $\boldsymbol{F}$ と $\boldsymbol{r}$ が平行（または反平行）なので $\boldsymbol{N} = 0$ であり，したがって $\boldsymbol{l}$ は一定に保たれる．この $\boldsymbol{l}$ に垂直に xy 面をとれば，$l_x = l_y = 0$ のままで運動することになる．これは軌道が xy 面からはずれないことを意味する.

中心力による xy 面内の運動では l_z が一定に保たれるが，極座標で表せば

$$v_x = \dot{r}\cos\theta - r\dot{\theta}\sin\theta, \qquad v_y = \dot{r}\sin\theta + r\dot{\theta}\cos\theta$$
$$x = r\cos\theta, \qquad y = r\sin\theta$$

なので

$$l_z = m(xv_y - yv_x) = mr^2\dot{\theta}$$

となり，(1.51) 式と比べればわかるように，これは面積速度の $2m$ 倍に等しい．つまり，「$l_z =$ (一定)」と「面積速度一定」とは同じことである.

問 質量 145 g の野球ボールを時速 144 km の剛速球で投げたとき，ボールのもつ運動量の大きさはいくらか．これを迎え打とうとかまえている打者の手の位置から見たボールの角運動量の大きさはおよそいくらか．手からバットのボールが当たるところまでの長さを 60 cm とする.

§2.4 運動量保存則と衝突

質点 $1, 2, \cdots$ の速度を $\boldsymbol{v}_1, \boldsymbol{v}_2, \cdots$ とすると，(2.9) 式は

$$m_1\frac{d\boldsymbol{v}_1}{dt} + m_2\frac{d\boldsymbol{v}_2}{dt} + \cdots = \frac{d}{dt}(m_1\boldsymbol{v}_1 + m_2\boldsymbol{v}_2 + \cdots) = \boldsymbol{F}_1 + \boldsymbol{F}_2 + \cdots$$

となるが，運動量 $\boldsymbol{p}_i = m_i\boldsymbol{v}_i$ を用いると

$$\frac{d}{dt}(\boldsymbol{p}_1 + \boldsymbol{p}_2 + \cdots) = \boldsymbol{F}_1 + \boldsymbol{F}_2 + \cdots \tag{2.23}$$

すなわち

$$\frac{d}{dt}\sum_i \boldsymbol{p}_i = \sum_i \boldsymbol{F}_i \tag{2.23$'$}$$

が得られる．質点系の全運動量を

$$\boldsymbol{P} = \sum_i \boldsymbol{p}_i \tag{2.24}$$

で定義する．右辺は (2.10) 式の右辺を t で微分したものであるから

$$\boldsymbol{P} = M\frac{d\boldsymbol{R}}{dt} \tag{2.25}$$

とも表される．(2.24), (2.25) 式を (2.23)′ 式に入れれば

$$\frac{d\boldsymbol{P}}{dt} = M\frac{d^2\boldsymbol{R}}{dt^2} = \sum_i \boldsymbol{F}_i \tag{2.26}$$

が得られる．以上からわかることは

(i) 質点系の全運動量は，重心に全質量が集中したと考えたときの質点の運動量に等しい．$\boldsymbol{P} = M\dot{\boldsymbol{R}}$.

(ii) 質点系の全運動量の時間的変化の割合は，外力の総和に等しく，内力には無関係である．$\dot{\boldsymbol{P}} = M\ddot{\boldsymbol{R}} = \sum_i \boldsymbol{F}_i$.

(iii) もし外力がはたらいていないか，その総和が 0 ならば，質点系の全運動量は一定に保たれる．これを運動量保存の法則という．

2 つの物体（粒子）が互いに近づいて力をおよぼし合い，最初にもっていた運動量やエネルギーを変化させるのが衝突である．地上のマクロの物体の場合には相互の万有引力は無視できるのがふつうであるから，力は両物体が接触したときに生じる抗力であり，物体が固体であると**撃力** ── 瞬間的に作用する大きな力 ── になる．撃力では力が時間とともにどのように変化するかは測定しにくい．このときは運動方程式

$$m\frac{d\boldsymbol{v}}{dt} = \boldsymbol{F} \qquad (\boldsymbol{F}\text{ は撃力})$$

を t で積分して得られる

$$m\int_{t_1}^{t_2}\frac{d\boldsymbol{v}}{dt}\,dt = m\boldsymbol{v}(t_2) - m\boldsymbol{v}(t_1) = \int_{t_1}^{t_2}\boldsymbol{F}\,dt$$

あるいは

$$\boldsymbol{p}(t_2) - \boldsymbol{p}(t_1) = \int_{t_1}^{t_2}\boldsymbol{F}\,dt \tag{2.27}$$

という関係が重要である．これらの式の(最)右辺の量 —— $\int F_x\,dt$, $\int F_y\,dt$, $\int F_z\,dt$ を成分とするベクトル —— を力 $\boldsymbol{F}$ の t_1 から t_2 までの間の**力積**とよぶ．**質点の運動量の変化高は，その間にはたらいた力の力積に等しい**．撃力では $\boldsymbol{F}$ そのものは求めにくいが，力積は運動量の変化によって知ることができる．

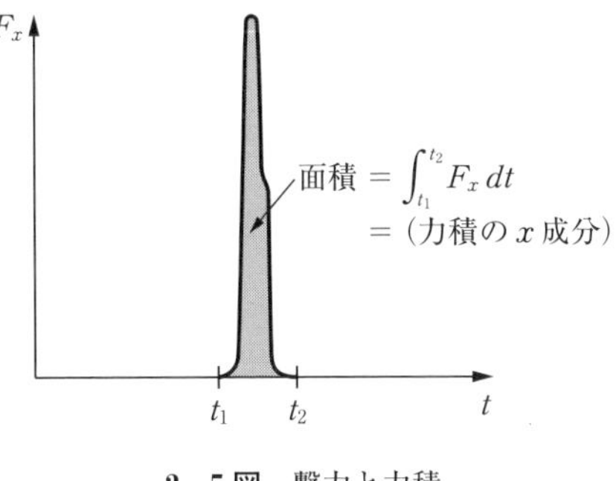

2-5図　撃力と力積

2つの質点の衝突では，外力がなければ

$$\frac{d\boldsymbol{p}_1}{dt} = \boldsymbol{F}_{21}, \qquad \frac{d\boldsymbol{p}_2}{dt} = \boldsymbol{F}_{12}$$

であるから，それぞれ積分して

$$\boldsymbol{p}_1(t_2) - \boldsymbol{p}_1(t_1) = \int_{t_1}^{t_2} \boldsymbol{F}_{21}\,dt, \qquad \boldsymbol{p}_2(t_2) - \boldsymbol{p}_2(t_1) = \int_{t_1}^{t_2} \boldsymbol{F}_{12}\,dt$$

を得るが，衝突の間，常に $\boldsymbol{F}_{21} = -\boldsymbol{F}_{12}$ であるから

$$\int_{t_1}^{t_2} \boldsymbol{F}_{21}\,dt = -\int_{t_1}^{t_2} \boldsymbol{F}_{12}\,dt$$

であり，したがって

$$\boldsymbol{p}_1(t_2) - \boldsymbol{p}_1(t_1) = -\boldsymbol{p}_2(t_2) + \boldsymbol{p}_2(t_1)$$

つまり

$$\boldsymbol{p}_1(t_1) + \boldsymbol{p}_2(t_1) = \boldsymbol{p}_1(t_2) + \boldsymbol{p}_2(t_2) \tag{2.28}$$

という運動量保存則が成り立つことがわかる．外力が作用していても，衝突の力が撃力ならば，t_1 と t_2 を衝突の直前と直後にとれば，撃力の力積は有限の大きさをもつが，外力の力積（外力は短い瞬間に変化しないと見てよいから，力積はそのときの外力に $t_2 - t_1$ を掛けたものに等しい．外力の大きさは撃力のように大きくないのに $t_2 - t_1$ はきわめて小さい）は無視できるので，衝突の**直前**と**直後**に関しては（2.28）式が成り立つと考えてよい．

衝突前の2粒子の運動量 $\boldsymbol{p}_1(t_1), \boldsymbol{p}_2(t_1)$ がわかっていても，（2.28）式だけから衝突後の運動量 $\boldsymbol{p}_1(t_2), \boldsymbol{p}_2(t_2)$ を決めることはできない．成分で書けば

(2.28) 式は3つの式になるが，決めるべき運動量の成分は合計して6個あるからである．

衝突前と後とで運動エネルギーを比べた場合に，それが変化しない衝突を**弾性衝突**という．このときは

$$\frac{1}{2}m_1 v_1{}^2(t_1) + \frac{1}{2}m_2 v_2{}^2(t_1) = \frac{1}{2}m_1 v_1{}^2(t_2) + \frac{1}{2}m_2 v_2{}^2(t_2) \tag{2.29 a}$$

あるいは

$$\frac{1}{2m_1}p_1{}^2(t_1) + \frac{1}{2m_2}p_2{}^2(t_1) = \frac{1}{2m_1}p_1{}^2(t_2) + \frac{1}{2m_2}p_2{}^2(t_2) \tag{2.29 b}$$

が成り立つ．エネルギーはベクトルでないから，これはただ1つの式であって，衝突後の両粒子の運動量を決めるにはまだ足りない．あとの式は，粒子間の力のはたらき方 —— それは衝突の仕方によって異なる —— に関係するので一般的に論じることはできない．

衝突前後で運動エネルギーに変化を生じる衝突を**非弾性衝突**という．大ていの場合，運動エネルギーは減少する．

問 静止している球に，飛んできた球が弾性衝突してつきとばすときに，両球の質量が等しければ，飛んできた球は衝突後は止まってしまうことを示せ．両球の中心が常に同一直線上にあるときだけ考えればよい．

［例］ 2つの質点（質量はどちらも m とする）を長さが l で強さが k のバネでつないだものが静止している．質量が m_0 の別の質点が速さ v_0 で飛んできて一方の質点に図のように衝突した．この衝突が撃力による弾性衝突であるとしたら，衝突後の運動はどのようになるであろうか．

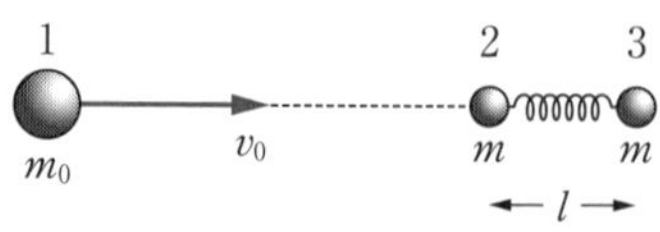

2-6図

質点に図のように番号をつける．1と2が衝突した直後の速度を v_0', v とすると（速度はすべて一直線上にあるとする），

$$\text{運動量の保存則から}\quad m_0 v_0 = m_0 v_0' + mv$$

$$\text{運動エネルギーは不変なので}\quad m_0 v_0{}^2 = m_0 v_0'^2 + mv^2$$

第1式から

$$m_0(v_0 - v_0') = mv \tag{2.30}$$

第2式から

$$m_0(v_0 - v_0')(v_0 + v_0') = mv^2 \tag{2.31}$$

(2.30) 式を (2.31) 式の左辺に代入し，得られた式を mv で割って

$$v_0 + v_0' = v \tag{2.32}$$

(2.30) 式と (2.32) 式から

$$v_0' = \frac{m_0 - m}{m_0 + m} v_0 \tag{2.33}$$

$$v = \frac{2m_0}{m_0 + m} v_0 \tag{2.34}$$

が求められる．$m_0 > m$ ならば $v_0' > 0$ (右向き) であるが，$m_0 < m$ であると $v_0' < 0$，つまり，質点1は左向きにはね返される．$m_0 = m$ なら $v_0' = 0$，$v = v_0$ となって，質点1と2は速度を交換する．

衝突後は2と3を一緒にしたものを1つの質点系とみなすと，バネを通しておよぼし合う力は内力であるから，この系の全運動量は一定に保たれる．それを P とすると，$P = MV$ ($M = 2m$，V は2と3の重心 —— それが2と3の中点になることは自明であろう —— の速度) であるから

$$P = mv = \frac{2m_0 m}{m_0 + m} v_0 = 2mV$$

より，

$$V = \frac{m_0}{m_0 + m} v_0 \tag{2.35}$$

となることがわかる．

2と3の相対運動を調べるには (2.7) 式を適用すればよい．この場合 $\mu = m/2$，$F_{23} = -k(x - l)$ であるから，(2.7) 式は

$$\frac{m}{2}\frac{d^2x}{dt^2} = -k(x - l) \qquad (x = x_3 - x_2)$$

となるが，$x - l = \xi$ とおけば

$$\frac{d^2\xi}{dt^2} = -\frac{2k}{m}\xi$$

となり，ξ は単振動になることがわかる．$t=0$ で $\xi=0$, $\dot{\xi}=\dot{x}=\dot{x}_3-\dot{x}_2=-v$ であるから

$$\xi = A\sin\sqrt{\frac{2k}{m}}t + B\cos\sqrt{\frac{2k}{m}}t$$

とすると，$B=0$, $A=-v\sqrt{m/2k}$ であることがわかる．ゆえに

$$x_3 - x_2 = l - v\sqrt{\frac{m}{2k}}\sin\sqrt{\frac{2k}{m}}t \tag{2.36}$$

2 と 3 の重心は速度 V の等速度運動をするのであるから

$$\frac{1}{2}(x_3+x_2) = \frac{m_0}{m_0+m}v_0 t + (\text{定数}) \tag{2.37}$$

と表される．(2.36) 式と (2.37) 式から $x_2(t), x_3(t)$ を別々に求めることは容易である．

いま，上の例において，2 と 3 を一緒にしたものを 1 つの質点のように扱ったとして，それと 1 との衝突がどのようなものになっているかを考えてみよう．$(2+3)$ は質量が $2m$ で最初静止しており，そこへ質量 m_0 の 1 が速度 v_0 で衝突し，衝突後 1 は v_0', $(2+3)$ は V の速度になったわけである．(2.33) 式と (2.35) 式を用いれば，衝突後の運動量は

$$m_0v_0' + (2m)V = \frac{m_0-m}{m_0+m}m_0v_0 + \frac{2m_0m}{m_0+m}v_0 = m_0v_0$$

となって衝突前のものと等しいことがわかる．ところが，運動エネルギーの方は

$$\text{衝突前}：\frac{1}{2}m_0{v_0}^2 \tag{2.38}$$

$$\text{衝突後}：\frac{1}{2}m_0{v_0'}^2 + \frac{1}{2}2mV^2 = \frac{1}{2}m_0{v_0}^2 \times \frac{{m_0}^2+m^2}{(m_0+m)^2} < \frac{1}{2}m_0{v_0}^2 \tag{2.39}$$

となって，衝突によって減少していることがわかる．1 と 2 の衝突は弾性衝突であったのにこのようになったのは，$(2+3)$ の全体としての運動（重心の運動）だけに着目し，重心を中心として 2 と 3 が行う振動 —— これは $(2+3)$ という質点系の内部運動である —— を度外視したからである．これは最も簡単な例であるが，2 つの物体の間の非弾性衝突で失われたように見

えるエネルギーは，このように物体（質点系）の内部運動のエネルギーに転化しているのである．それが目に見えない細かい原子の振動ならば，熱エネルギーへの転化ということになる．

§2.5　重心運動と相対運動

質点系の運動で重心が重要な役割をしていることがわかったから，重心から見た各質点の運動を考えてみることにしよう．座標原点を O とし，重心 G の位置を $\boldsymbol{R} = \overrightarrow{\mathrm{OG}}$，$i$ 番目の質点の位置を $\boldsymbol{r}_i$ とする．G から見た i の位置を $\boldsymbol{r}_i'$ とすると

$$\boldsymbol{r}_i = \boldsymbol{R} + \boldsymbol{r}_i' \qquad (2.40)$$

である．成分で書けば

$$\begin{cases} x_i = X + x_i' \\ y_i = Y + y_i' \\ z_i = Z + z_i' \end{cases}$$

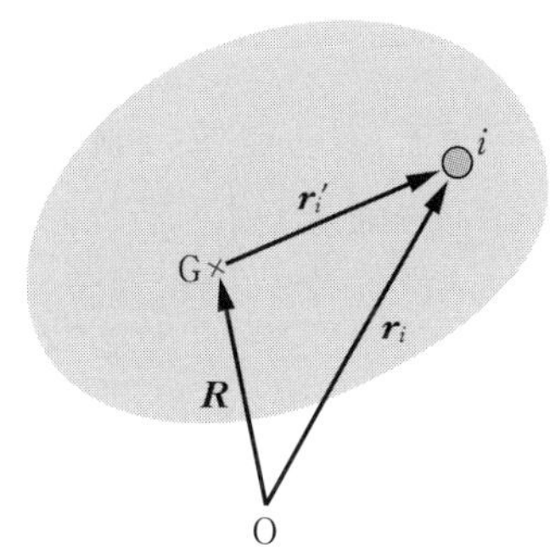

2-7図　重心と相対位置

である．これを時間で微分すれば

$$\boldsymbol{v}_i = \boldsymbol{V} + \boldsymbol{v}_i' \qquad (2.41)$$

となる．$\boldsymbol{v}_i'$ は重心 G から見た質点 i の**相対速度**である．(2.40) 式に m_i を掛けて i について加え合わせると

$$\sum_i m_i \boldsymbol{r}_i = \sum_i m_i \boldsymbol{R} + \sum_i m_i \boldsymbol{r}_i'$$

となるが，右辺第1項は $\sum_i m_i = M$ として $M\boldsymbol{R}$ に等しい．ところが，重心の定義 (2.10) 式によりこの $M\boldsymbol{R}$ は左辺の $\sum_i m_i \boldsymbol{r}_i$ に等しいから，結局

$$\sum_i m_i \boldsymbol{r}_i' = 0 \qquad (2.42)$$

であることがわかる．時間で微分すれば

$$\sum_i m_i \boldsymbol{v}_i' = 0 \qquad (2.43)$$

であることもわかる．

次に，質点系の運動エネルギーを考えてみよう．

$$v_{ix} = V_x + v_{ix}' \qquad (y, z \text{ 成分も同様})$$

であるから

$$\frac{1}{2}m_i v_{ix}{}^2 = \frac{1}{2}m_i V_x{}^2 + m_i v_{ix}{}' V_x + \frac{1}{2}m_i v_{ix}{}'^2$$

となるが，これを i について合計し (2.43) 式の x 成分を用いると，右辺第 2 項の和は消えて

$$\sum_i \frac{1}{2}m_i v_{ix}{}^2 = \frac{1}{2}MV_x{}^2 + \sum_i \frac{1}{2}m_i v_{ix}{}'^2$$

が得られる．y 成分，z 成分についても同様の式を求めることができるから，それらを加えれば

$$\sum_i \frac{1}{2}m_i v_i{}^2 = \frac{1}{2}MV^2 + \sum_i \frac{1}{2}m_i v_i{}'^2 \tag{2.44}$$

となる．つまり，**質点系の運動エネルギーは，重心運動の運動エネルギーと，それに対する相対運動の運動エネルギーの和に等しい**．前節の終りのところで内部運動のエネルギーとよんだのは (2.44) 式の右辺第 2 項のことである．

マクロの物体は原子からできており，われわれが見て静止しているときでも，原子は細かい乱雑な運動をしている．これが熱運動とよばれるものである．衝突とか摩擦で力学的エネルギーが一部失われるように見えるのは，このような内部運動の運動エネルギーや位置エネルギー（前節の例ではバネによる弾性力の位置エネルギー）に転化するためなのである．

［例］ 前節の［例］(52 ページ) で，内部運動のエネルギーを考えてみよう．

$$X = \frac{1}{2}(x_2 + x_3)$$

であるから

$$x_2{}' = x_2 - X = \frac{1}{2}(x_2 - x_3), \qquad x_3{}' = x_3 - X = \frac{1}{2}(x_3 - x_2)$$

t で微分して

$$\dot{x}_2{}' = \frac{1}{2}(\dot{x}_2 - \dot{x}_3), \qquad \dot{x}_3{}' = \frac{1}{2}(\dot{x}_3 - \dot{x}_2)$$

であることがわかる．したがって，相対運動の運動エネルギーは

$$K' = \frac{1}{2}m\dot{x}_2{}'^2 + \frac{1}{2}m\dot{x}_3{}'^2 = \frac{m}{4}(\dot{x}_3 - \dot{x}_2)^2$$

$\mu = m/2$，$x = x_3 - x_2$，$\dot{x} = \dot{x}_3 - \dot{x}_2$ であったから

$$K' = \frac{1}{2}\mu\dot{x}^2$$

である．つまり

$$\frac{1}{2}m\dot{x}_2{}^2 + \frac{1}{2}m\dot{x}_3{}^2 = \frac{1}{2}M\dot{X}^2 + \frac{1}{2}\mu\dot{x}^2$$

が成り立っている．

相対距離が x のとき，バネの長さは $x - l$ だけ伸びて（これが負なら縮んで）いる．このときの位置エネルギーは

$$U(x) = \frac{1}{2}k(x - l)^2$$

あるいは x_2, x_3 で表して

$$U(x_3 - x_2) = \frac{1}{2}k(x_3 - x_2 - l)^2$$

である．

$$-\frac{\partial U}{\partial x_2} = k(x_3 - x_2 - l), \qquad -\frac{\partial U}{\partial x_3} = -k(x_3 - x_2 - l)$$

は確かに質点 2 および 3 が受けている力になっている．54 ページ（2.36）式から

$$U = \frac{1}{2}k(x_3 - x_2 - l)^2 = \frac{1}{4}mv^2\sin^2\sqrt{\frac{2k}{m}}t$$

また，(2.36) 式を t で微分すると

$$\dot{x} = -v\cos\sqrt{\frac{2k}{m}}t$$

であるから，相対運動の運動エネルギーは

$$\frac{1}{4}m\dot{x}^2 = \frac{1}{4}mv^2\cos^2\sqrt{\frac{2k}{m}}t$$

であることがわかる．ゆえに

$$U + K' = \frac{1}{4}mv^2\left(\sin^2\sqrt{\frac{2k}{m}}t + \cos^2\sqrt{\frac{2k}{m}}t\right) = \frac{1}{4}mv^2$$

53 ページ（2.34）式を代入すると

$$U + K' = \left(\frac{m_0}{m_0 + m}\right)^2 m v_0{}^2$$

となり，これが 54 ページの (2.38) 式と (2.39) 式の差に等しいことはすぐわかる．

問 飛びこみ台からプールへ飛びこむダイバーの重心はどのような運動をするか.

§2.6 質点系の角運動量

外力を受け, 互いに内力をおよぼし合っている質点系の角運動量を考える. i 番目の質点の角運動量を $\boldsymbol{l}_i = \boldsymbol{r}_i \times \boldsymbol{p}_i$ とすると, §2.3で知ったように, $\boldsymbol{l}_i$ の時間的変化の割合は, この質点にはたらく力のモーメント（の総和）に等しい. したがって

$$\begin{cases} \dfrac{d\boldsymbol{l}_1}{dt} = \boldsymbol{r}_1 \times \boldsymbol{F}_1 + \boldsymbol{r}_1 \times \boldsymbol{F}_{21} + \boldsymbol{r}_1 \times \boldsymbol{F}_{31} + \cdots \\ \dfrac{d\boldsymbol{l}_2}{dt} = \boldsymbol{r}_2 \times \boldsymbol{F}_2 + \boldsymbol{r}_2 \times \boldsymbol{F}_{12} + \boldsymbol{r}_2 \times \boldsymbol{F}_{32} + \cdots \\ \dfrac{d\boldsymbol{l}_3}{dt} = \boldsymbol{r}_3 \times \boldsymbol{F}_3 + \boldsymbol{r}_3 \times \boldsymbol{F}_{13} + \boldsymbol{r}_3 \times \boldsymbol{F}_{23} + \cdots \\ \qquad\qquad \cdots\cdots\cdots \end{cases} \tag{2.45}$$

が成り立つ. これを合計するのであるが, 右辺第2項以下の内力の部分については $\boldsymbol{r}_i \times \boldsymbol{F}_{ji}$ と $\boldsymbol{r}_j \times \boldsymbol{F}_{ij}$ をペアにして考えると, 運動の第3法則によって

$$\boldsymbol{r}_i \times \boldsymbol{F}_{ji} + \boldsymbol{r}_j \times \boldsymbol{F}_{ij} = 0 \tag{2.46}$$

になることがすぐわかるので(2-8図), 全部合わせたものは0になり, 外力のモーメントの和だけが残る. したがって, 質点系の（全）角運動量を

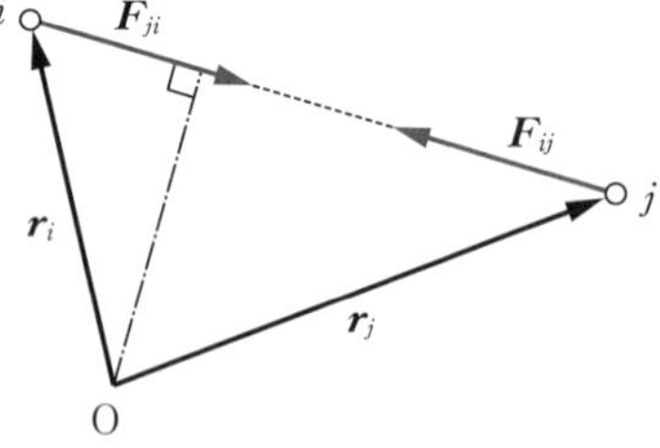

2-8図 作用と反作用のモーメントは相殺する.

$$\boldsymbol{L} = \boldsymbol{l}_1 + \boldsymbol{l}_2 + \boldsymbol{l}_3 + \cdots = \sum_i \boldsymbol{l}_i \tag{2.47}$$

とすると,

$$\frac{d\boldsymbol{L}}{dt} = \boldsymbol{r}_1 \times \boldsymbol{F}_1 + \boldsymbol{r}_2 \times \boldsymbol{F}_2 + \boldsymbol{r}_3 \times \boldsymbol{F}_3 + \cdots = \sum_i (\boldsymbol{r}_i \times \boldsymbol{F}_i) \tag{2.48}$$

となることがわかる. つまり, **質点系の（全）角運動量の時間的変化の割合は, その系にはたらく外力のモーメントの総和に等しい.**

外力が作用していないか，あってもそのモーメントの和が 0 ならば $\boldsymbol{L}$ は一定に保たれる．これが質点系の場合の**角運動量の保存則**である．

いままで考えた角運動量（= 運動量のモーメント）や力のモーメントは，すべて固定した原点に関するものであった．さて，前節で運動は，重心の運動と重心に関する相対的な運動とに分けられることを知った．したがって，質点系が全体として動きながら（重心運動），重心の周りで行う回転について，角運動量がどうなるかを考えてみよう．質点系としてたとえば地球を考えたとき，はじめに扱った $\boldsymbol{L}$ は太陽（原点を太陽の位置にとったとき）の周りの公転の角運動量であり，これから考えようというのは地球の自転のそれである．この例でもわかるように，重心は固定していないから，原点をいきなりそこに移すわけにはいかない．

重心の位置を $\boldsymbol{R}$，重心に関する質点 i の相対的な位置を $\boldsymbol{r}_i' = \boldsymbol{r}_i - \boldsymbol{R}$ とすると，$\boldsymbol{L}$ は次のように書かれる．

$$\begin{aligned}\boldsymbol{L} &= \sum_i(\boldsymbol{r}_i \times m_i\boldsymbol{v}_i)\\ &= \sum_i\{(\boldsymbol{r}_i' + \boldsymbol{R}) \times m_i(\boldsymbol{v}_i' + \boldsymbol{V})\}\\ &= \sum_i m_i\boldsymbol{R} \times \boldsymbol{V} + \sum_i m_i\boldsymbol{r}_i' \times \boldsymbol{V} + \boldsymbol{R} \times \sum_i m_i\boldsymbol{v}_i' + \sum_i(m_i\boldsymbol{r}_i' \times \boldsymbol{v}_i')\end{aligned}$$

ところが，$\sum_i m_i\boldsymbol{r}_i' = 0$，$\sum_i m_i\boldsymbol{v}_i' = 0$（(2.42), (2.43) 式）なので，最後の 4 項のうちで第 2，第 3 項は消え

$$\boldsymbol{L} = \boldsymbol{L}_{\mathrm{G}} + \boldsymbol{L}' \quad \text{ただし} \quad \begin{cases}\boldsymbol{L}_{\mathrm{G}} = \boldsymbol{R} \times M\boldsymbol{V}\\ \boldsymbol{L}' = \sum_i(m_i\boldsymbol{r}_i' \times \boldsymbol{v}_i')\end{cases} \tag{2.49}$$

と書かれることがわかる．地球の例でいえば $\boldsymbol{L}_{\mathrm{G}}$ は地球の重心の公転の角運動量，$\boldsymbol{L}'$ は重心の周りの自転の角運動量である．

$\boldsymbol{L}_{\mathrm{G}} = \boldsymbol{R} \times M\boldsymbol{V}$ を t で微分し，$\dot{\boldsymbol{R}} \times \boldsymbol{V} = \boldsymbol{V} \times \boldsymbol{V} = 0$ を用いると

$$\frac{d\boldsymbol{L}_{\mathrm{G}}}{dt} = \boldsymbol{R} \times M\dot{\boldsymbol{V}}$$

であるが，重心運動については $M\dot{\boldsymbol{V}} = \sum_i \boldsymbol{F}_i$（(2.11) 式）が成り立つから

$$\frac{d\boldsymbol{L}_{\mathrm{G}}}{dt} = \boldsymbol{R} \times \sum_i \boldsymbol{F}_i = \sum_i(\boldsymbol{R} \times \boldsymbol{F}_i) \tag{2.50}$$

となる．(2.48) 式で $\boldsymbol{L} = \boldsymbol{L}_{\mathrm{G}} + \boldsymbol{L}'$，$\boldsymbol{r}_i = \boldsymbol{R} + \boldsymbol{r}_i'$ とおき，(2.50) 式を用いると

$$\frac{d\boldsymbol{L}'}{dt} = \sum_i (\boldsymbol{r}_i' \times \boldsymbol{F}_i) \tag{2.51}$$

が得られる．右辺は重心に関する外力のモーメントの和である．これを $\boldsymbol{N}'$ と書くと，$\boldsymbol{N}' = 0$ ならば $\boldsymbol{L}'$ は一定に保たれる．

［例］ 一様な重力を考える．鉛直上方に z 軸をとると

$$F_{ix} = F_{iy} = 0, \qquad F_{iz} = -m_i g$$

であるから，

$$\boldsymbol{F} = \sum_i \boldsymbol{F}_i \text{ とすると} \qquad F_x = F_y = 0, \quad F_z = -Mg\,(M = \sum_i m_i)$$

また

$$\boldsymbol{N} = \sum_i (\boldsymbol{r}_i \times \boldsymbol{F}_i) \text{ とすると}$$

$$N_x = \sum_i (y_i F_{iz} - z_i F_{iy}) = \sum_i y_i(-m_i g) = -MgY$$

$$N_y = \sum_i (z_i F_{ix} - x_i F_{iz}) = \sum_i x_i m_i g = MgX$$

$$N_z = \sum_i (x_i F_{iy} - y_i F_{ix}) = 0$$

同様の計算を $\boldsymbol{N}'$ について行うと，$\sum_i m_i y_i' = \sum_i m_i x_i' = 0$ なので

$$N_x' = N_y' = N_z' = 0 \qquad \text{すなわち} \quad \boldsymbol{N}' = 0$$

となることがわかる．

以上により，**質点系の重心運動や全角運動量 $\boldsymbol{L}_G, \boldsymbol{L}'$ を扱う限り，重力は重心にはたらく大きさ Mg の力で置き換えてよい**ことがわかる．

問 猫を持ち上げて背中を下にして離すと，尻尾を振り回しながら背中を上にして着地するという．これを力学的に説明せよ．

§2.7 剛体とそのつり合い

いままで調べた質点系の一般的な性質はどんなものにもあてはまるが，これ以上くわしいことになるとその物体の性質 —— 内力のはたらき方など —— を考えに入れないと議論が進められない．しかし，われわれの周囲には形がほぼ一定の物体（固体）が多いので，そのような物体に特有な力学的性質を考えることは，応用の上でも非常に有益である．実在の固体は，多少は変形

するのであるが，これを理想化して全く変形しない物体を想定し，これを剛体とよぶ．剛体は固体を簡単化した1つのモデルである．

剛体も質点系の特別な場合であり，いままでに得られた質点系の一般的な性質（内力に無関係）は剛体に対してもそのまま適用できる．剛体の運動としては，全体としての移動 —— **並進運動**という —— および回転だけを考えればよい．このとき重力は剛体の重心（剛体に限定されている）にはたらく大きさが Mg の力とみなせばよい．M は剛体の全質量である．剛体の形を保っているのは各部分の間にはたらく内力であるが，これは全く議論の表面には出てこないですむ．重心にはたらく重力を含めて，外力を $\boldsymbol{F}_1, \boldsymbol{F}_2, \cdots, \boldsymbol{F}_n$ とし，それが作用する点を $\boldsymbol{r}_1, \boldsymbol{r}_2, \cdots, \boldsymbol{r}_n$ としよう．前節までは $\boldsymbol{F}_i$ や $\boldsymbol{r}_i$ の添字 i は質点の番号であるとしたが，今度は力の番号のようになっている．これは，剛体を細かく分けてその細片を質点とみなし，i 番目の力が作用しているところにある細片に番号 i をつけ，力が $\boldsymbol{F}_1, \boldsymbol{F}_2, \cdots, \boldsymbol{F}_n$ までの n 個ならば n 番目まではそのようにし，それ以下の番号はかってにつけてあると思えばよい．このように考えれば前節までに得られた諸式は，そのまま剛体に使えることがわかる．

剛体のつり合いの条件（平衡条件）を考えよう．つり合う，つまり静止の状態が続く場合には，重心が静止を続けることはもちろんであるから，(2.11) 式から

$$\sum_i \boldsymbol{F}_i = 0 \tag{2.52}$$

が成り立っていることがわかる．次に，たとえ重心が静止していても，その周りで回転が行われていては静止といえないから $\boldsymbol{L}' = 0$ でなければならない．重心がとまっていれば $\boldsymbol{L}_G$ も 0 であるから，$\boldsymbol{L} = \boldsymbol{L}_G + \boldsymbol{L}' = 0$ である．したがって，(2.48) 式から

$$\sum_i (\boldsymbol{r}_i \times \boldsymbol{F}_i) = 0 \tag{2.53}$$

が成り立っていることがわかる．$\boldsymbol{r}_i$ の基準点（原点）は固定点ならどこにとってもよい．(2.52) 式と (2.53) 式はどちらもベクトル式であるから，成分に分ければ3つずつの式になる．一般にはこの合計6個の式が成り立っていることが，剛体がつり合うための必要条件である．

［例］　一様でまっすぐな棒（長さ $2a$，質量 M）の一端 A を鉛直な粗い壁に垂直にあて，棒の途中の点 C（AC = b）に長さ l の糸をつけて，A の真上の点 D に引っ張っているとする．このとき A ではたらく力と，糸の張力 S がどうなるかを考えよう．

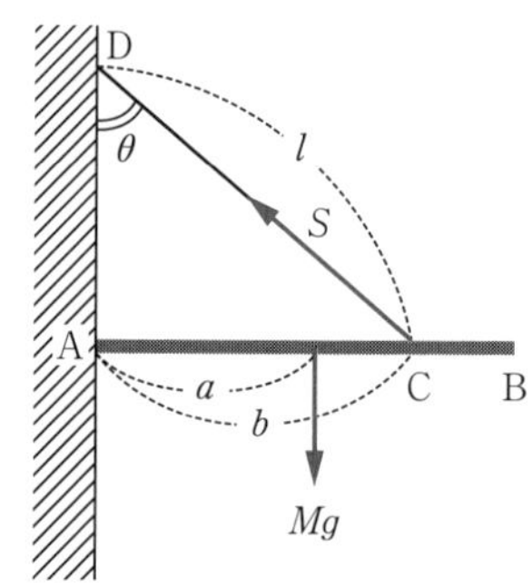

2 - 9 図

A 点ではたらく力のうち $\overrightarrow{\mathrm{AB}}$ 方向のものを R，壁面に平行な摩擦力を F（上向きを正にとる）とする．

水平方向の力のつり合い：　$S\sin\theta = R$

鉛直方向の力のつり合い：　$S\cos\theta + F = Mg$

A 点の周りのモーメントのつり合い：　$aMg = bS\cos\theta$

この 3 つの式から未知数 F, R, S を求めればよい．結果は，

$$S = \frac{alMg}{b\sqrt{l^2 - b^2}}$$

$$R = \frac{aMg}{\sqrt{l^2 - b^2}}$$

$$F = \left(1 - \frac{a}{b}\right)Mg$$

である．$b > a$ なら $F > 0$（上向き）であるが，$b < a$ であると $F < 0$（下向き）になる．

§2.8　固定軸の周りの剛体の運動

固定軸を z 軸に選ぶことにする．この場合の運動を表すには，z 軸外の剛体のどこか 1 点に印をつけ，その印がたとえば zx 平面を通るときを基準（$\varphi = 0$）にとって，その位置からどれだけ回転したかを表す角 φ を用いればよい．つまり，このときの運動の自由度は 1 なのである．$\varphi(t)$ の t に

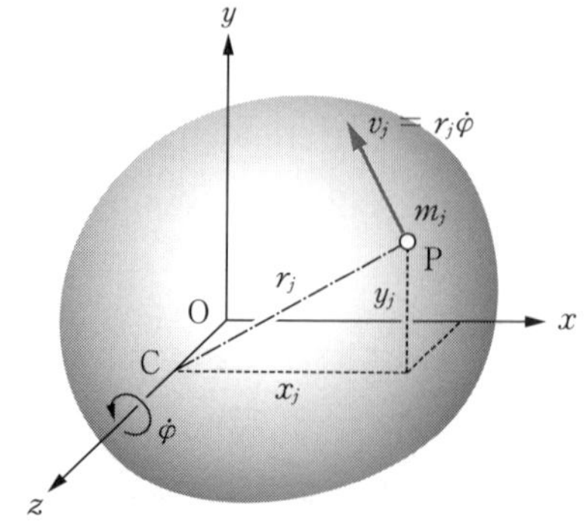

2 - 10 図　z 軸の周りの回転

関する微分係数 $\dot{\varphi}$ は角速度である．

調べるのが回転運動であるから，角運動量の式（2.48）を用いると都合がよい．

$$\frac{d\boldsymbol{L}}{dt} = \sum_i (\boldsymbol{r}_i \times \boldsymbol{F}_i)$$

3つの成分のうちで必要なのは z 成分だけである．

$$\frac{dL_z}{dt} = \sum_i (x_i F_{iy} - y_i F_{ix}) \tag{2.54}$$

ここで L_z を φ で表すことを考える．いま，剛体を細分して j 番目の細片の質量を m_j，位置Pを (x_j, y_j, z_j) とする．* Pから z 軸へ下した垂線をPCとすると，PはCを中心として角速度 $\dot{\varphi}$ で円運動をしている．$\overline{\mathrm{PC}} = \sqrt{x_j^2 + y_j^2} = r_j$ とすれば，速度はCPに垂直で大きさは $r_j\dot{\varphi}$ である．j 番目の細片の x 軸からの角度を θ_j とすると，2-11図からわかるように

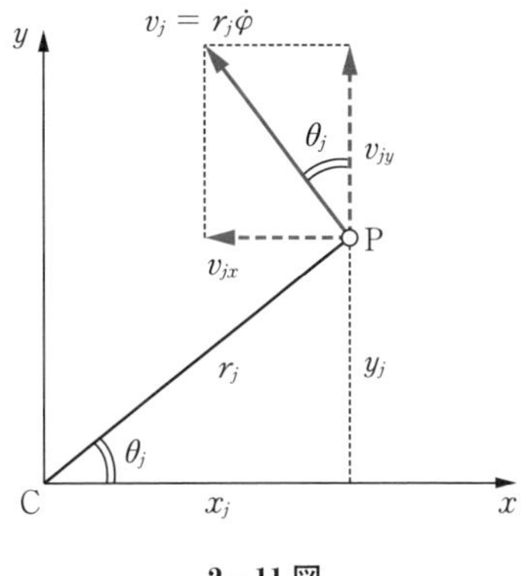

2-11図

$$\begin{cases} v_{jx} = -r_j\dot{\varphi}\sin\theta_j = -y_j\dot{\varphi} & (\because \quad r_j \sin\theta_j = y_j) \\ v_{jy} = r_j\dot{\varphi}\cos\theta_j = x_j\dot{\varphi} & (\because \quad r_j\cos\theta_j = x_j) \end{cases}$$

であるから，細片 j のもつ角運動量の z 成分は

$$\begin{aligned} l_{jz} &= x_j m_j v_{jy} - y_j m_j v_{jx} \\ &= m_j(x_j^2 + y_j^2)\dot{\varphi} = m_j r_j^2 \dot{\varphi} \end{aligned}$$

となることがわかる．ゆえに，剛体全体の角運動量の z 成分は

$$L_z = \sum_j l_{jz} = \left(\sum_j m_j r_j^2\right)\dot{\varphi}$$

と表せることがわかった．ここで，

$$I = \sum_j m_j r_j^2 \tag{2.55}$$

という量は剛体の形，質量分布，固定軸のとり方によって決まる定数であっ

---

*　i は力の番号づけに使ったから，一応それと区別するために j を用いた．

てこの軸の周りの慣性モーメントとよばれる．この I を用いると

$$L_z = I\frac{d\varphi}{dt} \tag{2.56}$$

となる．したがって，(2.54) 式は

$$I\frac{d^2\varphi}{dt^2} = \sum_i (x_i F_{iy} - y_i F_{ix}) \tag{2.57}$$

となる．

なお，回転による剛体の運動エネルギーを考えてみると，

$$K = \sum_j \frac{1}{2} m_j v_j{}^2 = \frac{1}{2}\sum_j m_j r_j{}^2 \dot{\varphi}^2$$

であるから

$$K = \frac{1}{2} I\left(\frac{d\varphi}{dt}\right)^2 \tag{2.58}$$

と書かれることがわかる．

以上で求めた諸式を1つの質点が直線上で行う運動の場合と比べると，

剛体の回転角 φ	$\longleftrightarrow$	質点の位置 x
剛体の角速度 $\dot{\varphi}$	$\longleftrightarrow$	質点の速度 $\dot{x}$
剛体の慣性モーメント I	$\longleftrightarrow$	質点の質量 m
剛体の角運動量 $I\dot{\varphi}$	$\longleftrightarrow$	質点の運動量 $m\dot{x}$
方程式 $I\ddot{\varphi} = N_z$	$\longleftrightarrow$	方程式 $m\ddot{x} = F_x$
運動エネルギー $\frac{1}{2}I\dot{\varphi}^2$	$\longleftrightarrow$	運動エネルギー $\frac{1}{2}m\dot{x}^2$

のように対応していることがわかる．

［例］ **実体振り子**　任意の形の剛体が，重心 G を通らない水平軸の周りで，重力の作用で振動しているのが実体振り子または物理振り子である．重心から回転軸までの距離を h とし，剛体の質量を M，慣性モーメントを I とする．φ として図のような角をとると，重力のモーメントが

$$N_z = -Mgh\sin\varphi$$

になることは容易にわかる．したがって，(2.57) 式は

$$I\frac{d^2\varphi}{dt^2} = -Mgh\sin\varphi$$

となる．φ が小さいときには $\sin\varphi \approx \varphi$ として

$$\frac{d^2\varphi}{dt^2} = -\frac{Mgh}{I}\varphi$$

となるから，$\varphi(t)$ は単振動となり，φ_0 と α を積分定数として

$$\varphi(t) = \varphi_0 \sin(\omega t + \alpha), \qquad \omega = \sqrt{\frac{Mgh}{I}}$$

という形に表せる．周期 T は

$$T = \frac{2\pi}{\omega} = 2\pi\sqrt{\frac{I}{Mgh}}$$

となるが，これと単振り子の周期 $2\pi\sqrt{l/g}$ とを比べると，この実体振り子は

$$l = \frac{I}{Mh}$$

という長さの単振り子と周期が一致することがわかる．この l を相当単振り子の長さという．

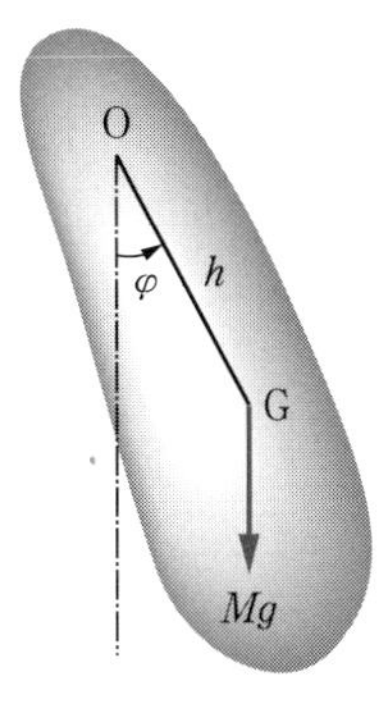

2 - 12 図　実体振り子

実体振り子の例では，力として重力だけを考えたが，外力は重力だけではない．軸を固定している力がはたらいている．これを考えなかったのは，軸に摩擦がない，つまり軸受けが剛体におよぼす力はモーメントをもたないと仮定したからである．これがあれば振動は減衰する．

軸のところではたらく力は束縛力であって，重力のようにあらかじめ知るわけにいかない．むしろ，上のようにして運動が求められれば，重心の加速度 $\ddot{X}, \ddot{Y}$（いまの例では $\ddot{Z} = 0$）がわかるから，それに M を掛けた $M\ddot{X}$, $M\ddot{Y}$ がそれぞれ x, y 方向にはたらく外力の総和に等しいこと（(2.11) 式）を用いて

$$M\ddot{X} = F_x, \qquad M\ddot{Y} = F_y - Mg \qquad (x \text{ 軸水平，} y \text{ 軸上向き})$$

から求められるものである．$\sin\varphi = \varphi$，$\cos\varphi = 1$ とする近似では，$X = h\varphi$，$Y = -h$ であるから，$\varphi = \varphi_0 \sin(\omega t + \alpha)$ なら

$$F_x = -Mh\omega^2\varphi_0 \sin(\omega t + \alpha), \qquad F_y = Mg$$

となる．

問　一端を通り棒に垂直な水平軸の周りで自由に回転できる棒を，水平の位置から離したら，他端が真下を通るときの角速度はいくらになるか．棒の質量を M，長さを l とする．(エネルギーの関係式を用いよ．慣性モーメントは $I = Ml^2/3$ である．)

§2.9　慣性モーメントの計算

マクロの剛体は連続体と考えるので，慣性モーメント I を (2.55) 式で計算するときには，和でなく積分を使うことになる．剛体を体積 dV の細片に分けると，m_j は $\rho\, dV$ となるので

$$I = \iiint (x^2 + y^2)\rho\, dx\, dy\, dz \tag{2.59}$$

によって I を計算する．実際の計算は多重積分の演習問題のようなものであるから，数学の学習程度によっては，いますぐにはわかりにくいかもしれないが，一応簡単な場合を紹介しておく．

［例 1］　細い一様な棒

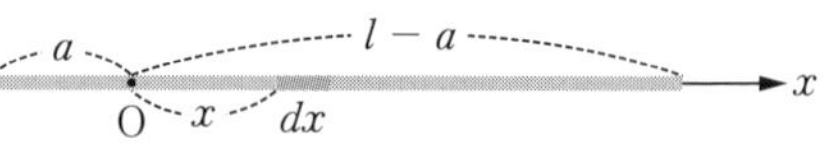

2-13 図　棒を細片に分けて考える．

質量を M，長さを l とする．これの一端から a のところを通って棒に垂直な軸の周りの慣性モーメントを求めてみよう．棒に沿って x 軸をとり，棒を長さ dx の微小片に細分したと考える．一片の質量は $(M/l)\,dx$ であるから ($y = 0$ なので $r^2 = x^2$)

$$I = \int_{-a}^{l-a} \frac{M}{l} x^2\, dx$$

$$= \frac{M}{3l}\{(l-a)^3 - (-a)^3\}$$

$$= \frac{M}{3}(l^2 - 3la + 3a^2)$$

となる．特に

$$a = \frac{l}{2} \quad ならば \quad I = \frac{Ml^2}{12}$$

$$a = l \quad ならば \quad I = \frac{Ml^2}{3}$$

［例 2］　一様な薄い円板の中心を通り，板に垂直な軸の周りの慣性モーメント．

質量を M，半径を a とすると，単位面積当たりの質量（面密度）は $M/\pi a^2$ である．いま，これを半径が r と $r+dr$ の同心円で区切った円環を考えると，$\sum_j m_j r_j^2$ の r_j は円環の全部に共通に r であるから $r^2 \sum_j m_j$，すなわち（円環の質量）$\times r^2 = (M/\pi a^2) 2\pi r\, dr \times r^2$ が得られる．これを r について 0 から a まで加える（積分する）と

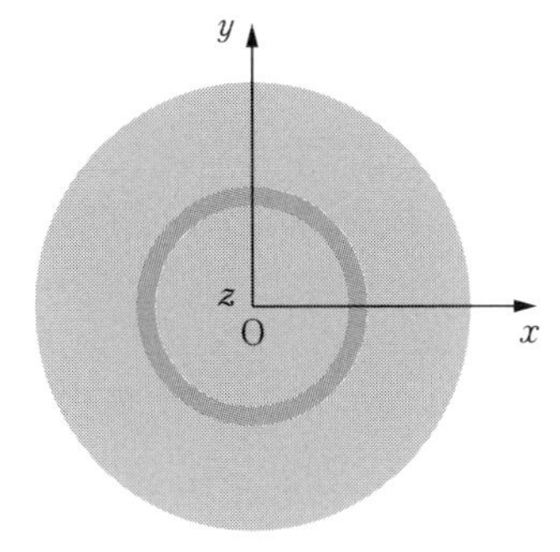

2-14 図　円板を同心環に分けて考える．

$$I = \frac{2M}{a^2}\int_0^a r^3\, dr = \frac{1}{2} M a^2$$

この結果は薄い円板だけではなく，円筒でもそのまま使える．

［例 3］　一様な球（質量 M，半径 a）の 1 つの直径の周りの慣性モーメント．

球を z 軸に垂直な平面で厚さ dz の薄い円板に分け，円板の慣性モーメントを求め，それを合計すればよい．中心から z のところにある円板の半径は $\sqrt{a^2 - z^2}$ であり，質量は $\rho\pi(a^2 - z^2)\, dz$ であるから，［例 2］の結果を用いるとその慣性モーメントは $\rho\pi(a^2 - z^2)^2\, dz/2$ となる．これを z について積分し，$\rho = 3M/4\pi a^3$ を用いると，

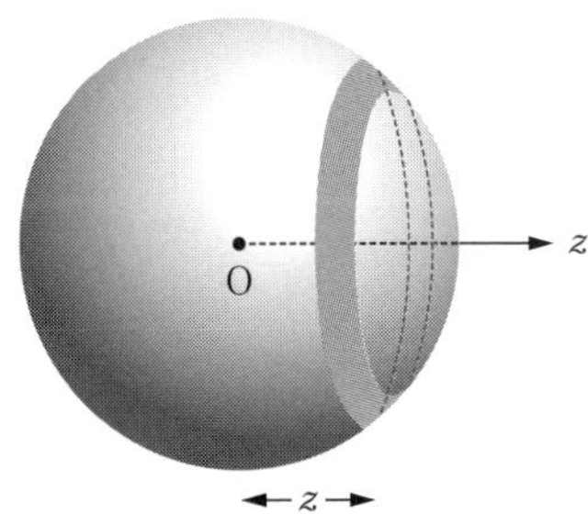

2-15 図　球を円板に分けて考える．

$$I = \frac{1}{2}\rho\pi \int_{-a}^{a} (a^2 - z^2)^2\, dz = \frac{2}{5} M a^2$$

次に，慣性モーメントの計算に便利な 2 つの定理を導いておく．

［定理 1］ 1つの軸の周りの剛体の慣性モーメントを I，重心を通りその軸に平行な直線の周りの慣性モーメントを I_G，剛体の質量を M，2つの軸の距離を λ とすると

$$I = I_G + M\lambda^2 \tag{2.60}$$

という関係がある．

（証明） I の軸を z，重心 G を通りこれに平行な軸を z' 軸とする（2-16 図）．

$$I = \iiint r^2\rho\, dV, \qquad I_G = \iiint r'^2\rho\, dV$$

であるが，

$$\begin{aligned} r^2 &= (x' + X)^2 + (y' + Y)^2 \\ &= r'^2 + \lambda^2 + 2Xx' + 2Yy' \\ &\quad (\lambda^2 = X^2 + Y^2) \end{aligned}$$

であるから

$$\begin{aligned} I = \iiint r'^2\rho\, dV &+ \lambda^2 \iiint \rho\, dV \\ &+ 2X \iiint x'\rho\, dV \\ &+ 2Y \iiint y'\rho\, dV \end{aligned}$$

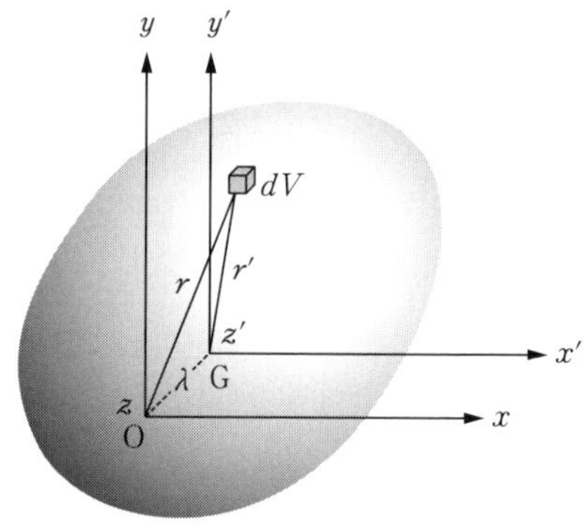

2-16 図　z 軸と z' 軸は紙面に垂直

となるが，右辺第 1 項は I_G，第 2 項の積分は M であり，第 3 項と第 4 項の積分は (2.42) 式の x, y 成分であるから 0 になる．したがって (2.60) 式が得られる．

［定理 2］ 薄い板状剛体の一点を通り，これに垂直な軸の周りのこの剛体の慣性モーメントは，この点を通り板の面内にある互いに垂直な 2 本の軸の周りの慣性モーメントの和に等しい．

（証明） 板の面密度を σ，板を細分した一片の面積を dS とすると，その細片の質量は $\sigma\, dS$ であるから，図の z, x, y 軸の周りの慣性モーメントは

$$I_z = \iint r^2\sigma\, dS$$

$$I_x = \iint y^2\sigma\, dS$$

$$I_y = \iint x^2\sigma\, dS$$

と表される．ところが，$r^2 = x^2 + y^2$ であるから

$$I_z = I_x + I_y \qquad (2.61)$$

剛体の質量を M，ある軸の周りの慣性モーメントを I とするとき

$$I = M\kappa^2 \qquad (2.62)$$

によって定義される長さ $\kappa = \sqrt{I/M}$ のことを，その軸の周りの回転半径という．たとえば，半径 a の一様な球の，直径の周りの回転半径は $\sqrt{2/5}a$ に等しい．

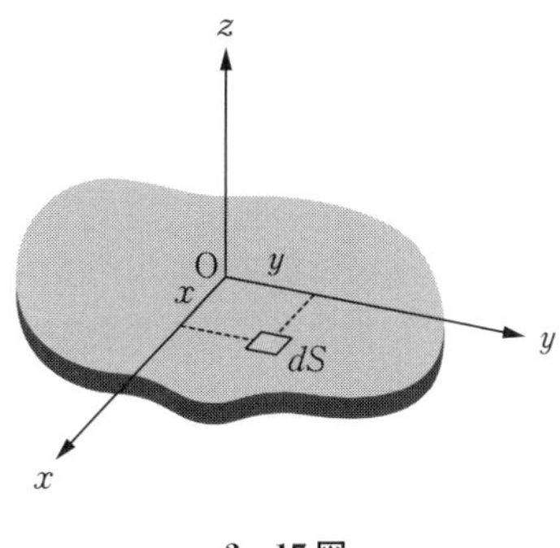

2－17 図

問　半径が a の一様な球の，1つの接線の周りの回転半径はいくらになるか．

§2.10　剛体の平面運動

斜面を転がり落ちる円筒のように，剛体の重心が常に1つの平面内を運動し，回転軸が常にこの平面に垂直であるような運動を考える．重心が運動する平面を xy 平面にとれば，重心の運動を決める方程式（2.11）は

$$M\frac{d^2X}{dt^2} = \sum_i F_{ix}, \qquad M\frac{d^2Y}{dt^2} = \sum_i F_{iy} \qquad (2.63)$$

で与えられる．

回転は重心を通り xy 面に垂直な軸の周りで考えると便利である．いま考えているような運動では，この軸は剛体に固定されたものになっている．この周りの慣性モーメントを I_{G} とすると

$$L_z' = I_{\mathrm{G}}\frac{d\varphi}{dt}$$

であるから，（2.51）式は

$$I_{\mathrm{G}}\frac{d^2\varphi}{dt^2} = \sum_i (x_i' F_{iy} - y_i' F_{ix}) \qquad (2.64)$$

が得られる．

［例］ 傾角 θ の斜面の最大傾斜線に沿ってすべることなく転がり落ちる一様な円板（質量 M，半径 a）の運動を調べてみよう．円板にはたらく力は重心（中心）に重力，斜面との接点での摩擦力 F と垂直抗力 R の 3 力である．(2.63), (2.64) 式は

$$M\frac{d^2X}{dt^2} = Mg\sin\theta - F \tag{2.65}$$

$$M\frac{d^2Y}{dt^2} = R - Mg\cos\theta \tag{2.66}$$

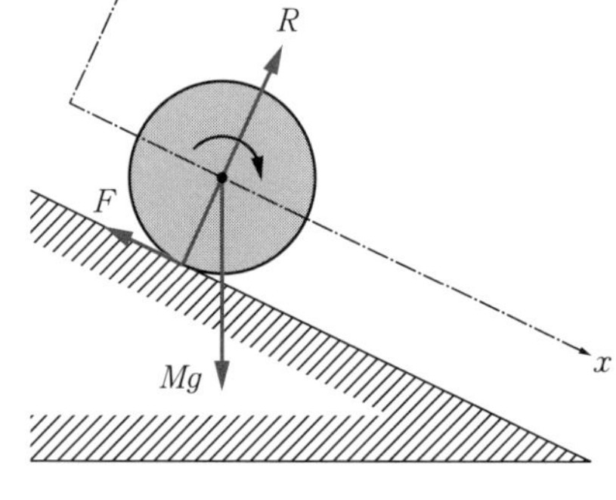

2‐18 図　斜面を転落する円板

$$I_{\mathrm{G}}\frac{d^2\varphi}{dt^2} = -Fa \tag{2.67}$$

となる．F も R も未知なので，これから $X(t), Y(t), \varphi(t)$ を求めるというわけにはいかない．それは F や R は，円板が斜面にめりこまず，すべることもなく転がるように現れる束縛力だからである．つまり，$Y=0$，$\dot{X}=-a\dot{\varphi}$ という条件に合うように R や F が生じているのである．$Y=0$ なので (2.66) 式から直ちに $R=Mg\cos\theta$ が得られる．§2.9［例 2］の結果から $I_{\mathrm{G}}=Ma^2/2$ が得られるから，これを (2.67) 式に代入すると，$F=-Ma\ddot{\varphi}/2$ となる．ところが，$\dot{X}=-a\dot{\varphi}$ なので $a\ddot{\varphi}=-\ddot{X}$ であるから，この式は $F=M\ddot{X}/2$ となる．これを (2.65) 式に代入すると

$$M\ddot{X} = Mg\sin\theta - \frac{1}{2}M\ddot{X}$$

すなわち

$$\frac{d^2X}{dt^2} = \frac{2}{3}g\sin\theta$$

となり，摩擦がなくてすべり落ちるときに比べると加速度が 2/3 になっていることがわかる．積分して $t=0$ で $X=0$，$\dot{X}=0$ とすると

$$\frac{dX}{dt} = \frac{2}{3}gt\sin\theta, \qquad X = \frac{1}{3}gt^2\sin\theta$$

この例で$X = l$のときを考えると，円板は$l \sin\theta$だけ下がったことになるから，$Mgl \sin\theta$だけ位置のエネルギーは減少している．このとき（$t = \sqrt{3l/g \sin\theta}$）の速度を求め$M\dot{X}^2/2$を計算すると

$$\frac{1}{2}M\dot{X}^2 = \frac{2}{3}Mgl \sin\theta \tag{2.68}$$

であって，位置のエネルギーの減少分が全部$M\dot{X}^2/2$にはならないことがわかる．残りは§2.5（2.44）式の右辺第2項の内部運動のエネルギーになっているのである．いまの場合，これは重心の周りの回転であって

$$\frac{1}{2}I_G\dot{\varphi}^2 = \frac{1}{2}\frac{Ma^2}{2}\dot{\varphi}^2 = \frac{1}{4}M\dot{X}^2 \qquad (\dot{X} = -a\dot{\varphi})$$

である．これは重心運動のエネルギーのちょうど半分に等しい．したがって，lだけ転がり落ちたときには

$$\frac{1}{2}I_G\dot{\varphi}^2 = \frac{1}{3}Mgl \sin\theta \tag{2.69}$$

になっている．(2.68) 式と (2.69) 式を合計すれば，ちょうど失われた位置のエネルギー$Mgl \sin\theta$に等しい．

一様な円板や円筒がすべらずに転がるときには並進運動と回転運動の運動エネルギーの比は2：1であるが，この比は形によって違ってくる．

問　質量も半径も外観も全く等しい2つの球があって，一方は中まで密度が一様であるが，もうひとつは中空である．直径の周りの慣性モーメントはどちらのほうが大きいか．斜面に沿って2つを転落させるとき遅いのはどちらの球か．

問　　　　題

1. 質量がm_1とm_2の質点からできている系の換算質量μは，$m_1 = 2m_2$のとき$\mu = m_1/3$となり，$m_1 \gg m_2$のときには$\mu \approx m_2$であることを示せ．
2. 水平な地上に置かれた大砲（質量M）が，水平とつくる角θの方向に砲身を向けて砲弾（質量m）を発射した．大砲と地面の間に摩擦がなく，砲弾は砲身に対して相対速度vで打ち出されるものとして，大砲の後退する速さV，砲弾

が実際に発射される方向と水平との間の角 θ' を求めよ.

（ヒント：水平方向では全体の運動量が保存される．大砲と一緒に動きながら見た砲弾の発射速度がどうなるかを考えてみよ.）

3. 人が階段を上っていけるのは，足が階段の面から受ける上向きの抗力があるからである．人は階段を上ることによって位置のエネルギーを獲得する．しかし，階段が剛体であるとすれば，階段の抗力は人に対して全く仕事をしない（エスカレーターと違う）．人が得る位置のエネルギーはどこから出てきたのか.

4. 人が石を投げるとき，人が石にした仕事が石の運動エネルギーになる．一定の速度 V で航行している船上で，船の進む向きに石を投げたとき，石が得る運動エネルギー $\dfrac{1}{2}m(v+V)^2$ は，地上で同じ石を投げたときの $\dfrac{1}{2}mv^2$ より大きい．人が石にする仕事は同じなのに，このエネルギー差はどこからくるのか.

5. 慣性モーメントが I で半径が r の円板が，水平な中心軸の周りに自由に回転できるようになっている．これに長い糸をかけ，両端に質量が m_1, m_2 ($m_1 > m_2$ とする）のおもりをつるす．糸はすべらないとすると，おもりの運動はどうなるか.

6. 前問で，エネルギーの関係はどうなっているか．最初はおもりも円板も静止していたとして考えよ.

7. 薄くて一様な円板（質量 M，半径 a）の１つの直径の周りの慣性モーメントはいくらか.

8. 縦，横の長さがそれぞれ a, b の一様な長方形の板（質量を M とする）を，長さが b の一辺を水平に支えてその周りで小さな振動をさせるときの周期を求めよ.

9. 斜面（傾角 θ）を，その最大傾斜線に沿ってすべらずに転落する一様な球の重心の加速度を求めよ.

10. 慣性モーメントが I で，糸を巻きつける軸の半径が a であるようなヨーヨーがある．糸を引っ張り上げて，その重心の位置を不動に保つようにして回転させるには，どのような速さで上向きに糸を引っ張ればよいか.

回転体にエネルギーを貯蔵する話

回転する剛体は，その角運動量を保持しようとする「回転の慣性」をもつ．そこで慣性モーメントの大きな車輪状の剛体（に近い固体）に，その回転の運動エネルギー $\frac{1}{2}I\omega^2$ としてエネルギーを蓄えることができる．フライホイールはこのような目的に使われ，たとえば自動車のエンジンの回転を一様にするなどの役目を果たしている．

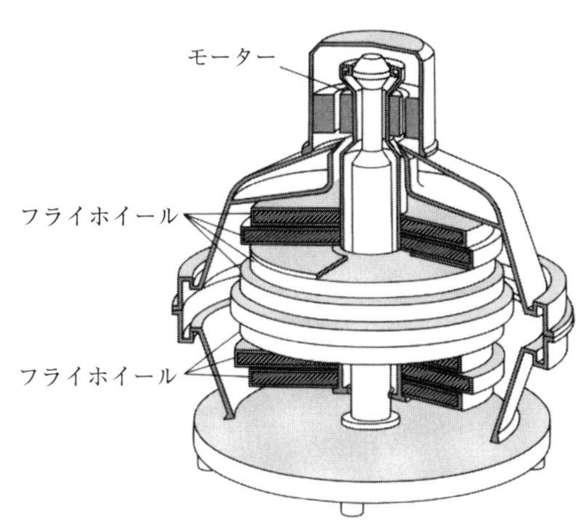

電力の消費量は昼と夜では大きく異なり，これが発電の効率を悪くする原因の1つになっている．特に動かしたり止めたりが簡単にできない原子力発電所などでは，電力が余るときにはそれで水を高い所に汲み上げて水の位置エネルギーにして蓄えておき，消費の多いときにはそれで水力発電する揚水発電所を設けたりしている．

それと同様の目的にフライホイールを使うことが考えられている．電力消費量が小さいときには，余った電力でモーターを回し，フライホイールを回転させる．電力消費量が大きくなると，そのモーターを発電機として使い，フライホイールに蓄えられた運動エネルギー（勢い！）によって発電する，というわけである．10メガワット時（10×10^6 J/s $\times$ 3600 s $= 3.6 \times 10^{10}$ J）のエネルギーを等厚円板状のフライホイールに貯蔵する場合，円板の直径を約4 m，厚さを2 m，重さを100トンとすると，回転角速度は毎分約2000回転ということになる．

このような装置は次第に実用になっている．

3. 弾性体と流体

この章では固体の変形と流体の運動を調べる．もとになるのは力学の諸法則であるが，扱う対象によってそれに便利な独特の形式と考え方があることを学んでほしい．本章の立場では物体を連続体とみなし，その連続体を細かく分けた微小部分に着目して，それに質点（系）の力学を適用する．そのときに力として重要なのは，隣接する各微小部分が互いにおよぼし合う内力（応力）である．これの意味をよくつかんでおくことが不可欠である．

弾性についてはフックの法則が成り立つ場合に話を限り，流体もごく初歩の段階に限定したが，一般性のある重要なことは一応述べたつもりなので，**確実に**理解していれば，大ていの読者にはこれで十分だと思う．

§3.1　ひずみと応力

前章の後半では全く変形しない剛体というものを考えたが，実在の物体は必ず変形する．変形にはいろいろなものがあり，たとえば棒を曲げる（たわませる）と片側は伸び，片側は縮むというように，同一物体内でも位置によって変形の仕方が違っているのがふつうである．しかし，そのようなときでも，物体の微小部分をとれば，それは一様な変形をしていると考えられる．そこで，単純な形の物体に一様な変形を与える場合を調べ，一般の変形はそれの組合せとみなせばよい．たとえば，つるまきバネの伸縮も，針金の内部を考えるとかなり複雑な変形になっているので，そのような扱いが必要なのである．

体積変化をも含めた変形に対し**ひずみ**という言葉を用いるが，物理学の用語として，つるまきバネ全体の伸び縮みなどは ひずみ とよばないのがふつうである．物体**内部**の各点でその点を含む微小部分が受けている変形のことを，その点における ひずみ とよぶ．基本的な ひずみ は§3.2 と§3.3 で述べる伸び（縮み），体積変化とずれ（ずりという人もある）である．

物体を変形するためには外から力をかける必要がある．初等的な議論では「つるまきバネの伸び（縮み）は外から引っ張る（押す）力に比例する」というような形で話を進めるが，特定の「物体」でなく，「物質」の弾性を論じるときには，**応力**というものを考えるほうがよい．外力によって変形した物体 —— たとえば，たわんだ棒 —— の内部では，物体内の隣接する各部分が，互いに押し合ったり引っ張り合ったりというような力をおよぼし合っている．このような力を応力というのであるが，その生じ方は，一般には物体内の場所によって異なる．たわんだ棒の伸びている部分では互いに引っ張り合う**張力**が作用しており，縮んでいる部分では互いに押し合う**圧力**がはたらいている，などである．

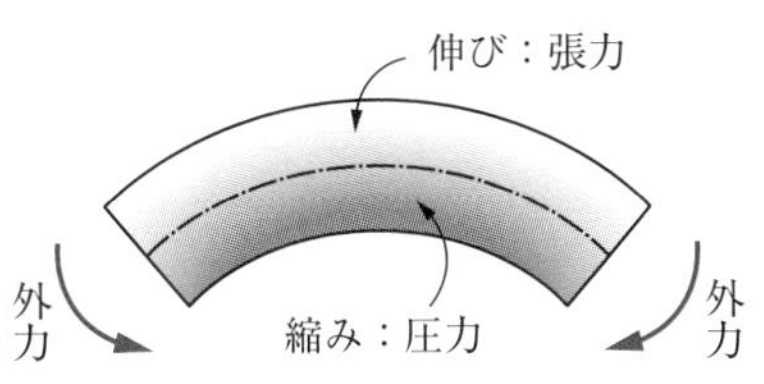

3-1図 場所によって応力は異なる．

応力というのは，物体内の隣接する部分が互いにおよぼし合う力であるから，ある点での応力という場合にはその点を通る1つの面を考えて，その面の両側の部分がその面のところでどういう力をおよぼし合っているかをいわねばならない．力の種類は，その面に垂直な**張力**と**圧力**（**法線応力**と総称）のほかに，面に平行な**接線応力**あるいは**ずれの応力**がある．これらの力の強さは，単位面積（SI 単位なら 1 m^2，CGS 単位なら 1 cm^2）当たりにはたらく力の大きさ（SI なら N，CGS なら dyn，実用単位なら kgw）によって，f N/m^2 などのように示す．単位面積といっても 1 m^2 にもわたって同じ応力がはたらいていることはめったにないから，考えている点を含む微小な面にはたらいているのと同じ応力が 1 m^2 にわたってはたらいているとしたら，その合力が f N になるという意味である．

ひずみは位置によって異なるから，それにともなって生じる応力も一般には位置によって異なるが，同じ場所でも応力は**考える面の方向によって違う**．例として太さ S が一様な棒を力 F で引っ張っている場合に，その内部のかってな点 P における応力を考えてみる．この場合は ひずみ も応力も一様であるから，P はどこにとっても同じである．面が棒に垂直なときをまず考える．この面で棒を切ったと考えて（実際に切るのではない），その片側

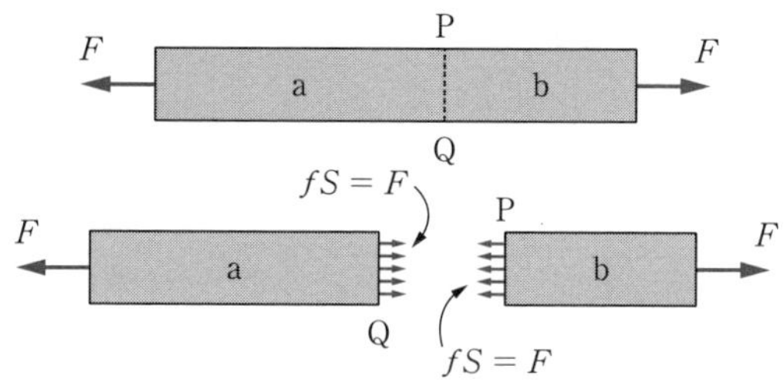

3-2図 面PQではたらいているのは張力.

の部分aだけに着目してこれを1つの質点系と見れば，これは静止しているから，一端にはたらく大きさFの力をちょうど打ち消すような力が切り口面のところではたらいていなければならない．すぐにわかるようにこの力は面に垂直で大きさがFであり，これは面を通して隣接する部分bから受けている力である．ゆえにこの場合の応力は法線応力だけで，大きさが$f = F/S$の張力であることがわかる．bの部分が受けている力も同様にして大きさが$f = F/S$の張力である．当然のことながら，作用·反作用の法則はこの場合も成り立っている．

今度は，棒の方向と角θをつくる斜めの面を考えよう．切り口の面積は$S/\sin\theta$であるが，aのつり合いを考えれば面全体にわたって棒の方向にFの力がはたらいているはずである．したがって，単位面積当たりには

$$\frac{F}{S/\sin\theta} = f\sin\theta$$

という力が作用していることになる．これを3-3図のように，いま考えている面の法線方向と接線方向に分ければ

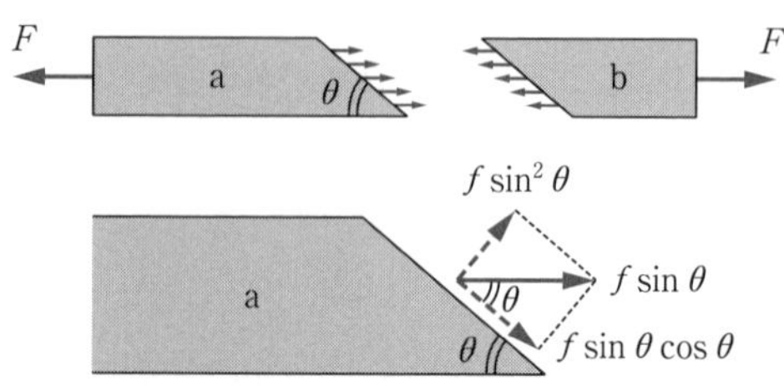

3-3図 法線応力と接線応力

$$(\text{法線応力}) = f\sin^2\theta \quad (\text{張力}) \tag{3.1a}$$

$$(\text{接線応力}) = f\sin\theta\cos\theta \tag{3.1b}$$

が得られる．このように，同じ点における応力でも，そこで考える面の方向によって違ってくる．

問 密度が ρ で長さが l の一様な棒を鉛直につり下げたとき，上から x の位置における応力はどうなっているか．伸びや幅の変化は無視できるほど小さいとする．

応力テンソル

ある点における応力を表すには，1つの面を指定し，その面には表裏を決めておいて，その表側にある部分が裏側にある部分におよぼす単位面積当たりの力（ベクトル）をもってする．面を指定するにはその面の法線の方向をもち，裏から表側へ向かう単位ベクトル $\boldsymbol{n}$ を使う．面 $\boldsymbol{n}$ にはたらいている応力を $\boldsymbol{\sigma}_n$ と表すことにしよう．いま，P点のところで $\boldsymbol{\sigma}_n$ を調べるために，3-4図のような微小四面体を考える．PA, PB, PC はそれぞれ x, y, z 軸に平行にとってあるとする．いまこの四面体内の物質部分が周りから受ける力を考える．

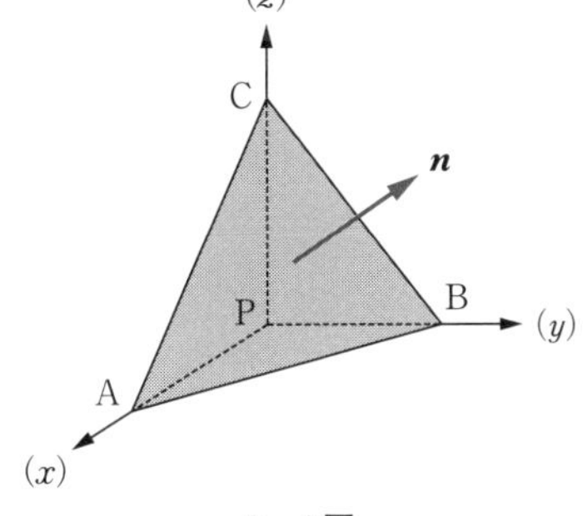

3-4図

3-5図 S' は S の射影，矢印は2つの面の法線を示す．

面 ABC を通して　$+S\boldsymbol{\sigma}_n$

面 PBC を通して　$-S_x\boldsymbol{\sigma}_x$

面 PCA を通して　$-S_y\boldsymbol{\sigma}_y$

面 PAB を通して　$-S_z\boldsymbol{\sigma}_z$

ただし，S は △ABC の面積，S_x は △PBC の面積，… である．ところで

$$\frac{S_x}{S} = \cos\,(\text{面ABCと } yz \text{ 面の間の角})$$

$$= \cos\,(\boldsymbol{n} \text{ と } x \text{ 軸の間の角}) = n_x$$

であることが容易にわかるから，上記の4つの力は

※ 79ページ，81ページの脚注も（マーク）つきとみなしてよい．

$$+\,S\boldsymbol{\sigma}_n,\quad -\,Sn_x\boldsymbol{\sigma}_x,\quad -\,Sn_y\boldsymbol{\sigma}_y,\quad -\,Sn_z\boldsymbol{\sigma}_z$$

と書かれる．四面体はこれらの力を受けてつり合っているのであるから，これら4つの力のベクトルとしての和は0である．したがって

$$\boldsymbol{\sigma}_n = n_x\boldsymbol{\sigma}_x + n_y\boldsymbol{\sigma}_y + n_z\boldsymbol{\sigma}_z \tag{3.2}$$

であることがわかる．成分に分けて書くと

$$\begin{cases} \sigma_{nx} = n_x\sigma_{xx} + n_y\sigma_{yx} + n_z\sigma_{zx} \\ \sigma_{ny} = n_x\sigma_{xy} + n_y\sigma_{yy} + n_z\sigma_{zy} \\ \sigma_{nz} = n_x\sigma_{xz} + n_y\sigma_{yz} + n_z\sigma_{zz} \end{cases} \tag{3.2a}$$

となることがわかる．$\boldsymbol{n}$ をかってに指定したときの $\boldsymbol{\sigma}_n$ は，$\sigma_{xx}, \sigma_{yx}, \cdots, \sigma_{zz}$ という9個の量さえわかっていれば，(3.2a) 式から計算できる．つまり，応力という量は，あらゆる $\boldsymbol{n}$ に対してそのつど $\boldsymbol{\sigma}_n$ を与えなければわからないという量ではなく，ベクトルが3成分で指定されるように，9個の量のセット

$$\begin{pmatrix} \sigma_{xx} & \sigma_{yx} & \sigma_{zx} \\ \sigma_{xy} & \sigma_{yy} & \sigma_{zy} \\ \sigma_{xz} & \sigma_{yz} & \sigma_{zz} \end{pmatrix}$$

が与えられれば決まる量である．このような量をテンソル（もっとくわしくいえば2階テンソル）とよび，応力はテンソルの一種である．応力テンソルでは

$$\sigma_{xy} = \sigma_{yx}, \qquad \sigma_{yz} = \sigma_{zy}, \qquad \sigma_{zx} = \sigma_{xz}$$

が成り立つことが知られている．(80 ～ 81 ページ参照)．このようなテンソルを対称テンソルとよぶ．3－3図の場合には，棒の方向に x 軸，それに垂直に y, z 軸をとると，応力テンソルは次のようになっている．

$$\begin{pmatrix} f & 0 & 0 \\ 0 & 0 & 0 \\ 0 & 0 & 0 \end{pmatrix}$$

§3.2　伸び縮みと体積変化

太さ S，長さ l の棒の両端に力 F を加えたときに，長さが Δl だけ伸びたとする．このとき棒のなかに生じている応力は前節の例として述べたような張力である．ひずみはどこも一様で，棒の長さの方向に，$\Delta l/l$ の割合で伸びている．$\Delta l/l$ と書くといかにも全体の長さ l やそれの変化 Δl に特別な意味をもたせているように見えるかもしれないが，そうではなくて棒のどこをとっても**この割合で**伸びという ひずみ が生じていることが大切な点である．そこで $\Delta l/l = \varepsilon$ と記すことにする．このひずみ（伸びの割合）があまり大きくなければ，それは応力 —— この場合は伸びに垂直な面に関する応力

(張力 $f = F/S$ だけ) で表す —— の大きさに**比例する** (フックの法則).

$$f = E\varepsilon \tag{3.3}$$

こう表せば比例定数 E は，棒の長さや太さや F によらないで，棒をつくっている材料の性質だけに関係する定数 (**物質定数**) になる．これをヤング率とよぶ．棒の両端を押して縮めるときには，ε も f も負になるとすれば，上の関係はそのまま使える．

固体をある方向に引っ張って伸ばせば，それと垂直の方向には縮むものである．逆に棒を押して縮めれば垂直方向には伸びを生じて棒は太くなる．力に垂直な方向の伸びの割合を ε' とすると (縮みのときは $\varepsilon' < 0$)，ε と ε' は符号が逆でその大きさの比は一定である．この比 (> 0)

$$\sigma = -\frac{\varepsilon'}{\varepsilon} \tag{3.4}$$

をその物質のポアッソン比という．次のページでわかるように，ポアッソン比は 0.5 より大きくなることはない．

地上の物体は，そのすべての表面で垂直に一様な大気圧を受けている．このような圧力の強さを p とすると，その物体内部のどこにおいても，考える面の方向に関係なく応力は一定の圧力 p になる.* この圧力の結果として，物質のすべての部分は $p = 0$ のときに比べて一様な割合で体積が小さくなっている (等方性の物質なら形は変わらない)．この圧力をさらに Δp だけ増したとき体積 V の部分が $V + \Delta V$ になったとすると ($\Delta V < 0$)，圧力があまり大きくないかぎり $-\Delta V/V$ は Δp に**比例する** (これもフックの法則の１つの場合である).

$$\Delta p = -k\frac{\Delta V}{V} \tag{3.5}$$

この比例定数 k をその物質の**体積弾性率**，その逆数を**圧縮率**という．

上で定義したヤング率 E，ポアッソン比 σ，体積弾性率 k は，互いに無関係ではない．いま，ヤング率が E，ポアッソン比が σ の物質でできた一辺の長さが l の立方体を考える．上下の面だけに外から一様な圧力 Δp をかけた

---

* この場合の応力テンソルは $\begin{pmatrix} -p & 0 & 0 \\ 0 & -p & 0 \\ 0 & 0 & -p \end{pmatrix}$ となる．

とすると，立方体は上下に $\Delta p\cdot l/E$ だけ縮み，水平方向には $\sigma\Delta p\cdot l/E$ だけ伸びる．前後・左右にも同様な圧力を加えると，同様な伸び縮みが生じる．ひずみがあまり大きくないときには，重ね合せがきくものである．したがって，上下・前後・左右すべての面に圧力 Δp をかけた結果の伸び縮みの総計は

$$\delta l = -\frac{\Delta p\cdot l}{E} + 2\sigma\frac{\Delta p\cdot l}{E} = -(1-2\sigma)\frac{l}{E}\Delta p$$

となる．これによる体積の変化は

$$\frac{\Delta V}{V} = \frac{(l+\delta l)^3 - l^3}{l^3} = 3\frac{\delta l}{l} = -\frac{3(1-2\sigma)}{E}\Delta p$$

これと (3.5) 式とを比べてみると

$$k = \frac{E}{3(1-2\sigma)} \tag{3.6}$$

であることがわかる．どんな物体でも圧力を加えれば体積は減るので，$k>0$ である．したがって，$\sigma<0.5$ でなければならない．

問　ヤング率 E の材料でできた，太さが S で長さが l の棒を，力 F で引っ張ったときの伸びを Δl とすると，$F=\alpha\Delta l$ という形のフックの法則が成り立つ．このときの比例定数 α を S, E, l で表せ．

§3.3　剛　性　率

3-6図のような立方体の上下の面に，単位面積当たり f の力を面に平行に反対向きに加えると，立方体は破線のように変形する．上下面の力だけではつり合いが保てないから，左右の面にも同じような力を加えておかねばならない．この立方体のなかに，上下の面と平行な面 PQ を考え，APQD 部分（変形によって少し移動している）がつり合って静止している条件を考えると，PQ 面の上側

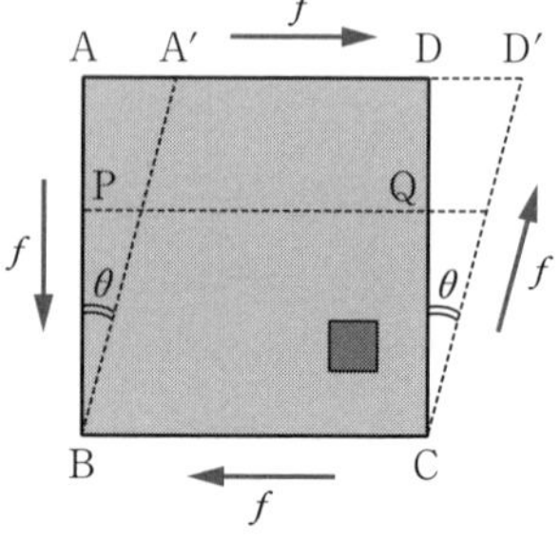

3-6図　ずれ変形

は下側から左向きに強さ f の接線応力を受けていることがわかる．その反作用としてPQの下側は上側から右向きに強さ f の接線応力を受けている．同様に，左右の面に平行な面を内部に考えると，やはり同じ強さの接線応力がはたらいていることがわかる.* いまわれわれは立方体ABCDがあって上下左右の面に外力を加えた場合を考えたのであるが，内部に上記のような応力がはたらいているので，立方体の内部に小さな立方体を考えても，3-6図と全く同じになっていることがわかる．

以上のような力でABCDがA′BCD′のように変形しているとき（BCが不動のように描いてあるが，つり合っているので全体がどこにあるかは意味がない．もとの形と比べやすいようにBCを重ねて描いた図だと思えばよい.），このような ひずみ をずれまたはずりとよび，図に示した角 θ でその大きさを表す．f があまり大きくないときには，f と θ は比例する（フックの法則）．その関係を

$$f = n\theta \tag{3.7}$$

とするとき，n をこの物質の**剛性率**または**ずれの弾性率**とよぶ．

3-6図の立方体の角度を変えて3-7図のように描いてみると，ずれ変形

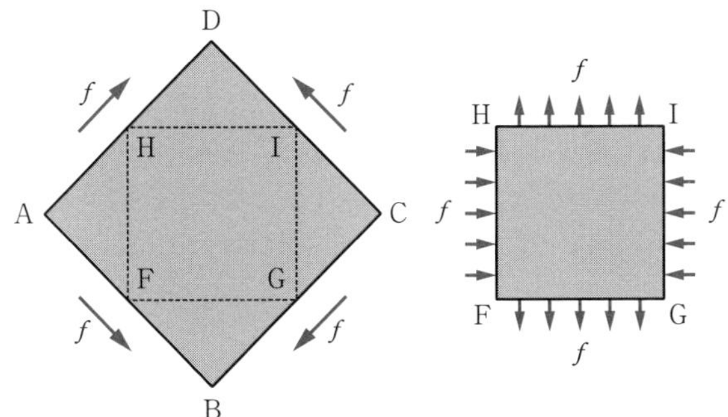

3-7図　ABCDが ずれ変形しているとき，HFGIにはたらいている力を考えると…

* $\overrightarrow{BC}$ 方向に x 軸，$\overrightarrow{BA}$ 方向に y 軸をとって，このときの応力テンソルを求めてみると $\begin{pmatrix} 0 & f & 0 \\ f & 0 & 0 \\ 0 & 0 & 0 \end{pmatrix}$ となる．

によって AC は縮み BD は伸びていることがわかる．この変形がきわめて小さいとして近似計算をすると，AB = BC = l であったとして，

$$\text{AC は}\quad \sqrt{2}l \text{ から}\quad \sqrt{2}l - \frac{l\theta}{\sqrt{2}} \text{ に}$$

$$\text{BD は}\quad \sqrt{2}l \text{ から}\quad \sqrt{2}l + \frac{l\theta}{\sqrt{2}} \text{ に}$$

変化していることが容易にわかる．つまり，AC 方向には

$$-\frac{l\theta/\sqrt{2}}{\sqrt{2}l} = -\frac{\theta}{2}$$

だけの縮み，BD 方向には同じ大きさの伸びが生じている．

いま，AB, BC, CD, DA の中点をそれぞれ F, G, I, H とすると，f がないときは FGIH は一辺の長さが $l/\sqrt{2}$ の正方形であったのが，上の割合で変形して辺の長さが $(l/\sqrt{2})(1 \pm \theta/2)$ の長方形になっている．いま AFH で表される三角柱を考えると，これがつり合っているという条件から，面 FH には強さ f の圧力がかかっていることが簡単にわかる．その反作用として，FGIH という直方形柱は面 FH を左から強さ f の圧力で押されていることになる．同様に考えると，面 GI にも圧力 f がかかっており，面 FG と IH には強さ f の張力がはたらいていることがわかる．そこで，ヤング率 E とポアッソン比 σ を使うと

左右の圧力による

$$\text{FG の縮みは } \frac{lf}{\sqrt{2}E}, \qquad \text{FH の伸びは } \frac{\sigma lf}{\sqrt{2}E}$$

上下の張力による

$$\text{FH の伸びは } \frac{lf}{\sqrt{2}E}, \qquad \text{FG の縮みは } \frac{\sigma lf}{\sqrt{2}E}$$

であることがわかる．これらを重ね合わせたものが，先に求めた伸び縮みである．したがって

$$\frac{l}{\sqrt{2}}\frac{\theta}{2} = \frac{lf}{\sqrt{2}E} + \frac{\sigma lf}{\sqrt{2}E}$$

となる．左辺の θ に (3.7) 式による $\theta = f/n$ を代入し，全体を lf で割り $\sqrt{2}$ 倍すると

$$\frac{1}{2n} = \frac{1+\sigma}{E}$$

すなわち

$$n = \frac{E}{2(1+\sigma)} \tag{3.8}$$

が得られる．

(3.6), (3.8) の 2 式は，E, σ, k, n の間の関係を示すものである．したがって，これらの量はそのうちの 2 つが知られれば，残りはこの 2 式で算出することができる．

3-1表　主な物質の弾性率（E, k, n の単位は $\mathrm{N/m^2}$）

物　質	ヤング率 E		ポアッソン比 σ	体積弾性率 k		剛性率 n	
鋳　鉄	15.23	$\times 10^{10}$	0.27	10.98	$\times 10^{10}$	6.0	$\times 10^{10}$
鋼　鉄	20.1～21.6	〃	0.28～0.30	16.5～17.0	〃	7.8～8.4	〃
アルミニウム	7.03	〃	0.345	7.55	〃	2.61	〃
金	7.8	〃	0.44	21.7	〃	2.7	〃
銀	8.27	〃	0.367	10.36	〃	3.03	〃
銅	12.98	〃	0.343	13.78	〃	4.83	〃
鉛	1.61	〃	0.44	4.58	〃	0.559	〃
ガラス	8.01	〃	0.27	5.76	〃	3.15	〃
ポリエチレン	0.076	〃	0.46	—		0.026	〃
ゴ　ム	(1.5～5.0)	$\times 10^{6}$	0.46～0.49	—		(5～15)	$\times 10^{5}$

問　ゼラチンのようなものは変形しやすいが，体積は変えにくい．このようなものを固体と考えたとき，E, σ, k, n は大体どのようになると考えられるか．

§3.4　弾性体のエネルギー

ヤング率 E，太さ S，長さ l の棒の片側を固定し，もう一方の側に力を加えて伸ばす場合を考える．ξ だけ伸びているときに，両端に加えていなければならない力は

$$F(\xi) = f(\xi)S = ES\frac{\xi}{l}$$

である．これをさらに $d\xi$ だけ伸ばすときに外からしなければならない仕事

は $F(\xi)\,d\xi$ である．このような仕事を $\xi=0$ のときから $\xi=\Delta l$ のときまで合計すれば，棒を長さ l から $l+\Delta l$ まで伸ばすのに要する全仕事が求められる．

$$W=\int_0^{\Delta l}\frac{ES}{l}\,\xi\,d\xi=\frac{ES}{2l}(\Delta l)^2=\frac{1}{2}ESl\left(\frac{\Delta l}{l}\right)^2$$

Sl は棒の体積，$\Delta l/l=\varepsilon$ は伸びの割合，つまりこの場合のひずみである．この仕事は，弾性体の内部に蓄えられていると考えられるが，いまの場合にはひずみは一様なので，棒の**単位体積当たり** $E\varepsilon^2/2$ のエネルギーが蓄えられていると解釈できる．ひずみが一様でないとき ── たとえば曲げた棒 ── でも，微小体積 dV をとればそこでは ε は一定とみられるので $(E\varepsilon^2/2)\,dV$ がこの部分に蓄えられている弾性エネルギーである．

圧力を加えて圧縮する場合には，3-8図のように物体表面を細分し，その１つの微小部分（面積 dS）に着目する．この部分を ξ からさらに $d\xi$ だけ押すときに要する仕事は，力 $p\,dS$ に動いた距離 $d\xi$ を掛けた $p\,dS\,d\xi$ であるが，$dS\,d\xi$ は図の赤茶色部分の体積である．これを表面全体について合計（積分）すると，圧縮の途中での体積変化 dV の絶対値になる．したがって，圧縮の途中で体積を dV だけ変化させるのに要する仕事は $-p\,dV$ と表せる．

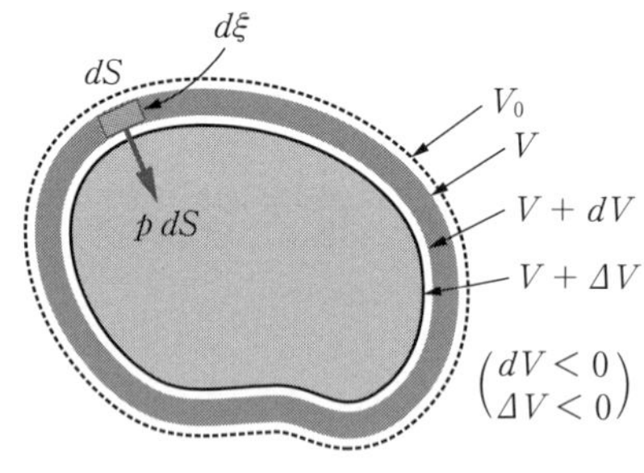

3-8図　一様な圧縮

$p=0$ で体積が V_0 であった物体に圧力を加えて圧縮し，体積が V になっているときの圧力は，(3.5) 式により

$$p=-k\frac{V-V_0}{V_0}$$

であるから，さらに $dV\ (<0)$ だけ V を変化させるのに要する仕事は

$$k\frac{V-V_0}{V_0}\,dV$$

となる．これを，V_0 から $V_0+\Delta V\ (\Delta V<0)$ まで積分すれば，

$$W = \int_{V_0}^{V_0+\Delta V} \frac{k}{V_0}(V - V_0)\, dV = \frac{1}{2}k\left(\frac{\Delta V}{V_0}\right)^2 V_0$$

となることがわかる. 圧縮のときに外から加えられた仕事は, 単位体積当たり $k(\Delta V/V_0)^2/2$ の割合で弾性体内に蓄えられていることになる.

ずれの場合も, 3-6 図のようにして変形したと考えると, 仕事をするのは AD 面に作用する力だけであるから, 計算は上にならって容易にできるであろう. θ だけひずみを与えるために要する仕事は $(n\theta^2/2) \times$ (体積) であって, 単位体積当たりの弾性エネルギーは $n\theta^2/2$ である.

以上, 伸び, 圧縮, ずれを与えたときに弾性体内に蓄えられる**単位体積当たり**のエネルギーはそれぞれ

$$\frac{1}{2}E\varepsilon^2, \qquad \frac{1}{2}k\left(\frac{\Delta V}{V_0}\right)^2, \qquad \frac{1}{2}n\theta^2$$

となって, いずれも

$$\frac{1}{2} \times (\text{弾性率}) \times (\text{ひずみ})^2$$

の形になっていることがわかる.

問 断面が一辺 2 mm の正方形で, 長さが 20 cm のゴムひも (ヤング率を 2×10^6 N/m^2 とする) を 30 cm に引き伸ばしたときのエネルギーはいくらか. 伸ばすときの力の平均値はいくらか.

※§3.5 針金のねじれ

いままでは一様な ひずみ とそれにともなって生じる応力の場合を扱ったが, 今度は, 外見は簡単な変形でも, 内部の場所によって ひずみ が違う場合を考えよう.

まず, 長さ L の針金の上端を固定し, 下端に偶力を加えて角 Φ だけねじった場合を考える. 長さ l だけの部分を切り出して拡大したとすると 3-9 図(b)のようになり, 上面と下面は相対的に φ だけねじれていることになる. 明らかに

$$\frac{\varphi}{l} = \frac{\Phi}{L}$$

である．いま，中心軸からの距離が r と $r+dr$ の円筒面で切りとられる部分を考えると，その内部には一様に

$$\theta = \frac{\varphi}{l} r \qquad (\because \quad l\theta = r\varphi)$$

だけのずれを生じていることがわかる．したがって，3-9 図(b)の赤茶色部分には

$$f = n\theta = n\frac{\varphi}{l} r$$

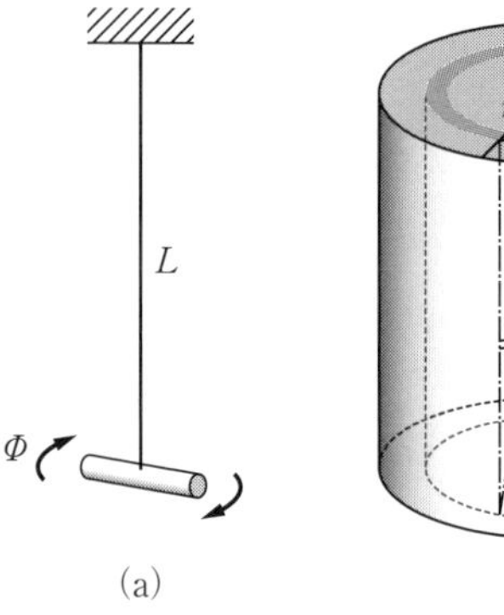

(a)

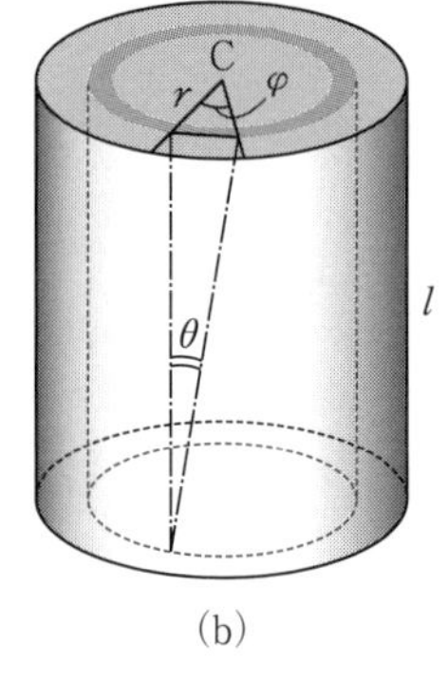

(b)

3-9 図　ねじれている針金とその一部分

の接線応力がはたらいている．中心 C を通る軸に関するそのモーメントは

$$rf\cdot 2\pi r\,dr = 2\pi n\frac{\varphi}{l} r^3\,dr$$

である．これを $r=0$ から $r=a$（a は針金断面の半径）まで積分すれば，断面全体にはたらいている力のモーメントが得られる．

$$N = 2\pi n\frac{\varphi}{l}\int_0^a r^3\,dr = \frac{\pi}{2} n\frac{\varphi}{l} a^4 \qquad (3.9)$$

3-10 図

$\varphi/l = \Phi/L$ であるから，これは

$$N = \frac{\pi n}{2}\left(\frac{\Phi}{L}\right) a^4$$

と書かれる．これはかってに考えた 1 つの断面にはたらいている応力の合力であるが，どこをとっても同じであり，結局針金の下端に加えられている偶力のモーメントもこれに等しい．

この針金の下端におもりをつるし，鉛直軸の周りで少し回して放せば，おもりは針金の弾性によって回転する．その回転軸の周りのおもりの慣性モーメントを I とすると

$$I\frac{d^2\Phi}{dt^2} = -\frac{\pi n a^4}{2L}\Phi$$

であるから，Φ は

$$\Phi = \Phi_0 \cos\sqrt{\frac{\pi n a^4}{2LI}}\, t$$

のように単振動的に変化する．周期は

$$T = 2\pi\sqrt{\frac{2LI}{\pi n a^4}}$$

で与えられる．このような装置を**ねじれ振り子**という．剛性率の測定に利用することができる．

［例］ 針金をねじったときの弾性エネルギーを計算してみよう．下端を ϕ だけ回転してある状態で必要なモーメント $N(\phi)$ は

$$N(\phi) = \frac{\pi n a^4}{2L}\phi$$

であるから，さらに $d\phi$ だけ回すにはこれの $d\phi$ 倍だけの仕事が必要である．これを ϕ について 0 から Φ まで積分して

$$W = \int_0^{\Phi} N(\phi)\, d\phi = \frac{\pi n a^4}{4L}\Phi^2 \tag{3.10}$$

単位長さ当たりでは次のようになる．

$$\frac{W}{L} = \frac{\pi n a^4}{4}\left(\frac{\Phi}{L}\right)^2$$

ひずみ θ は中心軸からの距離によって違うから，単純にこれを体積で割っても意味がない．中心軸から r と $r + dr$ の部分は，体積が $2\pi rL\, dr$，そこでは $\theta = (\Phi/L)r$ であるから，単位体積当たり $n\theta^2/2 = n(\Phi/L)^2 r^2/2$ だけのエネルギーを含む．したがって，これらの積を r について 0 から a まで積分すれば W になるはずである．実際

$$\frac{n}{2}\left(\frac{\Phi}{L}\right)^2 2\pi L\int_0^a r^3\, dr = \frac{n\pi L}{4}\left(\frac{\Phi}{L}\right)^2 a^4$$

となって確かに先の結果と一致する．

※§3.6 棒のたわみ

一様な棒を一様に曲げると，棒の軸に平行な直線はすべて円弧を描く．軸に垂直な断面はたわんだ後も平面で形も変わらず，円弧に垂直である．棒の

外側の部分は伸び，内側の部分は縮み，その境い目に伸びも縮みもしていない中立面（円筒面）が存在する．この中立面の曲率半径をRとする．いま，1つの断面を考え，中立面との交線をξ軸，それに垂直にη軸をとる．中立面からηと$\eta + d\eta$だけ離れた細い帯状部分（幅$d\eta$，長さをξとする．ξはηの関数$\xi(\eta)$で，その関数形は断面の形による．）を考えると，$\eta > 0$ならばこの部分には張力がはたらいている．この帯状部分を通る棒の部分は曲率半径が$R + \eta$の円状に曲がっているから，もとの長さに比べて$(R + \eta)/R$倍に伸びている．したがって，そのひずみはη/Rであるから，張力の強さは$E\eta/R$である（Eはヤング率）．これに面積$\xi(\eta)\,d\eta$を掛けたものが力の大きさである．この力のξ軸に関するモーメントは，さらにηを掛けて

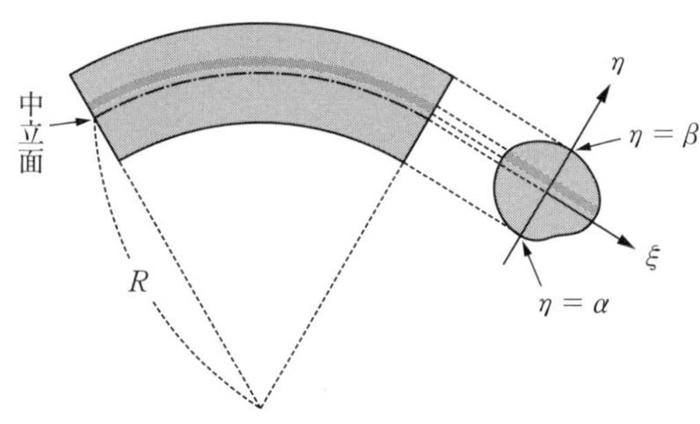

3-11図　たわんでいる棒とその断面

$$\frac{E}{R}\xi(\eta)\eta^2\,d\eta$$

となる．これを断面全体について積分すれば，断面全体にはたらいている応力の全モーメントとして

$$N = \frac{EI}{R} \qquad \text{ただし} \quad I = \int_\alpha^\beta \xi(\eta)\eta^2\,d\eta \tag{3.11}$$

が得られる．

積分Iをいくつかの簡単な場合について求めてみよう．* 3-12図(a)のような長方形断面のときには

$$\int \xi(\eta)\eta^2\,d\eta = \int_{-b/2}^{b/2} a\eta^2\,d\eta$$
$$= \frac{1}{12}ab^3$$

* このIのことを断面の慣性モーメントという．一様な薄い板で同じ形をつくってξ軸の周りで回転させるときの力学的な慣性モーメントは，これに板の面密度を掛けたものになる．

となり

$$N = \frac{E}{12R}ab^3 \qquad (\text{長方形}) \tag{3.12}$$

となる．断面が半径 a の円の場合には $\xi(\eta) = 2\sqrt{a^2 - \eta^2}$ であるから

$$\int_{-a}^{a} \xi(\eta)\eta^2\, d\eta = 2\int_{-a}^{a} \eta^2\sqrt{a^2-\eta^2}\, d\eta = \frac{\pi}{4}a^4$$

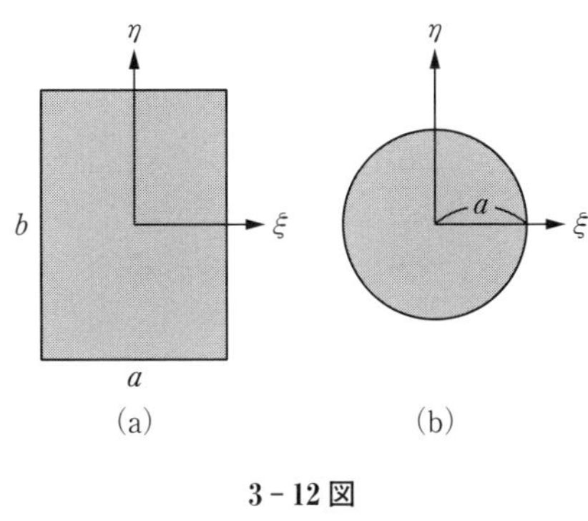

3 - 12 図

となり，

$$N = \frac{\pi E}{4R}a^4 \qquad (\text{円形}) \tag{3.13}$$

が得られる．

断面の形が任意であると，η 軸の周りの力のモーメントも存在するが，形が η 軸に関して対称的ならばこれは 0 になる．

円や長方形なら ξ 軸は中心を通るように引けばよいが，一般には応力が $E\eta/R$ で表され，したがってそれを断面全体で積分したものが 0 になるように，つまり

$$F = \frac{E}{R}\int_{\alpha}^{\beta} \xi(\eta)\eta\, d\eta = 0$$

のように中立面はできる（理由は自分で考えてみよ）．

［例］　重い一様な棒（長さ l, 質量 M, ヤング率 E, 断面の慣性モーメント I）の一端を水平に固定した場合，自分自身の重みによる棒のたわみがどうなるか調べよう．固定端から x の距離にある断面で棒を分けて考え，それより右側の部分を 1 つの質点系と見てそのつり合いの条件を調べる．この部分が受けている外力は重心にはたらく重力 $(l-x)Mg/l$ と，分けた断面を通して左側から受ける応力の合力である．条件 $\sum_i F_i = 0$ から断面には接線応力もはたらい

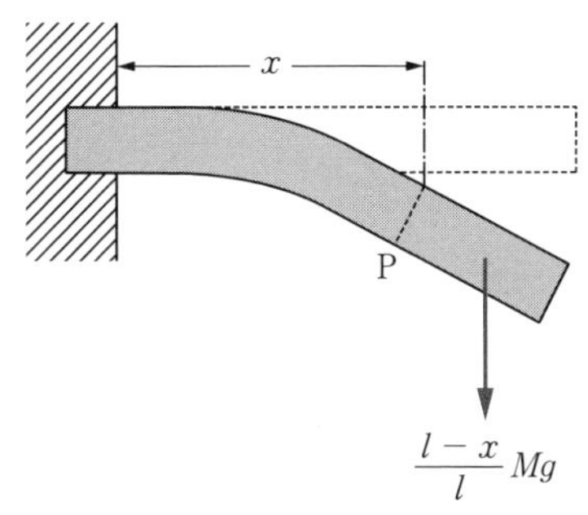

3 - 13 図

ていることがわかるが，いまはそれによるずれを無視して，たわみだけを考える．条件 $\sum_i N_i = 0$ を x における断面の ξ 軸について考えると，応力によるモーメント (3.11) 式と重力のモーメントがつり合っているから

$$\frac{EI}{R} = \frac{1}{2}\frac{(l-x)^2}{l}Mg$$

すなわち

$$\frac{1}{R} = \frac{Mg}{2lEI}(l-x)^2$$

が得られる．

この棒のたわみ方は一様でないから上記のように曲率が x の関数になるのである．いま，棒の（中立面の）形を表す曲線の方程式を $y = f(x)$ とすると，曲率は公式により

$$\frac{1}{R} = \frac{|y''|}{(1+y'^2)^{3/2}}$$

で与えられるが，いまは y' があまり大きくないので，分母を 1 としてよく，また曲線が上に凸なので

$$-\frac{d^2y}{dx^2} = \frac{Mg}{2lEI}(l-x)^2$$

とおける．これを積分し，$x = 0$ で $y = 0$，$y' = 0$ のように定数を決めると

$$y = -\frac{Mg}{24lEI}(6l^2 - 4lx + x^2)x^2$$

が得られる．右端の下がりは $x = l$ のときの $|y|$ として

$$|f(l)| = \frac{Mgl^3}{8EI}$$

と求められる．

§3.7　静止流体の圧力

気体と液体を総称して流体という．流体が固体と異なる点は，**静止状態の流体内部の応力には接線成分がなく**，同じ点における応力は面の方向によらず同じ強さの圧力になっていることである．応力が面に垂直な圧力だけならば，その強さが面の方向によらないことは次のようにして示される．

P 点の応力を調べるため，Pを一頂点とし x, y, z 軸に平行な稜 PA, PB, PC をもつ微小な四面体を考える．面 ABC の法線（外向き）方向の単位ベクトルを $\boldsymbol{n}$ とし，その成分を n_x, n_y, n_z とする．いま，この四面体の各面にはたらく圧力の強さがみな異なるかもしれないことを考慮して，それらを図のように p, p_x, p_y, p_z とおく．△ABC の面積を S とすると，この面にはたらく圧力の合力は $-pS\boldsymbol{n}$ である．そこで，四面体にはたらく力のつり合いの式のうちの x 成分を考えると，それは

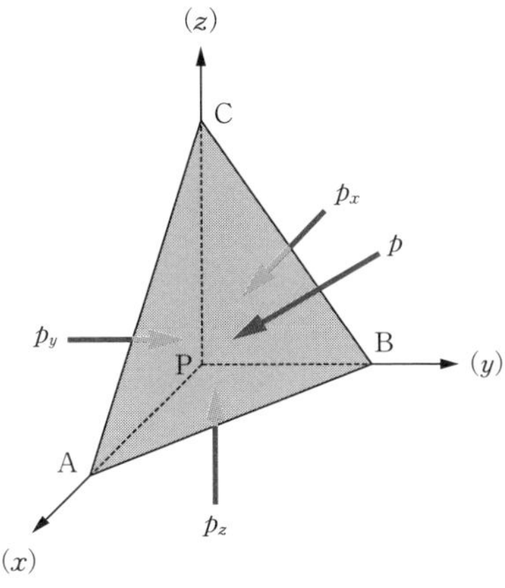

3 - 14 図　四面体部分にはたらく圧力のつり合いを考える．

$$pSn_x = p_x \times (\triangle\text{PBC の面積})$$

となる．ところが，Sn_x は △PBC の面積に等しい（77 ページ参照）から，

$$p = p_x$$

が得られる．同様なことを y, z 成分で行えば，結局

$$p = p_x = p_y = p_z$$

となる．$\boldsymbol{n}$ はどんな方向でもよいから，同じ点では圧力の強さは考える面の方向によらないことが示された．重力がはたらいていると，pSn_z に重力が加わるが，Sn_z で割ったあとで四面体の大きさを無限に小さくすれば付加項は消えて，$p = p_z$ が得られることに変わりない．

一様な重力の作用下で静止している流体内で，同一水平面上の 2 点 A, B の圧力を比べるには，3 - 15 図 (a) のように水平な四角柱状の流体部分を考

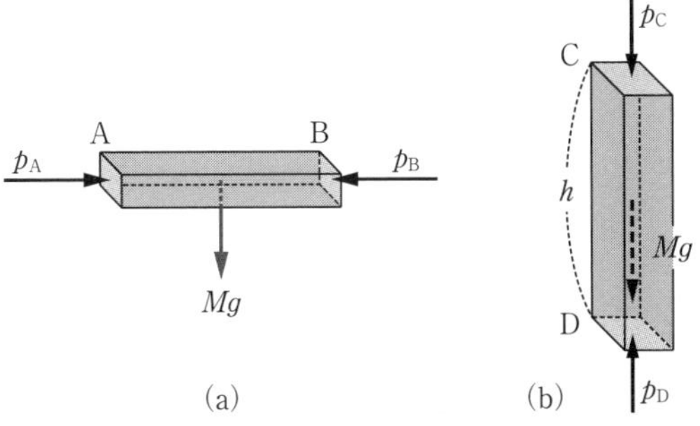

3 - 15 図　四角柱部分のつり合いを考える．

える．AB 方向のつり合いの条件から直ちに $p_A = p_B$ が得られる．したがって，**同一水平面上では圧力の強さは一定である．**

高さの違う 2 点 C, D における圧力 p_C, p_D の関係を知るには 3‑15 図 (b) のような鉛直角柱を考え，鉛直方向のつり合いの条件を書くと，流体の密度を ρ として

$$p_C S + \rho Shg = p_D S \quad (S\text{ は角柱の断面積})$$

であるから，$p_D = p_C + \rho gh$ が得られる．あるいは鉛直上向きに z 軸をとると

$$p = p_0 - \rho gz \tag{3.14}$$

のように書かれる，といってもよい．ただし，流体の密度は圧力によって変化せず一定であるとした．このように理想的な流体を**縮まない流体**というが，ふつう，液体は縮まない流体と考えてよい．

気体のように縮む流体では，密度は圧力の関数であるから，それを $\rho(p)$ と書くと高さの差が微小（dz とする．z は鉛直上向きにとる）のときには ρ を一定と見てよいので

$$p(z) = p(z + dz) + \rho g\, dz$$

右辺第 1 項を左辺に移項し，両辺を dz で割ると，

$$-\frac{dp}{dz} = g\rho(p)$$

が得られる．温度一定の気体では ρ は p に比例する（ボイルの法則）から，$\rho = Cp$ とおくと

$$\frac{dp}{dz} = -Cgp$$

となる．これを積分して

$$p = p_0\, e^{-Cgz} \tag{3.15}$$

を得る．積分定数 p_0 は $z = 0$（たとえば地表）における p の値である．圧力が p_0 のときの密度を ρ_0 とすれば，$C = \rho_0/p_0$ である．

圧力の単位は $N/m^2 = kg\cdot m^{-1}\cdot s^{-2}$ で，これを**パスカル**といい，記号 Pa で表す．天気予報などではこれの 100 倍のヘクトパスカル（記号 hPa）が使われている．そのほか，水銀の 1 mm に対応する ρgh（1 mmHg）の値（133.322 Pa）を 1 トル（Torr）として，気圧を 760 Torr などと表すこともある．Torr はトリチェリの名に因んだ単位名である．

地表にいるわれわれはいわば大気の底にいるので，その大気の重さに相当する空気の圧力を受けている．この**大気圧**は大体

$$(\text{標準大気圧}) = 1013\,\text{hPa}$$

であって，水銀（密度 13.6 g/cm^3）の 76 cm 分の ρgh に相当する．これを 1 気圧ということもある．

流体の中に置かれた物体は，面に垂直な圧力を受ける．上に述べたように高さによって圧力の強さが異なるため，圧力の合力は上向きとなる．この合力を浮力という．浮力の大きさを知るには，物体を周囲と同じ流体で置き換えた場合を想定してみればよい．置き換えられた流体は物体が受けていたのと同じ浮力を受けるはずであり，同時に下向きの重力をも受ける．ところがこの場合，置き換えられた流体がそのまま静止を続けることは明らかであるから，浮力と重力はつり合う．したがって，**浮力の大きさは，物体と同体積の流体の重さに等しく，その作用点は物体を流体で置換したときの流体の重心と一致する**．これをアルキメデスの原理という．

問 吸い上げ式のポンプが 10 m 以上の深さの井戸で使えないのはなぜか．

§3.8 流 速 の 場

運動している流体があるときには，そのなかの各点でその瞬間にそこを流れている流体の速度 $\boldsymbol{V}(x, y, z, t)$ というものを考えることができる．つまり位置 (x, y, z) と時間 t の関数としてのベクトル $\boldsymbol{V}$ を定義することができる．流速を定義できる空間として，このような場所のことを流速の場という．質点力学では x, y, z は t の関数で，速度が dx/dt などで与えられたが，今度は t（とき）と x, y, z（ところ）は**同じ資格の独立変数**であって，x を t で微分するなどということは意味がないことに注意しなければならない．いつ，どこで流速の x 成分がどうであった，ということを表すのが $V_x(x, y, z, t)$ であって，V_x が dx/dt であるなどと思ってはいけない．

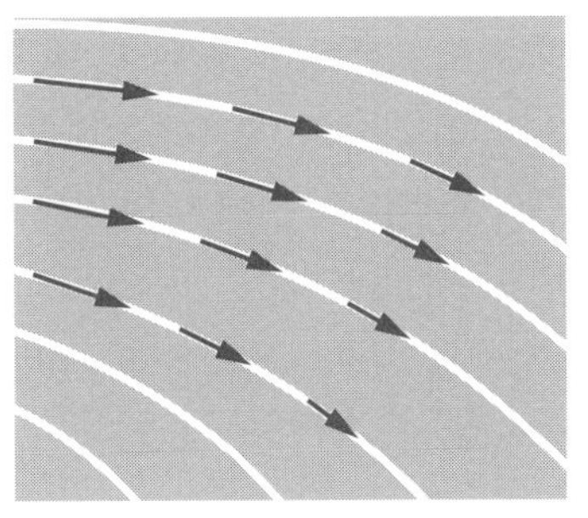

3-16 図　流速の場

流速の場（のようなベクトル場）を図示するには 3-16 図のように，各点の $\boldsymbol{V}$ を表す矢印をたくさん描いてもよいが，接線

がそこの $\boldsymbol{V}$ の方向に一致するような曲線 ── **流線**という ── で表すと便利である．$\boldsymbol{V}$ が x, y, z だけの関数で t によらないとき，その流れを**定常流**という．定常流では流線は流体が実際に流れていく道すじを表している．非定常流ではそうはならない．

液体が運動しているときには，応力としては圧力のほかに接線応力も生じる．粘っこい液体ほど大きな接線応力を生じるので，この性質を**粘性**という．実際の流体には必ず多少の粘性があるが，粘性のあまりきかない現象を扱うためのモデルとして，粘性の全くない**完全流体**という理想的なものを調べることが多い．

完全流体の定常流を考える．流れの方向にほぼ垂直な閉曲線を考えると，その閉曲線を通るすべての流線によって1つの管ができる．このような管を**流管**という．定常流であるから流管は動かず，1つの流管内の流体はそのなかを流れ，管外へ出ることはない．いま，きわめて細い流管を考え，その2か所 A, B でこれを垂直に切った断面積を S_A, S_B とする．管が細いから1つの切口についてはどこも流速は一定と見てよい．流れは A から B の方へ向かっているものとし，A, B における流速の大きさを V_A, V_B とすると，ある瞬間に断面 A, B を通った流体はそれから微小時間 δt の後には A から $V_A\,\delta t$ だけ離れた A′，および B から $V_B\,\delta t$ だけ離れた B′ にそれぞれ来ている．したがって，δt の間に A, B を通って流れた流体の質量はそれぞれ $\rho_A V_A S_A\,\delta t$，$\rho_B V_B S_B\,\delta t$ である．ただし，ρ_A, ρ_B は A, B における流体の密度である．流管のうちで A と B で区切られた部分に着目すると，定常流ではこのなかに含まれる流体の質量は常に一定に保たれるから，流出量と流入量は等しいはずである．ゆえに

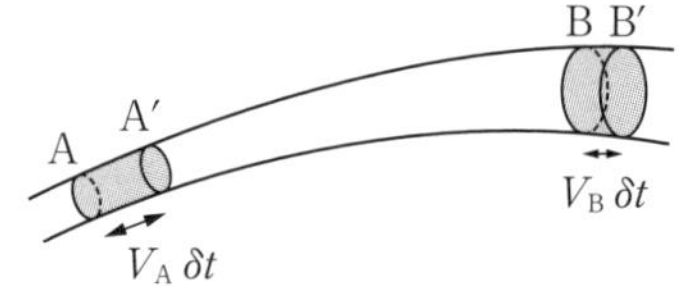

3-17 図 細い流管

$$\rho_A V_A S_A = \rho_B V_B S_B$$

であることがわかる．A と B は流管上の任意の2点であるから，これを

$$\rho VS = (\text{一定}) \qquad (3.16)$$

と表してもよい．この式を**連続の方程式**とよぶ．縮まない流体（ρ 一定）

ならばこれは $VS=$（一定）となる．

問　2つのインターチェンジ（出入口）の間の高速自動車道で車が“定常的”に流れているときには，車間距離と車の速さの間にどんな関係があるか．ドライバーや車に個人差はないとする．

完全流体に対するオイラーの運動方程式

流体のなかに微小な直方体の部分 $dx\,dy\,dz$ を考える．完全流体ではこの部分の流体にはたらく応力は各面で垂直にはたらく圧力だけである．そのうち x 方向の成分は，ABCD 面にはたらく圧力 $p\,dy\,dz$ と A′B′C′D′ 面にはたらく $-p\,dy\,dz$ との合力である．これは打ち消し合いそうであるが，圧力 p が場所によって変化していると，いまの場合は x の違い dx による p の差が残ることになる．

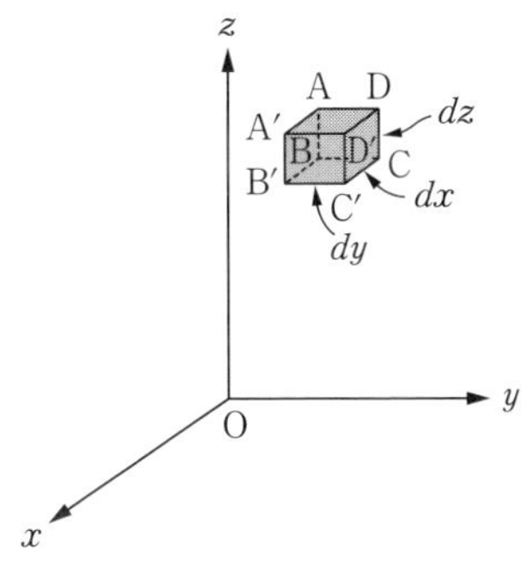

3－18図　流体の微小部分に着目する．

$$p(x+dx,y,z)-p(x,y,z)=\frac{\partial p}{\partial x}dx$$

であるから，結局 x 方向の成分としては

$$-\frac{\partial p}{\partial x}dx\,dy\,dz$$

という力が流体にはたらいていることになる．y 方向，z 方向も同様に考えれば

$$-\frac{\partial p}{\partial y}dx\,dy\,dz, \qquad -\frac{\partial p}{\partial z}dx\,dy\,dz$$

となる．重力が $-z$ 方向にはたらいているなら，z 成分にはさらに $-\rho g\,dx\,dy\,dz$ を加える必要がある．

次にこの流体の微小部分が流線に沿って動くときの加速度を考える．速度が V_x, V_y, V_z なので δt 時間ののちには位置を (x,y,z) から $(x+V_x\,\delta t, y+V_y\,\delta t, z+V_z\,\delta t)$ に移動している．したがって，速度の変化は

$$\boldsymbol{V}(x+V_x\,\delta t, y+V_y\,\delta t, z+V_z\,\delta t, t+\delta t)-\boldsymbol{V}(x,y,z,t)$$

によって計算しなければならない．（A.20）式（349ページ）のようにしてこの差を求めると，x 成分については

$$\frac{\partial V_x}{\partial x}V_x\,\delta t+\frac{\partial V_x}{\partial y}V_y\,\delta t+\frac{\partial V_x}{\partial z}V_z\,\delta t+\frac{\partial V_x}{\partial t}\delta t$$

であるから，これを δt で割ったものが加速度の x 成分である．ニュートンの運動

の法則によると，それに質量 $\rho\,dx\,dy\,dz$ を掛けたものが先に求めた圧力の合力に等しい．この等式を $\rho\,dx\,dy\,dz$ で割れば

$$\frac{\partial V_x}{\partial t} + V_x\frac{\partial V_x}{\partial x} + V_y\frac{\partial V_x}{\partial y} + V_z\frac{\partial V_x}{\partial z} = -\frac{1}{\rho}\frac{\partial p}{\partial x} \qquad (3.17\,\mathrm{a})$$

を得る．y 成分，z 成分も同様にして計算すると

$$\frac{\partial V_y}{\partial t} + V_x\frac{\partial V_y}{\partial x} + V_y\frac{\partial V_y}{\partial y} + V_z\frac{\partial V_y}{\partial z} = -\frac{1}{\rho}\frac{\partial p}{\partial y} \qquad (3.17\,\mathrm{b})$$

$$\frac{\partial V_z}{\partial t} + V_x\frac{\partial V_z}{\partial x} + V_y\frac{\partial V_z}{\partial y} + V_z\frac{\partial V_z}{\partial z} = -\frac{1}{\rho}\frac{\partial p}{\partial z} - g \qquad (3.17\,\mathrm{c})$$

となる．$\boldsymbol{V}(x, y, z, t)$ ── 定常流とは限らない ── が満たすべきこれらの式をオイラーの方程式という．

たとえば，流体全体が z 軸の周りで一定の角速度 ω で回転している定常流では

$$V_x = -\omega y, \qquad V_y = \omega x, \qquad V_z = 0$$

である．したがって，(3.17) 式の 3 式は

$$\begin{cases} -\omega^2 x = -\dfrac{1}{\rho}\dfrac{\partial p}{\partial x} \\ -\omega^2 y = -\dfrac{1}{\rho}\dfrac{\partial p}{\partial y} \\ \quad\ \ 0 = -\dfrac{1}{\rho}\dfrac{\partial p}{\partial z} - g \end{cases}$$

となる．これから

$$p = \frac{1}{2}\rho\omega^2(x^2 + y^2) - \rho g z + p_0$$

が得られる．$\omega = 0$ ならこれは (3.14) 式に帰着する．水をバケツに入れて回転させているような場合，水面では p は大気圧であるから，上式を大気圧に等しいとおいてやれば

$$z = \frac{\omega^2}{2g}(x^2 + y^2) + (\text{定数})$$

という回転放物面の式が得られる．

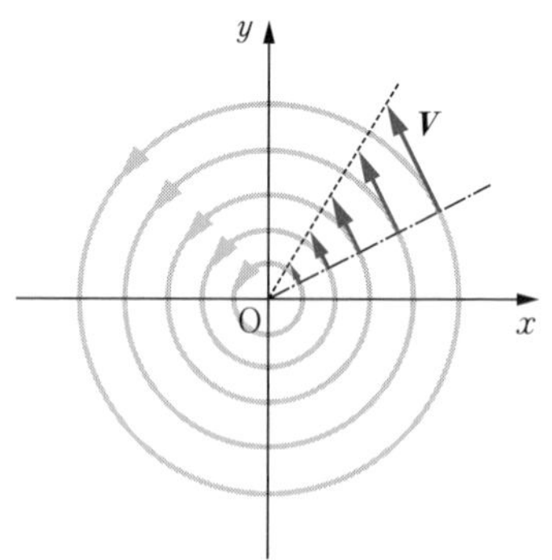

3－19 図　z 軸の周りで回転する流体の流速

§3.9 ベルヌーイの定理

今度は 3－17 図の流管の A, B 部分に，δt の間に出入する流体が運びこんだり運び出すエネルギーを調べよう．簡単のため縮まない流体の場合を考えると，A(入) と B(出) とで

運動エネルギーは　$\dfrac{1}{2}\rho S_{\mathrm{A}}V_{\mathrm{A}}\,\delta t\cdot V_{\mathrm{A}}{}^2,\qquad \dfrac{1}{2}\rho S_{\mathrm{B}}V_{\mathrm{B}}\,\delta t\cdot V_{\mathrm{B}}{}^2$

重力の位置エネルギーは　$\rho S_{\mathrm{A}}V_{\mathrm{A}}\,\delta t\cdot gz_{\mathrm{A}},\quad \rho S_{\mathrm{B}}V_{\mathrm{B}}\,\delta t\cdot gz_{\mathrm{B}}$

となっている．A と B の間の流管内のエネルギーの収支を考えるには，このほかに，3‐17 図で A′B 間の部分の流体が力を受けて移動しているので，その仕事を計算に入れなければならない．流管の側面のところにはたらいている力は，完全流体であるという仮定によって，面に垂直な圧力であり，運動の方向と垂直であるから仕事をしない．仕事を考えねばならないのは A′, B 両端の断面の部分だけである．そこの圧力の強さを $p_{\mathrm{A}}, p_{\mathrm{B}}$ とすると，力は $p_{\mathrm{A}}S_{\mathrm{A}}, p_{\mathrm{B}}S_{\mathrm{B}}$ であり，それによって $V_{\mathrm{A}}\,\delta t$, $V_{\mathrm{B}}\,\delta t$ だけぞれぞれ動いているので，

$$p_{\mathrm{A}}S_{\mathrm{A}}V_{\mathrm{A}}\,\delta t - p_{\mathrm{B}}S_{\mathrm{B}}V_{\mathrm{B}}\,\delta t$$

が δt の間になされた仕事である．

以上を総計し，定常流であるから AB の間のエネルギーの出入は 0 であることを考えると

$$\frac{1}{2}\rho S_{\mathrm{A}}V_{\mathrm{A}}{}^3 - \frac{1}{2}\rho S_{\mathrm{B}}V_{\mathrm{B}}{}^3 + \rho S_{\mathrm{A}}V_{\mathrm{A}}gz_{\mathrm{A}} - \rho S_{\mathrm{B}}V_{\mathrm{B}}gz_{\mathrm{B}} + p_{\mathrm{A}}S_{\mathrm{A}}V_{\mathrm{A}} - p_{\mathrm{B}}S_{\mathrm{B}}V_{\mathrm{B}} = 0 \tag{3.18}$$

となる．連続の式により $S_{\mathrm{A}}V_{\mathrm{A}} = S_{\mathrm{B}}V_{\mathrm{B}}$ であるから，これで全体を割れば

$$\frac{1}{2}\rho V_{\mathrm{A}}{}^2 + \rho gz_{\mathrm{A}} + p_{\mathrm{A}} = \frac{1}{2}\rho V_{\mathrm{B}}{}^2 + \rho gz_{\mathrm{B}} + p_{\mathrm{B}}$$

あるいは，1 本の流線に沿って

$$\frac{1}{2}\rho V^2 + \rho gz + p = (\text{一定}) \tag{3.19}$$

という関係が得られる．これをベルヌーイの定理という．$\rho V^2/2$ を動圧，これに対して p を静圧とよぶこともある．

縮む流体では，体積変化にともなうエネルギーの変化（§3.4 を参照）をも考慮に入れる必要がある．この場合のベルヌーイの定理は

$$\int \frac{dp}{\rho} + \frac{1}{2}V^2 + gz = (\text{一定})$$

となることが導かれる．

トリチェリーの定理

水槽の水を下の方にあけた小孔から流出させるような場合には，流線は図のようになる．孔が小さければ $V_A = 0$ と見てよく，$p_A = p_B =$（大気圧）であるから，ベルヌーイの定理は

$$\rho g z_A = \frac{1}{2}\rho V_B{}^2 + \rho g z_B$$

となり，$z_A - z_B = h$ として

$$V_B = \sqrt{2gh} \qquad (3.20)$$

が得られる．この結果をトリチェリーの定理という．

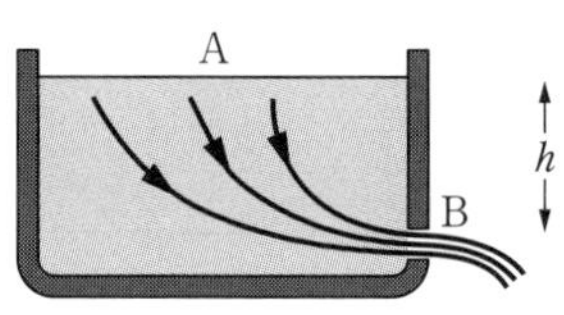

3-20図 水槽の小孔

問 3-20図の水槽を地面からの高さ H の台の上に置いたところ，Bから水平に出た水は，地上でBの真下から l だけ離れた点に落ちた．このとき $l = \sqrt{4Hh}$ となることを示せ．

ピトー管

流速の測定に用いられるピトー管は3-21図のような装置である．速さ V の一様な流れのなかにこれを図のように置くと，Bのところで流体は静止するので，そこの圧力を p とすると

$$\frac{1}{2}\rho V^2 + p_0 = p$$

が成り立つ．ゆえに $p - p_0$ を測れば $V = \sqrt{2(p - p_0)/\rho}$ によって V が求められる．

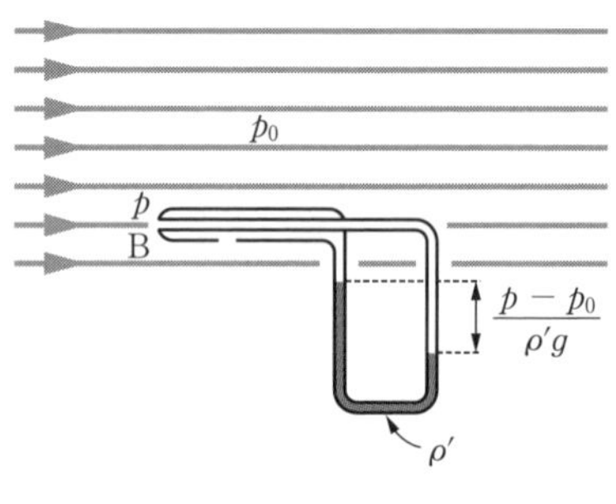

3-21図 ピトー管

マグヌス効果

流体の一様な流れのなかに円柱や球を置いたときの流線は3-22図(a)のようになるが，これらに流れと垂直な軸の周りでの回転（スピン）を与えておくと，実在流体には必ずある粘性によって流体がひきずられるために，流線は図(b)のようになる．連続の式からわかるように，流線のこみ入ったところは流速が大きくなり，ベルヌーイの定理によって静圧は小さくなる．したがって，図(b)の上と下とで圧力差（上で小，下で大）を生じるために，球または円柱は上向き

の力を受けることになる．これをマグヌス効果とよび，回転させながら投げたボールがカーブするのはこの効果による．

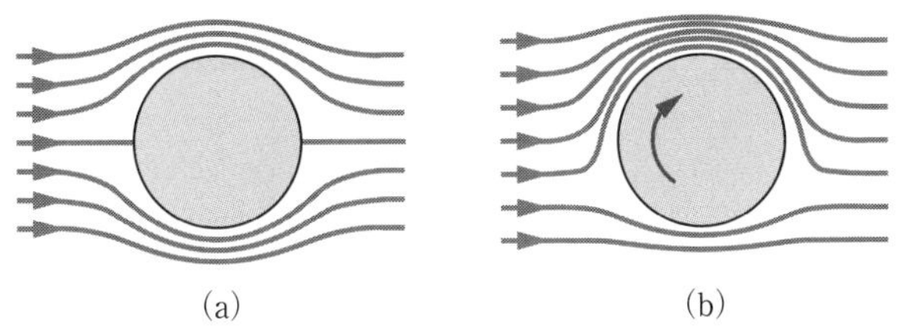

3-22図 マグヌス効果

§3.10 粘性と抵抗

実在の流体は必ず粘性をもち，3-23図のような速度勾配（$\partial V_x/\partial y$）があると，これをなくそうとするように接線応力（**内部摩擦力**）がはたらく．いま考えている点の近傍で流速を x 方向とし，V_x が y の関数として変化している場合を考えると，xz 面の両側の部分は $\partial V_x/\partial y$ に比例した接線応力をおよぼし合っている．その向きはこの $\partial V_x/\partial y$ をなくそうとするように，つまり図では上側は下側に右向きの力をおよぼし，下側は上側の部分に左向きの力をおよぼす．単位面積当たりのそのような力の強さを f とすると

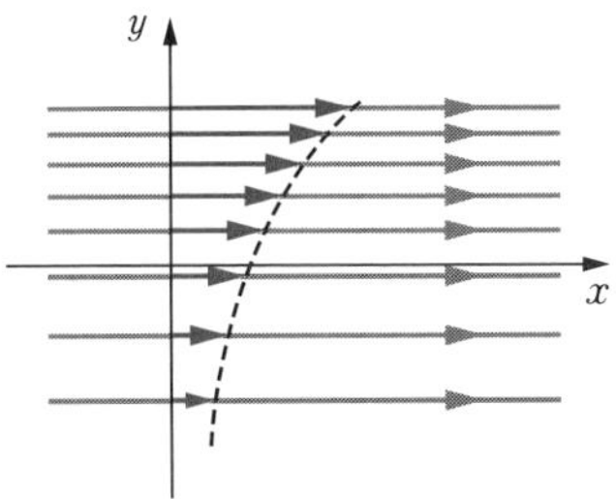

3-23図 速度勾配

$$f = \eta \frac{\partial V_x}{\partial y} \tag{3.21}$$

と表される．比例定数 η をその流体の**粘性率**という．

一様な太さの円管内で流体が定常流をつくっている場合を考える．粘性によって管壁のところの流速は0になり中心に近づくにつれて速くなり，3-24図(a)のような速度分布になる．速さ V は中心軸からの距離 r だけの関数 $V(r)$ になっている．いま，中心軸からの距離が r と $r+dr$ の円筒面がはさむ薄い円管状部分（長さ l）を考える．内側の円筒面（面積は $2\pi rl$）

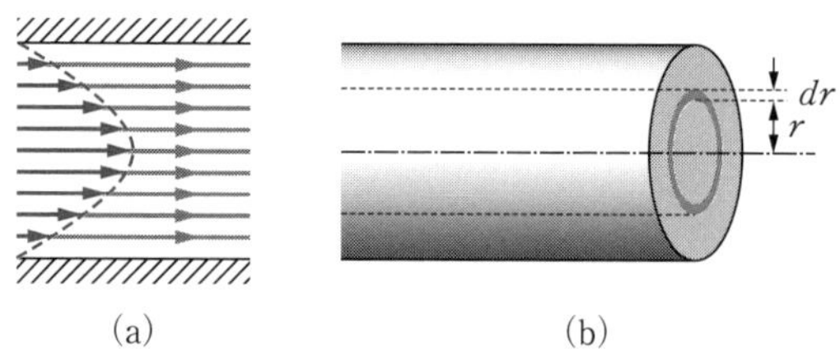

3-24 図 円管内の粘性流

には単位面積当たり $-\eta(dV/dr)_r$ の力（$dV/dr<0$ のとき正の向き）がはたらいているから，これに面積を掛けたものは $-2\pi l\eta(r\,dV/dr)_r$ となる．添字の r はカッコ内の量の r における値という意味である．外側の面にはこれと逆向きに $2\pi l\eta(r\,dV/dr)_{r+dr}$ の力がはたらいている．これを合わせたものは，いつも使う関係 $f(x+dx)-f(x)=f'(x)\,dx$ を用いると

$$2\pi l\eta\frac{d}{dr}\left(r\frac{dV}{dr}\right)dr$$

と表される．この力（<0）があるにもかかわらず流体が定常的に流れるのは，両端にかかっている圧力差による．圧力差を Δp とすると，いま考えている円管状の部分が受けている力は，切口の面積 $2\pi r\,dr$ を掛けた $2\pi r\Delta p\cdot dr$ であるから，

$$\left\{2\pi l\eta\frac{d}{dr}\left(r\frac{dV}{dr}\right)+2\pi r\Delta p\right\}dr=0$$

ゆえに

$$\frac{d}{dr}\left(r\frac{dV}{dr}\right)=-\frac{\Delta p}{l\eta}r$$

が得られる．積分して

$$r\frac{dV}{dr}=-\frac{\Delta p}{2l\eta}r^2+C$$

であるが，$r=0$ のときに両辺が等しいためには $C=0$ でなくてはならない．したがって

$$\frac{dV}{dr}=-\frac{\Delta p}{2l\eta}r$$

となる．これをもう一度積分し，管壁 $r=a$（管の半径を a とする）で

$V=0$という条件を用いると

$$V = \frac{\Delta p}{4l\eta}(a^2 - r^2) \tag{3.22}$$

となって，3-24図(a)のような放物線形の速度分布が求められた．

単位時間にこの管の任意の断面を流れ過ぎる流体の体積は

$$\int_0^a 2\pi rV\,dr = \frac{2\pi\Delta p}{4l\eta}\int_0^a (a^2 - r^2)r\,dr = \frac{\pi}{8\eta}\left(\frac{\Delta p}{l}\right)a^4 \tag{3.23}$$

となり，圧力勾配$(\Delta p/l)$，半径の4乗に比例し，粘性率に逆比例することがわかる．これを**ポアズイユの法則**とよぶ．

上で調べたような流れは，流速の方向がそろった規則的な流れで層流とよばれ，流速があまり大きくないときに実現される．流速や管の半径が大きくなると，流れは不安定で非常に不規則なものになり，流線など描けなくなる．このような流れを乱流という．層流と乱流の境い目は，流体の密度をρとして

$$R = \frac{\rho Va}{\eta}$$

で与えられるレイノルズ数が10～100のあたりにあることが知られている．aは管内の流れの場合にはその半径である．

たとえば，飛行機の翼を設計するようなとき，小さな模型で実験をすることが多い．そのようなときには，aとして翼の適当な部分の寸法を用い，実物と模型のレイノルズ数が一致するようにすると，流れの有様が全く相似形になることが知られている．

一様な流れのなかに置かれた物体や，静止流体中を動く物体は，流体から抵抗を受ける．ところが完全流体で計算すると，抵抗が0という妙な結果になってしまう．これをダランベールのパラドックスという．これは抵抗の原因が粘性にあることを示している．粘性流体は物体の表面では物体にくっつき，それに引きずられるので，物体の表面の近くには速度勾配ができる．そのために内部摩擦力を生じ，それが抵抗の原因になる．物体と流体の相対速度が小さくて流れが層流のときの抵抗はこのようにして生じ，**粘性抵抗**とよばれる．それは相対速度V，粘性率η，物体の大きさaに比例することが知られている．特に，半径aの球の場合の抵抗力は

$$F = 6\pi a\eta V$$

になることがわかっている（ストークスの法則）.

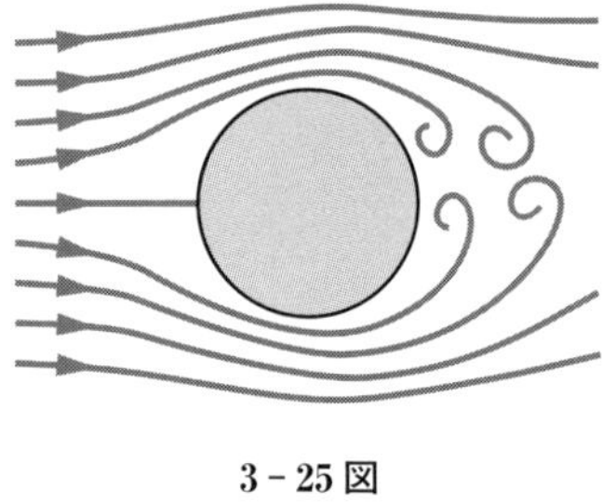

3 - 25 図

V が大きいと流れは不安定となり，物体の背後に不規則な乱流を生じ渦がたくさんできる．この部分の圧力は前側に比べてずっと低くなるので，物体は大きな抵抗を受ける．このときの抵抗はいわば流体が物体にぶつかって受けとめられるために生じると考えてよい．流体の運動量は ρV に比例し，単位時間に物体が受けとめる流体の体積は VS に比例する（S は流れ方向から見た物体の断面積）から，この抵抗は

$$F = C\rho V^2 S$$

となる．C は物体の形によって決まる定数である．

問　密度 ρ，粘性率 η の空気中を一定の速さ V でゆっくり落下する霧粒（密度 ρ'）の半径は $a = 3\sqrt{\eta V/2(\rho' - \rho)g}$ であることを示せ.

問　　題

1. ヤング率 E，ポアッソン比 σ，半径 r，長さ l の直円柱の一端を固定し，他端を力 F で引っ張るとき，この円柱の体積はどれだけ増すか.
2. 長さ 10 cm，半径 5 mm の鋼鉄棒の一端を固定し，他端に偶力を加えて軸の周りに 30′(分)だけねじるとき，鉄棒中に蓄えられるエネルギーを求めよ．ただし，剛性率を $8.1 \times 10^{10}\ \mathrm{N/m^2}$ とする.
3. 密度 ρ，長さ l，ヤング率 E の一様な棒を鉛直につり下げると，棒は自分の重さでどれだけ伸びるか.
4. ヤング率が E の物質でできている軽い棒（重さを無視してよい）の一端を水平に固定し，他端に質量が m のおもりをつるしたとき，棒の形および端の下がりはどうなるか．棒の長さを l，断面の慣性モーメントを I とする.
5. $400\ \mathrm{cm^3}$ の鉄塊を深さ 1 km の海中に沈めると，体積はどれだけ減少するか．ただし，海水の密度は一様（$10^3\ \mathrm{kg/m^3}$）で，鉄の体積弾性率は $10^{11}\ \mathrm{N/m^2}$ であるとする．

6. 3-20図の水槽の水面の面積を S，小孔の面積を a とする．図の状態から流しはじめて，水面の高さが h から x にまで変わるのに要する時間は

$$t=\sqrt{\frac{2}{g}}\frac{S}{a}(\sqrt{h}-\sqrt{x})$$

で与えられることを示せ．

7. 空気の流れのなかにピトー管を入れたところ，両脚の圧力差は0.9 cm の水圧に等しかった．空気の流速を求めよ．ただし，空気の密度を 1.2 kg/m^3 とする．

8. 水平に置いてある太さの一様でない細い円管のなかを，粘性のない液体が定常的に流れている．任意の点における液体の圧力と管の半径の間の関係を求めよ．

9. 外半径が a，内半径が b の水平な同心円管の間を流れる流体（粘性率 η）について，管の長さを l，両端の圧力差を Δp とすると，単位時間に流れる流体の体積は次式で与えられることを示せ．

$$\frac{\pi\Delta p}{8\eta l}\left\{a^4-b^4-\frac{(a^2-b^2)^2}{\log(a/b)}\right\}$$

10. 半径 a の2枚の円板を間隔 d で平行に置き，その間に粘性率 η の液体を満たす．一方の円板を，角速度 ω で（レコードのように）回転すると，粘性によってもう一枚の円板もひきずられて回転しようとする．それを止めておくためにこの円板に加えねばならない力のモーメントは $\pi\eta a^4\omega/2d$ に等しいことを示せ．

ベルヌーイについて

ベルヌーイ一族というのは，世にも稀な数学的天才を輩出した家系として名高い．スイスのバーゼル大学の数学教授の地位は，1世紀以上にもわたってベルヌーイ一族によって占められていたと言われるほどである．この一族はすぐれた数学者を8人も出しているが，そのうちでも特に第一流に数えられるのが，ヤーコプ（またはジャック）とヨハネス（またはジャン）の兄弟およびヨハネスの息子のダニエルの3人である．ベルヌーイの定理はこのダニエル（Daniel Bernoulli，1700 - 1782）の主著『流体力学』（1738年）に出ており，流体に関するエネルギー保存則を表すものである．ニュートンの運動方程式からエネルギー保存則が出てくることを最初に示したのもこの人である．（ただし，当時はまだエネルギーという言葉はなかった．）

ダニエルは，剛体の運動を並進運動と回転運動とに分けると便利であることを指摘した最初の人とされており，板の振動の数学的研究なども手がけ，確率論でもいろいろな研究をしている．もうひとつの彼の顕著な物理学上の業績は，熱が物質ではなく微粒子の運動であるとして，気体分子運動論を展開したことである．ボイル - シャルルの法則のような気体の示す諸性質を，自由に飛び回る分子の運動によって説明するのがこの理論であるが，気体の圧力は分子が器に衝突してはね返るときに与える微小な衝撃を集めたものだという着想は当時はとても受け入れられなかった．この考えは「眠り姫」のように100年以上も眠り続け，やっと19世紀も後半に入ってから，クラウジウスとクレーニヒの手によってよみがえることができたのである．

4. 波 と 光

振動は自然界にしばしば見られる現象である．安定に静止している物体は，わずかな乱れが与えられたときに，もとにもどろうとし，それと慣性とによって振動を生じることが多いからである．また，広がりのある物体では，一部に生じた振動が周りに伝わり，波動を生じることが多い．本章の前半では，これらの諸現象に共通する運動を，数式的にどう扱うかを学ぶ．

なお，§4.4 までに現れる x（や y）は t の関数として振動的に変化する量（変位など）であるが，§4.5 以後に出てくる x（や y, z）は位置の目印であって t の関数でないことに気をつけてほしい．§4.5 以後では振動しているのは文字 u で表されている量である．

後半では，波動の一種である光を扱う．光はその波長がきわめて短いために，粒子の流れのような直進性を示すので，これを光線の集まりのようにみなす近似（幾何光学）が可能なことが多い．それを§4.10 で概観したうえで，光の波動性を示すいくつかの現象について考察する．

§4.1　単振動とその合成

原点からの距離に比例した大きさの引力によって質量 m の質点が行う単振動は，運動方程式

$$m\frac{d^2x}{dt^2} = -kx \tag{4.1}$$

の解で，

$$x = A\cos\omega t + B\sin\omega t \qquad (A, B\ \text{定数}) \tag{4.2a}$$

または

$$x = C\sin(\omega t + \phi) \qquad (C, \phi\ \text{定数}) \tag{4.2b}$$

と表される．角振動数 ω は

$$\omega = \sqrt{\frac{k}{m}} \tag{4.3}$$

で与えられる．この運動で重要なのは，m で表される**慣性**と，$-kx$ で表される**復元力**である．(4.1) 式の両辺に $\dot{x}$ を掛けると，

$$\frac{d}{dt}(\dot{x}^2) = 2\dot{x}\ddot{x}, \qquad \frac{d}{dt}x^2 = 2x\dot{x}$$

を利用して積分ができて

$$\frac{1}{2}m\dot{x}^2 = -\frac{1}{2}kx^2 + (\text{定数})$$

すなわち

$$\frac{1}{2}m\dot{x}^2 + \frac{1}{2}kx^2 = (\text{定数})$$

というエネルギーの式が得られる．(4.2b) 式を用いれば

$$\text{運動エネルギー：}\quad K = \frac{1}{2}m\dot{x}^2 = \frac{1}{2}C^2m\omega^2\cos^2(\omega t + \phi)$$

$$\text{位置エネルギー：}\quad U = \frac{1}{2}kx^2 = \frac{1}{2}C^2k\sin^2(\omega t + \phi)$$

となるが，(4.3) 式により $m\omega^2 = k$ であるから

$$K + U = \frac{1}{2}C^2m\omega^2 \quad (\text{一定})$$

が全エネルギーである．$\cos^2(\omega t + \phi)$ の時間平均も，$\sin^2(\omega t + \phi)$ の時間平均もともに 1/2 に等しいから，時間平均を $\langle\cdots\rangle$ で表すと

$$\langle K\rangle = \langle U\rangle = \frac{1}{4}C^2m\omega^2 \quad (4.4)$$

4-1図　$\cos^2(\omega t + \phi)$ の時間平均も $\sin^2(\omega t + \phi)$ の時間平均もどちらも $\frac{1}{2}$ に等しい．

を得る．**単振動では運動エネルギーの平均値と，位置エネルギーの平均値は等しい．**

単振動の実例としては，単振り子，実体振り子など力学的なもののほかに，電磁気的なものなどもあり，物理学の全領域にわたって，いろいろな形で現れる．

同一直線上の 2 つの単振動 $x_1 = C_1\sin(\omega_1 t + \phi_1)$，$x_2 = C_2\sin(\omega_2 t + \phi_2)$ の合成は三角法の公式にしたがって計算できるが，特に $\omega_1 = \omega_2\ (= \omega)$ の場合には

$$x = x_1 + x_2 = C\sin(\omega t + \phi)$$

という同じ振動数の単振動になる．ただし，C, ϕ は

$$C = \sqrt{C_1{}^2 + C_2{}^2 + 2C_1C_2\cos(\phi_1 - \phi_2)}$$

$$\tan\phi = \frac{C_1\sin\phi_1 + C_2\sin\phi_2}{C_1\cos\phi_1 + C_2\cos\phi_2}$$

で与えられる．

また，$C_1 = C_2 = C$ の場合には

$$x = 2C\cos\left(\frac{\omega_1 - \omega_2}{2}t + \frac{\phi_1 - \phi_2}{2}\right)\sin\left(\frac{\omega_1 + \omega_2}{2}t + \frac{\phi_1 + \phi_2}{2}\right)$$

となるが，特に $\omega_1 \approx \omega_2$ であると，この式の cos の方はゆっくり振動し，sin の方は速く振動するので，ω_1 と ω_2 の平均の角振動数をもった振動の，振幅がゆっくり振動的に変化する運動（4 - 2 図）になる．これを唸り（うなり）という．

4 - 2 図

互いに垂直な単振動

$$x = C\cos(\omega_1 t + \alpha), \qquad y = D\cos(\omega_2 t + \beta) \tag{4.5}$$

を合成した場合の軌道を一般にリサジューの図形と総称する．$\omega_1 = \omega_2$ のときには楕円（$\beta - \alpha = n\pi$ なら直線）

$$\frac{x^2}{C^2} + \frac{y^2}{D^2} - \frac{2xy}{CD}\cos(\alpha - \beta) = \sin^2(\alpha - \beta)$$

となるが，$\omega_1 \neq \omega_2$ のときの図形は ω_1 と ω_2 の比，$\beta - \dfrac{\omega_2}{\omega_1}\alpha$ の値によってさまざまである．ω_1/ω_2 が簡単な整数比の場合のいくつかを図に示す．

リサジュー図形は，ブラウン管オシログラフ（オシロスコープ）で見ることができる．ブラウン管の陰極から出る電子線に，それに垂直で，互いに直交する 2 方向に，(4.5) 式のような振動する電気力または磁気力を加えると，電子線の当たる蛍光板上に 4 - 3 図のような図形が現れる．これは，一方の振動数が未知のときに，それを知るのにも用いられる．

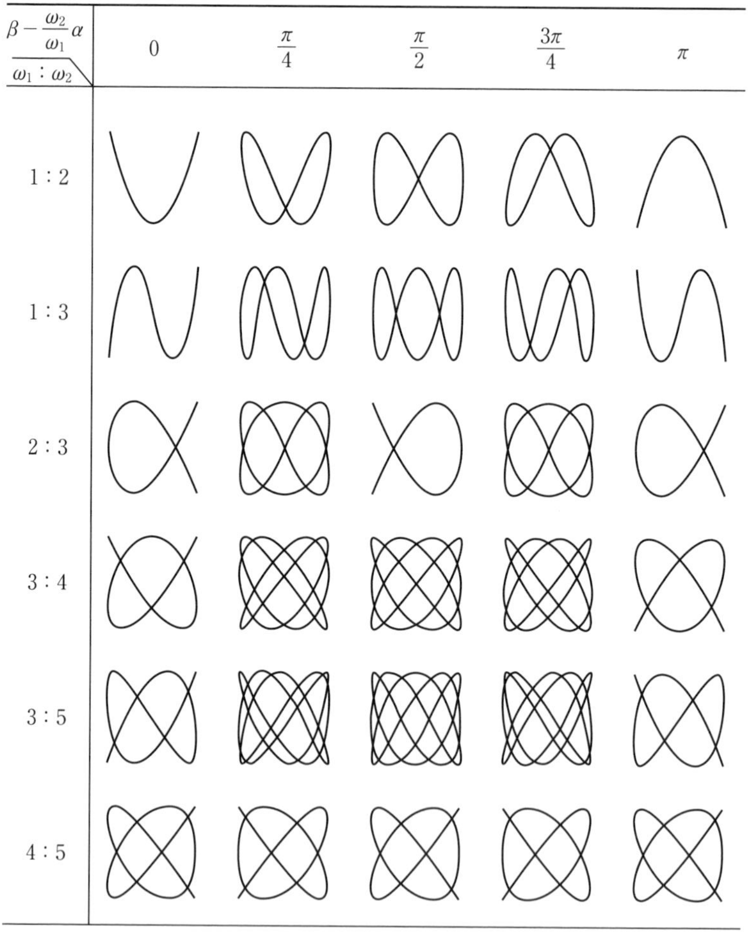

$\beta-\dfrac{\omega_2}{\omega_1}\alpha$ / $\omega_1:\omega_2$	0	$\dfrac{\pi}{4}$	$\dfrac{\pi}{2}$	$\dfrac{3\pi}{4}$	π
1：2					
1：3					
2：3					
3：4					
3：5					
4：5					

4－3 図　リサジューの図形

これらを作図するには，4－4 図に例を示したように，短い一定時間ごとの x と y に順に $0, 1, 2, 3, \cdots$ のように番号でもつけて，それぞれの時刻ごとの (x, y) を示す点をプロットし，それらをつなげればよい．

問　$\omega_2=2\omega_1$，$\alpha=\beta=0$ の場合のリサジューの図形は放物線になることを示せ．

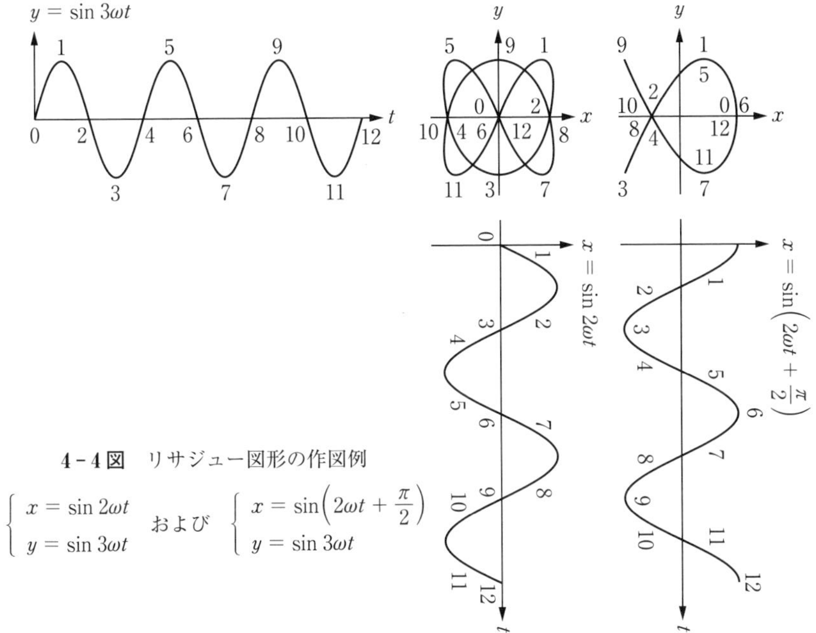

4-4図　リサジュー図形の作図例

$$\begin{cases} x = \sin 2\omega t \\ y = \sin 3\omega t \end{cases} \quad \text{および} \quad \begin{cases} x = \sin\left(2\omega t + \dfrac{\pi}{2}\right) \\ y = \sin 3\omega t \end{cases}$$

フーリエ級数

$f(t)$ が周期 T で同じことをくり返す任意の関数である場合には，これを周期が $T, T/2, T/3, \cdots$ の単振動の重ね合せとして表すことができる.*

$$\omega = \frac{2\pi}{T}$$

とおき，(4.2a) 式の形式を用いると

$$f(t) = A_0 + A_1 \cos \omega t + A_2 \cos 2\omega t + A_3 \cos 3\omega t + \cdots$$
$$+ B_1 \sin \omega t + B_2 \sin 2\omega t + B_3 \sin 3\omega t + \cdots$$

となる．これをフーリエ級数とよぶ．m, n を正の整数とするとき

$$\int_{-T/2}^{T/2} \cos m\omega t \cos n\omega t \, dt = \begin{cases} T/2 & (m = n) \\ 0 & (m \neq n) \end{cases}$$

---

*　ここでは，変数を時間 t にとったが，変数は何でもよい．振動する量が位置 x の場合，T の代りに L と書けば，L ごとに同じことをくり返す関数 $f(x)$ が，波長 $L, L/2, L/3, \cdots$ の波の重ね合せで表されることになる．また，長さ L の有限な範囲内だけで定義されている関数も同じようにフーリエ級数で表される．このときは，その範囲内だけでフーリエ級数を用い，外では使わなければよい．

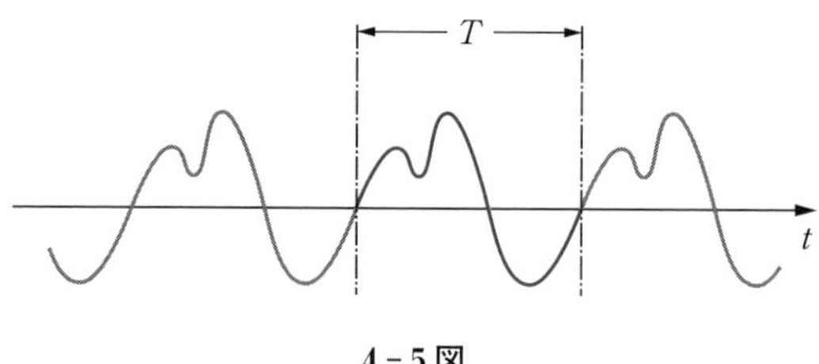

4-5図

$$\int_{-T/2}^{T/2} \sin m\omega t \sin n\omega t \, dt = \begin{cases} T/2 & (m = n) \\ 0 & (m \neq n) \end{cases}$$

$$\int_{-T/2}^{T/2} \cos m\omega t \sin n\omega t \, dt = 0$$

$$\int_{-T/2}^{T/2} \cos m\omega t \, dt = 0, \quad \int_{-T/2}^{T/2} \sin m\omega t \, dt = 0$$

となることを利用すると，$f(t)$ の係数 A_m, B_n を決めることができる．それには $f(t)$ に $\cos m\omega t$ や $\sin n\omega t$ を掛けて $(-T/2, T/2)$ で積分すればよい．

$$A_0 = \frac{1}{T}\int_{-T/2}^{T/2} f(t) \, dt, \qquad A_m = \frac{2}{T}\int_{-T/2}^{T/2} f(t) \cos m\omega t \, dt$$

$$B_n = \frac{2}{T}\int_{-T/2}^{T/2} f(t) \sin n\omega t \, dt$$

［例］ 4-6図のようなのこぎり波をフーリエ級数で表すと

$$f(t) = \frac{2}{\pi}\left\{\sin \omega t - \frac{1}{2}\sin 2\omega t + \cdots + \frac{(-1)^{n-1}}{n}\sin n\omega t + \cdots\right\}$$

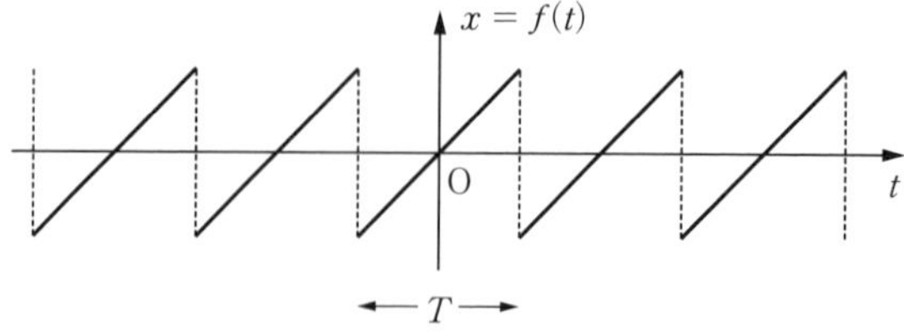

4-6図　のこぎり波

§4.2 減衰振動

単振動をする質点に，速さに比例する抵抗力が作用する場合には，運動方

程式は

$$m\ddot{x} = -m\omega^2 x - 2m\gamma\dot{x}$$

の形に書けるから，整頓して

$$\ddot{x} + 2\gamma\dot{x} + \omega^2 x = 0 \tag{4.6}$$

を解けばよい．$x = \mathrm{e}^{pt}$ という形の解を仮定し，(4.6) 式に代入すると，p を求める方程式は二次方程式

$$p^2 + 2\gamma p + \omega^2 = 0$$

であるから，判別式により次の3つの場合が生じる．

（i） $\gamma^2 < \omega^2$ のとき．$\omega' = \sqrt{\omega^2 - \gamma^2}$ とおけば

$$p = -\gamma \pm i\omega' \qquad (i = \sqrt{-1})$$

という2根が得られる．したがって，(4.6) 式の一般解は，P と Q をかってな定数（複素数）として

$$x = \mathrm{e}^{-\gamma t}(P\,\mathrm{e}^{i\omega' t} + Q\,\mathrm{e}^{-i\omega' t})$$

で与えられる．$\mathrm{e}^{\pm i\omega' t} = \cos\omega' t \pm i \sin\omega' t$ を用いると

$$x = \mathrm{e}^{-\gamma t}\{(P + Q)\cos\omega' t + i(P - Q)\sin\omega' t\}$$

と書かれるが，x は実数なので P と Q は複素共役でなくてはいけない．結局，A と B をかってな定数（実数）とした

$$x = \mathrm{e}^{-\gamma t}(A\cos\omega' t + B\sin\omega' t)$$

または

$$x = C\,\mathrm{e}^{-\gamma t}\sin(\omega' t + \phi) \tag{4.7}$$

を一般解とすることができる．C と ϕ は初期条件によって決まる定数である．抵抗がないとき（$\gamma = 0$）に比べると，ω が ω' に減少し，$\mathrm{e}^{-\gamma t}$ という時間とともに減る因子がかかっているので，変化のありさまは4-7図のようになる．これを減衰振動という．(4.7) 式から $\dot{x}$ を求めてそれを0とおくと，x の極大極小は $\tan(\omega' t + \phi) = \omega'/\gamma$ のときに起こるので，隣り合う極大極小の間隔は π/ω' であり，隣り合う極大の間隔は $2\pi/\omega'$ となることがわかる．そしてそのような極大値の比を求めてみると

$$\frac{x_{n+1}}{x_n} = \exp\left(-\frac{2\pi\gamma}{\omega'}\right)$$

となることがわかる．これの自然対数の絶対値

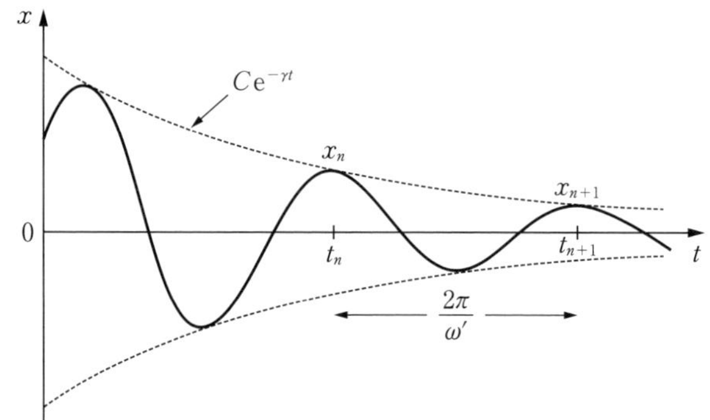

4-7図　減衰振動

$$-\log \frac{x_{n+1}}{x_n} = \frac{2\pi\gamma}{\omega'} = \frac{2\pi\gamma}{\sqrt{\omega^2 - \gamma^2}} \tag{4.8}$$

のことを対数減衰率という．

（ii）　$\gamma^2 > \omega^2$ の場合（過減衰という）には p の 2 根はどちらも実数で $p = -\gamma \pm \sqrt{\gamma^2 - \omega^2}$ となる．一般解は

$$x = A\mathrm{e}^{-(\gamma - \sqrt{\gamma^2 - \omega^2})t} + B\mathrm{e}^{-(\gamma + \sqrt{\gamma^2 - \omega^2})t} \tag{4.9}$$

と表され，非周期的な運動となる．A, B は定数．

（iii）　$\gamma^2 = \omega^2$ の場合（臨界減衰という）には p は重根になるから，（ii）の形の一般解は使えない．この場合には

$$x = (A + Bt)\mathrm{e}^{-\gamma t} \tag{4.10}$$

が一般解（定数を 2 つ含み，もとの方程式を満たす）になっていることが確かめられる．

運動方程式 $m\ddot{x} + m\omega^2 x = -2m\gamma\dot{x}$ に $\dot{x}$ を掛ければ

$$\frac{d}{dt}\left(\frac{1}{2}m\dot{x}^2 + \frac{1}{2}m\omega^2 x^2\right) = -2m\gamma\dot{x}^2$$

が得られる．左辺はエネルギー（運動エネルギーと復元力の位置エネルギーの和）の変化の割合を表し，右辺はそれが速さの 2 乗に比例して減少することを示している．

問　$\gamma^2 = \omega^2$ の場合に (4.10) 式が (4.6) 式を満たすことを，代入して確かめよ．

§4.3　強制振動と共鳴

復元力と速さに比例した抵抗力をもつ振動系に，さらに外から振動的な力が加えられる場合を考える．運動方程式を m で割って整頓したものは

$$\ddot{x} + 2\gamma\dot{x} + \omega^2 x = f_0 \cos\omega_e t \tag{4.11}$$

という形になる．このような微分方程式の一般解 ── 任意定数を2つ含む解 ── は，x を含まない項（右辺）を0とした方程式の一般解と，右辺を0としないもとの方程式の特解の和で与えられる．特解はどんな方法によってでもよいから，とにかく1つ探し出しさえすればよい．和がもとの方程式を満たすことはすぐわかるし，定数は2つ含まれているから，一般解の資格は備わっている．右辺を0としたときの一般解は前節で求めた減衰振動（その他）であるから，改めて求める必要はない．(4.11) 式の特解を求めるには，右辺の力が角振動数 ω_e の単振動的なものであることから考えて，解も同じ角振動数の単振動であろうと推測し

$$x = A\cos(\omega_e t - \delta) \tag{4.12}$$

とおいてみる．これを (4.11) 式に代入し，両辺が等しくなるように A と δ を決めると，

$$A = \frac{f_0}{\sqrt{(\omega^2 - {\omega_e}^2)^2 + 4\gamma^2{\omega_e}^2}} \tag{4.12a}$$

$$\delta = \tan^{-1}\frac{2\gamma\omega_e}{\omega^2 - {\omega_e}^2} \tag{4.12b}$$

とすればよいことがわかる．一般解はこの (4.12) 式に減衰振動（あるいは過減衰など）を重ね合わせたものであるが，後者は時間がたつと消えるから，いつまでも定常的に残るのは (4.12) 式が与える単振動である．これは外からの力 $mf_0\cos\omega_e t$ によってひき起こされる振動なので，振幅 (4.12a) 式は f_0 に比例しており，**強制振動**とよばれる．抵抗 γ の存在により (4.12b) 式で与えられる δ だけ (4.12) 式の位相は外力の位相より遅れている．

強制振動の振幅 A は (4.12a) 式からわかるように，f_0 に比例するだけでなく，外力の振動数によっても顕著に変化する．A を ω_e の関数と見た場合に，調べればすぐわかるように，$0 < \gamma/\omega < 1/\sqrt{2}$ ならば，$\omega_e = \sqrt{\omega^2 - 2\gamma^2}$ のと

きに振幅が最大になる．いろいろな γ の値に対する A と ω_e の関係を図示したものが4-8図である．振幅が最大になるとき，振動系は共鳴または共振を起こしているという．このときの $\omega_e\,(=\sqrt{\omega^2-2\gamma^2})$ を共鳴振動数といい，γ が小さければほぼ ω に等しい．γ も f_0 も 0 ならば系は慣性と復元力によって角振動数 ω で単振動を行う（自由振動）．抵抗があると振動数は少し減り（$\omega'=\sqrt{\omega^2-\gamma^2}$）減衰を生じる．外から角振動数が ω_e の振動を強制するとこの ω_e で系は強制振動を行うが，ω_e が系に固有の角振動数 ω（ないし ω'）に近いと，強制振動は激しく行われる．これが共鳴である．

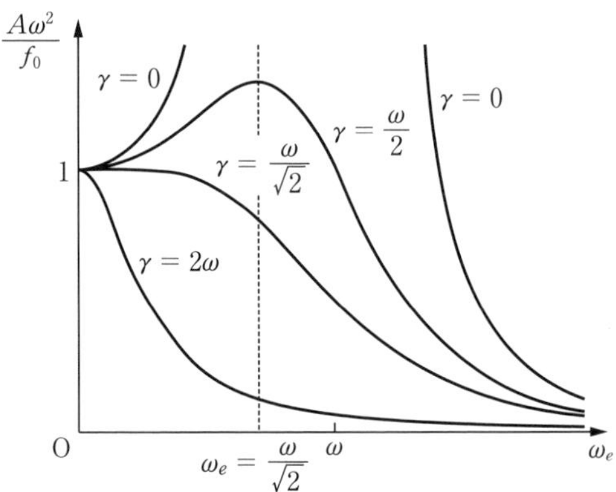

4-8図　強制振動の振動数と振幅

問　日常生活で見られる共鳴現象の例をあげよ．

§4.4 連成振動

いま，4-9図のように，質量 m のおもり2つを，強さが k, k' のバネでつないだものを考え，このおもりがなめらかな水平面上でバネの方向（図で左右の方向）に行う振動を調べよう．それぞれのおもりの平衡点からの変位を x_1, x_2 で表すと，運動方程式は

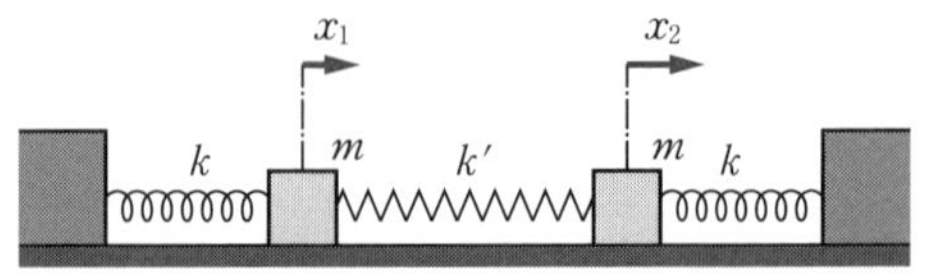

4-9図　2つのおもりの連成振動

$$\begin{cases} m\ddot{x}_1=-kx_1+k'(x_2-x_1) & (4.13)\\ m\ddot{x}_2=-kx_2-k'(x_2-x_1) & (4.14)\end{cases}$$

となる．この種の連立微分方程式を解く方法はいろいろあるが，ここでは最も簡単なやり方でまず結論を出すことにする．それには (4.13) 式と (4.14) 式を加えたものと引いたものをつくると

$$\begin{cases} m\dfrac{d^2}{dt^2}(x_1+x_2) = -k(x_1+x_2) \\ m\dfrac{d^2}{dt^2}(x_1-x_2) = -(k+2k')(x_1-x_2) \end{cases} \tag{4.15}$$

となるから，x_1+x_2 と x_1-x_2 を新しい変数と見ればこれらは単純な単振動の方程式になっている．いま x_1 と x_2 を座標軸にとった平面を考えると，この 2 つの おもり からなる系がどうなっているかは，この平面（二次元空間）内の 1 点で表され，2 つのおもりの運動はこの 1 点の平面運動に帰着される．いま，この平面内に図のように 45° だけ傾いた別の座標軸 Q_1, Q_2（目盛りは x_1, x_2 と同じ）をとると，同じ P 点の座標の間に

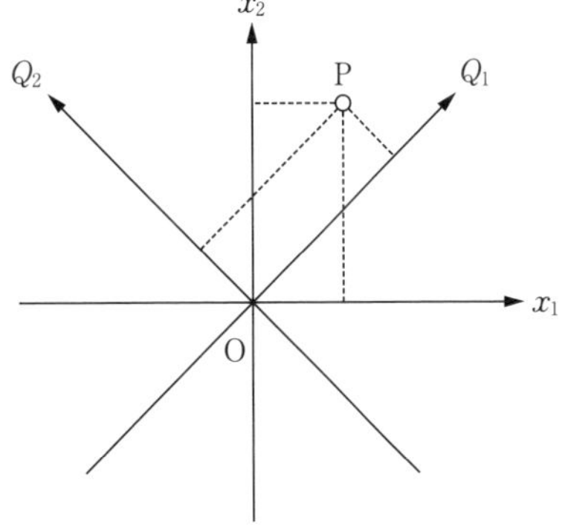

4-10 図　x_1, x_2 から Q_1, Q_2 への座標変換

$$Q_1 = \frac{1}{\sqrt{2}}(x_1+x_2), \qquad Q_2 = \frac{1}{\sqrt{2}}(-x_1+x_2) \tag{4.16}$$

という関係がある．したがって，(4.15) の 2 式（両辺を $\sqrt{2}$ で割る）は，この新座標 Q_1, Q_2 に関する

$$\frac{d^2}{dt^2}Q_1 = -\frac{k}{m}Q_1, \qquad \frac{d^2}{dt^2}Q_2 = -\frac{k+2k'}{m}Q_2 \tag{4.17}$$

という式と考えることができる．これらは Q_1 と Q_2 について分離しており，連立していないから，直ちに解くことができて，

$$\begin{cases} Q_1 = C_1\sin(\omega_1 t+\phi_1), \qquad \omega_1 = \sqrt{\dfrac{k}{m}} \\ Q_2 = C_2\sin(\omega_2 t+\phi_2), \qquad \omega_2 = \sqrt{\dfrac{k+2k'}{m}} \end{cases} \tag{4.18}$$

が得られる．定数 C_1, C_2, ϕ_1, ϕ_2 は初期条件から決まる．

たとえば，$t=0$ で $x_1=0$，$\dot{x}_1=0$，$x_2=a$，$\dot{x}_2=0$ としたとすれば，$t=0$ で $Q_1=Q_2=a/\sqrt{2}$，$\dot{Q}_1=\dot{Q}_2=0$ であるから，$C_1=C_2=a/\sqrt{2}$，$\phi_1=\phi_2=\pi/2$ とすればよく，

$$Q_1=\frac{a}{\sqrt{2}}\cos\omega_1 t,\qquad Q_2=\frac{a}{\sqrt{2}}\cos\omega_2 t$$

となることがわかる．x_1, x_2 にもどすには（4.16）式の逆変換

$$x_1=\frac{1}{\sqrt{2}}(Q_1-Q_2),\qquad x_2=\frac{1}{\sqrt{2}}(Q_1+Q_2)$$

を用いれば

$$\begin{cases} x_1=\dfrac{a}{2}(\cos\omega_1 t-\cos\omega_2 t) \\ x_2=\dfrac{a}{2}(\cos\omega_1 t+\cos\omega_2 t) \end{cases}$$

となる．$\omega_1\neq\omega_2$ であるから，$x_1(t)$ と $x_2(t)$ は単振動ではない．

さて，（4.18）式が示すように，Q_1 と Q_2 は単振動をするから，4‑10 図の中でＰ点の運動はリサジュー図形を描く．これを Q_1, Q_2 軸に投影してみれば単振動になるのであるが，x_1, x_2 軸に投影した場合には一般には単振動にはならない．つまり，各おもりの運動は一般には単振動ではない．しかし，特別な場合には単振動になる．それは $Q_2=0$ で Q_1 だけが振動したり，逆に $Q_1=0$ で Q_2 だけが振動する場合である．これは 4‑10 図で Q_1 軸上，または Q_2 軸上の運動の場合である．それを x_1, x_2 の運動に直すと，

$$\begin{cases} Q_1\ \text{だけの運動}\ (Q_2=0)\ \text{では，}\ x_1=x_2\ (\text{角振動数}\ \omega_1\ \text{の単振動}) \\ Q_2\ \text{だけの運動}\ (Q_1=0)\ \text{では，}\ x_1=-x_2\ (\text{角振動数}\ \omega_2\ \text{の単振動}) \end{cases}$$

であることが容易にわかる．つまり，2つのおもりがそろって同じだけ同じ向きに変位するようにしてやれば，これらは $\omega_1=\sqrt{k/m}$ の単振動をする．k' が入らないのは，中央のバネが全く伸縮しないからである．2つのおもりを同じだけ逆向きに動かして放してやると，$x_1=-x_2$ を保つような常に2つが逆向きに動く振動が起こる．今度は中央のバネも伸縮して復元力に加わるから，角振動数も $\omega_2=\sqrt{(k+2k')/m}$ となって ω_1 より大きい．この Q_1, Q_2 が表すような運動は，2つのおもりがそろって動いたり，そろって逆向きに動く，というように運動の形が決まっているので，**基準形**（normal mode）の振動または単に**基準振動**という．そして Q_1, Q_2 を**基準座標**とよぶ．

いま考えているのは x_1, x_2 という2つの変数で表される自由度2の運動なので，基準振動も Q_1, Q_2 の2つである．自由度が多ければ，それに応じて基準振動の数も増す．

(4.13)，(4.14) 式は $U = \{k(x_1{}^2 + x_2{}^2) + k'(x_2 - x_1)^2\}/2$ という位置エネルギーから導かれる．運動エネルギーと合わせて書けば

$$
\begin{aligned}
E &= K + U \\
&= \frac{m}{2}(\dot{x}_1{}^2 + \dot{x}_2{}^2) + \frac{k + k'}{2}(x_1{}^2 + x_2{}^2) - k'x_1x_2
\end{aligned}
$$

となる．これを Q_1, Q_2 で表すと

$$
K = \frac{m}{2}(\dot{Q}_1{}^2 + \dot{Q}_2{}^2)
$$

$$
U = \frac{k}{2}Q_1{}^2 + \frac{k + 2k'}{2}Q_2{}^2
$$

となることがわかる．つまり，4-10 図の座標変換 $(x_1, x_2) \to (Q_1, Q_2)$ は，座標の二次形式で表される U を，2乗の和だけで交さ項のない標準形に直す**主軸変換**なのである．

問 k' が小さいと ω_1 と ω_2 の差はわずかになり，x_1 と x_2 は 4-2 図のうなりのような時間変化を示す．このとき，x_1 と x_2 の運動は振動が交互に受け渡しをされるようなものになることを示せ．これは，4-11 図のような装置で簡単に実現できる．

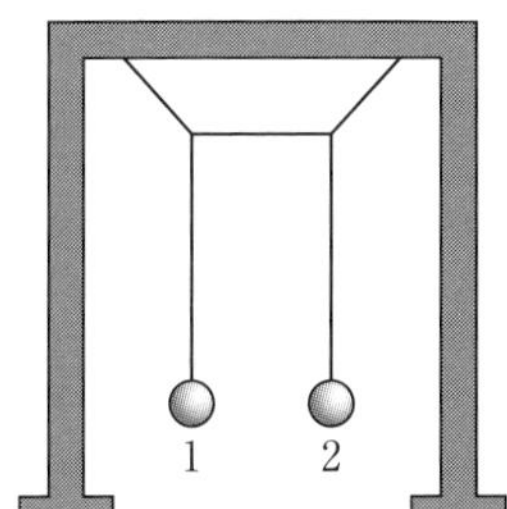

4-11 図 連成振り子

はじめに1のみを前後に振らせると，その振動は次第に2に移り，再び1にもどり，… をくり返す．

弦でつないだおもりの横振動

質量 m の等しいおもり $N-1$ 個を長さ d の等しい弦でつないでこれを張力 T で張ったものを考える．これが 4-12 図の紙面内で弦と直角な方向に運動する場合を調べる．平衡点からの変位を図のように $u_1, u_2, \cdots, u_{N-1}$ とすると，この系の運動は 4-12 図に対応した $N-1$ 次元空間内の1点の運動で表される．

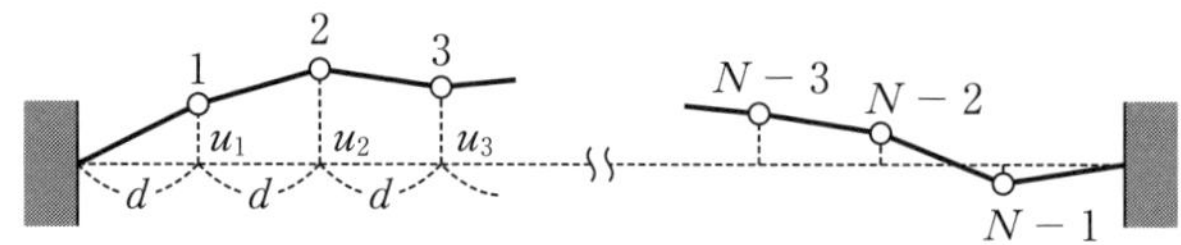

4-12 図　この系の振動は $N-1$ 個の変数 $u_1, u_2, \cdots, u_{N-1}$ で記述される．

両側に仮想的におもりを考えて $u_0 = u_N = 0$ という条件を付すこととしてこの問題を考えよう．このような条件を**境界条件**という．

n 番目のおもりに対する運動方程式は，弦の傾きの角が微小で $\sin\delta \approx \tan\delta \approx \delta$, $\cos\delta \approx 1$（1 との差は δ^2 の程度の高次微小量なので省略）としてよい近似で，

$$\begin{aligned} m\ddot{u}_n &= -T(\sin\delta - \sin\delta') \\ &= -T(\tan\delta - \tan\delta') \\ &= -T\frac{u_n - u_{n-1}}{d} + T\frac{u_{n+1} - u_n}{d} \\ &= -\frac{T}{d}(2u_n - u_{n+1} - u_{n-1}) \end{aligned} \tag{4.19}$$

$$(n = 1, 2, 3, \cdots, N-1)$$

となる．この連立方程式から基準振動を求めようというのが目的である．基準振動の 1 つだけが起こっているときには，どのおもりも同じ角振動数の単振動をするので

$$u_n(t) = a_n \sin(\omega t + \phi)$$

とおいてみる．これを（4.19）式に入れると

$$a_n = \frac{T}{m\omega^2 d}(2a_n - a_{n+1} - a_{n-1})$$

すなわち

$$a_{n+1} + a_{n-1} = \left(2 - \frac{md\omega^2}{T}\right)a_n$$

が得られる．

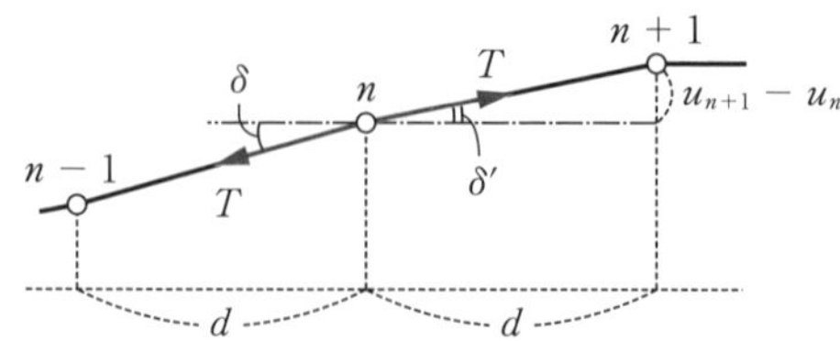

4-13 図　T の方向のわずかな違いが上下方向の力としておもりに作用する．

そこで

$$a_n = C\sin knd$$

とおいてみると

$$\begin{aligned} a_{n+1} + a_{n-1} &= C[\sin\{k(n+1)d\} + \sin\{k(n-1)d\}] \\ &= 2C\sin knd\cos kd \end{aligned}$$

であるから，k と ω の間に

$$2\cos kd = 2 - \frac{md\omega^2}{T}$$

という関係があればよいことがわかる．つまり，(4.19) 式の1つの解として

$$u_n(t) = C\sin knd\sin(\omega t + \phi) \tag{4.20a}$$

ただし

$$\cos kd = 1 - \frac{md}{2T}\omega^2 \tag{4.20b}$$

があることがわかった．境界条件 $u_0 = 0$ は自動的に満たされているから，$u_N = 0$ より $kNd = \pi, 2\pi, 3\pi, \cdots$，つまり

$$k = \frac{\pi}{Nd},\quad \frac{2\pi}{Nd},\quad \frac{3\pi}{Nd},\quad \cdots,\quad \frac{j\pi}{Nd},\quad \cdots \tag{4.20c}$$

でなければならないことがわかる．$k_j = j\pi/Nd$ とすると，$k_{2N-j}d = 2\pi - k_jd$ であるから，$\sin k_{2N-j}nd = -\sin k_jnd$，$\cos k_{2N-j}d = \cos k_jd$ となり，(4.20a) 式や (4.20b) 式で k_j と k_{2N-j} とは（C の符号が逆になることを除いて）全く同じ結果しか与えないことがわかる．したがって，(4.20c) 式の j としては $1, 2, 3, \cdots, N-1$ だけとればよい（$j = N$ は $\sin k_Nnd = 0$，したがって $u_1 = u_2 = \cdots = u_{N-1} = 0$ の場合を表すから除いてよい）．つまり，(4.20a) 式のような運動には $k = k_1, k_2, \cdots, k_j(= j\pi/Nd), \cdots, k_{N-1}$ の $N-1$ 種類があることがわかる．

$N = 6$ の場合の k_1, k_2, k_3 に対する運動を図示すると 4-14 図のようになる．このような各 k_j に対する (4.20a) 式の運動が，それぞれ基準振動になっている．それがちょうど自由度と同じ個数だけあることも知った．各基準振動の振動数は (4.20b) 式に $1 - \cos\alpha = 2\sin^2(\alpha/2)$ を適用して得られる

$$\omega_j = \sqrt{\frac{4T}{md}}\sin\frac{k_jd}{2} = \sqrt{\frac{4T}{md}}\sin\frac{j\pi}{2N} \tag{4.21}$$

によって計算すればよい．

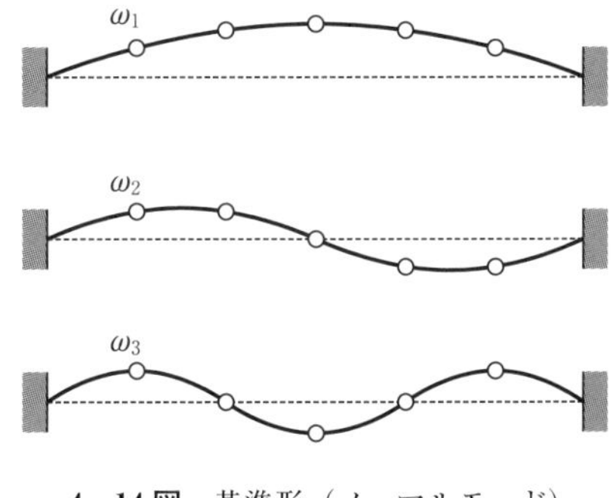

4-14 図 基準形（ノーマルモード）

§4.5 弦 の 振 動

線密度 σ が一様な弦を張力 T で張り，これに横振動（弦に垂直な振動）をさせる場合を考える．弦の平衡位置に一致させて x 軸をとり，位置 x における変位を

$$u = u(x, t)$$

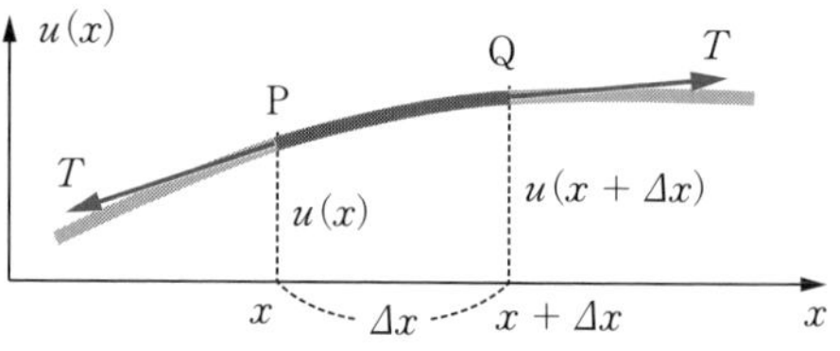

4-15 図　弦の細片 PQ にはたらく力は，両隣接部分から受ける張力である．

で表す．変位は時間 t にもよるから，u は x と t の関数である．この $u(x, t)$ がどのような法則にしたがう関数になっているかを調べよう．

弦を細分したと考え，x と $x + \Delta x$ の間の微小部分 PQ に着目し，これの運動を考える．はたらいている外力は P と Q において隣接部分から受ける張力 T である．これらは大きさは等しいが，方向がわずかに違うので合力は 0 でない．変位はあまり大きくなく，弦と x 軸の間の角は十分に小さくて $\sin\delta \approx \tan\delta \approx \delta$，$\cos\delta \approx 1$ としてよいものとする．そうすると

$$\text{P ではたらく力の}\begin{cases} x\ \text{方向の成分} = -T \\ u\ \text{方向の成分} = -T\left(\dfrac{\partial u}{\partial x}\right)_x \end{cases}$$

である．$(\partial u/\partial x)_x$ は t を固定して x だけを変数のように見ての微分係数であるから，いま考えている瞬間における弦の P 点における接線の勾配である．Q でなく P における値であることを示すために添字 x をつけた．同様にして

$$\text{Q ではたらく力の}\begin{cases} x\ \text{方向の成分} = T \\ u\ \text{方向の成分} = T\left(\dfrac{\partial u}{\partial x}\right)_{x+\Delta x} \end{cases}$$

となる．したがって，PQ 部分にはたらく力の合力の x 成分は無視でき（微小角の 2 乗の程度），u 方向の成分として

$$T\left\{\left(\frac{\partial u}{\partial x}\right)_{x+\Delta x} - \left(\frac{\partial u}{\partial x}\right)_x\right\} = T\left(\frac{\partial^2 u}{\partial x^2}\right)_x \Delta x$$

が残る．ここでいつも用いる関係 $f(x + \Delta x) - f(x) = f'(x)\Delta x$ を適用した（$\partial u/\partial x$ が $f(x)$ に対応）．一方，PQ 部分の質量は $\sigma\Delta x$，加速度は $\partial^2 u/\partial t^2$ であるから，運動方程式は

$$\sigma\frac{\partial^2 u}{\partial t^2}\Delta x = T\frac{\partial^2 u}{\partial x^2}\Delta x \qquad (4.22\text{a})$$

となり，$\sigma\Delta x$ で割って

$$\frac{\partial^2 u}{\partial t^2} = \frac{T}{\sigma}\frac{\partial^2 u}{\partial x^2} \tag{4.22b}$$

を得る．これが $u(x,t)$ のしたがうべき方程式である．この種の式を（一次元の）**波動方程式**という．

弦は前節後半で考えた「鎖」を $d \to 0$，$m \to 0$（$m/d \to \sigma$）のように細かくした極限とも考えられる．

$$\frac{u_{n+1}-u_n}{d} \longleftrightarrow \left(\frac{\partial u}{\partial x}\right)_{x+\Delta x}, \qquad \frac{u_n - u_{n-1}}{d} \longleftrightarrow \left(\frac{\partial u}{\partial x}\right)_x$$

と対応させて考えれば

$$\frac{1}{d}\left(\frac{u_{n+1}-u_n}{d} - \frac{u_n-u_{n-1}}{d}\right) = \frac{1}{d^2}(u_{n+1}+u_{n-1}-2u_n)$$

は $\partial^2 u/\partial x^2$ に対応するから，(4.19) 式が上の (4.22a) 式に対応する．

さて (4.22b) 式の解は，条件の与え方によって異なるが，連成振動のときの基準振動に対応するもの ── 弦の場合にも基準振動とよんでよい ── を求めてみる．それには

$$u(x,t) = f(x)\cos(\omega t + \phi)$$

とおいて (4.22) 式に代入すれば

$$-\omega^2 f(x)\cos(\omega t+\phi) = \frac{T}{\sigma}\frac{d^2 f}{dx^2}\cos(\omega t+\phi)$$

となるから，両辺を $(T/\sigma)\cos(\omega t+\phi)$ で割って得られる，

$$\frac{d^2 f}{dx^2} = -k^2 f(x) \qquad \left(k^2 = \frac{\sigma}{T}\omega^2\right)$$

を解けばよい．解のうちで，弦（長さ l）の両端（$x=0$，$x=l$）を固定してあるという境界条件

$$u(0,t) = u(l,t) = 0 \quad \text{すなわち} \quad f(0) = f(l) = 0$$

を満たすものは，C_j をかってな定数として

$$f_j(x) = C_j \sin k_j x \qquad \left(k_j = \frac{j\pi}{l},\ j = 1, 2, 3, \cdots\right)$$

である．各 j に対する角振動数は

$$\omega_j = \sqrt{\frac{T}{\sigma}}k_j = \frac{j\pi}{l}\sqrt{\frac{T}{\sigma}}$$

振動数はこれの $1/2\pi$ 倍で

$$\nu_j = \frac{j}{2l}\sqrt{\frac{T}{\sigma}} \qquad (j = 1, 2, 3, \cdots)$$

で与えられ，4 - 16 図のような基準形がこのような振動数で単振動をするのが，いま考えている弦の**基準振動**である．これは，弦を往復する速さ $v = \sqrt{T/\sigma}$ の波が重なってできる**定常波**（**定立波**）とも考えることができる（§4.7 参照）．弦を連続体と考える限り，鎖のときのような k_j の上限はない．

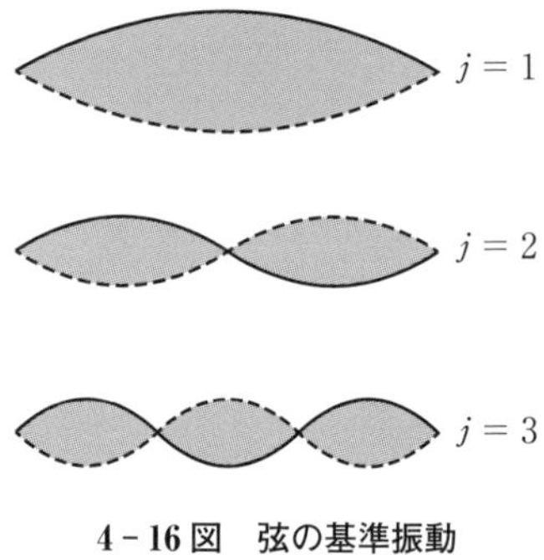

4 - 16 図　弦の基準振動

問　通常のピアノは 88 鍵であるが，仮に 85 鍵（7 オクターブと 1 鍵）のピアノを作るものとし，弦はすべて同じ針金を同じ張力で張るものとしたら，両端の弦の長さの比はいくらになるはずか．音の振動数は 1 オクターブごとに 2 倍になる．

§4.6　棒を伝わる縦波

弾性棒（断面積 S 一定とする）のなかを伝わる縦振動を考える．棒の場合，振動が伝わるのは棒の方向である．振動による変位の方向と，それが伝わる方向とが一致しているとき，縦振動あるいは縦波というのである．

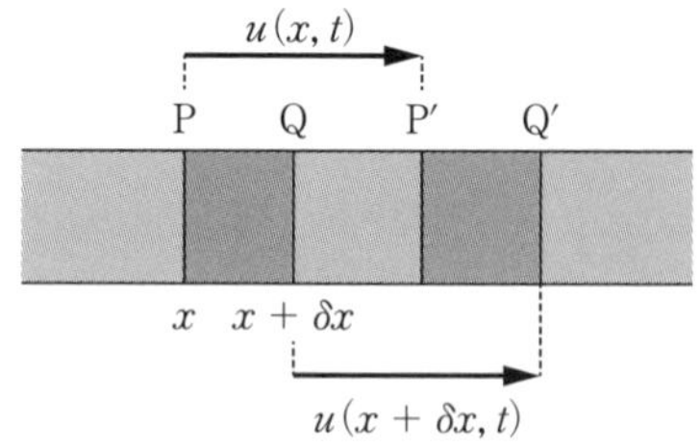

4 - 17 図　棒の微小部分 PQ が P′Q′ へ変位するとき，長さも変わる．

棒と平行に動かない物差しを置いたとして，これを x 軸にとり，平衡状態で物差しの目盛が x のところにあった棒の部分 P が，時刻 t に $u(x, t)$ だけ変位して P′ に来ていたとする．$x + \delta x$ のところにあった棒の部分 Q は同じ時刻に $u(x + \delta x, t)$ に来ている．変位 u は場所 x によって違うから，PQ と P′Q′ の長さは一般には等しくない．その伸び高は

$$u(x + \delta x, t) - u(x, t) = \frac{\partial u}{\partial x}\delta x$$

である．したがって，これをもとの長さ δx で割れば伸びの割合になる．

棒のヤング率を E とすると，このとき P′ の断面にはたらいている応力 f は

$$f(x,t) = E\left(\frac{\partial u}{\partial x}\right)_x \qquad (f > 0\ \text{張力},\ f < 0\ \text{圧力}) \tag{4.23}$$

となる．

今度は長さが Δx の部分* AB が A′B′ へ動いている瞬間を考える．A から A′ へ変位している部分の伸びの割合 $(\partial u/\partial x)_x$ と，B から B′ へ変位している部分の伸びの割合 $(\partial u/\partial x)_{x+\Delta x}$ とはわずかでも一般には異なるから，A′ に作用している応力と B′ に作用している応力には

$$\begin{aligned} f(x+\Delta x,t) - f(x,t) &= E\left\{\left(\frac{\partial u}{\partial x}\right)_{x+\Delta x} - \left(\frac{\partial u}{\partial x}\right)_x\right\} \\ &= E\left(\frac{\partial^2 u}{\partial x^2}\right)_x \Delta x \end{aligned}$$

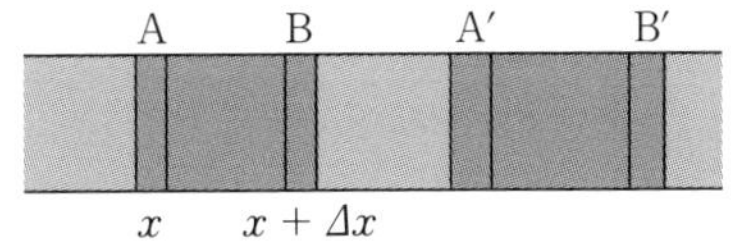

4-18図　A→A′ の伸びの割合と B→B′ の伸びの割合は同じでない．

だけの差がある．これに S を掛けたものがこの瞬間に A′B′ 部分にはたらいている力の合力になる．棒の密度を ρ とすると，AB 部分の質量（A′B′ になっても同じ）は $\rho S\Delta x$ であり，Δx が微小なので加速度は A′ 面のものをとってよいから，運動方程式は

$$\rho S\Delta x\left(\frac{\partial^2 u}{\partial t^2}\right)_x = ES\left(\frac{\partial^2 u}{\partial x^2}\right)_x \Delta x$$

と書かれる．両辺を $\rho S\Delta x$ で割れば（4.22b）式と同形の

$$\frac{\partial^2 u}{\partial t^2} = \frac{E}{\rho}\frac{\partial^2 u}{\partial x^2} \tag{4.24}$$

という波動方程式が得られる．

このような棒と全く同様に扱えるのは管のなかの空気の振動 —— 気柱の振動 —— である．その場合，ρ は空気の密度でよいが，E の代りには空気の体積弾性率をとらねばならない.** しかもこのような状態での空気の膨張や圧縮は断熱的に起こるので，圧力 p と体積 V の間には

* 先の δx と本質的に違うわけではないが，一応別の議論であることをはっきりさせるために記号を変えた．

** 棒のときに体積弾性率をとらずにヤング率にしたのは，（ポアッソン比が 0 でなくて）棒の太さの変化が許されているからである．

$$pV^{\gamma} = (\text{一定}) \qquad (\gamma = 1.41 \text{ は空気の定圧比熱と定積比熱の比})$$

という関係のあることが知られている．この場合には空気が振動していないときの圧力を p_0 とすると

$$p_0 V^{\gamma} = (p_0 + \delta p)(V + \delta V)^{\gamma} \approx p_0 V^{\gamma}\left(1 + \frac{\delta p}{p_0} + \gamma\frac{\delta V}{V}\right)$$

より

$$\frac{\delta p}{p_0} = -\gamma\frac{\delta V}{V} \qquad \text{すなわち} \qquad \delta p = -\gamma p_0 \frac{\delta V}{V}$$

となり，体積弾性率は γp_0 に等しいことがわかる．したがって，気柱の振動に対する方程式は

$$\frac{\partial^2 u}{\partial t^2} = \frac{\gamma p_0}{\rho}\frac{\partial^2 u}{\partial x^2} \tag{4.25}$$

となる．

このような場合の基準振動（定常波）の求め方は前節の弦の場合と同様であるが，今度の場合はよく現れる境界条件として，

$$\begin{cases} \text{固定端の場合} \quad u = 0 \\ \text{自由端の場合} \quad \dfrac{\partial u}{\partial x} = 0 \end{cases} \tag{4.26}$$

がある．自由端では応力が 0（気柱なら (圧力) = (p_0 大気圧)）なので，(4.23) 式から $\partial u/\partial x = 0$ が導かれる．

問　フルートなどの木管楽器は両端が開いた管でできていることが多い．途中の側壁についている孔をあけると，そこが一方の端になり，管が短くなったと同じ効果を示す．その理由を考えよ．

§4.7　波動方程式とその解

弦の振動，棒や気柱の振動で導かれた方程式 (4.22)，(4.24)，(4.25) はみな

$$\frac{\partial^2 u}{\partial t^2} = v^2\frac{\partial^2 u}{\partial x^2} \tag{4.27}$$

という形をしていた．この式の特別な解として基準振動を求めたが，一般の運動は与える条件により千差万別である．ここではこの方程式がもつ性質の初歩的なことについて少し論じるにとどめる．

まずさしあたり境界条件を考えないことにすると，(4.27) 式という方程

式は

$$u(x,t) = f(x - vt) \tag{4.28a}$$

という形の解をもつことがわかる．f は任意の関数であるが，変数として $x - vt$ というものを一塊にして含んでいる．いま，$\xi = x - vt$ とおけば

$$\frac{\partial}{\partial x} f(x - vt) = \frac{\partial \xi}{\partial x}\frac{d}{d\xi} f(\xi) = f'(\xi)$$

$$\frac{\partial^2}{\partial x^2} f(x - vt) = \frac{\partial \xi}{\partial x}\frac{d}{d\xi} f'(\xi) = f''(\xi)$$

である（合成関数の微分法．$\partial\xi/\partial x = 1$）．また

$$\frac{\partial}{\partial t} f(x - vt) = \frac{\partial \xi}{\partial t}\frac{d}{d\xi} f(\xi) = -vf'(\xi)$$

$$\frac{\partial^2}{\partial t^2} f(x - vt) = \frac{\partial \xi}{\partial t}\frac{d}{d\xi}\{-vf'(\xi)\} = v^2 f''(\xi)$$

である（$\partial\xi/\partial t = -v$）．したがって

$$\frac{\partial^2}{\partial t^2} f(x - vt) = v^2 \frac{\partial^2}{\partial x^2} f(x - vt)$$

となるから，$f(x - vt)$ は (4.27) 式を満たしていることがわかる．

$f(x - a)$ という関数は $f(x)$ を a だけずらせたものだから，$f(x - vt)$ は $t = 0$ のときの関数 $f(x)$ を，$t = 1$ なら v，$t = 2$ なら $2v, \cdots$ というようにずらせていったものになる．つまり，速さ v で $+x$ 方向に $f(x)$ が走っているのが $f(x - vt)$ である．

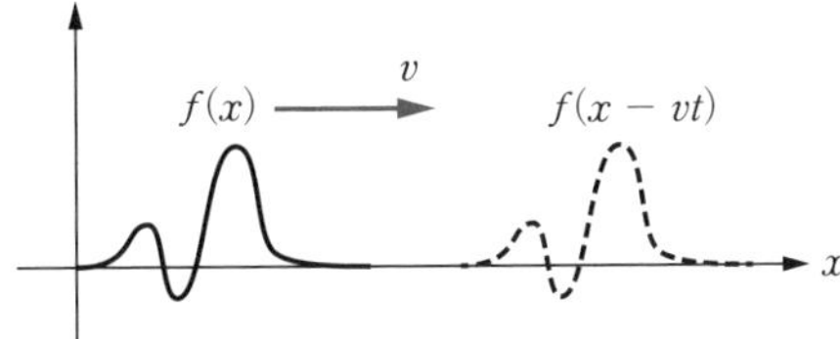

4-19 図 $f(x - vt)$ は $f(x)$ が速さ v で動く運動を表す．

逆向きに走る解

$$u(x,t) = g(x + vt) \tag{4.28b}$$

も存在する．やはり g はかってな関数でよい．

(4.27) 式の 1 つの重要な性質は，それが線形であるために解の重ね合せがきくということである．もし $F(x,t)$ が解ならばそれに定数を掛けた $CF(x,t)$ も解であり，$F_1(x,t)$ と $F_2(x,t)$ が (4.27) 式を満たすとき $F_1(x,t)$

$+ F_2(x,t)$ も満たす．もっと一般的には F_1 と F_2 の線形結合（定数を掛けて足したもの）$C_1F_1(x,t) + C_2F_2(x,t)$ も解になっている．このことはもとの式に代入してみればすぐわかる．

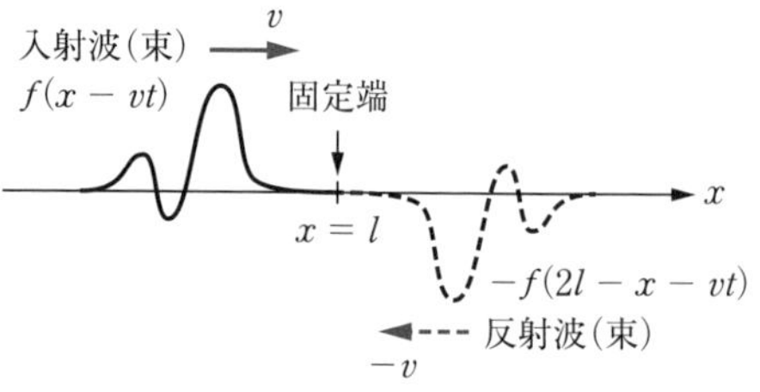

4 - 20 図　固定端での反射

長い弦を比較的ゆるく張ったような場合を考えると，4 - 20 図のように $f \neq 0$ の範囲が有限な幅に限られているような解 $f(x-vt)$ ── このようなものを**波束**という ── が可能である．これが進行してきて，固定端に近づくと，このままではすまなくなる．固定端を動かすまいとする力が作用するからである．この力の効果を式で表すには，4 - 20 図の破線で表されるような関数をもとのものに加えて

$$u(x,t) = f(x-vt) - f(2l-x-vt) \tag{4.29}$$

を考えればよい．右辺第 2 項は，$t = 0$ で $f(x)$ を固定端 $x = l$ に関して対称の位置に移し（$f(2l-x)$ にする），上下を逆転し（$-f(2l-x)$ にする），$t > 0$ のときにそれを $-v$ の速さで動かした（x を $x + vt$ にする）ものである．$f(x-vt)$ が $x < l$ の範囲にあるときには $-f(2l-x-vt)$ は弦の存在しないところ（$x > l$）にあるから，$u(x,t)$ は実際上 $f(x-vt)$ と同じである．$f(x-vt)$ が $x = l$ のところにさしかかると，$-f(2l-x-vt)$ も反対側から $x = l$ に到達するが，

$$u(l,t) = f(l-vt) - f(2l-l-vt) = f(l-vt) - f(l-vt) = 0$$

となるから，$u(x,t)$ は $x = l$ のところで常に 0 に保たれることになる．

$f(x-vt)$ が $x = l$ を通り越して $x > l$ へ行ってしまった後においては，$-f(2l-x-vt)$ は逆に $x < l$ の範囲を左向きに進行していることになる．

したがって，(4.29) 式のような関数を考えてこれを $x < l$ でだけ使えば，境界条件 $u(l,t) = 0$ を満たす解を表していることになる．このとき，$f(x-vt)$ は固定端に入射する波束（**入射波**）を表し，$-f(2l-x-vt)$ は境界が固定されていることによって生じる**反射波**を表す．

自由端 $(\partial u/\partial x = 0)$ の反射は

$$u(x,t) = f(x - vt) + f(2l - x - vt) \tag{4.30}$$

で表される．こうすれば $(\partial u/\partial x)_{x=l} = 0$ になることは読者の検証にまかせる．

関数 f の形は何でもよいが，ふつう波とよばれるものは正弦関数あるいはそれの重ね合せ（フーリエ級数）でできる周期的な関数である．ただ1つの正弦関数で表されるものが**正弦波**である．

$$u(x,t) = A\sin\{k(x - vt) + \phi\} \tag{4.31}$$

t を固定して x だけの関数と見れば，これは x が $2\pi/k$ だけ変わるごとに同じ値をとるから，

$$\lambda = \frac{2\pi}{k} \tag{4.32}$$

という**波長**の波を表している．k を**波数**とよぶ．v は波の進む速さを表すが，くわしくいうときには波の**位相速度**とよぶ．$kv = \omega$ と書くと

$$u(x,t) = A\sin(kx - \omega t + \phi) \tag{4.33}$$

となるが，今度は x をとめて（つまり一定の位置で）u を t の関数と見れば，**周期**が $T = 2\pi/\omega$ の単振動になっている．$\nu = \omega/2\pi = 1/T$ がその**振動数**あるいは**周波数**である．$kv = \omega$ を λ と ν で表せば

$$\lambda\nu = v \tag{4.34}$$

というよく知られた関係式になる．A はこの波の**振幅**である．

正弦波が固定端や自由端で反射すると，同じ振幅で反対向きの反射波を生じる．入射波と反射波を重ねたものは

$$\begin{aligned} u(x,t) &= A\sin(kx - \omega t + \phi) + A\sin(kx + \omega t + \phi') \\ &= 2A\sin\left(kx + \frac{\phi + \phi'}{2}\right)\cos\left(\omega t - \frac{\phi - \phi'}{2}\right) \end{aligned}$$

という形になる．これは§4.5で基準振動として求めたものと同じで，**定常波**とよばれる（ϕ，ϕ' は入射波の与え方，反射する場所，反射の仕方によって決まる）．固定端は定常波の節になり，自由端は定常波の腹になる．張った弦などのように，2つの端で境界条件が課せられる．両方を満たすように k（あるいは λ）は制限され，それに応じて $\omega = kv$ も特定のものに限られてしまう．基準振動の振動数はそのようにして決まる．

問　一方が固定端，他方が自由端であるような管内にできる気柱の基準振動の振動数は1：3：5：7：…という比になることを示せ．

§4.8　平面波と球面波

弦や棒や気柱では，位置を指定する変数は x だけであった．膜のような場合には位置は2つの変数 x, y で指定しなければならないし，三次元空間に広がった媒質中の波の場合には位置を指定するには3つの変数 x, y, z がいる．そのような場合の波動方程式は

$$\frac{\partial^2 u}{\partial t^2} = v^2\left(\frac{\partial^2 u}{\partial x^2} + \frac{\partial^2 u}{\partial y^2}\right) \tag{4.35}$$

あるいは

$$\frac{\partial^2 u}{\partial t^2} = v^2\left(\frac{\partial^2 u}{\partial x^2} + \frac{\partial^2 u}{\partial y^2} + \frac{\partial^2 u}{\partial z^2}\right) \tag{4.36}$$

のようになる．これらの方程式を与えられた境界条件のもとで解くことは，一般には容易でない．ここでは媒質が無限に広がっていて，境界のことを考えなくてよい場合に話を限定する．

(4.33) 式の形の正弦波

$$u(x, t) = A\sin(kx - \omega t + \phi) \qquad (\omega/k = v) \tag{4.37}$$

も (4.35) 式や (4.36) 式の解になっている．三次元の場合で考えると，振動する量 u が y や z によらないのであるから，x が同じ値をとる点は y や z

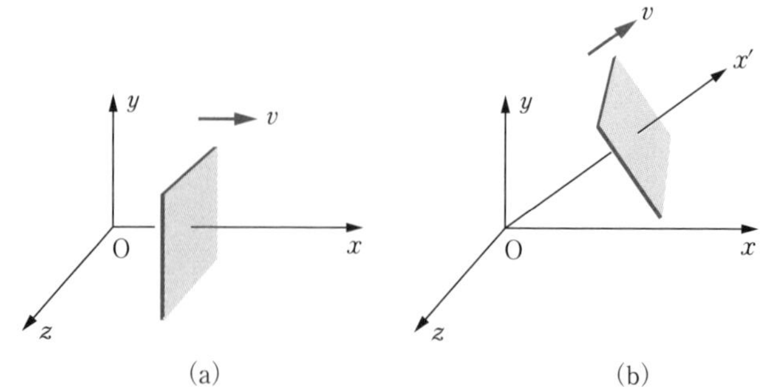

4-21 図　(a) x 方向へ進む平面波の波面，(b) x' 方向へ進む平面波の波面

の値にかかわらずみな同じ振動をしていることになる.*そのような点は x 軸に垂直な1つの平面をつくっている. 正弦波で位相 —— 上の式の右辺のカッコの中 —— が等しい点をつらねた連続面を**波面**とよぶ. 上の場合の波面は x 軸に垂直な平面である. 波の進む方向は波面に垂直で, いまの平面波では x 軸が進行方向になっている.

(4.37) 式は x 方向に進む平面波を表すことがわかったが, 任意の方向に進む平面波はどのように表されるかを考えよう. 進行方向の方向余弦 —— 座標軸とつくる角の cos —— を l, m, n とし, この方向を x' 方向とすれば, 波は $A\sin(kx' - \omega t + \phi)$ と書かれるが, x' を x, y, z で表すと

$$x' = lx + my + nz$$

であるから,

$$k_x = kl, \qquad k_y = km, \qquad k_z = kn$$

とすると, 求める平面波は

$$u(x, y, z, t) = A\sin(k_x x + k_y y + k_z z - \omega t + \phi)$$

と書かれることがわかる. 上の k_x, k_y, k_z を成分とするベクトルを $\boldsymbol{k}$ とすると, その方向は x' 方向で, 大きさは

$$|\boldsymbol{k}| = \sqrt{{k_x}^2 + {k_y}^2 + {k_z}^2} = k \qquad (l^2 + m^2 + n^2 = 1)$$

であるが, k と波長の間には $k = 2\pi/\lambda$ という関係があるから, **$\boldsymbol{k}$ は大きさ $2\pi/$(波長) をもち波の進む方向を向いたベクトルである**ことがわかる. 位置を $\boldsymbol{r}$ で表すと, $\boldsymbol{k}$ と $\boldsymbol{r}$ のスカラー積は $\boldsymbol{k}\cdot\boldsymbol{r} = k_x x + k_y y + k_z z$ であるから, 求める平面波は

$$u(x, y, z, t) = A\sin(\boldsymbol{k}\cdot\boldsymbol{r} - \omega t + \phi) \tag{4.38}$$

と表されることになる.

$$k^2 = {k_x}^2 + {k_y}^2 + {k_z}^2 = \frac{\omega^2}{v^2} \tag{4.39}$$

ととっておけば (4.38) 式が (4.36) 式を満たすことは容易にわかる. $\boldsymbol{k}$ のことをこの平面波の**波数ベクトル**とよぶ.

---

* 弦の場合は考えにくいが, 棒や気柱で太さが非常に大きくなった極限と見ればよい. ただし, 細い棒のときには, 太さの変化が生じていることを考えてヤング率を用いたが, 今度の場合はヤング率でなく体積弾性率を用いなければいけない.

球面波

原点からの距離を r とすると $r=\sqrt{x^2+y^2+z^2}$ であるから，この r の関数を x で偏微分（y と z は一定とみる）すると

$$\frac{\partial}{\partial x}f(r)=\frac{\partial r}{\partial x}\frac{d}{dr}f(r)=\frac{x}{r}\frac{d}{dr}f(r)\qquad\left(\frac{\partial r}{\partial x}=\frac{x}{r}\right)$$

となる．したがって

$$\frac{\partial^2}{\partial x^2}f(r)=\frac{\partial}{\partial x}\left(x\frac{1}{r}\frac{df}{dr}\right)=\frac{1}{r}\frac{df}{dr}+x\frac{\partial}{\partial x}\left(\frac{1}{r}\frac{df}{dr}\right)$$
$$=\frac{1}{r}\frac{df}{dr}+x\frac{x}{r}\frac{d}{dr}\left(\frac{1}{r}\frac{df}{dr}\right)$$

である．これを使って計算すると

$$\left(\frac{\partial^2}{\partial x^2}+\frac{\partial^2}{\partial y^2}+\frac{\partial^2}{\partial z^2}\right)\frac{\sin(kr-\omega t+\phi)}{r}=-k^2\frac{\sin(kr-\omega t+\phi)}{r}$$

となることが示される．

上の結果を用いると，$k=\omega/v$ としたとき

$$u(\boldsymbol{r},t)=A\frac{\sin(kr-\omega t+\phi)}{r}\tag{4.40}$$

は三次元の波動方程式（4.36）の１つの解になっていることがわかる.* ある瞬間 t に位相 $(kr-\omega t+\phi)$ が一定になるのは，$r=\sqrt{x^2+y^2+z^2}$ が一定の面，つまり，原点を中心とした球面である．したがって，（4.40）式は１つの球面波を表す．t が変わると波面は速さ $v=\omega/k$ で外向きに広がっていく．A でなく A/r が振幅と考えられるが，それは広がるにつれて原点からの距離に逆比例して減少する．

$r=\sqrt{x^2+y^2+z^2}$ でなく $r=\sqrt{(x-a)^2+(y-b)^2+(z-c)^2}$ としても（4.40）式が（4.36）式を満たすことは容易に示される．この場合には，波は点 (a,b,c) を中心として外向きに広がっていく球面波を表す．

§4.9 光の波

よく知られているように，光の本性に関しては粒子説と波動説が出されて，長い対立が続いた．粒子説が支持された一番大きな理由は，光が光線の集まり（光束）によって表され，一様な媒質中では直進し，音波のように，

* 原点を除く．

影に相当するところに回りこむ回折現象を示さないことであった．

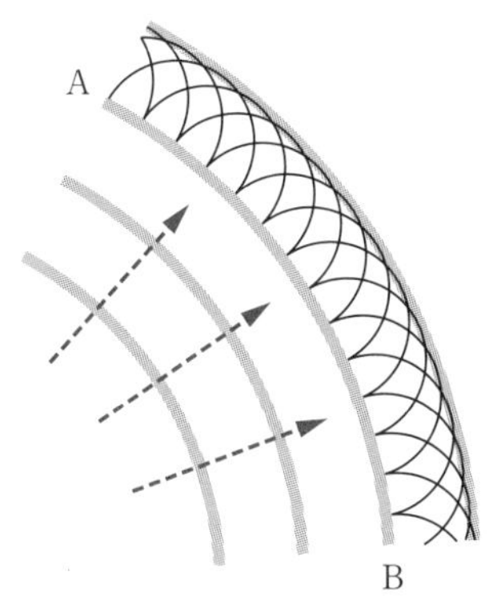

4－22 図 ホイヘンスの原理

波は何らかの振動が，媒質のなかを次々と伝わる現象である．波が伝わってきて，ある瞬間の波面（振動の位相が等しい点をつないだ面）が AB であったとする．AB 上の各点では，やってきた波による振動が同じ位相で──つまり歩調をそろえて──起こっているが，そこから先（図では右側）に関していえば，AB 上の各点の振動がすべて波源となってそれが伝わるのだ，と考えることができる．AB 上の各点の振動が独立に行われたとすれば，そこからはその点を中心とする球面波が出ていくはずである．このような無数の二次波を重ねたものが，実際に AB よりも右側で観測される波になる，というのが波の伝播に関する**ホイヘンスの原理**である．新しい波面は二次波の包絡面によって与えられる．

いま，4－23 図の左方から平面波が進んできて，波面に垂直な壁に当たったとし，その壁に細長い孔 AB があいていたとする．AB はせまく，紙面に垂直な方向には長く伸びているものとする．細孔上の各点からは，ホイヘンスの原理にしたがった二次球面波が出るが，図の P 点を通り紙面に垂直な直線上の各点から出る波を重ねたものは，切口が図に示されているような円筒波になるであろう．細孔全体から出る波の様子を見るためには，図のような円筒波の中心軸 P を AB 上でずらせたものをすべて重ねればよい．

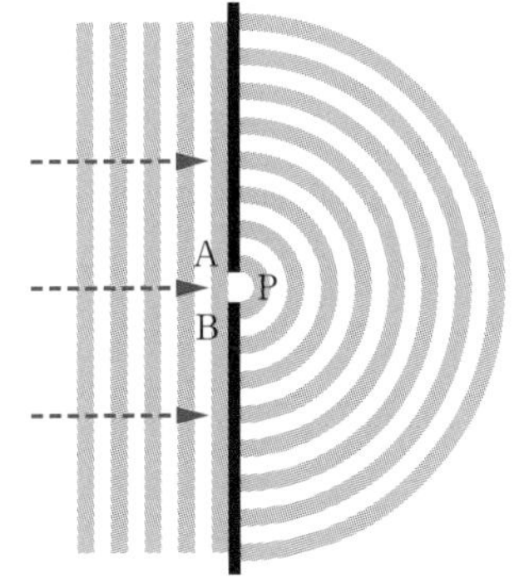

4－23 図 左方から来た波による P 点の振動が右側にひき起こす波はこのようになる．

AB が波長に比べてせまいときには，これらを重ねたものは，この図と大差がなく，ただ右上や右下のあたりでは多少黒白がぼけたものになる程度であろう．波の山と谷を黒と白で表してあるとすると，これらが区別できるということはそこに波が来ていることを示すと考えられよう．つまり，細孔の幅が波の波長に比べて十分小さい場合には，波は影にあたる部分へも回りこんでいくのである．

AB が波長に比べて大きいと，直進方向では黒白ははっきり区別できるが，影に相当するところでは黒と白が同じ割合で重なって，全く波が来ないのと同じことになってしまうであろう．したがって，**波長よりも十分広い孔を通る波は，回折せずに直進する**．光は波長がきわめて短い（1 万分の 1 cm 以下）ので，多くの場合にこれを光束として扱うことができ，幾何光学が適用される．

粒子説では，異なる媒質の境界における光の屈折は，入射点 P で光の粒子が面に垂直な力を受けるためとされた．そうすると，4 - 24 図で明らかなように，このような場合（たとえば，空気 → 水）には $c_{\mathrm{I}} < c_{\mathrm{II}}$ である．

一方，波動説では 4 - 25 図のように，波面 ABC がさらに進んで A が D に達するまでの間に，順次 DC 上に到達してそこから出す二次波の包絡面として，媒質 II のなかでの波面 DFG が得られる．AD : CG = $c_{\mathrm{I}} : c_{\mathrm{II}}$ であるが，図の入射角 i，屈折角 r を用いると，

$$\mathrm{AD} = \mathrm{DC}\sin i, \qquad \mathrm{CG} = \mathrm{DC}\sin r$$

であることがわかるから

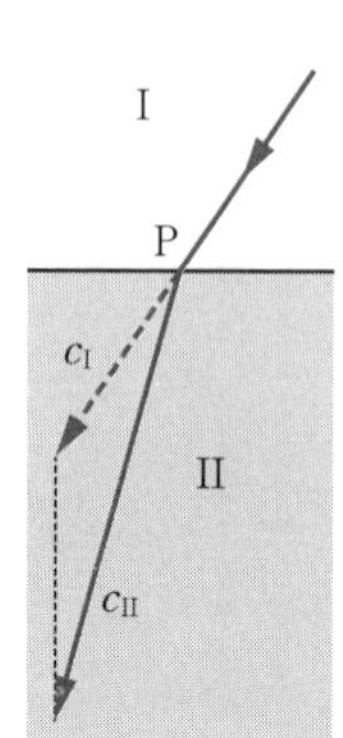

4 - 24 図　粒子説による光の屈折

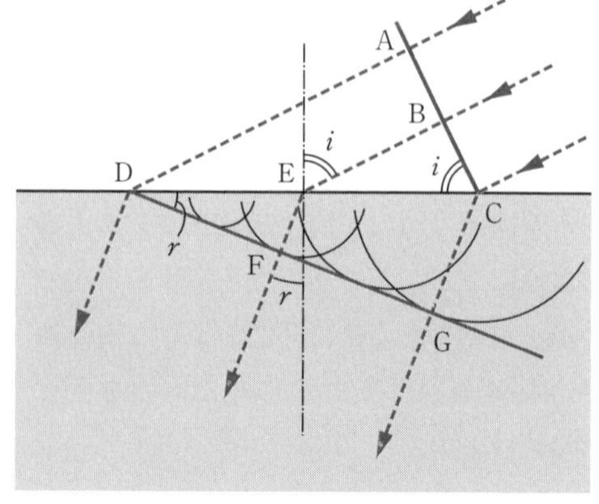

4 - 25 図　波動説による光の屈折

$$\frac{c_{\mathrm{I}}}{c_{\mathrm{II}}} = \frac{\mathrm{AD}}{\mathrm{CG}} = \frac{\sin i}{\sin r}$$

$$\text{I に対する II の屈折率}\qquad n=\frac{\sin i}{\sin r}=\frac{c_{\mathrm{I}}}{c_{\mathrm{II}}} \tag{4.41}$$

であり，図のように $i>r$ のときには $c_{\mathrm{I}}>c_{\mathrm{II}}$ である．光の速度を測る方法が進歩して，水中の光速が空気中のそれよりも小さいことが実験的に示されたとき（1850 年，フーコーによる），粒子説は完全に葬り去られた．

波動説が確立されてからも，それが何の波であり，伝える媒質 —— エーテルという名が与えられた —— は何であるのか，長い間不明のままであった．マクスウェルは電磁波理論をつくり（1864 年），のちに光も電磁波であるという説を立てた（1871 年）．その後，媒質は真空そのものであり，物質的なエーテルを考えることは意味がないことが，アインシュタインの相対性理論によって示されるにいたった（1905 年）．しかし，その同じ頃，光は昔の粒子説とは別の意味で，ある種の粒子的性質を示すものである，という光量子説がアインシュタインによって提唱され，今日にいたっている．しかし以下では，§4.10 を除き，光の示す波動的な面だけを扱うことにする．

問　もし粒子説が正しかったら，屈折の法則はどのようなものになるか．4 - 24 図を見て考えよ．

§4.10 幾何光学

波長に比べて十分大きい物体を相手にして光を考える際には，光の進路を幾何学的な線で扱う幾何光学が適用される．その基礎になるのは，よく知られた**反射の法則**と**屈折の法則**（**スネルの法則**．(4.41) 式）である．媒質が連続的に変化し**絶対屈折率**（真空に対するその物質の屈折率，$n=c_0/c$ のこと．c_0 は真空中の光速度）が位置の連続的関数である場合をも含めて，これらを一般化したものが**フェルマーの原理**である．

> 1 点から出て他の 1 点へ達する光がとる経路は，その両端を固定したまま途中を連続的に微小変化させてできるあらゆる他の仮想的な経路に比較して，通過に要する時間が極小値をとるものである．*
> （フェルマーの原理）

*　条件によって極大のこともある．

反射の法則がこれに含まれることは4-26図からすぐわかるであろう．

平面による屈折は，4-27図のようにAとBを通り境界面に垂直な平面（xy 面とする）のなかでだけ考えれば十分である．もしPがこの面からはずれている（$z \neq 0$）とすると，直角三角形で斜辺は最も長いので，それだけで極小でなくなってしまうからである．図のようにPをとったとき，このPを通ってAからBへ光が行くのに要する時間は

$$t = \frac{\sqrt{(x_1 - x)^2 + {y_1}^2}}{c_{\mathrm{I}}} + \frac{\sqrt{(x_2 - x)^2 + {y_2}^2}}{c_{\mathrm{II}}}$$

となる．x を変えてみて t が最小になるところを探すには，$dt/dx = 0$ を計算すればよい．それは

$$\frac{1}{c_{\mathrm{I}}} \frac{x - x_1}{\sqrt{(x_1 - x)^2 + {y_1}^2}} + \frac{1}{c_{\mathrm{II}}} \frac{x - x_2}{\sqrt{(x_2 - x)^2 + {y_2}^2}} = 0$$

である．入射角，屈折角を i, r とおいて書き直すと

$$\frac{\sin i}{c_{\mathrm{I}}} = \frac{\sin r}{c_{\mathrm{II}}}$$

となって（4.41）式が求められた．

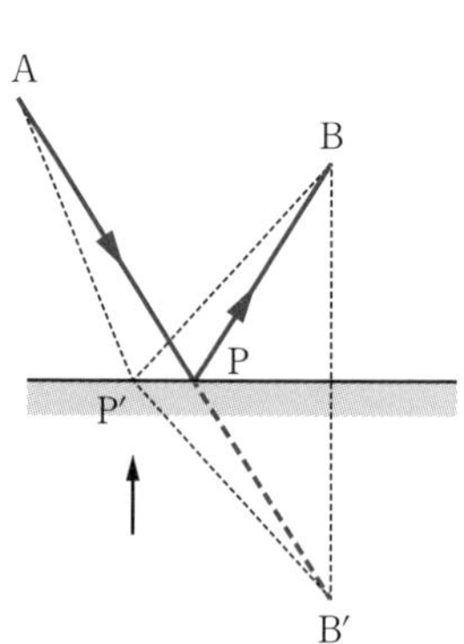

4-26図 B′はBの鏡像点．
AP + PB < AP′ + P′B

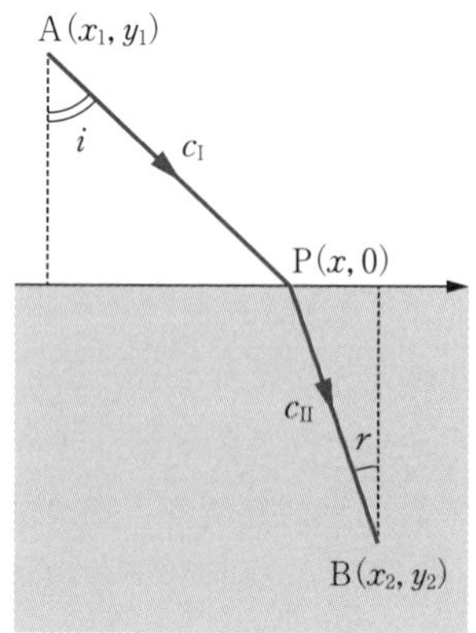

4-27図 平面による光の屈折．光はPをどこに選ぶだろうか？

この計算でわかるように，光がいろいろな屈折率 $n_{\mathrm{I}}, n_{\mathrm{II}}, n_{\mathrm{III}}, \cdots$ の物質中を長さ $l_{\mathrm{I}}, l_{\mathrm{II}}, l_{\mathrm{III}}, \cdots$ だけ通ってAからBまで到達したとすると，それに要した時間は

$$t = \frac{1}{c_0}(n_{\mathrm{I}}\, l_{\mathrm{I}} + n_{\mathrm{II}}\, l_{\mathrm{II}} + n_{\mathrm{III}}\, l_{\mathrm{III}} + \cdots)$$

である．なぜなら，屈折率が n の物質中の光速は $c = c_0/n$ だからである．したがって，フェルマーの原理は，$n_{\mathrm{I}} l_{\mathrm{I}} + n_{\mathrm{II}} l_{\mathrm{II}} + \cdots$ **を最小にするのが実現される光の経路である**，と表現することもできる．実際の距離に，そこの物質の屈折率を掛けたもの nl を**光学距離**（optical path）とよぶが，フェルマーの原理は，光の選ぶ道すじは光学距離が最小のものである，とも表すことができる．n が場所とともに連続的に変わるようなときには，A から B までの光学距離は

$$\int_{\mathrm{A}}^{\mathrm{B}} n\,ds \qquad （値は途中の経路によって異なる）$$

のように書かれる．これを最小にするのが実際の光路である．

問 一平面上で 2 定点（焦点）からの距離の和が一定な点の軌跡が楕円である．このことを使って，回転楕円体の 1 つの焦点に置いた点光源から出た光はすべてもうひとつの焦点に集まることを示せ（焦点の名はこれに由来する）．

球面による反射（球面鏡）

点 P から出た光が，半径 R のおう面鏡（球面の中心 C）で反射され，PC を結ぶ軸上の点 P′ を通るとする．A は O に十分近く，**近軸光線**として扱ってよい場合に限定する．そうすると，$\mathrm{PO} = a$，$\mathrm{CO} = R$，$\mathrm{P'O} = b$ とおいた場合

$$a\theta = R\varphi = b\theta'$$

とみなしてよい．また，一方

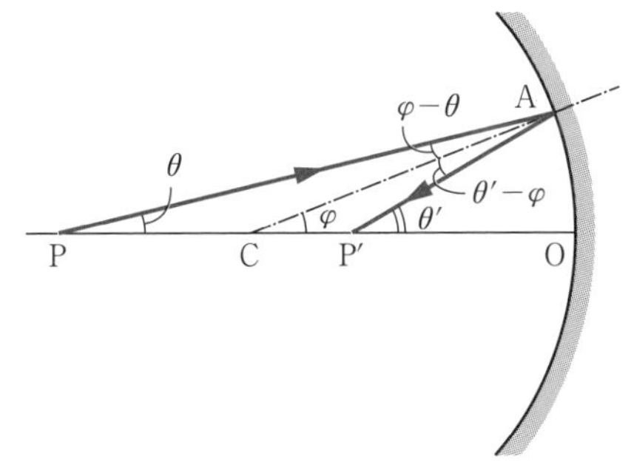

4-28 図 球面による反射．C は球の中心．

$$\angle\mathrm{PAC} = \varphi - \theta$$

$$\angle\mathrm{P'AC} = \theta' - \varphi$$

であって，反射の法則によってこれらは等しいから

$$\varphi - \theta = \theta' - \varphi \qquad あるいは \qquad \theta + \theta' = 2\varphi$$

これと上の関係から

$$\frac{1}{a}+\frac{1}{b}=\frac{2}{R}$$

が得られる．$f = R/2$ とおくと，よく知られた公式

$$\frac{1}{a}+\frac{1}{b}=\frac{1}{f} \qquad (4.42)$$

になる．f は $a \to \infty$ のときの b で**焦点距離**とよばれる．この関係は，O に近ければ A 点の位置に関係なく成立するから，P を出て O 付近で反射した光はすべて P′ を通ることを示している．したがって P′ は P の**実像**である．$a < f$ ならば $b < 0$ となるが，これは P から出た光が，反射の後，鏡の背後の O から $|b|$ だけ離れた点 P′ から出たように進む発散光束になることを示す．このときの P′ は P の**虚像**である．

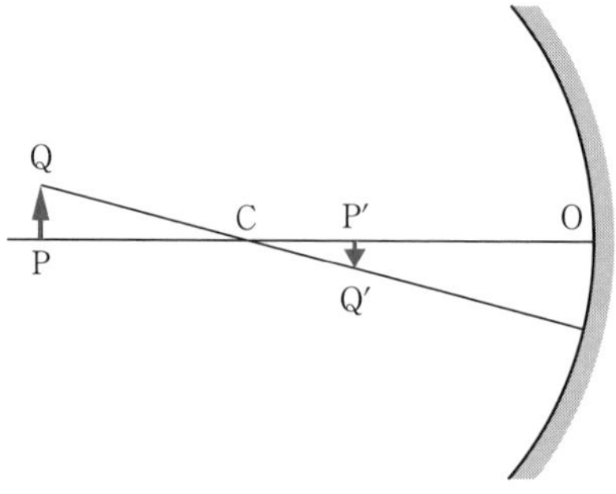

4－29 図　P の像を P′ とすると Q の像は Q′ にできる．

大きさのある物体の像を考えるには，P の近くの点 Q をとってみればよい (4－29 図)．PQ は OP に垂直とする．すぐわかるように，Q の像は QC の延長上の Q′ にできる．像の倍率は

$$m=\frac{\mathrm{P'Q'}}{\mathrm{PQ}}=\frac{\mathrm{P'C}}{\mathrm{PC}}=\frac{2f-b}{a-2f} \qquad (\mathrm{OC}=2f)$$

で求められるが，(4.42) 式から得られる $f = ab/(a+b)$ を代入すれば

$$m=\frac{b}{a} \qquad (4.43)$$

が得られる．

とつ面鏡に対しては，$R < 0$ (したがって $f < 0$) として上の公式をそのまま適用すればよい．

問　ひげそり用の鏡にはおう面鏡，自動車のフェンダーミラーにはとつ面鏡が使われる理由を考えよ．

球面による屈折

4 - 30 図のように，中心が C で半径 R の球面を境にして，屈折率が n_{I} と n_{II} の物質が接しているときを考える．今度も近軸光線のみを扱うので

$$a\theta = b\theta' = R\varphi = \mathrm{AO}$$

が成り立つ．また，$i = \varphi - \theta$，$r = \varphi - \theta'$ であるが，これらはともに小さいので（ラジアンで測る）屈折の法則は

$$\frac{i}{r} = \frac{n_{\mathrm{II}}}{n_{\mathrm{I}}} \qquad \therefore \quad \varphi - \theta = \frac{n_{\mathrm{II}}}{n_{\mathrm{I}}}(\varphi - \theta')$$

と書かれる．これに $\theta = \mathrm{AO}/a$，$\theta' = \mathrm{AO}/b$，$\varphi = \mathrm{AO}/R$ を入れれば

$$\frac{1}{a} - \frac{n}{b} = \frac{1-n}{R} \qquad \left(n = \frac{n_{\mathrm{II}}}{n_{\mathrm{I}}}\right) \tag{4.44}$$

が得られる．

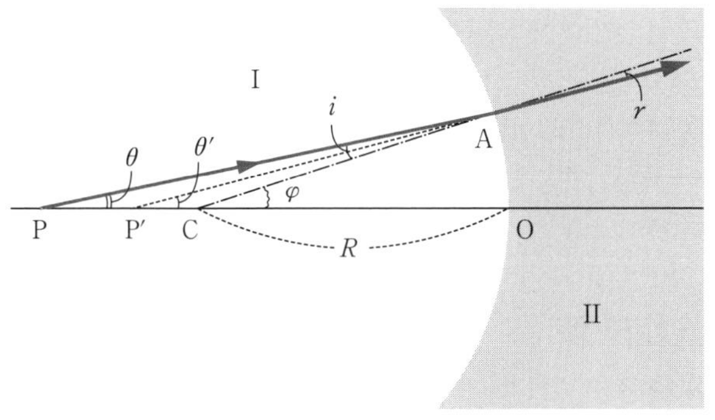

4 - 30 図　球面（中心 C）による屈折

レンズの公式は，これを 2 回組み合せればよい．ただし，2 回目（ガラス → 空気）のときには屈折率が逆数になることに注意する．

$$\begin{cases} \dfrac{1}{a} - \dfrac{n}{b'} = \dfrac{1-n}{R_1} & \left(n = \dfrac{n_{\text{ガラス}}}{n_{\text{空気}}}\right) \\[2ex] \dfrac{1}{a'} - \dfrac{n^{-1}}{b} = \dfrac{1-n^{-1}}{R_2} & \end{cases}$$

うすいレンズは $a' = b'$ としてよい場合である．そうおいてから第 2 式を n 倍し，第 1 式と辺々加えれば

$$\frac{1}{a} - \frac{1}{b} = (n-1)\left(\frac{1}{R_2} - \frac{1}{R_1}\right)$$

が得られる．右辺を $1/f$ とおけば，よく知られたレンズの公式

$$\frac{1}{a} - \frac{1}{b} = \frac{1}{f} \tag{4.45}$$

になる．f はレンズの焦点距離である．

両とつレンズでは，$R_1 < 0$，$R_2 > 0$ で，$n > 1$ であるから，$f > 0$ となる．

両おうレンズでは，$R_1 > 0$，$R_2 < 0$ なので，$f < 0$ となる．

レンズや球面鏡で，1点（**光点**）から出ていろいろな経路をたどった光が再び1点（**像点**）に集まるということは，フェルマーの原理を考えると，これらの経路のどれをたどっても，光が同じ時間しか要しないということを意味している．

問1　屈折率 1.5 のガラスでできた，片方の面の曲率半径が 15 cm の平とつレンズの焦点距離はいくらか．

問2　テーブルの上 150 cm のところにある蛍光灯の像を虫めがねでテーブル上につくらせたところ，虫めがねとテーブルの間隔が 8 cm のときに明瞭な像ができた．虫めがねの焦点距離はいくらか．

§4.11　光の干渉

ヤングの実験

4－31 図に示すように，光源 L から出た光がスリット S を通ると，その先に 2 本の接近した平行なスリット S_1, S_2 が置かれている．スリットはどれも

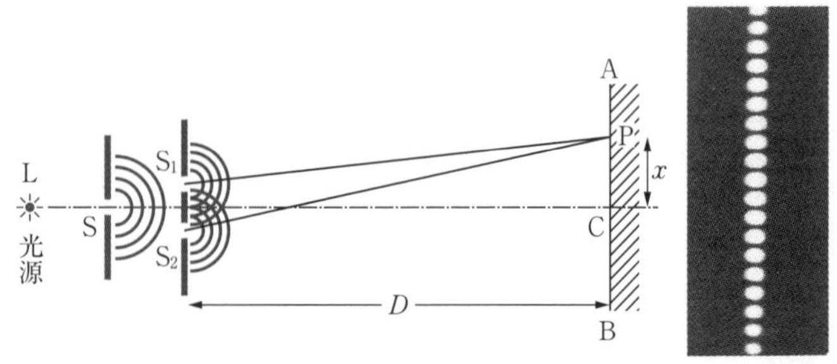

4－31 図　ヤングの複スリットの実験

十分狭いとすると，これから出た後の光は図に断面を示してあるような円筒波と考えてよい．S_1 と S_2 は S から等間隔であるとすれば，S_1 における振動と S_2 における振動は常に位相がそろっている．したがって，スクリーン AB 上で S_1 と S_2 から等間隔の C においては，両方から来る波の位相はそろうから，その振動は互いに助け合うことになる．ところが，もしたとえば P に対して S_2P と S_1P の差が $\lambda/2$ の奇数倍（λ は波長）であると，両方のスリットから来た波の振動は逆向きになるので，重ねたものは――P が C の近くなら，スリットからの距離の差による振幅の差は無視できるので――打ち消し合ってしまう．S_2P と S_1P の差が $\lambda/2$ の偶数倍（つまり λ の整数倍）ならば，振動は互いに強め合う．

$S_1S_2 = d$ とすると，$D \gg d$，$D \gg |x|$ なので

$$S_1P = \sqrt{D^2 + \left(x - \frac{d}{2}\right)^2} = D\left\{1 + \frac{(x - d/2)^2}{D^2}\right\}^{1/2}$$

$$\approx D\left\{1 + \frac{(x - d/2)^2}{2D^2}\right\}$$

$$S_2P = \sqrt{D^2 + \left(x + \frac{d}{2}\right)^2} \approx D\left\{1 + \frac{(x + d/2)^2}{2D^2}\right\}$$

となるから

$$S_2P - S_1P = \frac{d}{D}x$$

である．したがって

$$\begin{cases} \dfrac{d}{D}x = 0, \pm\lambda, \pm 2\lambda, \pm 3\lambda, \cdots & \text{のところは明るく} \\[2ex] \dfrac{d}{D}x = \pm\dfrac{\lambda}{2}, \pm\dfrac{3}{2}\lambda, \pm\dfrac{5}{2}\lambda, \cdots & \text{のところは暗い} \end{cases}$$

つまり，

$$x = \begin{cases} 0, \pm\dfrac{D}{d}\lambda, \pm\dfrac{2D}{d}\lambda, \pm\dfrac{3D}{d}\lambda, \cdots & \text{のところは明るく} \\[2ex] \pm\dfrac{D}{2d}\lambda, \pm\dfrac{3D}{2d}\lambda, \pm\dfrac{5D}{2d}\lambda, \cdots & \text{のところは暗い} \end{cases}$$

明暗のしまが，スクリーン AB 上に観測される．しまの間隔は $D\lambda/d$ であるから，λ が小さくても，D/d が十分大きければ，しま模様は十分観測にかかる．

問1 $d = 1\,\mathrm{mm}$, $D = 1\,\mathrm{m}$, $\lambda = 600\,\mathrm{nm}$ ($1\,\mathrm{nm} = 10^{-9}\,\mathrm{m}$) ならば，しまの間隔はいくらか．

薄膜による干渉

入射角 i で厚さ d の薄膜（屈折率 n）に入射する平行光束を考える．入射面で直接反射した光（図の B → C → P）と，内部へ一度入って反対側の面で反射して出て来る光（A → D → C → P）を比べたときに，後者がどれだけ遅れるかを考えてみる．

$$\mathrm{AD} + \mathrm{DC} = \mathrm{AC}' = \frac{2d}{\cos r}$$

また

$$\mathrm{BC} = \mathrm{AC} \sin i = \mathrm{AC}' \sin r \sin i = \frac{2d}{\cos r} \sin r \sin i$$

である．ところで，屈折率が n の物質内では光の速さは c_0/n になっており，波長も λ/n に縮んでいる．したがって，光が通過するのに要する時間という点でも，何波長分に相当するかという点でも，距離が n 倍になっているのと同等である（光学距離）．そこで，薄膜内の距離（上記の AC′）は n 倍し，これと BC との差をとらねばならない．$n = \sin i/\sin r$ を用いると，

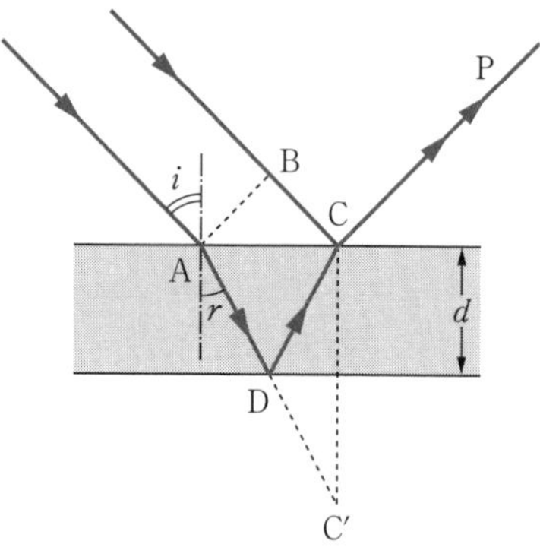

4-32図 薄膜による光の干渉

$$（光路差）= n\mathrm{AC}' - \mathrm{BC} = \frac{2d}{\cos r}\left(\frac{\sin i}{\sin r} - \sin i \sin r\right) = 2nd \cos r$$

が得られる．

ここでもうひとつ考慮に入れねばならないのは，屈折率の大きな物質との境界面に当たって反射するときの反射は固定端による反射と同様になり，波の位相の逆転が起きることである．B → C → P の波ではこれが起こっているので，波長にすれば $\lambda/2$ だけずれたのと同じになっている．このことを考えに入れると，上で求めた光路差が λ の整数倍のときに CP で重なった両波は弱め合い，光路差が $\lambda/2$ の奇数倍のとき強め合うことになる．したがって

$$\begin{cases} 2nd\cos r = 0, \lambda, 2\lambda, 3\lambda, \cdots & \text{ならば暗く} \\ 2nd\cos r = \dfrac{\lambda}{2}, \dfrac{3}{2}\lambda, \dfrac{5}{2}\lambda, \cdots & \text{ならば明るい} \end{cases}$$

薄膜にいろいろな角度で光が当たって反射して目に入る場合に，位置によってrが異なるから，上記の関係によって明暗のしま模様が見られる．λによってそのしまの位置は異なるので，白色光の場合には虹と同じ模様が見えることになる．dが大きいと，しまは細かくなり過ぎて見られない．

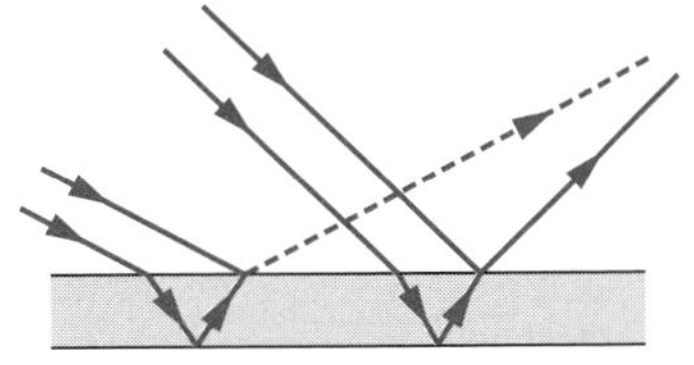

4-33図 目に光が来る方向と来ない方向が生じるため，しまが見える．

ニュートン環

平とつレンズを平面ガラス板の上にのせると，接触した付近にガラスではさまれた空気の薄膜ができる．ガラス面に垂直に当てた光が，この薄膜の両側で反射して生じる位相差による干渉を見るのがニュートン環である．

4-34図で，レンズとガラス板の接点Oからrの距離にあるガラス面上の点Bと，その真上のレンズ面の点Aとの距離dは

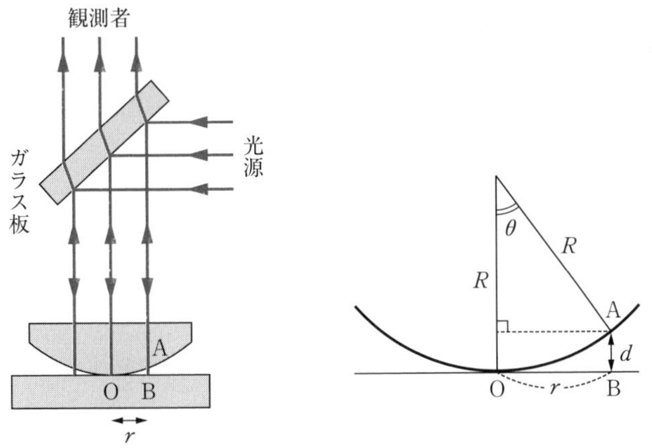

4-34図 ニュートン環の説明

$$d = R - R\cos\theta = R\left\{1 - \left(1 - \frac{\theta^2}{2} + \cdots\right)\right\}$$
$$\approx \frac{1}{2}R\theta^2 \approx \frac{1}{2}R\left(\frac{r}{R}\right)^2 = \frac{r^2}{2R}$$

である．この2倍（$= r^2/R$）が，Aで反射して上へもどる光と，Bまで来て反射して上へもどる光の光路差である．Bでの反射の際の位相の逆転をも考慮すると，

$$\frac{r^2}{R} = \begin{cases} 0, \lambda, 2\lambda, 3\lambda, \cdots & \text{のところは暗く} \\ \dfrac{\lambda}{2}, \dfrac{3}{2}\lambda, \dfrac{5}{2}\lambda, \cdots & \text{のところは明るい} \end{cases}$$

つまり

$$r = \begin{cases} 0, \sqrt{R\lambda}, \sqrt{2R\lambda}, \sqrt{3R\lambda}, \cdots & \text{のところは暗く} \\ \sqrt{R\lambda/2}, \sqrt{3R\lambda/2}, \sqrt{5R\lambda/2}, \cdots & \text{のところは明るい} \end{cases}$$

これがニュートン環（4-35図）である．

4-35図　ニュートン環

問2　透過光もニュートン環をつくるが，その明暗は反射光と逆になる．なぜか．

§4.12　干渉性と非干渉性

4-31図のヤングの実験では，S_1とS_2における光の振動がそろっている*

*　あるいは，常に一定値だけ位相がずれてもよい．そのときは干渉じまの位置が全体としてずれるだけのことである．

ことが本質的に重要なことである．そのためには，S_1 と S_2 に別の光源をもってきたのではだめで，必ず同一光源の光を 2 つに分けなければ干渉じまは観測されない．これは，一定波長の単色光を出す光源でも，無限に長い正弦波のつながりを出し続けるのではなく，あちらの原子，こちらの原子，というように，微視的には別の光源から，短い（数十 cm ～ 1 m 程度）一連の波を，相互に何の関連もなく不規則に出しているからである．したがって，異なる波連の間の干渉じまは，できる位置に規則性がなく，できてもたちまち消えて別のものに変わるから，一定の干渉じまとして観測することはできない．同じ波連を 2 つに分けたもの同士の間に生じる干渉じまだけは，§4.11 で見たような一定の位置に常にできるので，観測にかかるのである．

異なる光源の光，あるいは同じ光源の光でも違う部分から出た光や，1 m 以上も隔てている 2 つの部分は，それらを重ね合わせても，一定の位相関係がないから干渉を観測することができない．このように，位相の間に全く一定の関係のない光は互いに**非干渉性**（インコヒーレント）である，という．

これに対し，一定の位相関係があって，干渉現象を観測できるような波は，**干渉性**または**可干渉性**（コヒーレント）である，とよばれる．通常の光源では，異なる原子（あるいは分子など）が出す（**自然放出**という）光の間には何ら位相の相互関係はないのであるが，これらの原子（その他）にエネルギーを蓄えさせておいて（**ポンピング**という），これに同種の光を当ててその刺激による**誘導放出**という現象を起こさせると，それら原子（その他）はいっせいに**当てた光に歩調をそろえた**光を放出する．**レーザー**はこのようにしてコヒーレントな光を出すようにした装置であって，きわめて用途が広い．

§4.13 スリットによる回折

先に §4.9 で調べた，細孔（スリット）による回折を，もう少しくわしく考えてみよう．スリットを通過した光を 4 - 36 図のようにレンズに当て，レンズの焦点面のところに置いたスクリーンで光を受けるようにしたとする．レンズは平行光線をスクリーン上に収束させるから，スリットを通った光を，角 θ の異なる平行光束に分けて考えた場合，光束はそれぞれ別の点 X

(図では点であるが，実は紙面に垂直な直線）に集まることになる．ただし，X は $\mathrm{CX} = l\theta$ となるような位置である．

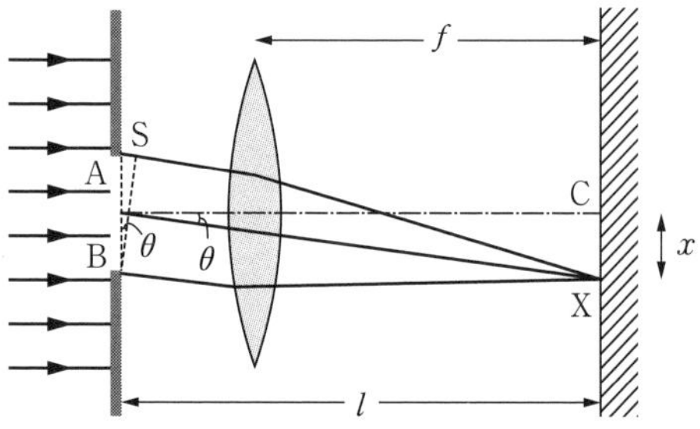

4-36 図　スリット AB を出て θ の方向に進む光を集める．

レンズで θ 方向の光が 1 点 X に集まる，ということは，BS（AB ではない）上の各点から X までの光学距離がすべて等しい，ということである．つまり，レンズがあるときに X 点に来る光というのは，レンズがなければ 4-37 図の PQ 上の各点に到達していたような光である．そこで，4-37 図の場合の PQ 上の各点の振動を合成すれば，レンズで光が X 点に集まったときの X 点における光の振動が求められるであろう．

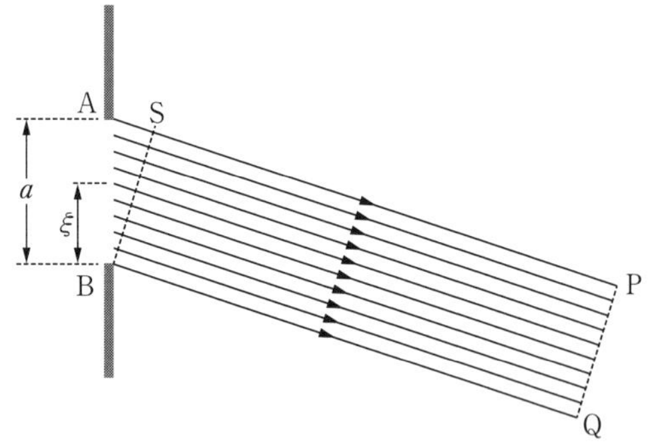

4-37 図　スリットを通って，そのまま θ 方向に進む光

スリット AB に当たる光が完全な平面波（平行光束）で波面はスリット面に完全に平行であったとすると，スリット AB 上の点における振動はすべて振幅も位相もそろっている．それを $A\sin\omega t$ と表すことにする．そうすると，4-37 図の ξ と $\xi + d\xi$ の間から出て PQ 上の相当する位置に到達する光の波の振動は

$$\alpha \sin \omega\left(t - \frac{R + \xi\sin\theta}{c_0}\right)d\xi \qquad (R = \mathrm{BQ})$$

と書けるであろう．α は A に比例する定数である．これらをレンズで X 点に集めたときの振動は

$$\int_0^a \alpha \sin\omega\left(t - \frac{R + \xi\sin\theta}{c_0}\right)d\xi$$

$$= \frac{c_0\alpha}{\omega\sin\theta}\left\{\cos\omega\left(t - \frac{R + a\sin\theta}{c_0}\right) - \cos\omega\left(t - \frac{R}{c_0}\right)\right\}$$

$$= \frac{2c_0\alpha}{\omega\sin\theta}\sin\frac{\omega a\sin\theta}{2c_0}\sin\left\{\omega t - \frac{R + (a/2)\sin\theta}{c_0/\omega}\right\}$$

となって，振幅が

$$\frac{2c_0\alpha}{\omega\sin\theta}\sin\frac{\omega a\sin\theta}{2c_0}$$

の単振動であることがわかる．θ は小さいので，$\sin\theta \approx \theta = x/l$ とおき，X 点で感じる光の強さ $I(x)$ はこの振幅の 2 乗に比例することを使うと

$$I(x) \propto \frac{\sin^2\dfrac{\omega a}{2c_0 l}x}{x^2}$$

となる．光の波長 $\lambda = 2\pi c_0/\omega$ を用いると

$$I(x) \propto \frac{\sin^2\dfrac{\pi a}{\lambda l}x}{x^2}$$

となり，x の関数として 4 - 38 図のようになることがわかる．

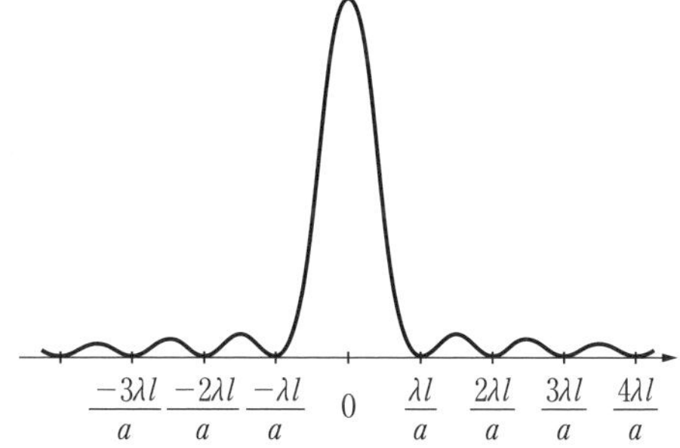

4 - 38 図　スリットによる回折像における強度分布

スリットでなく丸い孔による回折の扱いはやや複雑である．孔の半径を r とすると，これにほぼ垂直に光が入射した場合，入射光との間の角 θ が

$$\sin\theta = 0.610\frac{\lambda}{r},\quad 1.116\frac{\lambda}{r},\quad 1.619\frac{\lambda}{r},\quad \cdots$$

の方向が暗くなることが知られている．したがって，孔のうしろにレンズを置いて焦点面に結像させたとき，光は 1 点には集まらず，4 - 39 図のような回折像ができる．このため 2 つの方向から来た光

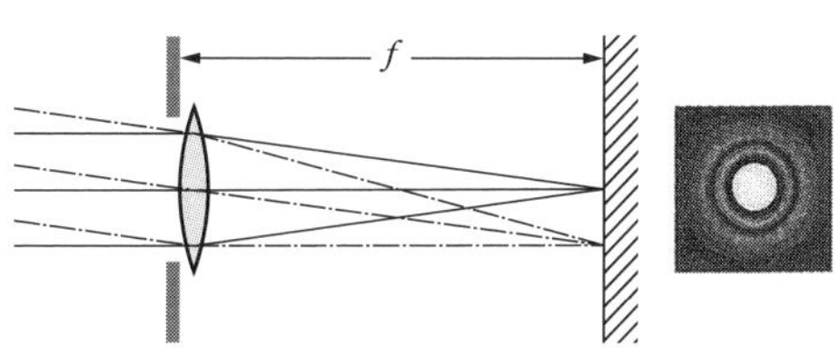

4 - 39 図　円孔による光の回折

のこのような像の中心が近すぎて，その距離が第1の暗環の半径より小さい程度だと，像はつながってしまって2つと見分けることができなくなる．そこで，4-39図のレンズを望遠鏡の対物レンズと考えると，この望遠鏡では，$0.61\lambda/r$ 以下の角度しか離れていない遠方の2物体（たとえば2つの星）は見分けられないことになる．そこでこの $0.61\lambda/r$ のことを望遠鏡の**分解能**という．r は対物レンズの半径（望遠鏡の口径の半分）である．同様なことは顕微鏡でもあって，顕微鏡で見分けられる最小距離 l は大体

$$l = \frac{\lambda}{n \sin\theta} \qquad \left(\begin{array}{l} \theta：物体が対物レンズを見こむ角の半分 \\ n：物体と対物レンズ間にある媒質の屈折率 \end{array}\right)$$

で与えられることが知られている．$n \sin\theta$ は顕微鏡の**開口数**とよばれる．

§4.14　回折格子

ガラス板などに，1 mm に 500 ～ 1000 本という程度に，細い線を等間隔に刻んだものを**回折格子**という．線の間隔（d と記す）を**格子定数**とよぶ．ガラス板に光を通すと，線を刻んだ部分は光を通さないので，回折格子は細いスリットを等間隔で多数並べたものと同等である．金属板に線を刻んだものの場合は，線を刻まない部分からの反射光がガラス格子の透過光と同じようになる．

各「スリット」から出る光は，前節で扱ったような回折を示すわけであるが，隣り合うスリットからの光の干渉効果によって，これがさらに鋭い線に分かれる．

4-40図に示すように，隣り合うスリットの対応する点から出て，格子面の法線と θ の角をつくる方向に進む波を考えると，その光路差は $d \sin\theta$ である．これが波長 λ の整数倍であると，隣り合うスリットから出た光は互いに強め合うことになる．したがって

$$d \sin\theta = 0,\ \pm\lambda,\ \pm 2\lambda,\ \cdots,\ \pm m\lambda,\ \cdots$$

の方向は明るくなる．l だけ離れたスクリーン上に，レンズで光を集めることにするなら（4-36図と同様にする），

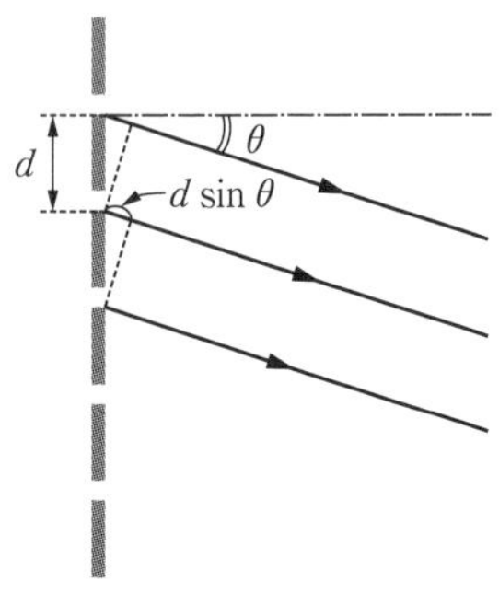

4-40図　回折格子の隣り合うスリットから出る光の光路差．

$$x = l\sin\theta = 0,\ \pm\frac{l}{d}\lambda,\ \pm\frac{2l}{d}\lambda,\ \cdots,\ \pm\frac{ml}{d}\lambda,\ \cdots$$

のところが明るくなる．m を回折の次数という．

各スリットはある幅 a ($< d$) をもつから，そこから出る光は前節で述べたような——4-37図のような——方向性をもっている．したがって，上に求めた $l\lambda/d$ の整数倍の位置がたまたま4-38図で強さが0になる位置 ($\pm l\lambda/a$, $\pm 2l\lambda/a, \cdots$) と一致すると，そこには回折格子による明るいしまが現れなくなる．しかし，これは $d/a = m/n$ (整数比) になるときだけであって，こういうことはふつうの回折格子ではほとんどないと思ってよい．$d > a$ であるから，一次の回折じま ($x = \pm l\lambda/d$) が $l\lambda/a$ の整数倍と一致することは決してない．

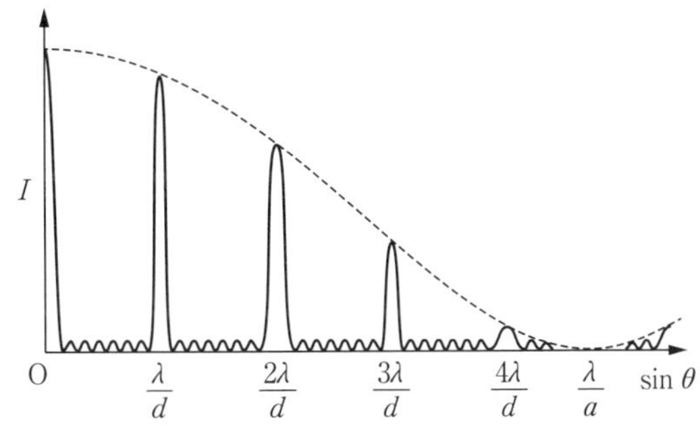

4-41図　回折格子による回折像の強度分布．波線は各スリットに対する4-38図の分布．

§4.15 偏　光

光は進む方向と振動の方向が垂直な波，つまり**横波**である．それを示すのが**偏光**という性質である．振動しているのが一体なにか，ということは電磁気学によってわかるが，方向と大きさをもつベクトル量であるからそれを $\boldsymbol{E}$ で表すことにする.*

ふつうの光源から出る光は，無数の原子や分子が独立に放出する光の波連の混合であり，特別な処置をしなければ，これら波連の振動方向は全くでたらめである．したがって，そのような光では，進行方向に対して垂直なあらゆる方向の振動が平均して均等に含まれていることになる．このような光を**偏りのない光**という．これに対して，ある特定の方向の振動が他の方向のそれより多く含まれているような光は，**偏っている**，あるいは**偏光**であるという．光の振動方向が完全に1つの方向——たとえば y 方向というように——

*　電場の強さ，または電界の強さとよばれるベクトルである．

に定まっている光を直線偏光または平面偏光といい，光の進行方向と振動方向を含む面のことを偏光面あるいは振動面という．

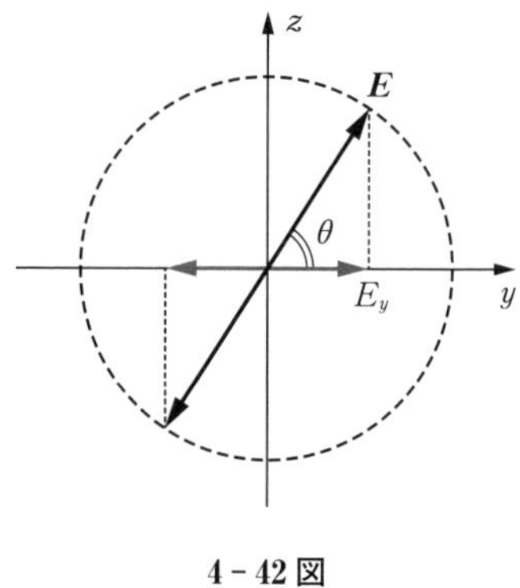

4-42 図

電気石の板やポーラロイド板は，特定方向に振動する直線偏光だけを通すので，これを用いて偏光を得ることができる（偏光子という）．x 方向に進むある光が，4-42 図のように振動する $\boldsymbol{E}$ の波であったとし，これをたとえば xy 面を偏光面とする光だけを通す偏光子に当てたとすると，偏光子を通り抜けた光は図の E_y のような振動をする光になっている．y, z 方向の単位ベクトルを $\boldsymbol{j}, \boldsymbol{k}$ とすると，入射光の $\boldsymbol{E}$ の yz 面における振動は

$$\boldsymbol{E} = (E_{y0} \sin \omega t)\boldsymbol{j} + (E_{z0} \sin \omega t)\boldsymbol{k} \tag{4.46}$$

となっているが，偏光子は右辺の第 2 項を除いてしまい，第 1 項だけを通すのである．透過光の振幅は入射光のそれの $\cos\theta$ 倍になっているので，振幅の 2 乗に比例する光の強度は $\cos^2\theta$ 倍に減少する．

$$I = I_0 \cos^2 \theta \tag{4.47}$$

これをマルスの法則という．

［例］ 2 つの偏光子 P_1，P_2 を光の進路に垂直に置き，その偏光方向を互いに垂直になるようにすると，P_1 を通った光は P_2 によって完全にさえぎられてしまうから，P_2 のうしろから見たときの視野は真暗である．いまこの 2 つの偏光子の中間に，第 3 の偏光子を光の進路に垂直に置き，

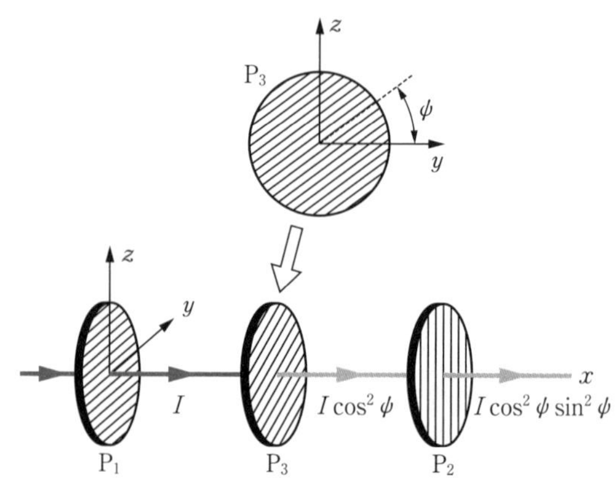

4-43 図　3 つの偏光子を通る光

その偏光の方向をいろいろに変えたらどうなるかを考えよう．図のように x, y, z の方向を定めると，P_1 を通り抜けた光の $\boldsymbol{E}$ は y 方向に振動している．中間に置いた偏光子の偏光方向を y 軸と角 ϕ の方向とすると，P_3 を抜けた光はこの方向に振動し，その振幅は P_1 を通ってきた光の $\cos\phi$ 倍である．これをさらに P_2 に当てると，ϕ 方向の振動をさらに z 方向とこれに垂直な方向（y 方向）に分解した前者だけが P_2 を通ることになる．このとき振幅はさらに $\cos\left(\dfrac{\pi}{2}-\phi\right)=\sin\phi$ 倍になる．したがって，P_1 を通った光の強度を I とすると，P_3 を通ってそれが $I\cos^2\phi$ に，P_2 を通ると $I\cos^2\phi\sin^2\phi=(I/4)\sin^2 2\phi$ になる．これは $\sin^2 2\phi = 1$ のとき，つまり $\phi = 45°$ あるいは $135°$ のとき最大（$=I/4$）となり，$\sin^2 2\phi = 0$，つまり $\phi = 90°$ あるいは $180°$ のとき 0 となる．中間に余計なものを入れたら，ますます光は通りにくくなりそうなのに，$\phi = 45°$ あるいは $135°$ の近くで P_3 を入れると，それまで暗かった視野が明るくなるのである．この現象も，光を単純な粒子と考えたのでは説明のつかないことである．

反射による偏光

光の性質の1つとして，偏光面（振動面）が反射面に直交するように入射した光では，入射角 i と屈折角 r の和が直角（$i+r=\pi/2$）のときには反射が起こらない．このとき

$$n=\frac{\sin i}{\sin r}=\frac{\sin i}{\sin\left(\dfrac{\pi}{2}-i\right)}=\frac{\sin i}{\cos i}=\tan i$$

である．これに対し，$\boldsymbol{E}$ が反射面に平行な光では，どのような i に対しても反射係数は0にはならない．したがって，偏らない光を上のような角で入射させた場合には，それを上記の2種類の光に分けて考え

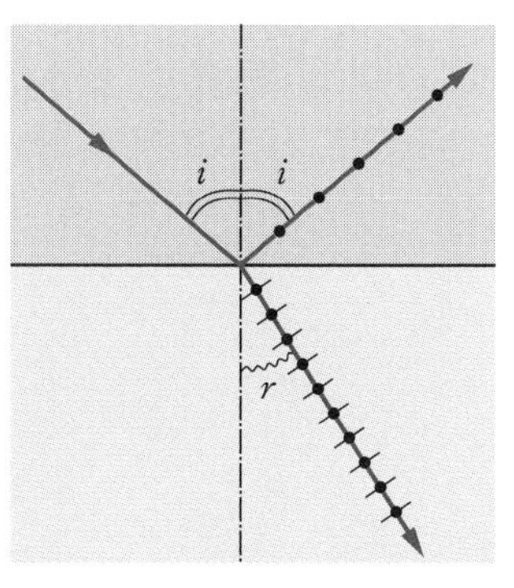

4－44図
黒丸は紙面に垂直な振動，短線は紙面内での振動を示す．

ると，$\boldsymbol{E}$ の方向が反射面に平行な成分だけが反射をする．つまり，$\tan i = n$ という関係を満たす入射角（これを**偏光角**という）で当たった光の反射光は，完全な直線偏光になっていて，その振動方向（$\boldsymbol{E}$ の方向）は反射面に平行である．これを**ブリュースターの法則**という．それ以外の角でもかなりこれに近いので，一般に斜めに当たって反射した光はかなり偏っているものである．

問　魚釣りをする人が水面での反射光を減らす目的でかけるめがねは，どのようなものであればよいか．

楕円偏光

(4.46) 式で y 方向の振動と z 方向の振動は同位相であるが，この 2 つの振動の間に位相差があって

$$\boldsymbol{E} = (E_{y0} \sin \omega t)\boldsymbol{j} + \{E_{z0} \sin(\omega t - \varphi)\}\boldsymbol{k}$$

のようになっていると，$\boldsymbol{E}$ ベクトルの先端は yz 平面内で楕円振動（振動数が等しい場合のリサジュー図形）を行う．このような光を**楕円偏光**という．

また，特に

$$\boldsymbol{E} = (E_0 \cos \omega t)\boldsymbol{j} \pm (E_0 \sin \omega t)\boldsymbol{k}$$

のような光は**円偏光**とよばれる．

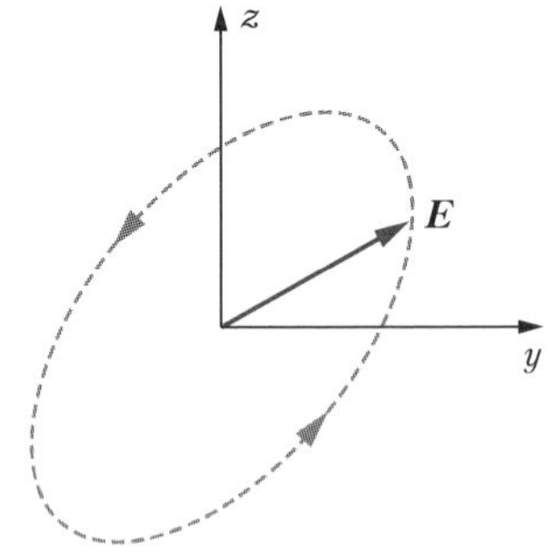

4-45 図　楕円偏光の振動

問　　題

1. 単振動をする質点の座標 x と運動量 p（$= m\dot{x}$）はどちらも時間とともに変化する．x を横軸，p を縦軸にとって，x と p の関係を図示するとどうなるか．また，この質点のエネルギーは，図の上ではどのように表されるか．
2. 次に示す互いに直角な方向の振動を合成するとどのような運動が得られるか．

$$x = \cos \omega t, \qquad y = \cos 3\omega t$$

※3. 4‐46 図に示すような周期関数をフーリエ級数に展開せよ．

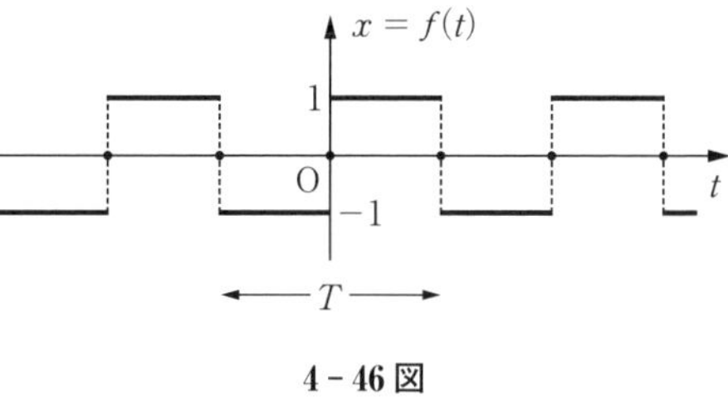

4‐46 図

4. 減衰振動の方程式（4.6）

$$\ddot{x} + 2\gamma\dot{x} + \omega^2 x = 0$$

を解くのに，$x = \mathrm{e}^{-\gamma t} X(t)$ とおいて，X についての微分方程式に直してから解くとどうなるか．

5. フルートは両端が開いた一様な太さの金属管でできている．最低の振動数が 262 Hz の音を出すようにするには，どれだけの長さが必要か．音速を 340 m/s とする．

6. 一様な太さのゴムひもの両端を持って引っ張り，中間をはじくと音がする．同じところを持ったまま引っ張り具合をいろいろ変えて，異なる長さで音を出しても，ある範囲ではその高さは同じであった．この範囲で張力と長さの関係はどうなっていると考えられるか．ゴムは伸ばしても体積は変わらないと仮定したら，単位面積当たりの張力と長さの関係はどうか．

7. 密度 ρ，ヤング率 E の弾性棒を伝わる縦波の方程式は（4.24）式

$$\frac{\partial^2 u}{\partial t^2} = \frac{E}{\rho}\frac{\partial^2 u}{\partial x^2}$$

で与えられる．

いま，同じ断面をもつ 2 本の棒を溶接したものを考える．接合面を $x = 0$ とし，$x < 0$ の側は密度が ρ でヤング率が E，$x > 0$ の側は密度が ρ' でヤング率が E' の物質であるとする．$x < 0$ の側から $+x$ 方向に振幅が A で角振動数が ω の波を送ると，それは $x = 0$ で一部反射し，一部は $x > 0$ の側へ入っていく．そこで

$$x < 0 \text{ では}\quad u = A\sin(kx - \omega t) + B\sin(kx + \omega t)$$
$$x > 0 \text{ では}\quad u = C\sin(k'x - \omega t)$$

とおく．このとき

（i） $A, \omega, \rho, E, \rho', E'$ は既知であるとして，k と k' がどのように表されるかを求めよ．

（ii） 棒が $x = 0$ でちぎれないためには，$u(x, t)$ が連続でなければならない．

このことから A, B, C の間に成り立つべき関係を求めよ．

（iii）接合面においては，さらに次の関係が要請される．その理由は何か．

$$\lim_{x \to +0} E'\left(\frac{\partial u}{\partial x}\right) = \lim_{x \to -0} E\left(\frac{\partial u}{\partial x}\right)$$

（iv）上の要請から A, B, C の間にもうひとつの関係式が得られる．それを示せ．

（v）上の2つの関係から B/A，C/A を求めよ．

（vi）B/A の符号と反射の仕方との関係を論ぜよ．

8. 写真をとるとき，遠いものにピントを合わせると，物体の前後かなりの範囲のものが鮮明にうつるのに，近いものにピントを合わせると，その前後の小範囲しかはっきりうつらない．この理由を説明せよ．

9. 両面の曲率半径が 20 cm で，ガラスの屈折率が 1.50 の薄いとつレンズの一面をメッキして鏡にした．このレンズの前方 1 m のところに置かれた物体の像は，どこにできるか．

10. 2つのスリットを 0.40 mm 離して置き，これに垂直に波長が 600 nm の光を当てる．スリットの後方 10.0 cm のところに置いたスクリーン上にできる干渉じまの間隔はいくらか．

11. ニュートン環の実験をナトリウムの D 線（波長 589 nm）について行ったところ，1つの環の直径が 6.0 mm で，それから外側に数えて 10 番目の環の直径が 7.8 mm であった．球面の曲率半径を求めよ．

12. 2枚の平行平面ガラス板が，きわめて微小な傾きをもって接しており，その間には水（屈折率 1.33）が入っている．これに波長が 486 nm の光を垂直に当てて真上から見ると，0.9 mm 間隔のしまが見えた．板の傾きはいくらか．

13. 石けん膜に白色光を 45° の角をつくって当て，その反射光を分光計で調べたところ，波長が 6×10^{-5} cm のところだけ暗線があった．膜の屈折率を 1.33 として，その厚さを求めよ．

14. 振幅の等しい逆回りの2つの円偏光を合成すれば直線偏光となり，2つの円偏光の位相差の値によってこの直線の傾きが異なってくることを示せ．

超音波の応用

人の耳に聞こえない振動数 16 〜 20 kHz 以上の「音波」を**超音波**という．光では物の形を見きわめられるのに音では発音体のある方向すらおぼろげにしか聞き分けられないのは，波長が光では非常に短く，音波では長いためである．波長の短い超音波を用いると，それを物体に当てて反射させ，その反射波を検出することにより，光で物を見るのと同様なことが可能になる．この場合，大ざっぱにいって，波長と同程度の大きさの物がどの辺にあるかがわかる，と考えてよい．音波の速さは，空気中で 340 m/s，水中で 1500 m/s（常温）であるから，20 kHz なら波長は空気中で 1.7 cm，水中で 7.5 cm，2 MHz（$2 \times 10^6\ \mathrm{s}^{-1}$）なら波長はその 100 分の 1 になる．

振幅の大きい超音波は，物質を内部でゆさぶるのに用いられることが多い．クリーニング，孔あけ，乳化，接合，医療，溶接などへの応用がそれである．反射による物体の検出としてはソナー（sonar = sound navigation ranging）（水中音波探知機）がある．超音波の反射してくる方向と時間によって潜水艦や機雷などの位置を測定する装置で，はなはだキナ臭い応用例である．

もっと弱い超音波を使う例としては，防犯ベルや医療（体内の胆石を探すなど），材質検査があげられる．1 〜 2 cm 以上の厚さの固体の不均質性を調べるのに，鉄（音速約 6000 m/s）ならば 1 〜 5 MHz，プラスチック類（音速 2000 〜 2500 m/s）なら 0.5 MHz，コンクリート（音速約 4000 〜 5000 m/s）なら 0.1 MHz くらいの振動数のものが多く使われている．

さらに新しいものとしては，流速計（管内で上流へ向かう超音波と下流へ向かう超音波の時間差を求める），音速の温度による差を利用した温度計など，種々の計測への応用がある．密度，圧力，多孔度，粘性，化学的組成などの違いによる超音波の伝わり方の差を利用すると，いろいろなものの測定が可能である．器内に液体がどのくらい入っているか，胎児がどうなっているか，等々 応用はきわめて広い．

5. 温度と熱

力学および電磁気学とならんで重要な古典物理学の柱の1つは「熱力学」である．物体が原子からできていることを度外視して，これを連続体とみなし，それの示す熱的な諸性質を全く巨視的（マクロ）に**記述**する現象論である．圧力とか温度などの状態量は，原子的な振舞を**平均化**してはじめて得られる巨視的な量である．それらの間に成り立つ状態方程式（ボイル－シャルルの法則など）は「与えられた」性質とみなされ，なぜそうなるのかを問うことはしない．このように，力学や電磁気学とは大分違う熱力学的な考え方に，読者は少しでも早く慣れてほしい．偏微分などが多く現れるが，それの表現している物理的内容を読みとる努力を惜しまないようにすることが大切である．

§5.14 からあとは，このような現象論を分子の運動によって力学的に説明しようという分子運動論の入口を紹介する．これは，統計力学というものへつながる分野であって，物質を多数の原子・分子からできたものとして扱う仕方の方法論を知る上で重要である．

§5.1 温　度

われわれは物体にさわったとき冷いとか温いと感じるが，これをもっと定量化したのが温度という概念である．すべての物体は十分長い時間放置すれば全体が一様な温度になる．また2つの物体を接触させると，一般にはそれぞれの冷温の度合に変化が起きるが，十分に時間がたてばこの変化はやむ．このとき2つの物体は**熱平衡**に達したといい，両物体の温度は等しくなったと考える．接触させても最初から変化が生じなければ，もともと両物体の温度は等しかったと考える．経験によれば，AとBの温度が等しく，AとCの温度が等しければ，BとCを接触させても変化は生じない．つまりBとCの温度も等しいことになるので，熱平衡のとき温度が等しいという温度のきめ方は合理的である．

温度を数値的に表すには，冷温によって変化する物の性質 —— たとえば体積とか電気抵抗など —— を利用する．**温度計**はそのような装置で，これを目的の物体に接触させて熱平衡になったときの温度計の温度によって物体の温度を知る．

温度の目盛として日常用いられるのはセルシウス度（℃で表す）であって，1気圧のもとで水が氷になる温度（水と氷が平衡共存する温度）を0℃，水が沸とうする温度を100℃とし，その間を100等分して，それを温度差の1℃の目盛と定め，0℃以下と100℃以上にも外挿したものである．100等分といっても，用いる物体によって性質の温度依存性が異なるかもしれないから —— たとえば0℃に近いときはあまり膨張も収縮もしないが，100℃に近くなると急に変化するものと，その逆のものとでは50℃が違ってしまう —— 厳密には物体の特性によらない温度のきめ方をしなければならない．それについてはあとで述べる．

一定量の気体の圧力 p と体積 V の関係を調べてみると，温度が一定の場合には p と V がほぼ逆比例することがわかった（**ボイルの法則**）．この法則の正確さは気体の種類によっても異なるが，一般に気体の密度が小さいときによく成り立つことがわかっている．そこで，どんな場合にもこの関係 —— 温度を t℃とすると $pV = f(t)$ と表せる —— が成り立つ理想的な気体を考えてこれを**理想気体**とよぶことになった． 理想気体（に近い実在気体）で $f(t)$ を調べてみると，大体

$$pV = R'(t + 273) \qquad (R' \text{ は定数})$$

となっており，しかも1モルについて調べてみると，気体の種類（酸素とか水素など）によらず比例定数は共通であることがわかった．これを R と書くと，1モルについては

$$pV = R(t + 273) \qquad (1\text{ モル})$$

となる．R は（**普遍**）**気体定数**とよばれ

$$R = 8.3144626\ \mathrm{J/K{\cdot}mol} \tag{5.1}$$

という値をもつ．そこでむしろ温度目盛を決めるための物質の性質として理想気体のこの性質を用いることが考えられた．そしてこれは物質を使わない温度のきめ方と一致するものであることが明らかになった．

その後くわしく測られた値を用いてもう一度書くと，1モルの理想気体の

圧力 p と体積 V と温度 t ℃ の間には

$$pV = R(t + 273.15) \tag{5.2}$$

という関係がある．V は負にはなりえないことから考えて，$t + 273.15 \geqq 0$ と考えてよさそうである．つまり，-273.15 ℃ より低い温度は存在しないと思われる．そこで，ここを 0 として，セ氏目盛と同じ間隔で目盛った温度目盛を**絶対温度**とよび，T K で表す.* K はケルビンと読む．

$$T = 273.15 + t \tag{5.3}$$

である．この絶対温度を用いると，ボイル - シャルルの法則は

$$pV = RT \qquad (1 \text{モル}) \tag{5.4}$$

と書かれる．

圧力が有限の理想気体は 0 K では $V = 0$ になるはずであるが，実在の気体は有限温度で液化してしまう．一番液化しにくいヘリウムを低圧にしたものを用いた気体温度計でも，測れる最低限度は約 1 K である．もっと低い温度の測定には別の方法を使う．

問 0 ℃，1 気圧（$= 1013$ hPa $= 1.013 \times 10^5$ N/m^2）のときに 1 モルの気体は 22.4 リットルの体積を占めることを用いて，気体定数 R の値を算出せよ．

§5.2 状態方程式

これから，対象とする物体あるいはその組合せを**体系**または**系**とよぶことにする．これは英語の system の訳語である．また，本章で取扱う系はすべて一様で等方的であって，静止し熱平衡状態にあるものとする．異方性のある固体や，等方的な固体でも一様な静水圧以外の応力 —— 方向性がある —— の生じているようなものは考えないことにする．そうすると，1 つの系の状態は圧力 p，温度 T，体積 V といった量 —— **状態量**とか**状態変数**とよぶ —— を用いて表されることになる．ところが経験によると，p, T, V のうちのどれか 2 つを決めると残りは決まってしまう．つまりこれら 3 つの量の間には 1 つの関数関係

$$f(p, T, V) = 0 \tag{5.5}$$

* もとは T °K と記したが，現在は ° をはぶくことになった．

がある．理想気体の場合の（5.4）式はその一例である．このような関係式をその系の**状態方程式**という．

いま，外部からコントロールするのが圧力と温度である場合を考える．このときは（5.5）式を V について解いて，これを p と T の関数として表しておくと都合がよい．

$$V = V(p, T)$$

ここで p と T を微小量 dp, dT だけ変化させたとき，それによる V の変化は，付録（349ページ）（A.20）式により

$$dV = \left(\frac{\partial V}{\partial p}\right)_T dp + \left(\frac{\partial V}{\partial T}\right)_p dT \tag{5.6}$$

となる．ここで偏微分係数に添字をつけたのは，V を p と T の関数として表す以外にも，いろいろな状態変数の組合せを用いる可能性があるので，ただ $\partial V/\partial p$ などのように記しては，p のほかに何を変数として採用しているのか不明になるからである．$(\partial V/\partial p)_T$ と記せば V を p と T の関数として表しておいた上で，T を定数のように見て（T を一定に保って）p を変化させたときの微分係数だということがはっきりするからである．

さて，（5.6）式で $(\partial V/\partial p)_T$ は，温度一定のもとで圧力を上げたときの体積変化の割合であるから，（3.5）式（79ページ）と比べると，

$$\kappa = \frac{1}{k} = -\frac{1}{V}\left(\frac{\partial V}{\partial p}\right)_T \tag{5.7}$$

は**等温圧縮率**になっていることがわかる．

次に $(\partial V/\partial T)_p$ を考えると，これは一定圧力のもとで温度を上げたときの体積変化の割合，つまり 1 K だけ温度を上げたときの体積変化であるから，これを V で割ったもの

$$\beta = \frac{1}{V}\left(\frac{\partial V}{\partial T}\right)_p \tag{5.8}$$

は**体膨張率**にほかならない．

また，体積を一定に保ったまま温度を上げたら圧力はどうなるかを考えるには，（5.6）式で $dV = 0$ とおけば

$$0 = \left(\frac{\partial V}{\partial p}\right)_T dp + \left(\frac{\partial V}{\partial T}\right)_p dT$$

となるが，この式は V 一定という条件下での温度変化 dT と圧力変化 dp との比が満たすべき関係を示している．つまり

$$\frac{dp}{dT} = -\left(\frac{\partial V}{\partial T}\right)_p \Big/ \left(\frac{\partial V}{\partial p}\right)_T$$

である．このときの左辺は，上に述べた意味からいって，$(\partial p/\partial T)_V$ と書かねばならない量であるから，

$$\left(\frac{\partial p}{\partial T}\right)_V = -\left(\frac{\partial V}{\partial T}\right)_p \Big/ \left(\frac{\partial V}{\partial p}\right)_T \tag{5.9}$$

となる．(5.7) 式と (5.8) 式を用いれば

$$\left(\frac{\partial p}{\partial T}\right)_V = \frac{\beta}{\kappa} = \beta k \qquad (k \text{ は等温体積弾性率}) \tag{5.9$'$}$$

が得られる．

［例 1］ 1モルの理想気体では

$$V = R\frac{T}{p}$$

であるから

$$\left(\frac{\partial V}{\partial p}\right)_T = -R\frac{T}{p^2}$$

したがって

$$\kappa = -\frac{1}{V}\left(\frac{\partial V}{\partial p}\right)_T = \frac{RT}{p^2 V} = \frac{1}{p} \qquad (\because \quad pV = RT)$$

また

$$\left(\frac{\partial V}{\partial T}\right)_p = \frac{R}{p}$$

であるから

$$\beta = \frac{1}{V}\left(\frac{\partial V}{\partial T}\right)_p = \frac{R}{pV} = \frac{1}{T}$$

となる．

［例 2］ アルミニウムの体積弾性率は $k = 7.55 \times 10^{10}\,\mathrm{N/m^2}$，体膨張率は $\beta = 7.14 \times 10^{-5}\,\mathrm{K^{-1}}$ である．温度を 1 K 上げたときの膨張をもとにもどすために加えるべき圧力は

$$\left(\frac{\partial p}{\partial T}\right)_V = \beta k = 7.55 \times 10^{10} \times 7.14 \times 10^{-5}\ \mathrm{N/m^2 \cdot K}$$
$$= 5.4 \times 10^6\ \mathrm{N/m^2 \cdot K}$$

から $5.4 \times 10^6\ \mathrm{N/m^2} \approx 53$ 気圧であることがわかる.

問 上と同じことを鉄（$k = 14.6 \times 10^{10}\ \mathrm{N/m^2}$, $\beta = 3.5 \times 10^{-5}\ \mathrm{K^{-1}}$）で計算してみよ.

§5.3 準静的過程

重力場のなかで質量 m の物体を h だけ持ち上げるのには mgh だけの仕事をする必要がある. 最初に物体が床の上などに静止していたとすると, これに上向きに mg の力を加えたのでは, 物体が床を押す力がなくなるだけで, 物体そのものは動かない. mg より少し大きい力を加えれば動き出す. しかし, そのまま h だけ上げたのでは等加速度運動でいきおいがついてしまい, h の高さに来たときに運動エネルギーをもつことになる. そこではじめの半分は $mg + \delta$ の力, あとの半分は $mg - \delta$ の力を加えれば, h の高さでぴたりと静止し, 加えた力のした仕事は

$$(mg + \delta)\frac{h}{2} + (mg - \delta)\frac{h}{2} = mgh$$

となる. δ が小さければこの操作に時間がかかるが, 始めと終りの状態, その間になされた仕事は同じである. そこで, かかる時間を問題にしなければ, 上のやり方で $\delta \to 0$ とした極限, つまり終始一貫上向きに mg の力を加えて無限にゆっくり持ち上げたとしてもよいであろう. このとき, 持ち上げる途中のどの瞬間にも, 持ち上げる力と重力が**つり合って**いることになる.

これから扱う熱力学的な過程では, 考えている系に圧力を加えて圧縮したり, 熱を加えて温度を上げたりすることを考える. その際, たとえば急激に加熱したりすると, 熱を加えたところだけ温度が上がって, 系全体の一様性が失われ, 系の温度というものも指定できなくなり, 対流が生じたりして, ことがはなはだ複雑になる. そこで今後われわれが, 圧縮, 膨張, 加熱, 冷却などをすると考える際には, いつもそれを無限にゆっくり行い, 途中で常に平衡状態が保たれていて, p や V や T がいつも指定できるものとしよう. このような過程のことを**準静的過程**とよぶ.

途中でいつも平衡が保たれていて，たとえば外から押している力が系自体のもつ圧力より無限小だけ大きければ準静的に圧縮することになるし，無限小だけ小さければ準静的に膨張させることになる．系の圧力が p であるときに，その体積を dV だけ変えるために**外から加える**べき仕事は $-p\,dV$ である．圧縮（$dV < 0$）のときは外力のする仕事は正，膨張（$dV > 0$）のときは負であるから負号がつくのである．圧力の仕事については，5-1図のように系をシリンダー内に密封し，ピストンを静かに動かして圧縮，膨張を行う場合にはきわめてわかりやすい.* ピストンの断面積を S とし，これを dl だけ動かすときの仕事の値は（力 $= pS$）×（動いた距離 $= dl$）$= pS\,dl$ であるが，$S\,dl$ は体積の変化 $|dV|$ に等しいからである．

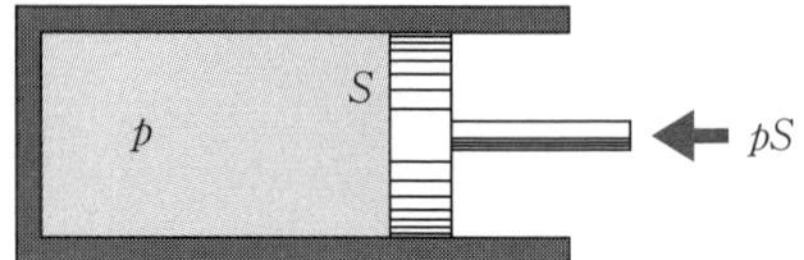

5-1図　ピストンによる気体の圧縮

［例］　理想気体の等温圧縮．5-1図のシリンダーの壁（の一部）を透熱壁にしておき，一定温度 T の熱源 —— 考えている系に接触して熱を与えたり奪ったりするが，それ自身の温度がそれによって変化することがないほど熱容量の十分大きい外部系，熱浴ともいう —— に接触させておいて，ピストンをゆっくり動かす．シリンダー内には理想気体 n モルが封入されているとすると，常に $pV = nRT$ が成り立っているから，

$$W = -\int_{V_1}^{V_2} p\,dV = -\int_{V_1}^{V_2} \frac{nRT}{V}\,dV$$

$$= -nRT\int_{V_1}^{V_2} \frac{dV}{V}$$

$$= nRT \log \frac{V_1}{V_2} \qquad (\log \text{は自然対数})$$

によって体積を V_1 から V_2 に変えるときに外力のする仕事が求められる．$V_1 < V_2$（膨張）なら $W < 0$，$V_1 > V_2$（圧縮）なら $W > 0$ である．

*　系が流体ならこれが可能である．

§5.4　熱力学の第１法則

力学系で物体にはたらく力が保存力のときには力学的エネルギーが保存されるが，摩擦や抵抗がはたらくときには力学的エネルギーは減少する．しかしよく調べてみると，このようなときには大てい「熱が発生」している．ただしこの言い方は正確ではない．物体（あるいはその一部）の温度が上昇している，と言うのが正しい．

さて，温度を上げるためにはふつう熱を加える．熱の正体は最初は不明で軽い物質元素のようにみなされた時代もあったが，上述のようなことから次第に熱はエネルギーの一形態であることが明らかにされた．ジュールはおもりを降下させてその位置エネルギーを羽根車によって水の運動エネルギーに変え，水の巨視的運動が静まるのを待ってその温度を測定する実験により，熱量の単位としてそれまでに用いられていた１カロリー（1 cal ＝ 1 気圧のもとで水 1 g の温度を 14.5℃ から 15.5℃ に上げるのに要する熱量）が約 4 J のエネルギーに相当することを見出した．その後のくわしい実験の結果

$$1\,\mathrm{cal} = 4.1855\,\mathrm{J}$$

であることがわかっている．この値を**熱の仕事当量**という．以下では cal を用いず，熱もエネルギーの単位で測ることにする．

さて，考えている系にエネルギーを与える方法には，圧縮するとか，かきまわすというような力学的な仕事を加えてやる方法と，系よりも温度の高い物質と接触させて熱という形のエネルギーを加えてやる方法とがある．以下では準静的過程だけを扱うので，仕事はもっぱら圧縮（とその逆の膨張）で行うことにする．圧力が p のときに体積を dV だけ変えると，系に加えられる微小な仕事は

$$d'W = -p\,dV \tag{5.10}$$

と表される．仕事を dW と書かずに $d'W$ と書いたのは，W が状態量ではないためである．状態量というのは，圧力 p とか体積 V とか温度 T のように，系がある状態にあるときに決まった値をもつものであるが，仕事とか熱というのは，エネルギー**出入**の際の形態であって，仕事をいくら保有しているとか熱をどれだけもっているという言い方は意味がないのである．たとえ

て言えば，銀行預金がいくらあるとか，何円増えたとかはいうけれども，1万円札を何枚銀行に預けてあるなどとは言わないようなものである．dp とか dV というのは，状態量の増減を示すときに用いる記号であるから，W の差という意味ではない微小仕事のときには，これらと区別して $d'W$ とするのである．

同じ理由で，熱を微小量だけ系に加えるときにはそれを $d'Q$ と表すことにする．$d'Q > 0$ は加熱，$d'Q < 0$ は冷却の場合である．

さて，仕事あるいは熱，どちらの形でエネルギーを与えるにせよ，与えただけ系のもつエネルギーは増加する，つまり，エネルギーという量は不生不滅であって，加えただけが保有され，あとで何らかの方法でとり出せる，と考える．われわれの系は静止した平衡系であるから，運動エネルギーはもっていないし，高い所に上げたり下ろしたりすることもないから位置エネルギーも変化しない．したがって，系がもつエネルギーというのは，マクロには見えない物質内部のミクロのエネルギーである．これを**内部エネルギー**とよび U で表すことにする．そうすると，上に述べたエネルギー保存の法則は

$$dU = d'W + d'Q \tag{5.11}$$

と書かれる．微小変化でなく，有限の範囲で積分したものに対しては

$$U_2 - U_1 = W + Q \tag{5.12}$$

となる．**系を状態1から状態2へ変化させるときに，外から加えた仕事の総量を W，外から加えた熱の総計を Q とすると，その和は内部エネルギーの増加高 $U_2 - U_1$ に等しい**，という法則である．これを**熱力学の第1法則**とよぶ．

問 流体中を運動する物体は流体から抵抗を受け，それによって力学的エネルギーが減少する．この失われたエネルギーは結局どうなるのか．

気体の断熱自由膨張

気体を5-1図のようなシリンダーに入れ，ピストンを後退させると，ピストンは気体に負の仕事をする（$W < 0$）．逆に気体がピストンに仕事をするといっても同じである．とにかくその分だけ気体の内部エネルギーは減

る．しかし，5-2図のような器のAに気体を入れ，Bを真空にしておいて栓Cを開けたような場合には，気体は何も仕事をしないで膨張する．ただし，この変化は準静的ではないから，途中では気体のp, T, Vといった状態量は指定できなくなるが，十分時間がたてば，ある圧力，温度，体積$(V_A + V_B)$に落ちつく．このとき器全体を断熱材でつくっておけば，熱の出入は行われないから，熱力学の第1法則により膨張の前後で気体の内部エネルギーは変化していないはずである．ジュールはこのような実験で，膨張の前後の温度変化を測り，それがほとんど検出できないくらい小さいことを見出した．もし温度変化が本当に0ならば，Uが変化しなければ体積が変わってもTは変化しない，つまり内部エネルギーはTが一定ならVが変化しても変わらない，ということになる．

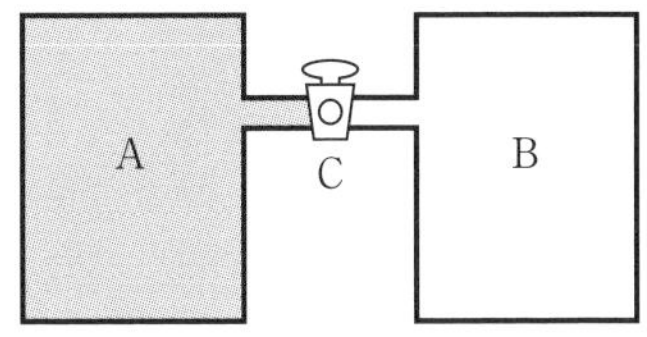

5-2図　気体をAからA+Bへ自由膨張させる．

上の実験は誤差が大きいので，これを改良したのが**ジュール-トムソンの実験**である．5-3図のように断熱壁でできているシリンダー内に，フェルトとか綿のような細孔のある隔壁を入れておき，その一方の側ABに入れた気体に一定の圧力p_1を加え続ける．反対側のピストンは最初隔壁に接触させておき，一定の力（$= p_2S$，$p_2 < p_1$とする）を加え続けるようにしておく．$p_1 > p_2$なので気体は細孔を通ってp_2側へ流れるから，左側のピストンがA→Bと動いたとき，右側のピストンは下側の図のようになる．気体が左側にいたときの内部エネルギーをU_1，右側に来たときのそれをU_2とすると，ピストンが気体にした

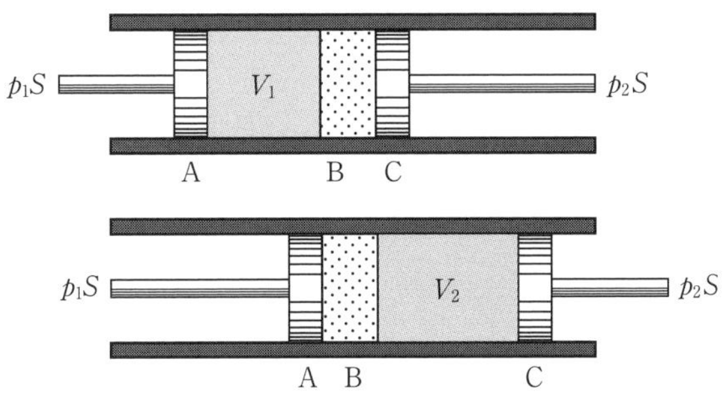

5-3図　ジュール-トムソンの実験

仕事は $p_1V_1 - p_2V_2$ であるから，$p_1V_1 - p_2V_2 = U_2 - U_1$，つまり

$$p_1V_1 + U_1 = p_2V_2 + U_2 \tag{5.13}$$

となる．もし温度変化がないとし，気体が理想気体であるならば $p_1V_1 = p_2V_2$ であるから，$U_1 = U_2$ である．これは，もっとくわしく書くと

$$U(T, V_1) = U(T, V_2) \tag{5.14}$$

ということである．つまり，内部エネルギーは温度が同じなら体積にかかわらず一定，ということになる．

実験の結果，気体の密度が小さいときには体積変化による温度変化はほとんどない．しかし密度が大きいときにはかなりの温度変化（温度が下がるものも上がるものもある）を生じる．これをジュール‐トムソン効果とよぶ．

そこで，**理想気体の特質**として，U **が温度だけの関数で体積にはよらない**という性質をつけ加えることにする.*

§5.5 熱容量と比熱

ある系に ΔQ だけの熱を加えたときに温度が ΔT だけ上がった場合 $\Delta Q/\Delta T$ をその系の**熱容量**という．加熱のときに体積を一定に保つ場合には**定積熱容量**（C_V と記す），圧力を一定に保つ場合には**定圧熱容量**（C_p と記す）という．C_V, C_p を質量で割ったものが**比熱**である．これを c_V, c_p と記すことにする．

系に微小な変化を与えたときの内部エネルギーの変化は

$$dU = -p\,dV + d'Q$$

であるが，U は（W や Q と違って）状態量なので，p, V, T のどれか 2 つが決まれば残りの 1 つとともに決まってしまう．そこで，いま U を T と V の関数と考えると，

$$dU = \left(\frac{\partial U}{\partial T}\right)_V dT + \left(\frac{\partial U}{\partial V}\right)_T dV$$

であるから，これを上式に代入すると

$$d'Q = \left(\frac{\partial U}{\partial T}\right)_V dT + \left\{\left(\frac{\partial U}{\partial V}\right)_T + p\right\} dV \tag{5.15}$$

* 実は，これもボイル‐シャルルの法則と熱力学の第 2 法則（後述）から導かれる性質である．

となる．V を一定に保って熱を加える場合には，$dV=0$ により右辺の第2項が0であるから，このときの $d'Q$ と dT の比は

$$\frac{d'Q}{dT}=\left(\frac{\partial U}{\partial T}\right)_V$$

となるが，この左辺は C_V にほかならない．ゆえに

$$C_V=\left(\frac{\partial U}{\partial T}\right)_V \tag{5.16}$$

であることがわかる．

次に圧力を一定に保つと，$p(T,V)=$ 一定 ということになるので，T の変化と V の変化は独立にはとることができない．dV と dT の比は

$$dV=\left(\frac{\partial V}{\partial T}\right)_p dT+\left(\frac{\partial V}{\partial p}\right)_T dp$$

で $dp=0$ の場合の比，つまり $dV/dT=(\partial V/\partial T)_p$ になっていなくてはいけない．(5.15) 式で dT と dV がそのようになっているときを考え，全体を dT で割ると

$$\frac{d'Q}{dT}=\left(\frac{\partial U}{\partial T}\right)_V+\left\{\left(\frac{\partial U}{\partial V}\right)_T+p\right\}\left(\frac{\partial V}{\partial T}\right)_p$$

となるが，左辺は C_p にほかならないから

$$C_p=\left(\frac{\partial U}{\partial T}\right)_V+\left\{\left(\frac{\partial U}{\partial V}\right)_T+p\right\}\left(\frac{\partial V}{\partial T}\right)_p$$

が得られる．右辺第1項は C_V であるから

$$C_p-C_V=\left\{\left(\frac{\partial U}{\partial V}\right)_T+p\right\}\left(\frac{\partial V}{\partial T}\right)_p \tag{5.17}$$

と書くことができる．

［例］ 1モルの理想気体では，$(\partial U/\partial V)_T=0$ であり，$pV=RT$ より

$$\left(\frac{\partial V}{\partial T}\right)_p=\frac{R}{p}$$

であるから，(5.17) 式より

$$C_p-C_V=R \qquad \text{(1モルの理想気体)} \tag{5.18}$$

を得る．

問 定積比熱 C_V が一定の理想気体の内部エネルギーは，0K でそれが 0 であるとするなら，絶対温度に比例することを示せ.

§5.6 理想気体の断熱変化

理想気体の温度を一定にして体積を変える場合の仕事についてはすでに計算した．理想気体では U が V によらず T だけで決まるというのであるから，等温変化では U は変化しないことになる．したがって，等温圧縮のときに外から加えられた仕事と等量だけの熱を外へ放出させてやらなければ等温には保てない．逆に等温膨張では気体は外に対して仕事をするが，その分だけの熱を加えてやらないと温度が下がってしまう．

これに対し，理想気体を断熱壁でつくった器に入れて準静的に体積変化をさせたらどうなるであろうか．上に述べたことからすぐわかるように，断熱圧縮では温度が上がり，断熱膨張では温度は下がる．この変化がどのようになるかを調べよう．

まず，理想気体では U は T だけの関数なので

$$dU = \left(\frac{\partial U}{\partial T}\right)_V dT + \left(\frac{\partial U}{\partial V}\right)_T dV = \left(\frac{\partial U}{\partial T}\right)_V dT$$

となるから (5.16) 式により dV がどうであっても

5-1表 気体の比熱

		定圧比熱 cal/g·K	定圧モル比熱 cal/mol·K	定積モル比熱 cal/mol·K	比熱比 γ
ヘリウム	He	1.252	5.01	3.02	1.66
アルゴン	Ar	0.125	4.98	2.99	1.68
水　素	H_2	3.393	6.79	4.80	1.41
窒　素	N_2	0.2475	6.85	4.86	1.40
酸　素	O_2	0.2180	6.98	4.98	1.40
一酸化炭素	CO	0.248	6.93	4.94	1.40
水蒸気	H_2O	0.48	8.55	6.56	1.32
炭酸ガス	CO_2	0.199	8.71	6.72	1.30
メタン	CH_4	0.529	8.45	6.46	1.31

ヘリウムは 18℃，水は 100℃，その他は 15℃，1 気圧の値．γ は音速より求めたもの，定積モル比熱は定圧モル比熱を γ で割って求めたものである．

$$dU = C_V\, dT \tag{5.19}$$

が成り立っている．さて，断熱変化では $d'Q = 0$ なので

$$dU = -p\, dV \qquad \text{ゆえに} \qquad p\, dV + C_V\, dT = 0$$

となるが，n モルの理想気体では $pV = nRT$ より

$$dT = \frac{1}{nR}(p\, dV + V\, dp)$$

となるから，これを代入すると

$$\left(1 + \frac{C_V}{nR}\right)p\, dV + \frac{C_V}{nR}V\, dp = 0$$

を得る．n モルについては，(5.18) 式は $C_p - C_V = nR$ を与えるから，上の式の nR 倍にこれを代入すると

$$C_p p\, dV + C_V V\, dp = 0$$

ここで $\gamma = C_p/C_V$ とおくと

$$\gamma\frac{dV}{V} + \frac{dp}{p} = 0$$

となる．理想気体では γ は大体一定と考える．したがって，γ を定数として上の式を積分すると

$$\gamma \log V + \log p = (\text{一定})$$

すなわち

$$pV^{\gamma} = (\text{一定}) \tag{5.20}$$

を得る．これが断熱変化（温度が同時に変化している）における圧力と体積の関係である．

p 一定で熱を加えると物体は膨張するので外に仕事をするから，同じ 1℃ だけ温度を上げるのにも，V 一定のときよりは余分の熱量を必要とする．したがって一般に $C_p > C_V$，つまり $\gamma > 1$ である．そこで，(5.20) 式を p と V のグラフに描いてみると，5-4 図のようになって，等温変化 $pV = \text{一定}\ (= nRT)$

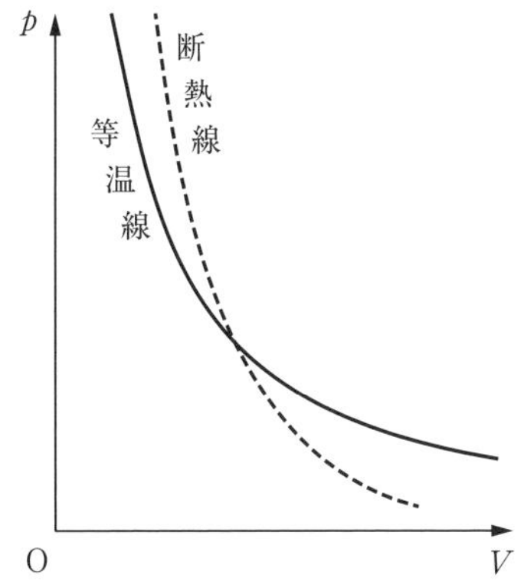

5-4 図 断熱線の方が勾配が大きい．

が示す双曲線よりも曲線が立っている．これは圧縮で温度が上がり，膨張で温度が下がることから考えてもすぐわかる．$pV = RT$ と (5.20) 式から p を消去すれば，

$$T = \frac{(\text{定数})}{V^{\gamma-1}} \tag{5.20$'$}$$

となるが，これが断熱変化における T と V の関係である．$\gamma > 1$ であるから，V が増すと T が下がり，V が減ると T が上がることがわかる．

問 空気では $\gamma = 1.4$ である．300 K の空気の体積を $1/\sqrt{32}$ に断熱圧縮したら，温度はいくらになるか．

§5.7 カルノーサイクル

温度が T_1 の熱源と T_2 の熱源を用意し（$T_1 < T_2$ とする)，n モルの理想気体に次のような四段階の準静的変化を行わせることを考える．

（i） まず気体を温度 T_2，体積 V_A，圧力 p_A にしておいてそれを高温熱源 T_2 に接触させ，準静的に等温膨張させて体積を V_B にまで変化させる．このとき気体は外に対して

$$W_{AB} = \int_{V_A}^{V_B} p\,dV = nRT_2\int_{V_A}^{V_B}\frac{dV}{V} = nRT_2 \log\frac{V_B}{V_A}$$

だけの仕事をし，T が一定で U は変化しないので，その仕事と同量の熱を高温熱源から吸収する．

$$Q_2 = W_{AB} = nRT_2 \log\frac{V_B}{V_A}$$

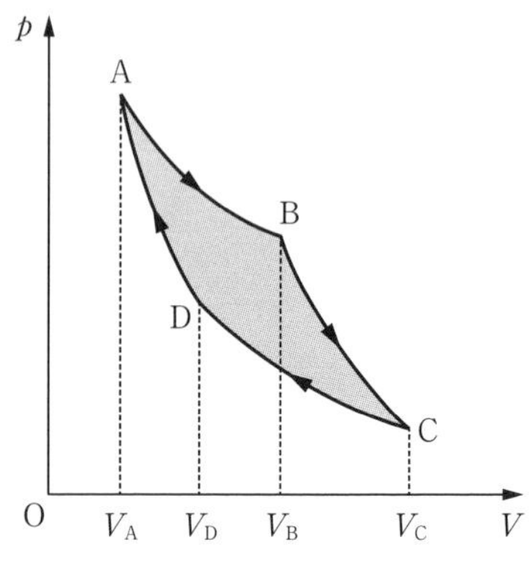

5-5図 カルノーサイクル

（ii） 次に，気体を断熱し，体積をさらに膨張させると，断熱膨張であるから温度が下がるが，それを温度が T_1 になるまで行って体積が V_C になったとする．この変化は

$$pV^{\gamma} = K_{BC}(= p_B V_B{}^{\gamma} = p_C V_C{}^{\gamma})$$

にしたがって行われるから，このとき外に対して気体が行う仕事は

$$W_{\mathrm{BC}} = \int_{V_{\mathrm{B}}}^{V_{\mathrm{C}}} p\,dV = K_{\mathrm{BC}} \int_{V_{\mathrm{B}}}^{V_{\mathrm{C}}} V^{-\gamma}\,dV = \frac{K_{\mathrm{BC}}}{\gamma - 1}\left(\frac{1}{V_{\mathrm{B}}{}^{\gamma-1}} - \frac{1}{V_{\mathrm{C}}{}^{\gamma-1}}\right)$$

$$= \frac{1}{\gamma - 1}(p_{\mathrm{B}}V_{\mathrm{B}} - p_{\mathrm{C}}V_{\mathrm{C}}) = \frac{nR(T_2 - T_1)}{\gamma - 1}$$

となる．(5.18) 式を使えば，これは $nC_V(T_2 - T_1)$ とも書ける．

（iii） 今度は気体を低温熱源 T_1 に接触させながら，準静的等温圧縮をして体積を V_{D} にまで変化させる．このときには A → B とは逆に気体が

$$W_{\mathrm{CD}} = nRT_1 \log \frac{V_{\mathrm{C}}}{V_{\mathrm{D}}}$$

だけの仕事を外からしてもらい，同量の熱

$$Q_1 = W_{\mathrm{CD}} = nRT_1 \log \frac{V_{\mathrm{C}}}{V_{\mathrm{D}}}$$

を低温熱源に放出する．

（iv） 最後に再び断熱状態にして D からもとの A にまで圧縮する．このとき外から気体がしてもらう仕事は，（ii）と同じく

$$W_{\mathrm{DA}} = \frac{nR(T_2 - T_1)}{\gamma - 1}$$

である．

この四段階の過程の総決算をすると；

気体が外へした仕事は

$$W_{\mathrm{AB}} + W_{\mathrm{BC}} - W_{\mathrm{CD}} - W_{\mathrm{DA}} = nRT_2 \log \frac{V_{\mathrm{B}}}{V_{\mathrm{A}}} - nRT_1 \log \frac{V_{\mathrm{C}}}{V_{\mathrm{D}}}$$

気体が外から受けとった総熱量は

$$Q_2 - Q_1 = nRT_2 \log \frac{V_{\mathrm{B}}}{V_{\mathrm{A}}} - nRT_1 \log \frac{V_{\mathrm{C}}}{V_{\mathrm{D}}}$$

となり，両者は等しい．これは気体の状態が全くもとにもどったのであるから内部エネルギーももとの値になるわけで，第1法則から考えて当然である．

ところで，A, B, C, D の 4 点のとり方から成り立っている関係

$$p_{\mathrm{A}}V_{\mathrm{A}} = p_{\mathrm{B}}V_{\mathrm{B}}, \qquad p_{\mathrm{D}}V_{\mathrm{D}}{}^{\gamma} = p_{\mathrm{A}}V_{\mathrm{A}}{}^{\gamma}$$

$$p_{\mathrm{C}}V_{\mathrm{C}} = p_{\mathrm{D}}V_{\mathrm{D}}, \qquad p_{\mathrm{B}}V_{\mathrm{B}}{}^{\gamma} = p_{\mathrm{C}}V_{\mathrm{C}}{}^{\gamma}$$

から（左辺同士，右辺同士を掛け合わせて等しいとおく）

$$\frac{V_\mathrm{B}}{V_\mathrm{A}} = \frac{V_\mathrm{C}}{V_\mathrm{D}}$$

がすぐ導けるから

$$\frac{Q_2}{Q_1} = \frac{T_2}{T_1} \tag{5.21}$$

であることがわかる．$T_2 > T_1$ なので $Q_2 > Q_1$ であり，外へした仕事は

$$W = Q_2 - Q_1 = nR(T_2 - T_1)\log\frac{V_\mathrm{B}}{V_\mathrm{A}} (> 0)$$

結局，この過程で，高温熱源から Q_2 だけの熱をとってその一部を仕事 W に変えて外にしてやり，残りの熱 Q_1 を低温熱源に放出して気体はもとの状態にもどっていることになる．

一般に系（いまの場合は理想気体 n モル）が変化を行ってもとの状態にもどるとき，この変化をサイクルとよぶが，上のように等温変化と断熱変化を組み合わせたサイクルを**カルノーサイクル**という．このサイクルでは熱の一部を仕事に変えており，しかも同じことが何度もくり返せるから，これを**熱機関**として使うことが（少なくとも原理的には）可能である．この場合，高温熱源が供給した熱量 Q_2 が全部仕事にならず，割合にして

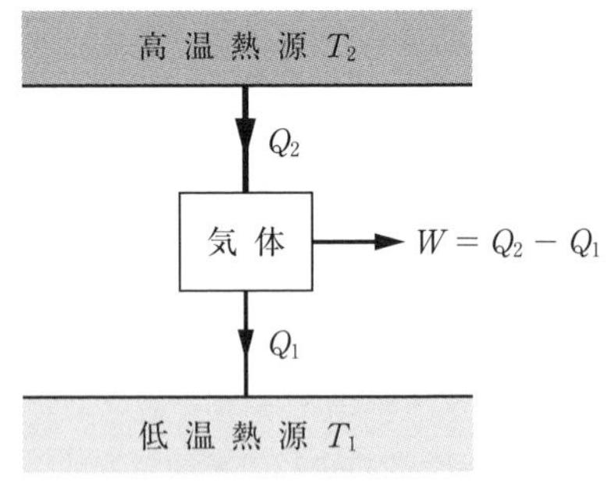

5-6図

$$\eta = \frac{W}{Q_2} = \frac{Q_2 - Q_1}{Q_2} \quad (< 1)$$

だけが仕事として使われるに過ぎない．この η を熱機関の**効率**とよぶが，理想気体のカルノーサイクルでは（5.21）式が成り立つので，効率は

$$\eta = \frac{T_2 - T_1}{T_2} \tag{5.22}$$

で与えられる．なお，この (5.22) 式は理想気体でなくても成り立つ（175 ページ）．

カルノーサイクルは途中の過程が全部準静的なので，これをすべて逆転して A → D → C → B → A のように行わせることができる．この逆のサイクルでは，外から仕事を加えて低温熱源から熱 Q_1 をとり，仕事の量と合わせた熱 $Q_2 = Q_1 + W$ を高温熱源に放出する．つまり，一種の冷凍機としてはたらいていることになる．

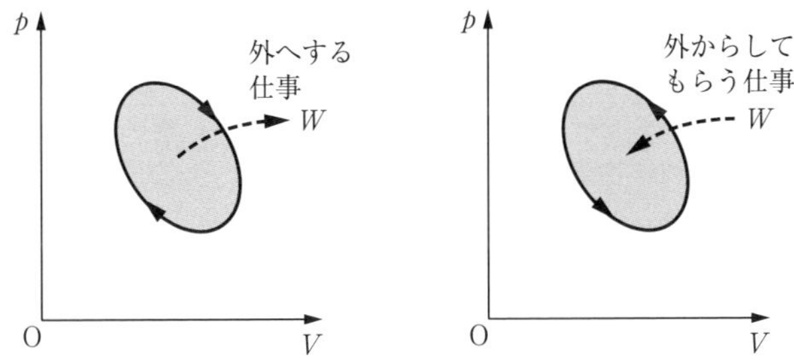

5 - 7 図　赤茶色の部分の面積が仕事量を表す．

なお，このようなサイクルを p-V 面上に 5 - 7 図のように表すとき，系が外へする仕事または外からしてもらう仕事は，サイクルを表す閉曲線の囲む面積に等しいことはすぐわかるであろう．p の大きい方で膨張し，p の小さい方で収縮してもとにもどる場合は外にする仕事が正の熱機関になる．逆に回ると外から仕事をしてもらう冷凍機になる．

［例］ 100 ℃ で沸とうする水を高温熱源，0 ℃ でとけつつある氷を低温熱源とするカルノー熱機関の効率は

$$\eta = \frac{373 - 273}{373} = 0.27$$

問　カルノー冷凍機で冷蔵庫をつくり，室温が 27 ℃ のとき庫内の温度を -3 ℃ に保つのに 20 W の仕事率で仕事を供給する必要があったとすると，毎秒何カロリーの熱が庫内にもれて入っていることになるか．

§5.8 熱力学の第2法則

カルノーサイクルの熱機関としての効率は (5.22) 式で与えられ，100% にはならない．低温熱源が不要ならば $Q_1 = 0$ になるから効率は 100% になるはずであるが，そういかないものであろうか．また，逆サイクルにした場合に $W = 0$ にできれば無駄のない冷房ができて，しかも熱力学の第1法則 (エネルギー保存則) には矛盾しないのであるが，冷房装置や冷凍機は電力を食っては余計な熱 ($Q_2 = Q_1 + W > Q_1$) を出していて浪費のように思われる．ところが，いろいろの試みがなされた結果，熱源が1つで効率 100% の熱機関 (**第2種の永久機関**という) や，何も仕事を要しないで熱を低温物体から高温物体へ移す冷凍機はどうやってもできそうにないことがわかってきた．一般に物理学の基本法則は，多くの経験事実から帰納的に推測して求められるものであり，それが正しいかどうかは，それから導かれるいろいろな結論が事実と一致するかどうかによって確かめる以外に方法がないものである．いまの場合もそうである．そこでわれわれは次のことを原理として今後の議論の基礎にすえることとする．

> **トムソンの原理**：ある系にサイクルを行わせ，温度が一定のただ1つの熱源から熱をとって，それと等量の仕事を外部にさせることは不可能である．

つまり第2種の永久機関は不可能だということである．この場合，「サイクル」という点が重要であって，ただ熱を仕事に全部変えるというだけなら，理想気体の等温膨張でそれが可能である．しかしそれでは気体の膨張という変化が残ってしまい，くり返しがきかない．熱機関として使えるためには熱を仕事に変える以外の変化を残さないことが重要である．もし第2種の永久機関が可能なら，たとえば，海水を熱源としたものをつくって船を動かせば (海水から熱をとっても，あとでスクリューでかき回せばそれが結局は熱を与えたと同じことになるから心配はいらない)，航海に燃料など不要ということになる．

もうひとつの原理は次のようなものである．

> **クラウジウスの原理**：低温の物体から高温の物体に熱を移すだけで，それ以外には何の変化も残さないような過程は実現不可能である．

この 2 つの原理は実は同じ内容をもつことが次のようにして示される．もしクラウジウスの原理に反する過程が可能だとしたら，カルノーサイクルを熱機関としてはたらかせたときに，低温熱源に放出された熱をその過程によって高温熱源にもどせば，全体として高温熱源が $Q_2 - Q_1$ の熱を失ってそれが全部仕事に変わり他には全く変化を残さないこととなり，トムソンの原理に反することとなる．逆にトムソンの原理が真でないとすると，高温熱源からとった熱 Q をその永久機関で全部仕事 W に変え，この仕事でカルノー冷凍機を動かしてやると，冷凍機は低温熱源から Q_1 の熱をとって高温熱源へ $Q_1 + W = Q_1 + Q$ の熱を放出するから，全体としては Q_1 だけの熱が低温熱源から高温熱源へ移っただけで他に何も変化を残さないことになり，クラウジウスの原理に反してしまう．したがって，上記 2 つの原理は等価である．

これらの原理が述べている内容を**熱力学の第 2 法則**とよぶ．すっきりした式で書けない妙な法則であるが，その意味するものは深長である．というのは，それは不可逆現象の存在を示しているからである．

仕事を全部熱に変え，それ以外の変化を残さないことは可能である．たとえば，水力のする仕事で発電し，その電流を電熱器に流してやればよい．ところがこの逆はトムソンの原理によって不可能である．また，高温物体と低温物体を接触させれば熱はひとりでに高温物体から低温物体に流れ，他に何も変化を残さないが，この逆はクラウジウスの原理に反するから不可能である．つまり，起こってしまったら取り返しのつかない現象 ── **不可逆現象** ── の存在が示されている．可逆というのは，ある系の状態がもとにもどるだけでなく，それに要した他の装置，熱源など一切がもとにもどるという意味である．

［例］ §5.4 で述べた**気体の自由膨張は不可逆的である**．もし可逆的であるとすると，外から仕事も熱も加えずに気体の体積を小さくし，他に何の変化も残さないことが可能ということになる．もしそうならば，理想気体の等温膨張で熱を全部仕事に変え，膨張した気体をこの方法で元にもどせば，第２種の永久機関ができることになる．これはトムソンの原理に反する．

準静的過程はそれを全く逆向きにたどることができるから可逆的である．しかし，熱の授受のときに有限の温度差を与えれば，高温側から低温側へひとりでに熱が流れる，という不可逆現象が起こってしまうし，仕事のやりとりのときに有限な圧力差を与えれば，断熱自由膨張に類する現象が必ず起きてしまうから*，これも不可逆なことをしでかしたことになる．したがって，準静的でない過程ではどうしても不可逆な部分を残してしまう．熱の関係する準静的過程では，有限な変化を起こすのに無限に長い時間がかかるわけだから，現実的には変化しないに等しい．つまり，可逆的な変化というのは理想的な極限としては考えられるが，実現はできないと思ってよい．

問 身近に起こっている不可逆過程の例をあげよ．

§5.9 熱機関の効率と熱力学的温度目盛

実在の熱機関では準静的に運転するわけにはいかないから，どうしても不可逆現象が起こっている．その場合に効率がどうなるかを調べてみよう．トムソンの原理により，熱源は１つというわけにいかないから，２つの熱源 T_1, T_2（温度で熱源そのものを示すことにする）の間ではたらくものを考え，それを E と名づけよう．E は高温熱源 T_2 から熱 Q_2 をとり，外に W だけの仕事をして，Q_1 だけの熱を低温熱源 T_1 に与えて１サイクルを終えるものとする．いま，同じ熱源ではたらき，１サイクルで W だけの仕事を要するカルノー冷凍機 E_0 を用意し，これを E と連結し，E がする仕事 W でこの E_0 を

* ピストンを急に引けばそこに圧力の低い部分を生じ，物質がその低圧部へむけて膨張する．ピストンを急に押せばその部分が高圧になり，残りの部分へ向けて上と同じことが起こる．

運転することにする．E_0 は T_1 から Q_{01} だけの熱をとり Q_{02} だけの熱を T_2 に与える．エネルギー保存則により

$$W = Q_2 - Q_1 = Q_{02} - Q_{01}$$

$$\therefore \quad Q_2 - Q_{02} = Q_1 - Q_{01}$$

である．この $E + E_0$ が1サイクルを終えると，T_2 は $Q_2 - Q_{02}$ の熱を失い，T_1 は $Q_1 - Q_{01}$ の熱を得るが，それ以外の変化は全く残らないことになる．したがって，クラウジウスの原理によって

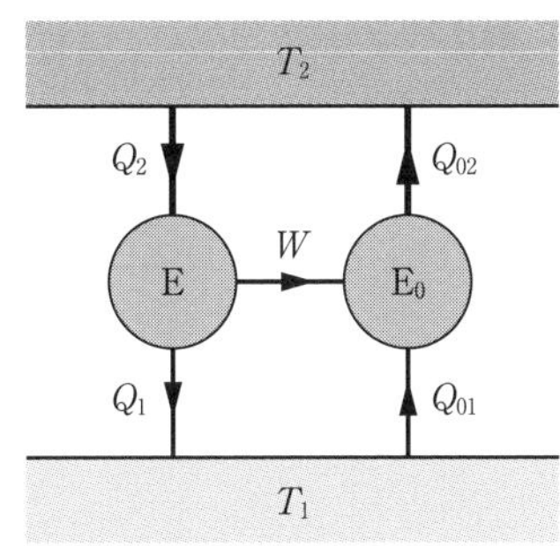

5-8図 熱機関 E とカルノー冷凍機 E_0 の連結

$$Q_2 - Q_{02} = Q_1 - Q_{01} \geqq 0$$

でなくてはならない．不等号が成り立つときには，熱の自然移動が $T_2 \to T_1$ の向きに起こったことになるから，不可逆である．E_0 は可逆（準静的）なので，この不可逆現象を起こしたのは E である．等号のときには，E の起こした変化を E_0 でもとにもどせたわけであるから，可逆的であったことになる．したがって

$$\text{E が可逆機関なら} \qquad Q_2 = Q_{02}, \qquad Q_1 = Q_{01}$$

$$\text{E が不可逆機関なら} \qquad Q_2 > Q_{02}, \qquad Q_1 > Q_{01}$$

である．

E と E_0 の効率を η, η_0 とすると，

$$\eta = \frac{W}{Q_2}, \quad \eta_0 = \frac{W}{Q_{02}}$$

であるから，(5.22) 式を参照して

$$\begin{cases} \text{E が可逆機関なら} & \eta = \eta_0 = \dfrac{T_2 - T_1}{T_2} \\ \text{E が不可逆機関なら} & \eta < \eta_0 = \dfrac{T_2 - T_1}{T_2} \end{cases} \qquad (5.23)$$

ということになる．つまり，**2つの熱源 T_1, T_2 の間ではたらく可逆熱機関の効率はすべて $(T_2 - T_1)/T_2$ に等しく，不可逆熱機関の効率は必ずこれより小さい．**

熱力学的温度目盛

可逆熱機関では

$$\eta = \frac{Q_2 - Q_1}{Q_2} = 1 - \frac{Q_1}{Q_2} = \frac{T_2 - T_1}{T_2} = 1 - \frac{T_1}{T_2}$$

であるから

$$\frac{Q_1}{Q_2} = \frac{T_1}{T_2} \tag{5.24}$$

となっている．T_1 と T_2 は理想気体によって定めた温度目盛であるが，Q_1 と Q_2 は温度計を使わずに測れる量である．理想気体などという実在しないものをもとにして T を決めることは実際にはできないはずであるから，(5.24) 式をむしろ温度を決めるための根拠とみなせばよい．あらかじめ定義によって温度を定めたものを一方の熱源（たとえば T_2）とし，温度を測ろうとするものを他方の熱源として，その間に可逆機関をはたらかせてその効率を測れば，それから Q_1/Q_2 がわかるので $T_1 = (Q_1/Q_2)\,T_2$ によって T_1 を求めることができるからである．このように決めた温度目盛を**熱力学的温度目盛**という．物質の性質をはなれ（架空の物質を使うこともなく）温度を定めることができるので，温度というものの厳密な定義がこれで確立することになる．

［例］ 250 ℃（$T_2 = 523$ K）の高温蒸気で蒸気機関を運転して，排出される蒸気の温度が 80 ℃（$T_1 = 353$ K）とすると，この機関が可逆的なら効率は 32 % になるはずであるが，実際はこれより 10 % あるいはそれ以上低いのがふつうである．蒸気機関車（SL）の効率は 8 〜 12 %，400 ℃ の過熱水蒸気を使う火力発電所の蒸気タービンの効率は（可逆的なら，47.5 % くらいのはずであるが）38 % 程度である．

問 5 - 2 表のうち，熱エネルギーを他へ転換することの困難性のために効率の落ちているものを指摘せよ．

5-2表 いろいろなエネルギー転換の効率

装 置	入力エネルギー	使うエネルギー	効率［%］
白熱電灯	電 力	光	5
蒸気機関車（SL）	化学的エネルギー	力学的エネルギー	8
蛍光灯	電 力	光	20
太陽電池	光	電 力	25
自動車のエンジン	化学的エネルギー	力学的エネルギー	25
原子炉	核エネルギー	電 力	30
ディーゼルエンジン	化学的エネルギー	力学的エネルギー	38
蒸気タービン	熱	力学的エネルギー	47
燃料電池	化学的エネルギー	電 力	60
小さい電動機	電 力	力学的エネルギー	63
大きいボイラー	化学的エネルギー	熱	88
乾電池	化学的エネルギー	電 力	90
大きい電動機	電 力	力学的エネルギー	92
発電機	力学的エネルギー	電 力	99

§5.10 エントロピー

仕事は状態量ではないからというので，微小な仕事を dW とせず $d'W$ と記してきた．仕事をしたりされたりすれば系の状態は当然変化する．仕事の仕方 —— たとえば，等温圧縮とか断熱膨張など —— によって，たとえば温度は変化したりしなかったりするが，いつでも必ず変わるのは体積である．ところで，$d'W = -p\,dV$ であるから，$d'W$ を p で割れば

$$\frac{d'W}{p} = -dV$$

となって，これはいま考えた状態量 V の微小変化になっている．$d'W = 0$ なら $dV = 0$ であり，逆も成り立つ．それでは，熱の授受についても同じように，それによって必ず増減する状態量が考えられないものであろうか．

いままでにわれわれの知っている状態量，p, T, V, U はどれも加熱の仕方によって変化したりしなかったりするので，それの微小変化（dp など）が $d'Q$ に比例する，とおくわけにいかない．ここで登場するのがエントロピー（S で表す）というわかりにくい状態量である．結果を記せば，系に**準静的に**

加えられた熱量を $d'Q$ とすると，それによってエントロピーという状態量が dS だけ増し，

$$\frac{d'Q}{T} = dS \tag{5.25}$$

と表される．T は系の絶対温度である．準静的断熱変化では $dS = 0$，つまりエントロピーは増減がない．

熱源 T_1, T_2 の間ではたらく可逆熱機関を考える．可逆であるためには準静的でなければいけないから，系の温度と熱源の温度は等しい．したがって，T_2 から熱量 Q_2 を受けるときに系のエントロピーは Q_2/T_2 だけ増す．T_1 に Q_1 を放出するときにはエントロピーを Q_1/T_1 だけ失う．ところが，可逆機関では（5.24）式が成り立っているから

$$\frac{Q_1}{T_1} = \frac{Q_2}{T_2}$$

となり，エントロピーはもらったと同量だけ失うことになるから，1サイクルのあとでは収支が0となっている．状態はもとにもどっているのであるから，エントロピーが状態量なら当然そうなくてはならない．熱量は Q_2 だけもらってそれより少ない Q_1 だけ放出している．はじめと全く同じ状態にもどっているのに $Q_2 - Q_1$ だけもっている熱量がふえた，などというわけにいかない．熱が状態量でないことは明らかであろう．

一様で等方的な系の状態は p と V で指定できる —— T や U はその関数として一意的に決まる —— から，図のように横軸に V，縦軸に p をとった面上の点で状態を表すことにする．いま，かってな2つの状態A, Bを考える．ACとBDは断熱変化を表す曲線，CBとADは等温変化を表す曲線であって，C, Dはそれらの交点である．AからBへ準静的に行くのに，A→C→Bという道をとると，A→Cでは熱の出入はなくC→B（温度 T_B の

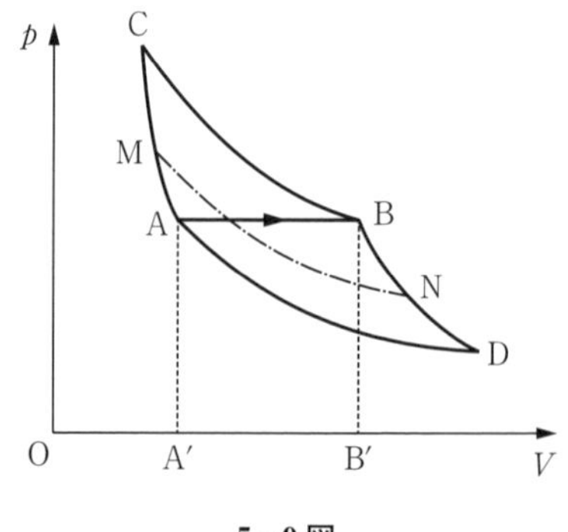

5-9図

等温変化）で Q_{B} だけの熱の吸収（5-9図の場合は吸収）が行われるから，この道をたどったときには系のエントロピーは $Q_{\mathrm{B}}/T_{\mathrm{B}}$ だけ増すことになる．同様に考えれば A → D → B という道を通ったときにはエントロピーは $Q_{\mathrm{A}}/T_{\mathrm{A}}$ だけ増すことになる．ところが，A → C → B → D はカルノーサイクルをつくるから（物質は理想気体でなくてもよい），変化をすべて準静的にやれば可逆サイクルになり $Q_{\mathrm{A}}/Q_{\mathrm{B}} = T_{\mathrm{A}}/T_{\mathrm{B}}$ となるので，$Q_{\mathrm{B}}/T_{\mathrm{B}} = Q_{\mathrm{A}}/T_{\mathrm{A}}$ である．A, B を通らない等温線 MN を使って A → M → N → B のようにしても同じ値が得られることはすぐわかるであろう．とにかくこうして $S_{\mathrm{B}} - S_{\mathrm{A}}$ が求められるのである．A と B がきわめて近ければ $T_{\mathrm{A}} \approx T_{\mathrm{B}}$ なのでこれをこの微小変化の間の系の温度 T と見ることができ，$Q_{\mathrm{B}} - Q_{\mathrm{A}}$ を $d'Q$ とおけばこれが A → B のときに吸収する微小熱量になる．* （5.25）式の $d'Q$ や T はそういう意味だと思えばよい．

理想気体では熱力学の第1法則 $dU = d'Q - p\,dV$ と（5.19）式から

$$d'Q = C_V\,dT + p\,dV$$

が得られるが，この式は何かある状態量 f の微小変化 df を表しているのではない．もしそうなら，f は T と V の関数 $f(T, V)$ になるから，

$$df = \left(\frac{\partial f}{\partial T}\right)_V dT + \left(\frac{\partial f}{\partial V}\right)_T dV$$

と書けるはずであり，

$$C_V = \left(\frac{\partial f}{\partial T}\right)_V, \qquad p = \left(\frac{\partial f}{\partial V}\right)_T$$

ということになる．そうすると，関数の微分の順序は交換できるから，

$$\left(\frac{\partial C_V}{\partial V}\right)_T = \left(\frac{\partial p}{\partial T}\right)_V = \frac{\partial^2 f}{\partial V\,\partial T}$$

が成り立たねばならない．ところが，いま考えている理想気体の場合には，C_V は V によらない T だけの関数，$p = nRT/V$ であるから

$$\left(\frac{\partial C_V}{\partial V}\right)_T = 0, \qquad \left(\frac{\partial p}{\partial T}\right)_V = \frac{nR}{V}$$

---

* $d'Q = dU - d'W$ で dU は両端の位置だけで決まる．$d'W$ は途中の経路によって異なるが，A と B が近ければ $|d'W|$ は帯 AA′B′B の面積に等しく，上の方の形（ACB, ADB）にはよらない．

となって上の等式は成り立っていない．$d'Q$ の $'$ がとれないのはこのような理由による．しかし，$d'Q$ を T で割った

$$\frac{d'Q}{T} = \frac{C_V}{T}dT + \frac{p}{T}dV \tag{5.26}$$

ならば

$$\left(\frac{\partial(C_V/T)}{\partial V}\right)_T = \left(\frac{\partial(p/T)}{\partial T}\right)_V$$

が成り立ち，上の式を dS とおくことができるのである．一般の場合の証明は省略し，理想気体についてこのことを確かめてみよう．

［例 1］ 理想気体のエントロピー（n モル）

理想気体では U は T だけの関数であるから，(5.16) 式によりそれを T で微分して得られる C_V も V によらない T だけの関数である．したがって，C_V/T も V によらないから

$$\left(\frac{\partial(C_V/T)}{\partial V}\right)_T = 0$$

である．また，$p = nRT/V$ であるから $p/T = nR/V$ となり

$$\left(\frac{\partial(p/T)}{\partial T}\right)_V = 0$$

となって，確かに上記の等式が成り立っていることがわかる．そこで，(5.26) 式を

$$dS = \frac{C_V}{T}dT + \frac{nR}{V}dV$$

とおくことが許される．C_V が T にもよらない定数の場合について，これを積分してみよう（不定積分）．そうすると

$$S(T, V) = C_V \log T + nR \log V + (\text{定数}) \tag{5.26 a}$$

が直ちに求められる．これが T と V の関数として表した理想気体のエントロピーの表式である．$pV = nRT$ を用いてこれを書き直し，$S(p, V)$ や $S(T, p)$ として次の式を求めることは容易である．

$$S(p, V) = C_V \log pV^{\gamma} + (\text{定数})' \tag{5.26 b}$$

$$S(T, p) = C_p \log T - nR \log p + (\text{定数})'' \tag{5.26 c}$$

状態を指定するのに何を使うかによって，上の 3 つの式を使い分ければよい．

これまでの議論ではエントロピーは増減だけを考えてきたので，上の3つの式の右辺にある定数は不定である．

［例2］　カルノーサイクルの T - S 図

エントロピーも状態量として p, V, T, U の仲間入りをしたのであるから，等方一様な系の状態を表す量の1つとして S を用いてもよいことになる．そこで，いま系を S と T で表し，カルノーサイクルを考えてみる．等温変化は T 一定であるから S 軸に平行，断熱変化は S 一定であるから T 軸に平行な直線で表されるので，カルノーサイクルは5-10図のような長方形で与えられることになる．等温膨張 A → B のときに系が吸収する熱量は

$$Q_2 = \int_A^B d'Q = T_2 \int_A^B dS = T_2(S_2 - S_1)$$

である．同様に，等温圧縮 C → D のときに系が放出する熱量は

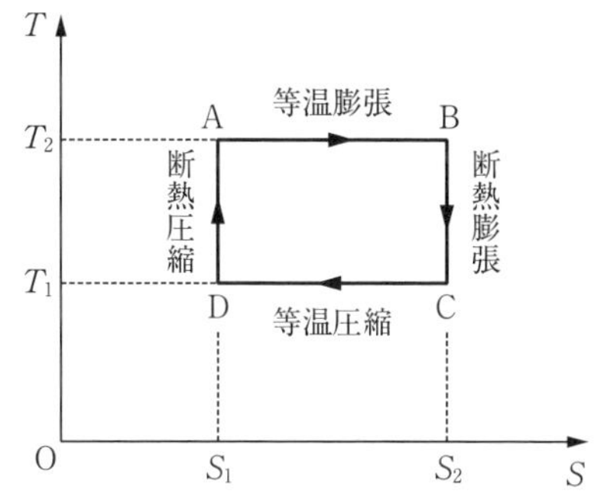

5-10図　カルノーサイクル

$$Q_1 = T_1(S_2 - S_1)$$

となる．したがって，効率は

$$\eta = \frac{Q_2 - Q_1}{Q_2} = \frac{T_2(S_2 - S_1) - T_1(S_2 - S_1)}{T_2(S_2 - S_1)} = \frac{T_2 - T_1}{T_2}$$

となる．いま考えている物質は理想気体と限らず，等方一様なものなら何でもよい．

問　準静的な断熱変化ではエントロピーは変化しない．このことを用いて，(5.20) 式を導け．

§5.11　不可逆変化とエントロピー

エントロピーは，**熱を加えたときに必ず増加するような状態量**という意味をもつことを知ったが，実はもっと有用な使い道のある量である．

いままでは準静的な変化だけを考えたので，考えている系の温度と熱源の温度は等しく，一方が失った熱量は他方に与えられるのであるから，それを共通の T で割ったものとして，一方が失ったエントロピーはそのまま増減なく他方が取得するエントロピーに等しかった．そしてこのような準静的変化は可逆的であった．

準静的でない変化の例として，高温物体と低温物体を接触させたときの熱の移動（熱伝導）や断熱自由膨張をあげた．これらの変化の途中では，系のなかの温度や圧力の一様性が破れるため，系全体を1つの T とか p とかで表せないから，p-V 図とか T-S 図などの上の点の移動としてこの変化を示すことはできない．しかし，最初と最後の熱平衡状態（A, B とする）は状態量（の2つ）で指定できるから，T がいくら上がったとか，S がどれだけ減ったとかをいうことは可能である．準静的過程のように途中を一歩一歩たどることができないだけである．そこで，上のような不可逆変化の前後でエントロピー S がどう変化するかを考えてみよう．

いま，系が断熱壁で等しい2つの部分 a と b に仕切られ，一方が温度 T_1，他方が温度 T_2 に保たれていたとする．$T_2 > T_1$ とすると，この断熱壁を除いて2つの部分を接触させた場合に，熱が b から a へ流れ，十分に時間がたった後には全体が一様な温度 T_f になる．このときのエントロピーの変化を考えよう．

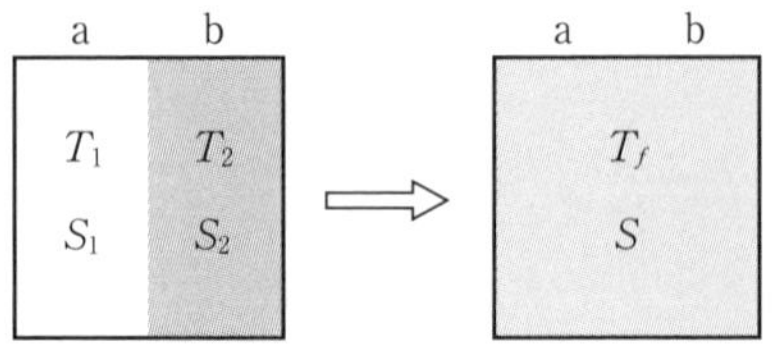

5-11 図 熱伝導によるエントロピーの増加

計算は準静的に変化させたとして行わねばならない．まず，a が $T_1 \to T_f$ と温度を変えるときのエントロピーの変化を求めると，a の熱容量を C として $d'Q = C\,dT$ であるから

$$S_f{}^{(\mathrm{a})} - S_1{}^{(\mathrm{a})} = \int_{T_1}^{T_f} \frac{d'Q}{T} = C\int_{T_1}^{T_f} \frac{dT}{T} = C \log \frac{T_f}{T_1} > 0$$

を得る．同様にして b のエントロピー変化は

$$S_f{}^{(\mathrm{b})} - S_2{}^{(\mathrm{b})} = \int_{T_2}^{T_f} \frac{d'Q}{T} = C\int_{T_2}^{T_f} \frac{dT}{T} = C \log \frac{T_f}{T_2} < 0$$

である．これらの和は

$$C\log\frac{T_f}{T_1}+C\log\frac{T_f}{T_2}=C\log\frac{{T_f}^2}{T_1T_2}$$

であるが，$T_f=(T_1+T_2)/2$ なので ${T_f}^2-T_1T_2=(T_2-T_1)^2/4>0$ となり，${T_f}^2/T_1T_2>1$，すなわち

$$C\log\frac{{T_f}^2}{T_1T_2}>0$$

となって，a と b を合わせたエントロピーは増加していることがわかる．

準静的に a を $T_1\to T_f$ とするときには，a を温度の変化する適当な熱源と接触させてこの変化を行わせる必要があるから，a が得ただけのエントロピーをその熱源は失っている．b も同様に別の熱源に接触させて $T_2\to T_f$ と冷やすわけで，b が失っただけのエントロピーは熱源に与えられる．したがって，熱源と a, b を含めた全体にはエントロピーの変化はない．

いま問題にした変化は，外部の熱源などと全く無関係な a と b だけの間の熱の移動である．このとき a のエントロピーは増え，b のそれは減るが，増え高の方が減り高より多く，a と b 全体では，外部から流れ込んだわけではないのに，エントロピーが増してしまったということなのである．

もうひとつの不可逆変化である断熱自由膨張を理想気体の場合について考えよう．断熱であるから S は一定などと考えてはいけない．自由膨張は準静的過程でないから $d'Q=T\,dS$ などという考えは変化の途中には適用できないのである．理想気体の場合には，U 一定で T も一定で，V だけ V_A から V_B に変化（$V_\mathrm{B}>V_\mathrm{A}$）しているのであるから，(5.26a) 式を使えばよい．

$$S_\mathrm{B}-S_\mathrm{A}=S(T,V_\mathrm{B})-S(T,V_\mathrm{A})=nR\log\frac{V_\mathrm{B}}{V_\mathrm{A}}>0$$

であるから確かに気体のエントロピーは増大している．

最後に熱源 T_1, T_2（$T_2>T_1$）の間ではたらく不可逆熱機関を考える．不可逆機関なので

$$\eta=\frac{Q_2-Q_1}{Q_2}<\frac{T_2-T_1}{T_2}$$

であるから

$$1-\frac{Q_1}{Q_2}<1-\frac{T_1}{T_2}\qquad \text{ゆえに}\qquad \frac{Q_1}{Q_2}>\frac{T_1}{T_2}$$

したがって

$$\frac{Q_1}{T_1} > \frac{Q_2}{T_2}$$

となる．T_1 と T_2 は熱源の温度であるから，Q_1/T_1 は低温熱源の得たエントロピー，Q_2/T_2 は高温熱源の失ったエントロピーである．上の不等式は前者が後者より大きく，熱源２つを合わせたものとしてはエントロピーが増していることを示す．熱機関の作業物質の方はサイクルでもとにもどっているから，はじめと同じエントロピーをもつ状態になっている．したがって，熱源まで含めた全体として見たとき，１サイクル運転するたびに一定量ずつエントロピーが増大してしまうのである．

第１の例では，a と b を合わせたものは外界から孤立していて熱も仕事も出入がなく，a と b の間だけで不可逆的な熱の授受が行われ，その結果として a＋b という系のエントロピーが増大した．第２の断熱自由膨張も，気体が勝手に膨張するだけの変化で，外から熱の出入もなければ仕事のやりとりもない．このときも気体のエントロピーは自分で勝手に増してしまった．エネルギーとか運動量のようなものは保存則の成り立つ量であった．エントロピーも，準静的変化（つまり可逆変化）を行っている限りでは増減はない量である．しかし，どこかで少しでも不可逆な変化があれば，上のようにしてエントロピーが増してしまうという点が，きわめて特徴的なことなのである．不可逆熱機関というのは，そのような不可逆変化がどこかで（あるいはいろいろなところで）起こっているために，エントロピーの総決算をしてみると，１サイクルで

$$\frac{Q_1}{T_1} - \frac{Q_2}{T_2}$$

だけ増加してしまうようになっていると考えられる．

このように，エントロピーという量は，可逆変化なら増減がなく，不可逆過程があるとそこでふって湧いたように増大するので，不可逆変化が起きたかどうかの判定に使うことができる量である．増えるといっても，よそからもらってそれだけ増えるというのではない（この場合は全体としては増減がないから）．不可逆的な熱や仕事のやりとりをすると，一方が失った以上の

エントロピーを他方が得てしまうのである．そういう意味で，**不可逆変化はエントロピーの増す向きに生じる**，という言い方が可能である．

問　速さ v で走っている車（質量 m）がブレーキをかけて止まったとき，ブレーキ部分の温度が T_0 から T に上がったとする．この間の放熱は無視できるとして，発生したエントロピーはいくらか（ブレーキの比熱（定数とする）をまず求めよ）．

※§5.12　自由エネルギーとエクセルギー

仕事を熱に変えることは容易で，100％の転換が可能であるが，その逆には越えられない制限があることを学んだ．その意味で，熱というのは「低級な」エネルギーであり，使い古したエネルギーの墓場が熱であるともいえる．物体がどんなに多量の内部エネルギーをもっていても，仕事として使えないものは ── 暖房などを別として ── 役に立たないということができよう．熱力学の第1法則 $dU = d'Q - p\,dV$ を準静的（= 可逆）変化に適用して $d'Q = T\,dS$ と書き，全体の符号を変えると

$$-dU = p\,dV - T\,dS$$

となるが，この式は，ある系の内部エネルギーを消費したとき（左辺）に，その一部は外へ仕事 $p\,dV$ として取り出されるが，残りの $T\,dS$ の分は熱となって出て行く，という内容を表していると考えられる．変化が**断熱変化**なら $dS = 0$ なので，内部エネルギーの減少高だけ外へ仕事がなされる．

いま，新しい状態量として

$$F = U - TS \tag{5.27}$$

で定義される**ヘルムホルツの自由エネルギー**というものを考える.* これの微小変化は $dF = dU - T\,dS - S\,dT$ であるが，第1法則によって $dU - T\,dS = -p\,dV$ であるから

$$-dF = p\,dV + S\,dT \tag{5.28}$$

となることがわかる．もし変化が**等温変化**なら $dT = 0$ であるから

$$-dF = p\,dV \qquad \text{（等温変化）} \tag{5.29}$$

となる．この式は，等温変化では F という量の減り高が，外へ取り出しう

* 化学ではこの量を文字 A で表すことが多い．

る仕事の量に等しい，ということを示している．これは準静的変化の場合であって，不可逆変化が起こると**無駄な熱が出てしまうので，一般には**

$$-dF \geqq p\,dV \qquad (\text{等号は可逆変化のとき}) \tag{5.30}$$

となることが証明される．つまり，$U = F + TS$ のうちで，**等温変化で仕事に利用できる最大限度がヘルムホルツの自由エネルギー** F **である**，と解釈できる．残りの TS はそれが不可能なエネルギーなので束縛エネルギーとよばれることがある．

なお，自由エネルギーには

$$G = U - TS + pV \tag{5.31}$$

によって定義されるギブスの自由エネルギーという量もあり，化学変化などを扱うときに威力を発揮するが，本書では立ち入らない．

ある系からどれだけの仕事を取り出すことができるかを，もっと直接的に示すのはエクセルギーという量である．熱を仕事に変えるには2個以上の熱源が要ることをすでに知ったが，これは**温度差**の存在が不可欠であることを意味している．そこで，外界の温度（室温あるいは気温）を T_0，系の温度を T として，T_0 と T の差を利用して最大限どれだけの仕事をさせることができるかを調べてみよう．

それには，この2つを熱源として可逆機関を動かしたときを想像すればよい．いま，系の温度 T が $T < T_0$ の場合を考えると，外界から $d'Q$ だけの熱量* が可逆機関に流れ込んだとき，そのうちの $(T_0 - T)/T_0$（効率）倍だけが仕事になるから

$$d'W = \frac{T_0 - T}{T_0}\,d'Q$$

である．系には

$$d''Q = d'Q - d'W = \frac{T}{T_0}\,d'Q$$

だけの熱が放出されるから，これによる系のエントロピーの増加は

$$dS = \frac{d''Q}{T} = \frac{d'Q}{T_0}$$

となる．したがって，上の $d'W$ は

$$d'W = (T_0 - T)dS$$

* 微小熱量を考えるのは，そうしないと T が大きく変わってしまうからである．

と表されることがわかる．

$T > T_0$ の場合には，系から $-T\,dS$（>0，∵　$dS<0$）だけの熱が出ていって，そのうちの最大限

$$\frac{T-T_0}{T}(-T\,dS) = (T_0-T)dS \quad (>0)$$

だけが仕事になりうるから，やはり $d'W = (T_0-T)dS$ である．

温度差だけでなく，**圧力差**も仕事をつくり出すのに利用できることは言うまでもない．外界の圧力（大気圧など）を p_0 とすると，p_0 に抗してなされた仕事は有効でないから除くと，膨張によって外になされる有効な仕事は

$$(p-p_0)\,dV \quad (>0)$$

という式で与えられる．この式は p が p_0 より大きくても（$dV>0$），小さくても（$dV<0$）成り立つ．

以上の 2 種類の仕事をしたとき，そのような能力を表すエクセルギーという量 E が dE（<0）だけ減ると考えられるから

$$-dE = (p-p_0)\,dV + (T_0-T)dS$$

とおくことができる．右辺に $-dU = p\,dV - T\,dS$ を用いると

$$dE = dU + p_0\,dV - T_0\,dS$$

が得られる．このような差を寄せ集め（積分す）れば，温度 T，圧力 p が外界のそれら T_0, p_0 と異なる状態の系がもつエクセルギーとして

$$E(T,p) = (U-U_0) - T_0(S-S_0) + p_0(V-V_0) \qquad (5.32)$$

が得られる．導き方からわかるように，これは $T=T_0$，$p=p_0$ でない限り正の値をとる量である．つまり，仕事源としての有効性は，物のもつエネルギーではなく，むしろこのエクセルギーで測る方が適切である．

保存量であるエネルギーを消費するというのは妙に聞こえるが，それは実はエクセルギーを消費するということなのである．省エネルギーとは，正しく言えば省エクセルギー，つまり，温度差や圧力差を無駄になくさないということである．これはエントロピーをむやみに増大させないようにする，ということと同じである．

［例］ 熱容量 C が一定で（固体や液体のように）体積変化が無視できる物体のもつエクセルギー．この場合，$p\,dV$ の形の仕事の出し入れはないから，温度変化で出入する熱だけを考えればよい．そうすると

$$d'Q = dU = C\,dT, \quad \therefore \quad U = CT + (\text{定数})$$

$$dS = \frac{d'Q}{T} = C\frac{dT}{T}, \quad \therefore \quad S = C\log T + (\text{定数})'$$

したがって，外界の温度が T_0 のときにこの物体がもつエクセルギーは（5.32）式で $V = V_0$ としたものに上の U と S を入れて

$$E(T) = C(T - T_0) - CT_0\log\left(\frac{T}{T_0}\right)$$

となる．$T > T_0$ ならば，この物体の温度が T から T_0 まで下がるときに放出する熱量 Q は $C(T - T_0)$ であるから，そのうちで仕事として使うことのできる最大限度 $E(T)$ の割合は

$$(\text{有効比}) = \frac{E(T)}{Q} = 1 - \frac{T_0\log\dfrac{T}{T_0}}{T - T_0} \tag{5.33}$$

ということになる．外界が 15 ℃（$T_0 = 288$ K）のとき，100 ℃（$T = 373$ K）の物体について計算すると有効比は 0.124 に過ぎないが，物体が 1500 ℃ なら有効比は 0.648 になる．

問 外界の温度が 300 K (27 ℃) のとき，温度 280 K (7 ℃) の海水（比熱 $C = 4 \times 10^3$ J/kg）1 トンがもつエクセルギーは何 J か．$|x|$ が十分小さいときには $\log(1 \pm x) \approx \pm x - x^2/2$ を用いてよい．

§5.13 気相・液相・固相

ピストンでふたをした容器に液体を密封し，ピストンにかける圧力を減らしていくと液体はわずかながら膨張するが，圧力の減少につれて膨張をいくらでも続けるものではない．ピストンをあるところ（図の F 点）まで引くと，液体部分の密度はそのままで，その一部が気体（蒸気）になって大きく膨張し，液体部分（液相という）と気体部分（気相という）とで容器全体を占めるようになる．ピストンを引いて体積を増しても，圧力は変化せず，液

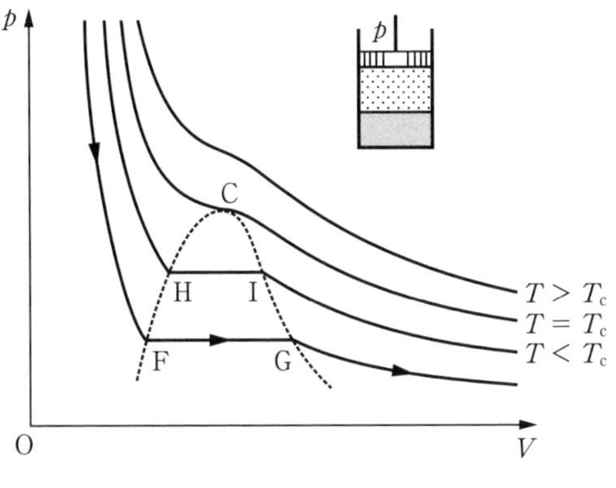

5－12図

体の気化によってFのときと同じ圧力を保つ．Vをさらに増して全部が気化してしまうと(G点)，それから先はVの増加につれてpが減少する．図に示した曲線で，Fより左は液相だけ，Gより右は気相だけ，FとGの間は液相と気相が共存する状態を表す．このときの圧力（水平線FGの高さ）は温度によって決まり，その温度における**飽和蒸気圧**という．温度がもう少し高いときには同じ過程は5－12図のHIを通る曲線のようになる．ある温度T_c以上になるとこの気液共存を表す水平部分がなくなる．このような領域では液相と気相の区別がなくなる．T_cのことを**臨界点**という．

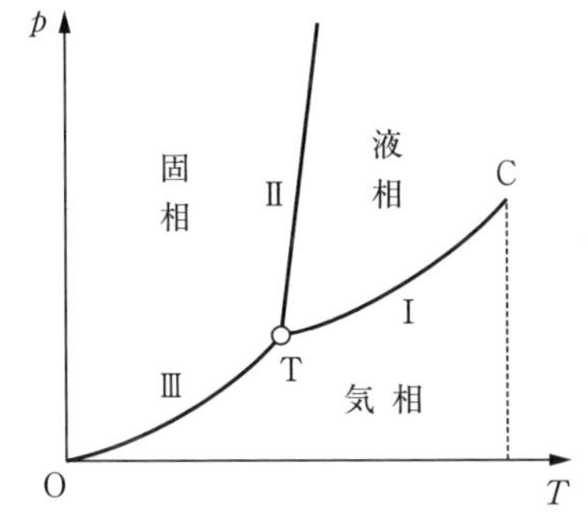

5－13図

I：蒸気圧曲線　T：三重点
II：融解曲線　C：臨界点
III：昇華曲線

5－13図で曲線Iは温度の関数としての飽和蒸気圧を示す．この上側は液相，下側は気相を表す．蒸気圧曲線は臨界点を表す点Cで終わる．$T > T_c$の気体はいくら圧力をかけても（つまり，5－13図で下から上へたどっても）液化しない．

液体の温度を下げていくと，ある温度（**融点**または**凝固点**といい，圧力によって多少異なる）で**固相**を生じる．これが**凝固**であり，逆に固体の温度を上げていってその温度で液化するのが**融解**である．圧力と融点の関係を示すのが5－13図IIの**融解曲線**である．固体が直接気化する現象を**昇華**といい，固相と気相が共存する温度 ── **昇華点** ── と圧力の関係を示すのがIIIの**昇華曲線**である．二相が共存している状態では，熱を加えても系の温度は上がらず，熱は状態の変化（気化，融解，昇華）のために費やされる．逆の変化のときには同じだけの熱が放出される．このような熱を潜熱とよぶ．

純粋な物質では5－13図に示すように，蒸気圧曲線，融解曲線，昇華曲線は1点で交わる．この点では気相，液相，固相の三相が安定に共存しうる．この点を三重点という．水の三重点は

$$T_3 = 273.16\ \mathrm{K}, \qquad p_3 = 609\ \mathrm{Pa}$$

であって，T_3 は温度目盛を決める定点とされている．

［例］ ファン・デル・ワールス気体

1モルの理想気体の状態方程式は $pV = RT$ であるが，実在気体にこれを近づける1つの試みとして，ファン・デル・ワールスは，a と b を定数として，

$$\left(p + \frac{a}{V^2}\right)(V - b) = RT \qquad (5.34)$$

という方程式を提案した．T 一定のときの p と V の関係は5－14図のようになる．臨界点は

$$T_c = \frac{8a}{27bR}, \qquad p_c = \frac{a}{27b^2}, \qquad V_c = 3b$$

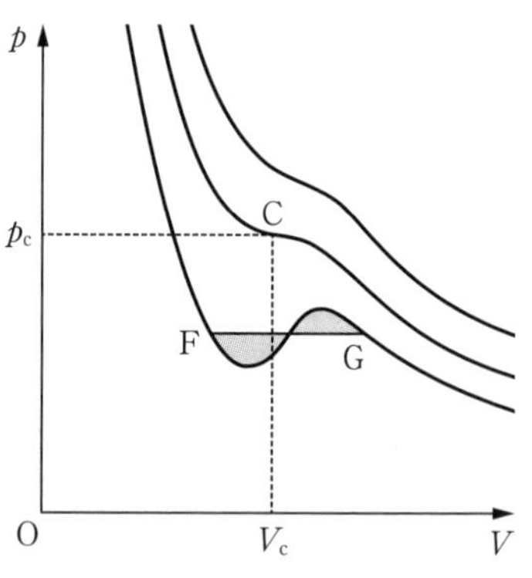

5－14図 等面積の法則

で与えられる（計算は読者にまかせる）．$T < T_c$ では p－V 曲線は S の字を横に

5－3表 いくつかの物質の臨界値

物　質	T_c [K]	p_c [気圧]	V_c [cm^3/mol]	$\dfrac{RT_c}{p_c V_c}$
ヘリウム	5.2	2.25	61.6	3.08
水　素	33.2	12.8	69.7	3.06
アルゴン	150.7	48.9	77.1	3.35
酸　素	154.3	49.7	74.4	3.42
炭酸ガス	304.3	73.0	100.0	3.57
水	647.3	218.5	55.4	3.39

ファン・デル・ワールスの方程式が正しければ $RT_c/p_cV_c = 8/3 = 2.67$ になるはずであるが，実測値は上のようになる．

した形になるが，この部分は直線 FG で置き換え，これが気相・液相の共存を表すと考えればよい．FG は，図でアミカケをした 2 つの部分の面積が等しくなるように引く（等面積の法則という）．

純粋の物質の気相と液相が共存している系を考える．圧力 p は，その温度 T における飽和蒸気圧である．この系を体積 V_1 から V_2 まで等温的に膨張させる（A → B）．次に系を外から断熱して，わずかに膨張させる．このとき圧力が $p - \delta p$ に，温度が $T - \delta T$ に下がったとする（B → C）．次に，系を温度が $T - \delta T$ の熱源に接触させて等温圧縮し（C → D），最後にわずか断熱圧縮してもとにもどす（D → A）．これらの変化は全部準静的に行わせる．そうするとこれは一種のカルノーサイクルになっている．

この 1 サイクルの間に系が外に対してする仕事は

$$W = (V_2 - V_1)\delta p$$

（太線で囲まれた部分の面積）である．いま，この温度 T，圧力 p のもとで，この物質の単位質量が占める体積（比容 = 密度の逆数）を，液相のとき v_L，気相のとき v_G とし，膨張 A → B で質量 m だけの液体が気化したとすると，

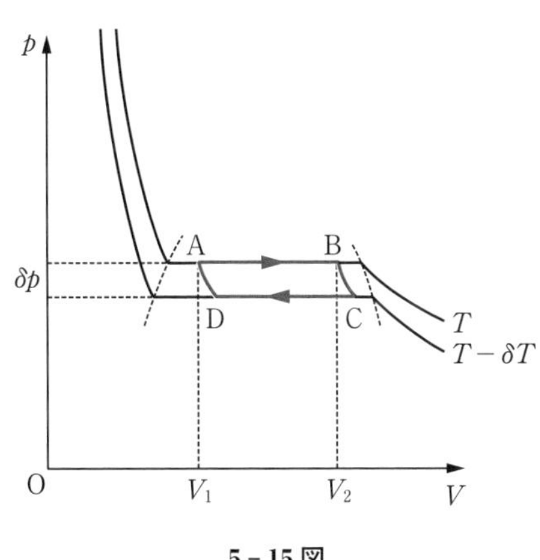

5 - 15 図

$$V_2 - V_1 = m(v_G - v_L)$$

である．また，この温度におけるこの物質の気化の潜熱（単位質量当たり）を L とすると，膨張のときに吸収する熱量は

$$Q = mL$$

である．したがって，効率は

$$\eta = \frac{W}{Q} = \frac{v_G - v_L}{L}\delta p$$

となる．ところがこれは可逆機関であるから，効率は熱源の温度だけで決まり (5.23) 式にしたがう．

$$\eta = \frac{v_G - v_L}{L}\delta p = \frac{\delta T}{T}$$

したがって

$$\frac{\delta p}{\delta T} = \frac{L}{T(v_G - v_L)} \tag{5.35}$$

となる．これは温度による飽和蒸気圧の変化の割合（つまり，蒸気圧曲線の勾配）を与える式で，クラペイロン - クラウジウスの式とよばれる．融解曲線に対しても全く同様の式が成り立つ．水のように，氷から融けて水になるとき体積の減る物質では $v_L < v_S$（v_S は固相の比容）なので $\delta p/\delta T < 0$，つまり，圧力を高めると融点が下がる．これは日常経験するところである．

問　30 ℃ と 31 ℃ における水の飽和蒸気圧はそれぞれ 4244.9 Pa，4494.7 Pa である．水蒸気が理想気体だとして v_G を求め，クラペイロン - クラウジウスの式を用いてこのときの気化熱を計算せよ．

§5.14　気体分子運動論

いままでは物質を連続的なものとして扱ってきたが，物質が原子からできていることは，まず化学の分野で明らかになり，それが物理学にもとり入れられて，気体の示す諸性質 —— ボイル - シャルルの法則など —— を原子分子の立場から説明しようとする試みがなされた．原子が 1 個ないし数個集まったものが 1 つの単位としてまとまって行動しているのが**分子**であるが，気体ではこれらの分子が広い空間内をほとんど自由に飛び回っている．気体を入れた器の壁に分子がぶつかってはね返る際に分子が壁に与える撃力を，きわめて多数の分子について総計したものが，壁が気体から受ける**圧力**である．

いま，質量 m の分子 N 個からできている気体が，1 辺の長さが l の立方体の器のなかに入っているとする．簡単のために，分子は球形であり，器の壁は完全に平らな剛体で，分子と壁の衝突は完全に弾性的であるとする．分子に番号をつけ，i 番目の分子がもつ速度の x, y, z 成分を u_i, v_i, w_i とする．上の仮定により，分子同士の衝突がなければ，この分子の運動は，x 方向は速さ $|u_i|$ の等速往復運動，y 方向は速さ $|v_i|$ の等速往復運動，z 方向は速さ $|w_i|$ の等速往復運動になっている．そこで，いま x 軸に垂直な 1 つの壁

(5‐16 図の CD) を考えると，分子 i はこの壁に毎秒 $|u_i|/2l$ 回衝突し，毎回 $2m|u_i|$ だけの力積をこの壁に与えることがわかる (5‐17 図(a))．このような撃力を N 個の分子全体について合計すると図(b)のようになるであろう．これはほぼ一様な全圧力 P がずっとはたらいているのと同じになる．(b)の赤茶色部分の面積は，(a)のような赤茶色の面積をすべての i について合計したものに等しいから

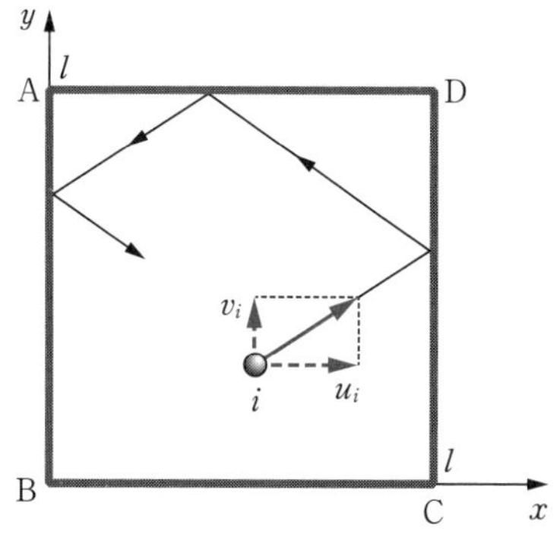

5‐16 図　モデル化した気体の分子の運動

$$P \times 1 = \sum_{i=1}^{N} 2m|u_i| \times \frac{|u_i|}{2l}$$

したがって，壁が受けている圧力の強さを p とすると，$P = pl^2$ であるから

$$pl^2 = \sum_{i=1}^{N} \frac{m}{l} u_i^2$$

となる．両辺を l 倍し，器の体積 l^3 を V と記すと

$$pV = m\sum_{i=1}^{N} u_i^2 = mN\langle u^2 \rangle$$

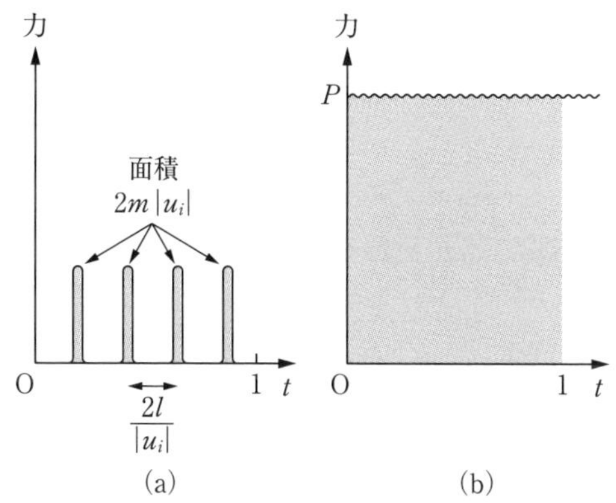

5‐17 図　各分子が与える撃力(a)を集めたものが(b)のような一定の圧力になる．

が得られる．ただし

$$\langle u^2 \rangle = \frac{1}{N}\sum_{i=1}^{N} u_i^2$$

は N 個の分子に関しての u^2 の平均値である．

気体は等方的であるから，x 方向，y 方向，z 方向はすべて同等である（重力は考えない）．したがって

$$\langle u^2 \rangle = \langle v^2 \rangle = \langle w^2 \rangle = \frac{1}{3}\{\langle u^2 \rangle + \langle v^2 \rangle + \langle w^2 \rangle\}$$

であるが，$V_i^2 = u_i^2 + v_i^2 + w_i^2$（$V_i$ は i 番目の分子の速さ）と書くと*

$$\langle u^2 \rangle = \langle v^2 \rangle = \langle w^2 \rangle = \frac{1}{3}\langle V^2 \rangle$$

となるから，上の結果は

$$pV = \frac{2}{3} N \left\langle \frac{1}{2} m V^2 \right\rangle \tag{5.36}$$

という形に表されることがわかる．$\langle mV^2/2 \rangle$ は分子がもつ運動エネルギーの平均値である．

1モルの理想気体では

$$N_{\mathrm{A}} = 6.02214076 \times 10^{23}\,\mathrm{mol}^{-1} \qquad \text{（アボガドロ定数）}$$

であるが，これに対しては，よく知られているように

$$pV = RT$$

が成り立つ．この式と (5.36) 式を比べると，

$$\left\langle \frac{1}{2} m V^2 \right\rangle = \frac{3}{2} \frac{R}{N_{\mathrm{A}}} T$$

であることがわかる．

$$k = \frac{R}{N_{\mathrm{A}}} = 1.380649 \times 10^{-23}\,\mathrm{J/K} \tag{5.37}$$

のことをボルツマン定数という．これを用いると，

$$\begin{cases} \left\langle \frac{1}{2} m u^2 \right\rangle = \left\langle \frac{1}{2} m v^2 \right\rangle = \left\langle \frac{1}{2} m w^2 \right\rangle = \frac{1}{2} kT \\ \left\langle \frac{1}{2} m V^2 \right\rangle = \frac{3}{2} kT \end{cases} \tag{5.38}$$

となる．気体の絶対温度というのは，**分子の運動エネルギーの平均値に比例する**ものであることがこれでわかる．

実際の気体では，分子は互いに絶えず衝突して，速度をいろいろに変えている．いま，5‑18図のように，u, v, w を座標軸にとり，各分子をその速度に応じたこの空間

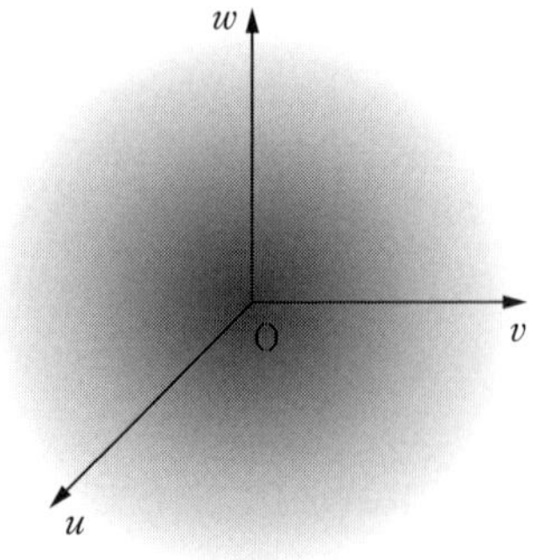

5‑18図　速度空間における分子の代表点の分布

*　体積と同じ文字 V を使うが，混同のおそれはないと思う．

内の点で表すことにすると，6×10^{23} という多数の点が図のように分布することになる．細かく見れば各分子は絶えずこのなかで位置を変えているのであるが，熱平衡の状態では，この分布は一定になっていて時間的に変化しないと考えてよいであろう．したがって，そのような熱平衡分布では，上で行ったような，分子間衝突がないとした圧力の計算は正しいことになる．

問　5-16図で器壁を連続剛体とし，衝突を弾性衝突と仮定したが，これが許されるのはどのようなときか．

§5.15　温度とエネルギー等分配の法則

前節の計算では壁を剛体平面としたが，実際には壁も原子でできている．そこで，壁は質量が M の原子からできているとし，これに質量 m の気体分子が衝突する問題を考える．簡単にことの本質だけを見るために，問題を一次元に限定し，一直線上での2球の弾性衝突として扱うことにする．気体分子と壁の原子が衝突前にもっていた速度をそれぞれ v, V とし，衝突後に v', V' になるとすると，運動量の保存則およびエネルギーの保存則（弾性衝突）から

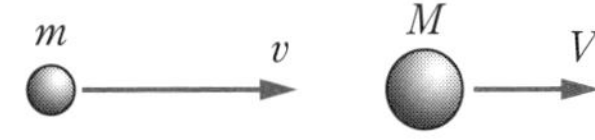

5-19図　2球の衝突

$$mv + MV = mv' + MV'$$
$$mv^2 + MV^2 = mv'^2 + MV'^2$$

が成り立つから，これから V' を消去し，適当に式を整理すれば，衝突による気体分子のエネルギー変化として

$$\varDelta K \equiv \frac{1}{2}mv^2 - \frac{1}{2}mv'^2 = \frac{4mM}{(m+M)^2}\left\{\frac{M-m}{2}vV + \frac{1}{2}mv^2 - \frac{1}{2}MV^2\right\}$$

を得る．

壁の原子は振動をしているものであるから，V は正のときと負のときが同じ割合で起こりうる．そこで，上のような衝突の多数回に対して $\varDelta K$ の平均値を計算すると，同じ v に対するいろいろな V の平均が0になるから，右辺の｛　｝内第1項の平均は0を与える．したがって

$$\langle \varDelta K \rangle = \frac{4mM}{(m+M)^2}\left\{\left\langle \frac{1}{2}mv^2 \right\rangle - \left\langle \frac{1}{2}MV^2 \right\rangle\right\}$$

となることがわかる．これから次のことが導かれる．

(a)　$\left\langle \frac{1}{2} mv^2 \right\rangle < \left\langle \frac{1}{2} MV^2 \right\rangle$ ならば $\langle \Delta K \rangle < 0$，つまり，壁との接触によって気体は次第にエネルギーを増す（温度が上がる）．

(b)　$\left\langle \frac{1}{2} mv^2 \right\rangle > \left\langle \frac{1}{2} MV^2 \right\rangle$ ならば $\langle \Delta K \rangle > 0$，つまり，壁との接触によって気体は次第に温度が下がる．

(c)　$\left\langle \frac{1}{2} mv^2 \right\rangle = \left\langle \frac{1}{2} MV^2 \right\rangle$ ならば $\langle \Delta K \rangle = 0$，つまり，気体と壁との間のエネルギーのやりとりは平均して 0 になり，熱平衡が保たれる．

前節で求めた結果の (5.38) 式から，気体分子については

$$\left\langle \frac{1}{2} mv^2 \right\rangle = \frac{1}{2} kT$$

がわかっているから，この気体と熱平衡にある器の原子についても

$$\left\langle \frac{1}{2} MV^2 \right\rangle = \frac{1}{2} kT$$

が成り立っていることがわかる．また，上では一次元の衝突として考えたが，くわしい理論によれば，原子の運動の自由度（x 方向，y 方向，z 方向の 3 つ）のどれに対しても

$$\left\langle \frac{1}{2} MV_x{}^2 \right\rangle = \left\langle \frac{1}{2} MV_y{}^2 \right\rangle = \left\langle \frac{1}{2} MV_z{}^2 \right\rangle = \frac{1}{2} kT \qquad (5.39)$$

となることが知られている．

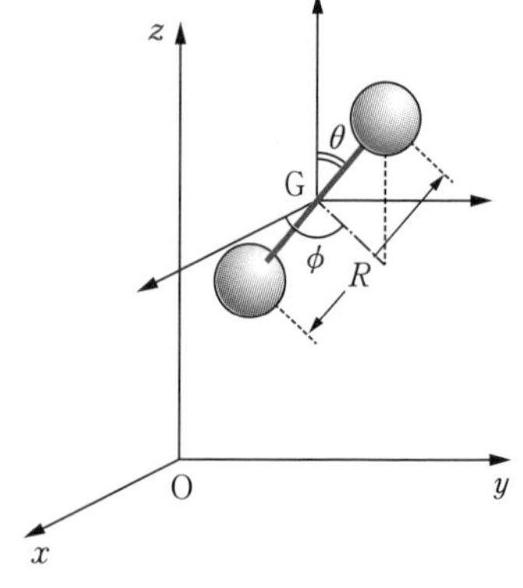

5-20 図　二原子分子

気体分子も，いままでは単原子分子を考えたが，たとえば二原子分子では，重心 G の座標 x, y, z のほかに，原子を結ぶ軸の方向を示す θ と ϕ，原子間隔 R という 3 つの自由度がある．通常の温度では強い原子間力で R は一定に保たれているので，自由度は 5 とみなしてよい．このような二原子分子からなる気体が温度 T の熱平衡状態にあるときには，重心運動の 3 自由度のそれぞれの平均運動エネルギーが $kT/2$

であるばかりでなく，回転の運動にも自由度1ごとに $kT/2$ ずつ計 kT の平均運動エネルギーが配分される．このように，**温度 T の熱平衡状態にある系では，各自由度は $kT/2$ ずつの平均運動エネルギーをもつ．これをエネルギー等分配の法則という．***

二原子分子では，1個の分子の平均エネルギーが上記のように $5\,kT/2$ であるから，1モルについては

$$U = \frac{5}{2}N_{\mathrm{A}}kT = \frac{5}{2}RT$$

となる．ゆえに，定積モル比熱は

$$C_V = \left(\frac{\partial U}{\partial T}\right)_V = \frac{5}{2}R$$

となる．一般の理想気体では $C_p - C_V = R$ が成り立つので（165ページ（5.18）式），

$$C_p = \frac{5}{2}R + R = \frac{7}{2}R$$

となる．したがって，両比熱の比は

$$\gamma = \frac{C_p}{C_V} = 1.4$$

のはずである．これは多くの気体に対する実測の結果とよく一致する（5-1表を参照）．

§5.16 マクスウェルの速度分布関数

気体分子は相互に衝突する．その大体の様子を知るために，分子を半径 r の球と考えることにする．1個の分子に注目し，これが一定の速さ $\langle V \rangle$ で飛び回り，他の分子はみな静止しているとしよう．そうすると，衝突が起こるのは，着目している分子の飛跡を軸とした半径 $2r$ の円筒のなかに，他の分子の中心が入るときである．着目している分子は単位時間に $\langle V \rangle$ だけ進むから，体積 $4\pi r^2\langle V \rangle$ の円筒内にある他の分子と衝突する．分子は単位体積当たり n 個あるとすれば，この衝突の回数は

$$\nu = n \times 4\pi r^2\langle V \rangle = 4\pi n r^2\langle V \rangle$$

* 二原子分子で R（分子振動の自由度）が常温で除外されるのは，振動のエネルギーが量子化されてとびとびになっているためである．これは古典物理学では扱えない量子力学的効果の一例である．

5-4表　分子の大きさと平均自由行路（1気圧）

気　体	分子量	直径 [nm]	温度 [K]	平均自由行路 [nm]	毎秒衝突数	$\langle V\rangle$ [m/s]
ヘリウム He	4.00	0.218	100	64.5	11.28×10^9	728
			300	193.6	6.51　〃	1260
			500	322.6	5.04　〃	1627
アルゴン Ar	39.9	0.364	100	23.1	9.95　〃	230
			300	69.4	5.75　〃	399
			500	115.7	4.45　〃	515
窒　素 N_2	28.02	0.375	100	21.8	12.61　〃	275
			300	65.4	7.28　〃	476
			500	109.0	5.64　〃	615

である．したがって，衝突と衝突の間に進む距離の平均値 —— **平均自由行路**という —— は

$$\lambda = \frac{\langle V\rangle}{\nu} = \frac{1}{4\pi n r^2}$$

となる．$4\pi r^2 = \sigma$ とおくと，着目している分子の方を点と考え，ぶつかる相手の分子を大きさのある標的とみなしたときの，その標的の大きさ（**衝突断面積**という）がこの σ である．これを用いれば $\lambda = 1/n\sigma$ と書かれる．以上では，着目分子だけが一定の速さで動き，他の分子はみな止まっているとしたが，これをもっと正しく扱うと，

$$\text{平均自由行路：}\quad \lambda = \frac{1}{\sqrt{2}\,n\sigma} \qquad \left(\begin{array}{l} n = \text{分子の数密度} \\ \sigma = \text{衝突断面積} \end{array}\right) \tag{5.40}$$

となることがわかる．

熱平衡が成り立ち，エネルギー等分配が行われ，5-18図のような分布が成立するのは，ばく大な数の分子の行う衝突の結果である．では，そうしてできた5-18図のような平衡分布はどのようなものなのであろうか．

単原子分子の運動状態は5-18図のような速度空間内の点で表されるが，このように状態の数が連続無限では困るので，セクションペーパーのようにこの速度空間を同体積の非常に細かいます目（立方体）* に分割し，1つのま

＊　ます目の大きさに基準がないわけではないが，ここではそれに触れないことにする．

す目のなかは**1つの運動状態**と考えることにする．分子の運動エネルギーは，$m(u^2 + v^2 + w^2)/2$ であるから，原点では0で，それから遠ざかるにつれてエネルギーは大きくなる．そこでいま，5-18図の速度空間を，原点を中心とした同心球面で薄い球殻に分けて考え，各球殻に対応する（平均）エネルギーの値を，内側から順に $\varepsilon_1, \varepsilon_2, \varepsilon_3, \cdots$ とする．そして，各球殻に含まれる状態の数（ます目の数）を同じ順に $Z_1, Z_2, Z_3, \cdots$ とする．5-21図はその二次元的断面を示す．

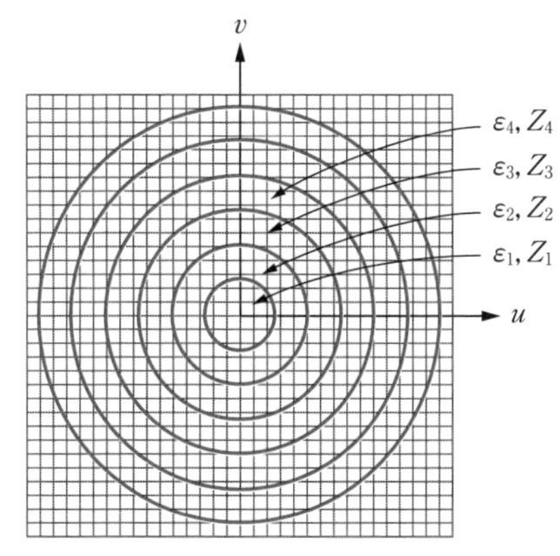

5-21図　速度空間をます目と球殻に分ける．

以上の準備をして，ここに N 個の分子（の運動を表す点）を分布させることを考える．ただし，気体の全エネルギー E は一定と仮定する．E 一定の条件のもとで，N 個の点をこれらのます目にくばる仕方の数を Ω とすると，これはもちろん天文学的に大きな数である．その Ω 通りのうちで，第1，第2，第3，… の球殻内にある分子の数が $N_1, N_2, N_3, \cdots$ であるようなものの数を $W(N_1, N_2, N_3, \cdots)$ と記すことにする．

さて，分子は相互に衝突し，壁ではね返り，その速度をめまぐるしく変えるから，気体の状態は上記 Ω 通りの1つから他へと絶えず移り変わる．このとき，この Ω 通りのすべては，**みな同じ割合で実現**するであろう，と考えるのはきわめて自然である．これを**等重率**または**等確率の原理**といい，以下の議論はこれを基礎にするのである．Ω 通りあるいろいろな分布を，$N_1, N_2, N_3, \cdots$ の違いによって分類すると，$W(N_1, N_2, N_3, \cdots)$ はいろいろな値をとるが，この W を一番大きくするよう

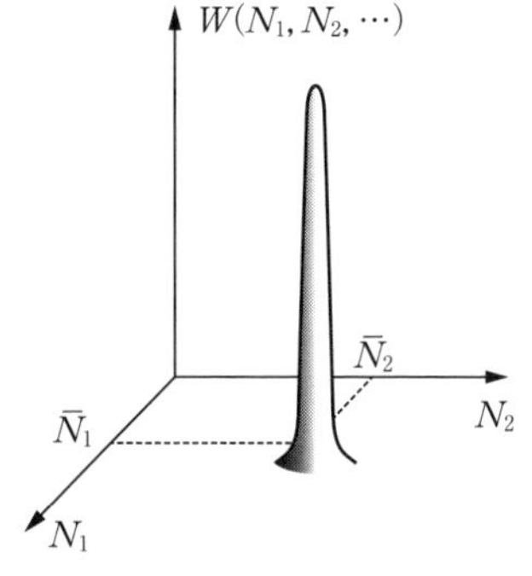

5-22図　W の極大は非常に鋭い．

な $N_1, N_2, N_3, \cdots$ の一組が存在する．それを $\bar{N}_1, \bar{N}_2, \bar{N}_3, \cdots$ としよう．N が 10^{23} というように大きな数であるための特色として，このような極大は非常に鋭いものである．そうすると，Ω 通りの分布がまんべんなく実現されているといっても，粗く巨視的に見ると，N_1 は値 $\bar{N}_1$ を，N_2 は値 $\bar{N}_2$ を，… というようにほぼ決まった値をとっていて，細かく見ればその付近で少しずつ**ゆらいで**いる，と観測されるのである．したがって，$\bar{N}_1, \bar{N}_2, \bar{N}_3, \cdots$ が求まれば，それが定常的な熱平衡分布を表していると考えてよい．そこで，W を極大にするような $N_1, N_2, \cdots$ を求めるのが以下の課題である．

マクスウェル - ボルツマン分布の導出

分子は互いに区別できるとし，速度空間のます目のなかに入る数に何も制限がない場合を考える．このときには，まず N 個のうちから N_1 個を選ぶ仕方が

$$\frac{N!}{N_1!\,(N-N_1)!} \quad \text{通り}$$

存在し，残りの $N - N_1$ 個から第 2 の球殻に入れるべき N_2 個を選ぶ仕方が

$$\frac{(N-N_1)!}{N_2!\,(N-N_1-N_2)!} \quad \text{通り}$$

存在し，残りの $N - N_1 - N_2$ 個から次の N_3 個を選ぶ仕方が

$$\frac{(N-N_1-N_2)!}{N_3!(N-N_1-N_2-N_3)!} \quad \text{通り}$$

存在し，… となるから，これらを全部掛け合わせたものとして，N 個の分子を $N_1, N_2, N_3, \cdots$ に分ける仕方の総数

$$\frac{N!}{N_1!\,N_2!\,N_3!\cdots}$$

が得られる．次に各球殻内で，割当てられた N_i 個を Z_i 個のます目にくばる仕方が ${Z_i}^{N_i}$ 通りずつあることは容易にわかるから（各分子に Z_i 通り選択の自由があり，そのような分子が N_i 個あるのだから Z_i を N_i 回掛け合わせればよい），これら全部を掛け合わせて

$$W(N_1, N_2, \cdots) = \frac{N!}{N_1!\,N_2!\,N_3!\cdots}\,{Z_1}^{N_1}\,{Z_2}^{N_2}\,{Z_3}^{N_3}\cdots \qquad (5.41)$$

となることがわかる．

W が最大になるときには $\log W$ も最大になるから，以下では W の代りに $\log W$ を扱う．大きな数に対して使えるスターリングの公式 $\log M! = M\log M - M$ を用いると，(5.41) 式から

$$\log W = \sum_j N_j(\log Z_j - \log N_j + 1) + N \log N - N$$

を得るが，W が最大になるところ（$N_j = \bar{N}_j$）では，N_j をごくわずか δN_j だけ変化させたときの $\log W$ の変化 $\delta \log W$ が 0 である．

$$\delta \log W = \left(\frac{\delta \log W}{\delta N_1}\right)\delta N_1 + \left(\frac{\delta \log W}{\delta N_2}\right)\delta N_2 + \cdots = 0$$

ここで（　）内の式の N_j には $\bar{N}_j$ を入れるものとする．上の式を用いれば，これは

$$\delta \log W = \sum_j \left(\log \frac{Z_j}{\bar{N}_j}\right)\delta N_j = 0 \tag{5.42}$$

となる．ところが，δN_j は全部独立というわけではなく

$$\delta N = \sum_j \delta N_j = 0 \qquad (N\text{ 一定}) \tag{5.43}$$

$$\delta E = \sum_j \varepsilon_j \, \delta N_j = 0 \qquad (E\text{ 一定}) \tag{5.44}$$

を満たさねばならない．したがって，$\delta N_3, \delta N_4, \cdots$ をかってにとったとすると，δN_1 と δN_2 は (5.43)，(5.44) 式を満たすように，ということで決まってしまう．このような場合によく用いられるのは，ラグランジュの未定係数法である．それには (5.42)，(5.43)，(5.44) の 3 式にそれぞれ未定の数 $1, \alpha, -\beta$ を掛けて加えれば

$$\sum_j \left\{\log \frac{Z_j}{\bar{N}_j} + \alpha - \beta\varepsilon_j\right\}\delta N_j = 0 \tag{5.45}$$

が得られるから，この α と β を

$$\log \frac{Z_1}{\bar{N}_1} + \alpha - \beta\varepsilon_1 = 0, \qquad \log \frac{Z_2}{\bar{N}_2} + \alpha - \beta\varepsilon_2 = 0$$

となるように決めたとする．そうすると (5.45) 式から $\delta N_1, \delta N_2$ の項は消えてしまい，j についての和は $3, 4, 5, \cdots$ についてとればよいことになる．ところで，δN_3, $\delta N_4, \cdots$ はすべて独立に任意にとってよいのであるから，どんな $\delta N_3, \delta N_4, \cdots$ に対しても (5.45) 式が成り立つためには，{　} 内がすべての j ($= 3, 4, \cdots$) について 0 でなくてはならない．結局，すべての j について

$$\log \frac{Z_j}{\bar{N}_j} + \alpha - \beta\varepsilon_j = 0 \qquad (j = 1, 2, 3, \cdots)$$

でなくてはならないことになる．これから

$$\bar{N}_j = Z_j \, \mathrm{e}^{\alpha - \beta\varepsilon_j} \tag{5.46}$$

という結果が得られる．これをマクスウェル - ボルツマンの分布則という．この式は，理想気体以外にも広く使える一般的な式である．

単原子分子理想気体で，速さが V と $V + dV$ の間にあるものの数を (5.46) 式から求めてみよう．5 - 18 図の速度空間でこの球殻の体積は $4\pi V^2 dV$ であるから，ます目の体積を $\varDelta$ とすると，$Z_j = 4\pi V^2 dV/\varDelta$ である．ε_j は $mV^2/2$ であるから，

(5.46) 式は

$$dN = C\mathrm{e}^{-\beta mV^2/2}\,V^2\,dV$$

となる．$4\pi\mathrm{e}^{\alpha}/\varDelta$ を C とおいた．この C は，上の dN をすべての V について積分したものが N になるように決めればよい* (そうすれば α や $\varDelta$ の値にこだわる必要はない)．結果は

$$dN = 4\pi N\left(\frac{m\beta}{2\pi}\right)^{3/2}\mathrm{e}^{-\beta mV^2/2}\,V^2\,dV$$

となる．β はまだ決まっていないが，これは $E = \sum_j \varepsilon_j \bar{N}_j$ から求められる．

$$E = 4\pi N\left(\frac{m\beta}{2\pi}\right)^{3/2}\int_0^\infty \frac{1}{2}mV^2\,\mathrm{e}^{-\beta mV^2/2}\,V^2\,dV = \frac{3}{2\beta}N$$

であるが，(5.38) 式により

$$E = \frac{3}{2}NkT$$

であるから，これと比べることにより

$$\beta = \frac{1}{kT}$$

であることがわかる．

以上の結果をまとめると，N 個の分子のうちで速さが V と $V+dV$ の間にあるものの数は

$$dN = 4\pi N\left(\frac{m}{2\pi kT}\right)^{3/2}\mathrm{e}^{-mV^2/2kT}\,V^2\,dV \tag{5.47}$$

で与えられることがわかる．これが気体分子の速さに関するマクスウェルの分布である．

速度空間内で，半径が V の球のところの分布の密度は，上の式を球殻の体積 $4\pi V^2\,dV$ で割ったもので与えられる．したがって，速さでなく，**速度**が (u, v, w) を含む微小範囲 $du\,dv\,dw$ (微小直方体) 内の値をとるような分子の数は

$$Nf(u, v, w)\,d\boldsymbol{v} \equiv N\left(\frac{m}{2\pi kT}\right)^{3/2}\mathrm{e}^{-m(u^2+v^2+w^2)/2kT}\,d\boldsymbol{v} \tag{5.48}$$

で与えられる．$d\boldsymbol{v} = du\,dv\,dw$ である．

---

* $I_2 \equiv \int_0^\infty \xi^2 \exp(-\gamma\xi^2)\,d\xi = \frac{1}{4}\sqrt{\frac{\pi}{\gamma^3}}$,　$I_4 \equiv \int_0^\infty \xi^4 \exp(-\gamma\xi^2)\,d\xi = \frac{3}{8}\sqrt{\frac{\pi}{\gamma^5}} = \frac{3}{2\gamma}I_2$ を用いる．

$$f(\boldsymbol{v}) = \left(\frac{m}{2\pi kT}\right)^{3/2} \mathrm{e}^{-m(u^2+v^2+w^2)/2kT} \tag{5.49}$$

はマクスウェルの速度分布関数などとよばれる．

［例］ 速さの分布関数を用いて $\langle V \rangle$ を求めてみよう．部分積分と前の結果 (5.47) 式を用いると

$$\langle V \rangle = 4\pi\left(\frac{m}{2\pi kT}\right)^{3/2}\int_0^\infty \mathrm{e}^{-mV^2/2kT}\, V^3\, dV = \sqrt{\frac{8kT}{m\pi}}$$

となることがわかる．これは $\langle V^2 \rangle = 3kT/m$ から得られる $\sqrt{\langle V^2 \rangle} = \sqrt{3kT/m}$ に比べるといくらか小さい．

---

§5.17 固体の比熱

固体内の原子（またはイオン）の並び方の一例として食塩 (NaCl) の構造を 5 - 23 図に示す．このように原子またはイオンが規則正しく空間に配置されたものを**結晶格子**（こうし）という．5 - 23 図に示した食塩型構造はその典型的な一例である．

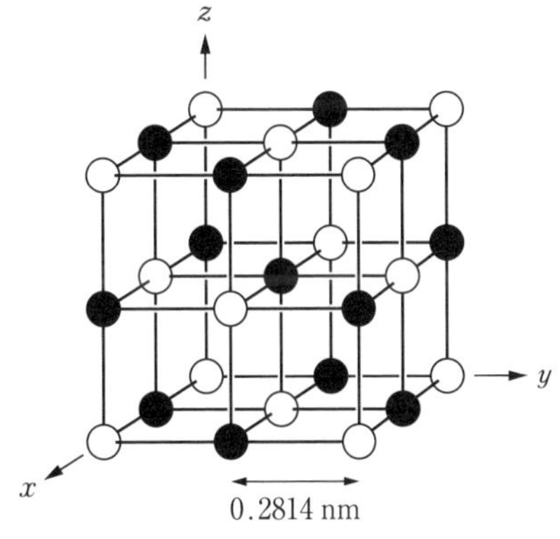

5 - 23 図 食塩 (NaCl) の結晶
黒丸は Na^+，白丸は Cl^- を示すが，実際のイオンはもっとすき間なしにつまっている (Na^+ と Cl^- の半径はそれぞれ 0.095 nm と 0.181 nm)．

このように格子をつくっている原子やイオンは，決して静止しているわけではなく，平衡の位置を中心とした振動をしている．その振動は温度が高いほど激しいので，**熱振動**とよばれる．原子は互いに力をおよぼし合っているので，この振動は連成振動とよばれるものである．そのような扱いによって，基準振動を決め，それぞれの振動数を求めることは，原子の数が多いので至難である．しかしとにかく，原子 $1, 2, \cdots, N$ の運動は $3N$ 個の座標 $x_1, y_1, z_1, x_2, \cdots, y_N, z_N$ によって決められるはずであり，基準振動を求めることができればそれは $3N$ 個の

基準座標 $Q_1, Q_2, \cdots, Q_{3N}$ の単振動（角振動数 $\omega_1, \omega_2, \cdots, \omega_{3N}$）に帰着する．つまり，結晶は $3N$ 個の一次元調和振動子（単振動をする質点）の集まりと同等である．

このような結晶が温度 T の熱平衡状態にあるときには，エネルギー等分配の法則によって，各調和振動子の運動エネルギーの平均値は $kT/2$ に等しい．ところで，単振動の場合には運動エネルギーの平均値と位置エネルギーの平均値は等しい．したがって，$3N$ 個のどの振動子（= 基準振動）も，平均エネルギー kT をもつことになるから，結晶全体の内部エネルギーは

$$U = 3NkT$$

である．したがって，その熱容量は

$$C_V = \frac{dU}{dT} = 3Nk$$

である．固体元素（同種の原子だけからなる固体）では，その原子 1 モル中にはアボガドロ定数（$N_{\mathrm{A}} = 6.02 \times 10^{23}\,\mathrm{mol}^{-1}$）だけの原子が含まれるから，その熱容量（**原子熱**という）は

$$C_V = 3R \qquad (R：気体定数) \tag{5.50}$$

に等しいことになる．これを**デューロン - プティの法則**という．室温あるいはそれ以上の温度での測定値は確かにこの法則にしたがっている．

ところが，約 100 年くらい前から，低温での実験が可能になるにつれて，測定値がこの法則にしたがわず，$3R$ よりもずっと小さい値になることがわかってきた．そして，$T \to 0$ で $C_V \to 0$ となるらしいことが，次第にはっきりしてきた．1906 年にアインシュタインは，その少し前（1900 年）に出されたプランクの量子仮説というものに基づき，振動数が ν（角振動数が $\omega = 2\pi\nu$）の調和振動子のエネルギーは連続的にすべての値をとることはできず，$h\nu$（h は**プランクの定数**）の整数倍に限られる，ということを考慮するならば，この矛盾が説明できることに気づいた．1907 年に出された彼の論文では，固体の原子は（連成振動ではなく）すべて独立に振動しているとし，N 個の原子からなる固体（元素）を，振動数が全部共通（ν とする）な $3N$ 個の一次元調和振動子の集まりと考えた．そうすると，気体内分子のエネルギーが絶えず変化するように，各振動子のエネルギーは $0, h\nu, 2h\nu, 3h\nu, \cdots$ とい

うとびとびの値の間をいろいろに移り変わっていることになる．そして，$3N$ 個の振動子のうちで，$0, h\nu, 2h\nu, 3h\nu, \cdots$ というエネルギーをもつものの数の平均値がどのようになるかは，マクスウェル－ボルツマンの分布則(5.46) 式で与えられる．つまり，エネルギー $\varepsilon_n = nh\nu$ をもつ振動子の数は

$$\bar{N}_n = K\,\mathrm{e}^{-nh\nu/kT}$$

で与えられる．$\sum_n \bar{N}_n = 3N$ によって比例定数 K を決めると

$$3N = K(1 + \mathrm{e}^{-h\nu/kT} + \mathrm{e}^{-2h\nu/kT} + \cdots) = \frac{K}{1 - \mathrm{e}^{-h\nu/kT}}$$

より

$$K = 3N(1 - \mathrm{e}^{-h\nu/kT})$$

が得られる．これを用いると，結晶の全エネルギーは

$$U = \sum_n nh\nu\bar{N}_n = \frac{3Nh\nu}{\mathrm{e}^{h\nu/kT} - 1} \tag{5.51}$$

となることがわかる．したがって，熱容量は

$$C_V = \frac{dU}{dT} = 3Nk\frac{(h\nu/kT)^2\mathrm{e}^{h\nu/kT}}{(1 - \mathrm{e}^{h\nu/kT})^2} \tag{5.52}$$

となる．原子熱の場合には $Nk = R$ とすればよい．この結果は，

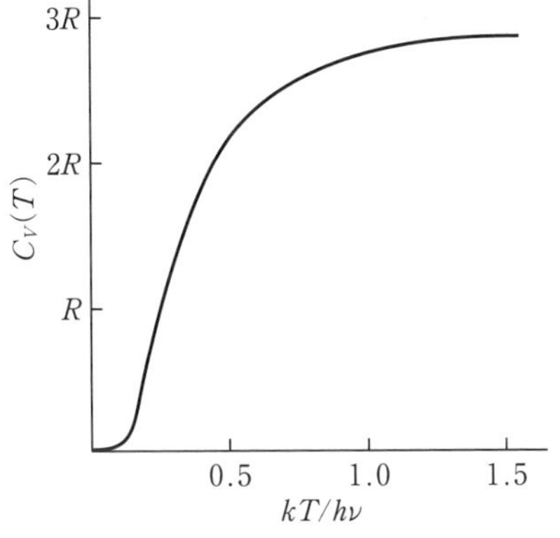

5－24 図　アインシュタインの理論による原子熱の温度変化

$$\begin{cases} 高温\left(\dfrac{h\nu}{kT} \ll 1\right) \quad では \quad C_V \cong 3R & (5.53\mathrm{a}) \\ 低温\left(\dfrac{h\nu}{kT} \gg 1\right) \quad では \quad C_V \cong 3R\left(\dfrac{h\nu}{kT}\right)^2 \mathrm{e}^{-h\nu/kT} & (5.53\mathrm{b}) \end{cases}$$

となり*，高温でデューロン－プティの法則に一致し，低温 $T \to 0$ で急速に $C_V \to 0$ となることを示している．

* $h\nu/kT \ll 1$ のときは，$\mathrm{e}^{h\nu/kT} \approx 1 + h\nu/kT$ と近似する．$h\nu/kT \gg 1$ のときは $\mathrm{e}^{h\nu/kT} \gg 1$ なので，$\mathrm{e}^{h\nu/kT} - 1 \approx \mathrm{e}^{h\nu/kT}$．

原子がすべて独立に振動しているという仮定は，その後デバイが改良し，いっそう実験とよく合う結果を導いた．

問　　題

1. ある物質 1 g を 0 ℃ から t ℃ まで熱するのに必要な熱量が，$Q = c_1 t + c_2 t^2$ で与えられるとき，t_1 ℃ と t_2 ℃（$t_1 < t_2$）の間の平均の比熱，および t ℃ における比熱はどんな式で与えられるか．

2. 1 モルの状態方程式が

$$pV = RT\left(1 + \frac{B}{V} + \frac{C}{V^2}\right)$$

にしたがう気体を，準静的に体積 V_1 から V_2 まで等温膨張させるとき，気体が外に対してする仕事を求めよ．

3. 100 g の金属塊を，一定温度のもとで準静的に圧力 0 から 1000 気圧まで増加させるのに必要な仕事はいくらか．金属の密度は最初 10.0 g/cm^3 であったとし，等温体積弾性率は 1.50×10^{11} N/m^2 とする．

4. 0 ℃ の気体に圧力をかけ，断熱的に体積を 100 分の 1 に圧縮したとき，温度はどうなるか．ただし，比熱の比を 1.5 とする．

5. 両端を密閉したシリンダーを，自由に動くピストンで 2 つの室 A, B に分ける．シリンダーの A の方の端だけを透熱にし，それ以外はシリンダーもピストンも断熱的につくっておく．はじめピストンを中央に置いて，A と B の両方に 0 ℃，1 気圧，54×10^3 cm^3 の同じ理想気体を入れる．次に A をゆっくり熱したところピストンは B 側に移動し，B 内の気体の圧力が 7.59 気圧になったという．ただし，この気体の比熱の比を $\gamma = 5/3$ とする．

　（i） B 内の気体が受けた仕事はいくらか．

　（ii） B 内の気体の温度は最後にいくらになったか．

　（iii） A 内の気体の温度は最後にいくらになったか．

　（iv） A 内の気体が吸収した熱量はいくらか．

6. m g の理想気体（分子量 M）に 5 - 25 図に示すような変化を行わせるとき，次の量を求めよ．ただし B → C は等温変化であり，気体の定圧比熱を c_p とする．

	A → B	B → C
気体が吸収する熱量		
気体が外にする仕事		
気体の内部エネルギーの増し高		
気体のエントロピーの増し高		

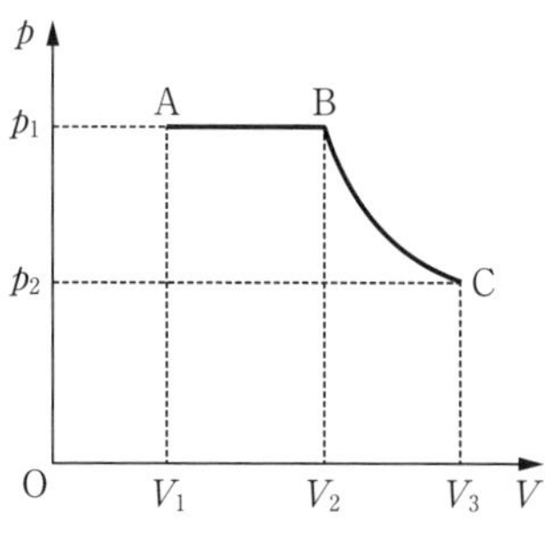

5 - 25 図

7. 一定量の理想気体を，定圧のもとで体積が n 倍になるまで熱するとき，与えた熱量のうち，体積膨張による外部への仕事に使われる部分の割合を求めよ．ただし，比熱の比を 1.41 とする．

8. 少量の液体を，空気をぬいたガラス管に封入し，その温度を上げていくとき，液面の様子はどう変わるか．次の 3 つの場合について答えよ．
   (i) ガラス管の容積が臨界体積よりずっと大きいとき．
   (ii) 臨界体積よりわずかに大きいとき．
   (iii) 臨界体積よりわずかに小さいとき．

9. 温度 300 K における水素分子の二乗平均速度 $\sqrt{\langle V^2 \rangle}$ はいくらか．

10. 容器に入った理想気体の体積を，断熱的にもとの半分に圧縮すると，気体分子の平均の速さははじめに比べてどう変わるか．

11. 室温で，Pb の比熱は 0.03 cal/(g·K)，ダイヤモンドの比熱は 0.10 cal/(g·K) である．これらはデューロン - プティの法則をどのくらいよく満たしているか．Pb, C の原子量はそれぞれ 207.2, 12.0 であり，1 cal = 4.1855 J である．

12. NaCl の結晶は密度が 2.165 g/cm^3 で 5 - 23 図のような結晶格子をつくっている．アボガドロ定数 6.022×10^{23} mol^{-1} は既知であるとし，図に示された原子間隔を計算して求めよ．ただし，原子量は Na = 23.0，Cl = 35.5 とする．

サディ・カルノーとナポレオン

カルノーサイクルを考えたのはフランスのサディ・カルノー（Sadi Carnot, 1796 – 1832）である．彼の父のラザール・カルノーはフランス革命の立役者の一人で，ナポレオンに重用されて軍事大臣などをつとめた人であった．子供の頃のサディ・カルノーはナポレオンの夫人に大変可愛がられていた．

あるとき夫人が，数人の婦人たちと小舟に乗って漕いでいるところへナポレオン（当時はまだ第一執政であった）が現れ，ふざけて小石を拾っては舟のまわりに投げはじめた．水しぶきがはねかかり婦人たちが困惑しているのをしばらく見ていた小さいカルノーは，こぶしをふりかざしながらあの偉大な英雄に向かって叫んだ．「第一執政の畜生！　ご婦人がたをいじめようというのか．」予期せぬ攻撃にびっくりしたナポレオンは，驚いて子供の方を眺め，それから大きな笑い声を立てたという．

コレラのために若くして世を去ったカルノーの仕事は，人に知られることなく埋もれていた．これを取り上げて手を加え，世に紹介したのはロシア帰りの鉄道技師クラペイロン（Emile Clapeyron, 1799 – 1864）であった．彼はカルノーの仕事を解析的に表示し，また p – V 図のグラフとして表すことによって，物理学の中心的問題として学界にもちこんだのである．

カルノーの仕事は『火の動力についての考察』という冊子（1824 年刊）にまとめられているが，それとカルノーが残した覚え書き，および弟イッポリト・カルノーによる兄の伝記とを日本語に訳した次の本によって，カルノーの偉大な業績を知ることができる．

広重 徹 訳と解説『カルノー・熱機関の研究』（みすず書房，1973）．

6. 静 電 場

この章では静電気とそれがつくる電場について学ぶ．場という概念は物理学で一番基本的なものの１つであり，それをしっかり理解することは不可欠である．クーロンの法則を，電場の概念を使って一般化したものがガウスの法則である．流体の流れの場との類推は，正しく把握すれば電場の理解に大いに役立つはずである．導体と誘電体の違いも大切である．コンデンサー（キャパシター）も，接続したものの容量がどうなるという公式を暗記するような勉強の仕方ではなく，この程度の公式ならすぐ自分で出せるようにしておくのが正しい学び方である．

§6.1 電 場

ナイロンの衣類やビニール製品が摩擦で帯電しやすいのは日常よく経験するところである．電気には正負の二種があり，異種の絶縁体を摩擦すると一方は正に，他方は負に帯電する．同種の電気（正と正，または負と負）は互いに反発し，異種の電気（正と負）は引き合う．この力を定量的に調べたのはクーロンで，帯電した２つの小さい物体 ── 理想的には大きさを無視できる点電荷 ── の間にはたらく力の大きさは，２物体間の距離の２乗に逆比例し，それらがもつ電気量の積に比例することを見出した．式で記せば

$$F \propto \frac{qq'}{r^2} \qquad (F > 0\ \text{斥力},\ F < 0\ \text{引力})$$

となる．これを**クーロンの法則**という．比例係数は用いる単位によって異なる．SI 単位系（MKSA 有理単位系）では，力 F にニュートン（$\mathrm{N = kg \cdot m/s^2}$），距離 r にメートル（m），電気量にはクーロン（C と記す*）を用いるが，そのとき

* SI 単位系では，真空中で 1 m の間隔に置かれた無限に長い２本の平行な導線に等しい電流を流し，それらの間にはたらく力が 1 m につき 2×10^{-7} N であったとき，これらの電流の強さを１アンペア（1 A）と定め，このとき導線の１つの断面を毎秒通過する電気量を 1 C とする（$\mathrm{1\,C = 1\,A \cdot s}$）．（なお，この定義はその後（2019 年 5 月 20 日）改定された．）

$$F = \frac{1}{4\pi\varepsilon_0}\frac{qq'}{r^2} \tag{6.1}$$

と書いて，ε_0 を真空の誘電率とよぶ．その値は

$$\varepsilon_0 = \frac{10^7}{4\pi c^2}\frac{\mathrm{C^2\cdot s^2}}{\mathrm{kg\cdot m^3}} = 8.8541878 \times 10^{-12}\,\frac{\mathrm{C^2}}{\mathrm{N\cdot m^2}} \tag{6.2}$$

である．c は真空中の光の速さである．ε_0 はよく $4\pi\varepsilon_0$ として現れるので，その値を記すと

$$4\pi\varepsilon_0 = \frac{10^7}{c^2} = 1.11 \times 10^{-10}\,\frac{\mathrm{C^2}}{\mathrm{N\cdot m^2}} \tag{6.2$'$}$$

である．

CGS 単位系では，F を $\mathrm{dyn} = \mathrm{g\cdot cm/s^2}$，$r$ を cm で測り

$$F = \frac{qq'}{r^2}$$

としてこれによって電気量の単位（CGS esu という）を定義する．$1\,\mathrm{C} = 2.9979 \times 10^9\,\mathrm{esu}$ である．

上の定義は 2 つの点電荷が真空中に置かれて孤立している場合に正しいが，空気中でもほとんど同じである．

電荷は一般には線，面，あるいは広がった空間に三次元的に分布している．そのようなときには，それを微小部分に分割してクーロンの法則を適用し，得られた力をベクトルとして合成すればよい．

帯電体 A（1 個でなくてもよい）のそばへ別の帯電体 P を近づけると，相互の間に静電気力がはたらく．いま，A の帯電の仕方がどうなっているのかを P によって調べる場合を考える．P のもつ電気量（電荷）があまり大きいとそれからの反作用で A の電荷分布に変化を生じてしまうから，P のもつ電荷 q_0 は十分に小さいものとする．またその広がりも十分小さくて，点電荷とみなしてよいものとする．この点電荷 P によって A の帯電状態を調べるには，P を A の近くのいろいろな場所へもっていって，A から受ける力を測ればよい．A が 1 つの点電荷ならクーロンの法則を確かめることになる．A がもっと複雑な電荷分布のときには，クーロンの法則にしたがう力の合成になる．しかしいずれにしても，同じ場所で P が受ける力はそれがもつ電気量 q_0 に比例する．そこでこの力を $q_0\boldsymbol{E}$ と記すと，ベクトル $\boldsymbol{E}$

は場所によって決まる，つまり位置 $\boldsymbol{r}$ の関数になる．あるいは $\boldsymbol{E}$ の3成分が $\boldsymbol{r}$ の関数として $E_x(\boldsymbol{r}), E_y(\boldsymbol{r}), E_z(\boldsymbol{r})$ のように決まる，といってもよい．

このときPはAの電荷からの力を直接に感じると考えず，次のように考える．Aの電荷はその周りの空間を変化させて一種の緊張状態——たとえばひずんで応力を生じている弾性体の内部のような状態——をつくり出しており，それを表すのがこの $\boldsymbol{E}(\boldsymbol{r})$ というベクトルである．Pを点 $\boldsymbol{r}$ にもっていくと，その点での「緊張」$\boldsymbol{E}(\boldsymbol{r})$ を感じ，それが力 $q_0\boldsymbol{E}(\boldsymbol{r})$ となって現れる．このような空間のことを**電場**あるいは**電界**といい，ベクトル $\boldsymbol{E}(\boldsymbol{r})$ を**電場の強さ**または単に**電場**とよぶ．

このような一見まわりくどいように思われる考え方はファラデーが最初に導入したものであるが，電場の実在性は電波の存在などによって今では動かしがたいものになっている．

［例］　点 (a,b,c) にある電気量 Q の点電荷のつくる電場．(x,y,z) との距離は $\sqrt{(x-a)^2+(y-b)^2+(z-c)^2}$ であるから，電場の強さ $\boldsymbol{E}(x,y,z)$ の大きさは

$$E = \frac{|Q|}{4\pi\varepsilon_0\{(x-a)^2+(y-b)^2+(z-c)^2\}}$$

である．方向まで考えてベクトルで表すと

$$\boldsymbol{E} = \frac{Q\{(x-a)\boldsymbol{i}+(y-b)\boldsymbol{j}+(z-c)\boldsymbol{k}\}}{4\pi\varepsilon_0\{(x-a)^2+(y-b)^2+(z-c)^2\}^{3/2}} \tag{6.3}$$

となる．

電場内では各点ごとにベクトル $\boldsymbol{E}$ が定義されるので，これは一種のベクトル場であって，各点ごとに流速の定義される流速の場と似ている．そうすると，流速の場合の流線と同じものを電場についても考えたくなる．そのような曲線——各点における接線がその点における $\boldsymbol{E}$ の方向と一致するような曲線——のことを**電気力線**とよぶ．電場の強さ $\boldsymbol{E}$ は単位正電荷にはたらく力であるから，電気力線は正の電荷から発して負の電荷で終ることがわかる．正の電荷は電気力線の湧き出し口，負の電荷は電気力線の吸い込み口であるといえる．

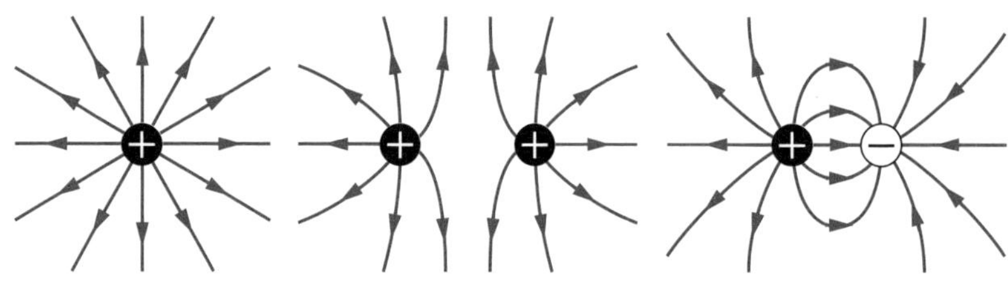

6-1図　簡単な電場の例

問　正負の点電荷 Q と $-Q$ が l だけへだてて置かれている．これらを２頂点とする正三角形のもうひとつの頂点の位置における電場を求めよ．

§6.2　ガウスの法則

いま考えているのは時間的には変化しない静電場であるが，これは流体の定常流に対応している.* 流速の場との類似がもっと緊密なものであることを示すのが次に述べるガウスの法則である．

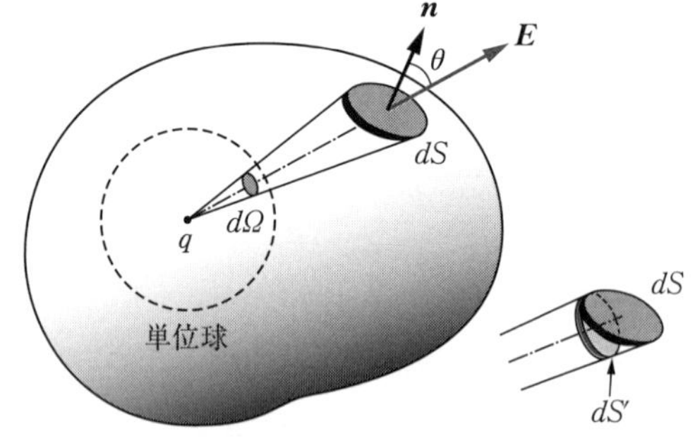

6-2図　ガウスの法則

まず，１個の点電荷 q がある場合に，これを内部に含むようなかってな閉曲面Sを考える．Sを細分してその１つの小片 dS をとり，その dS に立てた外向きの法線を $\boldsymbol{n}$，点電荷 q がこの dS のところにつくっている電場を $\boldsymbol{E}$，この $\boldsymbol{E}$ と $\boldsymbol{n}$ との間の角を θ，q から dS までの距離を r とする．いま，q と dS の周縁を通る直線群のつくる錐面が q を中心とした半径１の球から切りとる面積を $d\Omega$ とするとき，この $d\Omega$ のことを q が dS を見こむ立体角という.** dS のところで錐面を垂直に切った切口の断面

* 対応しているのは流速 $\boldsymbol{V}$ と電場 $\boldsymbol{E}$ であって，電気の流れがあるわけではない．静電場をつくっているもとになる電荷はすべて静止している．

** 遠くの星より近くの月の方が大きく見えるのは立体角が大きいからである．

積を dS' とすると，$dS' = r^2\,d\Omega = \cos\theta\,dS$ である（θ は dS と dS' の間の角に等しい）から

$$d\Omega = \frac{1}{r^2}\cos\theta\,dS$$

となる．そこで，いま $E\cos\theta\,dS$ という量を考えてみると，$E = q/4\pi\varepsilon_0 r^2$ であるから

$$E\cos\theta\,dS = \frac{q}{4\pi\varepsilon_0}\frac{1}{r^2}\cos\theta\,dS$$

$$= \frac{q}{4\pi\varepsilon_0}\,d\Omega$$

$E\cos\theta$ は $\boldsymbol{E}$ の $\boldsymbol{n}$ 方向の成分であるからこれを E_n と書くこともできるので，

$$E_n\,dS = \frac{q}{4\pi\varepsilon_0}\,d\Omega$$

となる．これを S 全体について合計すると

$$\int_{\mathrm{S}} E_n\,dS = \frac{q}{4\pi\varepsilon_0}\int d\Omega$$

となるが，右辺の積分は単位球の表面積であるから 4π に等しい．したがって

$$\varepsilon_0\int_{\mathrm{S}} E_n\,dS = q$$

となることがわかる．

次に，点電荷 q が閉曲面 S の外部にあるときを考える．6-3 図で $q > 0$ のときには，dS_1 のところでは $E_n\,dS_1 > 0$ であるが，dS_2 のところでは E_n が負の値になるので $E_n\,dS_2 < 0$ である．ところが，大きさはどちらも $q\,d\Omega/4\pi\varepsilon_0$ に等しい．したがってこの 2 つは互いに相殺する．S 全体についての和はすべてこのような

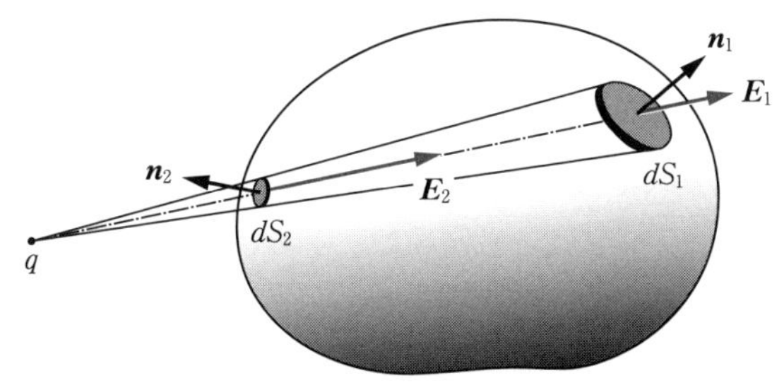

6-3 図 ガウスの法則

組に分けられるので，結局

$$\int_S E_n\,dS = 0$$

となる．

ことわらずに上の議論では $q > 0$ のように仮定したが，$q < 0$ の場合でも E_n の符号を正しく考えれば全く同じことになるし，S の形がもっと複雑で錐面が S を 3 回以上切るようなときでも，結果に変わりはない．結局，点電荷 q のつくる電場について，次の式の成り立っていることがわかる．

$$\varepsilon_0\int_S E_n\,dS = \begin{cases} q & (q \text{ が S のなかにあるとき}) \\ 0 & (q \text{ が S の外にあるとき}) \end{cases} \tag{6.4}$$

点電荷がいくつもあるときには，それらを $q_1, q_2, \cdots$ とすると，全体がつくる電場 $\boldsymbol{E}$ は，これらが単独に存在したときにできる電場 $\boldsymbol{E}_1, \boldsymbol{E}_2, \cdots$ のベクトル和である．

$$\boldsymbol{E}(\boldsymbol{r}) = \boldsymbol{E}_1(\boldsymbol{r}) + \boldsymbol{E}_2(\boldsymbol{r}) + \cdots$$

したがって，かってな閉曲面 S を考え，その上の微小部分 dS における $\boldsymbol{E}$ の法線成分 E_n は，同じ場所における $\boldsymbol{E}_1, \boldsymbol{E}_2, \cdots$ の法線成分の和に等しい．ところで，そのおのおのについては (6.4) 式が成り立つ．つまり，$j = 1, 2, \cdots$ に対して

$$\varepsilon_0\int_S E_{jn}\,dS = \begin{cases} q_j & (q_j \text{ が S のなかにあるとき}) \\ 0 & (q_j \text{ が S の外にあるとき}) \end{cases}$$

であるから，これを j について合計すれば

$$\varepsilon_0\int_S E_n\,dS = (\text{S のなかにある電荷の和}) \tag{6.5}$$

が得られる．右辺の和はもちろん代数和である．この式の表している内容を**ガウスの法則**という．以上では電荷は点状に散在するかのように考えたが，(6.5) 式は電荷が連続的に分布するときにも正しい．

ガウスの法則を用いると，対称性のよい場合に，電場を求めることが非常に容易になる．

［例 1］ 面密度（単位面積当たりの電気量）σ で一様に分布した無限に広い平面状の正電荷がつくる電場は，対称性から考えてこの平面に垂直で 6-4 図のようになる．電荷をサンドイッチのようにはさむ，面積 S のうすい平板を包む面にガウスの法則を適用すると，側面では E_n が 0 なので

$$\varepsilon_0 \int E_n\, dS = 2\varepsilon_0 ES = \sigma S$$

から

$$E = \frac{\sigma}{2\varepsilon_0} \tag{6.6}$$

が得られる．

6-4 図

［例 2］ 半径が a の球内に一様な密度 ρ で電荷が分布しているときの電場を考える．対称性から考えて同心球面上ではすべて電場の大きさは一定で，その方向は球面に垂直で，ρ が正なら外向き（負なら内向き）である．その大きさは球の半径 r だけの関数であるから $E(r)$ とする．この球面を S としてガウスの法則を適用すると，S 上では $E(r)$ がそのまま E_n であり，しかも大きさは一定なので

$$\varepsilon_0 \int_S E_n\, dS = \varepsilon_0 E(r) \int_S dS = \varepsilon_0 E(r) 4\pi r^2$$

となる．一方，(6.5) 式の右辺は

$$(\text{S 内の電荷の和}) = \begin{cases} \dfrac{4\pi}{3} r^3 \rho & (r < a) \\ \dfrac{4\pi}{3} a^3 \rho & (r > a) \end{cases}$$

であるから，これらを等しいとおいた式から

$$E(r) = \begin{cases} \dfrac{\rho}{3\varepsilon_0} r & (r < a) \\ \dfrac{\rho a^3}{3\varepsilon_0 r^2} & (r > a) \end{cases} \tag{6.7a}$$

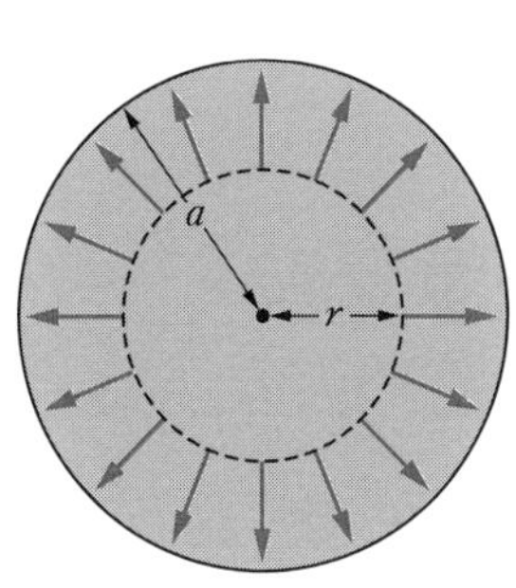

6-5 図　一様な球状電荷

が得られる．全電荷 $Q = (4\pi/3)a^3 \rho$ を用いれば

$$E(r) = \begin{cases} \dfrac{Q}{4\pi\varepsilon_0}\dfrac{r}{a^3} & (r < a) \\ \dfrac{Q}{4\pi\varepsilon_0 r^2} & (r > a) \end{cases} \tag{6.7b}$$

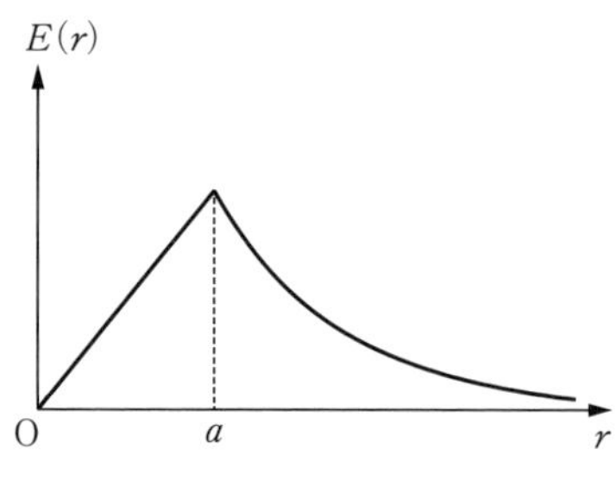

6-6図　一様な球状電荷の電場

となることがわかる．第2式は，球外にできている電場が，球の中心に置かれた点電荷 Q によるものと一致することを示している．この (6.7) 式の $E(r)$ をグラフにすれば6-6図のようになる．

流体のときに流管を考えたのと全く同様に**電気力管**というものを考えることができる．細い電気力管を考え，その2つの断面（垂直に切る）の面積を S_A, S_B とし，そこにおける電場の強さを E_A, E_B とする．いま，この S_A と S_B で切りとられた力管の表面に対してガウスの法則を適用すると，側面では電場の法線成分は0であるから (6.5) 式の左辺は $\varepsilon_0 (E_B S_B - E_A S_A)$ となる．ただし，電場の向きは $A \to B$ とした．したがって，この力管内に電荷がなければ

$$E_A S_A = E_B S_B$$

が成り立つ．これは縮まない流体の場合の連続の式と全く同じ形になっている．

問　電荷 Q が，半径 a の球面上に一様に分布しているとき，これのつくる電場はどうなるか．

§6.3 電　位

位置の関数（スカラー）$U(\boldsymbol{r})$ から

$$F_x = -\frac{\partial U}{\partial x}, \qquad F_y = -\frac{\partial U}{\partial y}, \qquad F_z = -\frac{\partial U}{\partial z}$$

によって力 $\boldsymbol{F}(\boldsymbol{r})$ が導き出されるとき，この力を保存力といい，U をそのポテンシャルとよぶことは力学でよく知られている．いま

$$V(\boldsymbol{r}) = \frac{Q/4\pi\varepsilon_0}{\sqrt{(x-a)^2+(y-b)^2+(z-c)^2}} \tag{6.8}$$

を微分してみれば

$$-\frac{\partial V}{\partial x} = \frac{Q}{4\pi\varepsilon_0}\frac{x-a}{\{(x-a)^2+(y-b)^2+(z-c)^2\}^{3/2}}$$

となることがわかる（y, z で微分したものも同様）．これは（6.3）式が示すように，点 (a, b, c) にある点電荷 Q のつくる電場を与える式である．つまり，万有引力と全く同様に，点電荷のつくる電場は保存力で，そのポテンシャルは（6.8）式で与えられる．

さて，任意に配置された電荷のつくる静電場は，点電荷のつくる静電場を合成したものと考えられる．したがって，点電荷のつくる（6.8）式のようなポテンシャルを合成（和，積分）すれば，それが合成電場のポテンシャルを与えることになる．* つまり，静電場は常に保存力であって，**静電ポテンシャル** $\boldsymbol{V}(\boldsymbol{r})$ から

$$E_x = -\frac{\partial V}{\partial x}, \qquad E_y = -\frac{\partial V}{\partial y}, \qquad E_z = -\frac{\partial V}{\partial z} \tag{6.9}$$

まとめて書けば

$$\boldsymbol{E} = -\mathrm{grad}\, V \tag{6.9a}$$

のようにして得られる．静電ポテンシャルのことを**電位**ともいう．

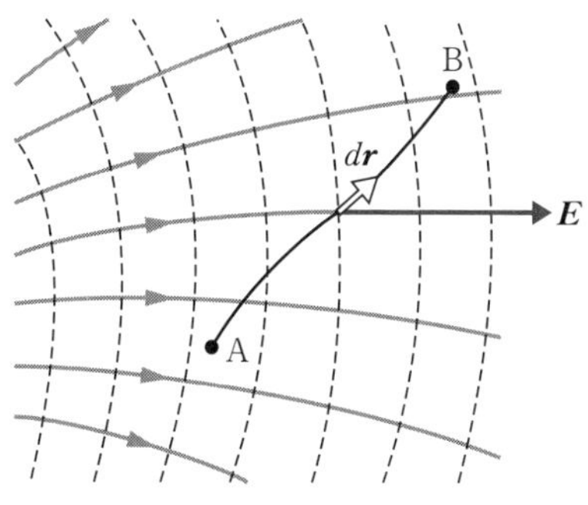

6-7図
実線は電気力線，破線は等電位面（の切り口）を示す．

電場の中に2点A, Bをとり，それらを結ぶかってな曲線を考える．この曲線を細かく刻んだとして，そのうちの1片 $d\boldsymbol{r}$ を考えると，これは微小なベクトルであるから，成分を dx, dy, dz とする．この $d\boldsymbol{r}$ の位置における電場 $\boldsymbol{E}$ と $d\boldsymbol{r}$ とのスカ

---

* $Q_1, Q_2, \cdots$ が単独につくる電場を $\boldsymbol{E}_1, \boldsymbol{E}_2, \cdots$，そのポテンシャルを $V_1, V_2, \cdots$ とすれば，$\boldsymbol{E}_1 = -\mathrm{grad}\, V_1$，$\boldsymbol{E}_2 = -\mathrm{grad}\, V_2, \cdots$ である．したがって，$\boldsymbol{E} = \sum_j \boldsymbol{E}_j = -\sum_j \mathrm{grad}\, V_j = -\mathrm{grad}(\sum_j V_j)$ となるから，$\boldsymbol{E}$ のポテンシャルは $V = \sum_j V_j$ である．電荷が連続分布のときは和は積分になる．

ラー積をとって，(6.9) 式を入れると

$$\boldsymbol{E}\cdot d\boldsymbol{r} = E_x\,dx + E_y\,dy + E_z\,dz$$
$$= -\left(\frac{\partial V}{\partial x}\,dx + \frac{\partial V}{\partial y}\,dy + \frac{\partial V}{\partial z}\,dz\right)$$

となるが，この最後の（　）内は $d\boldsymbol{r}$ の両端における V の値の差

$$dV = V(\boldsymbol{r} + d\boldsymbol{r}) - V(\boldsymbol{r})$$
$$= V(x + dx, y + dy, z + dz) - V(x, y, z)$$

にほかならない．そこで，このような差を A から B まで合計すると

$$\int_{\mathrm{A}}^{\mathrm{B}} \boldsymbol{E}\cdot d\boldsymbol{r} = V(\boldsymbol{r}_{\mathrm{A}}) - V(\boldsymbol{r}_{\mathrm{B}}) \qquad (6.10)$$

となる．この式は，単位正電荷が電場内で点 A から B まで動いたときに電場のする仕事は，動いた経路に関係なく A と B における電位の差に等しい，という内容を表している．

途中の経路によらないということは A から B へ行くのに，たとえば A → C → B と行っても，A → D → B とたどっても同じだということである．たどり方を逆にすれば $\boldsymbol{E}\cdot d\boldsymbol{r}$ の符号が各点で逆になる（$d\boldsymbol{r}$ の向きが逆転する）から

$$\int_{\mathrm{ACB}} \boldsymbol{E}\cdot d\boldsymbol{r} = \int_{\mathrm{ADB}} \boldsymbol{E}\cdot d\boldsymbol{r} = -\int_{\mathrm{BDA}} \boldsymbol{E}\cdot d\boldsymbol{r}$$

6－8図　2つの経路

したがって

$$\int_{\mathrm{ACB}} \boldsymbol{E}\cdot d\boldsymbol{r} + \int_{\mathrm{BDA}} \boldsymbol{E}\cdot d\boldsymbol{r} = 0$$

つまり，電場内で電荷が閉曲線を描いて一周してもとにもどったときに，電場がする仕事は 0 になる．これを

$$\oint \boldsymbol{E}\cdot d\boldsymbol{r} = 0 \qquad (6.10)'$$

のように表す．もし電場が 6－9 図のようになっていると，この電気力線に沿って一周したときの仕事は明らかに 0 ではないから，6－9 図のような静電場は存在しない．つまり，静電場はうずなしである．

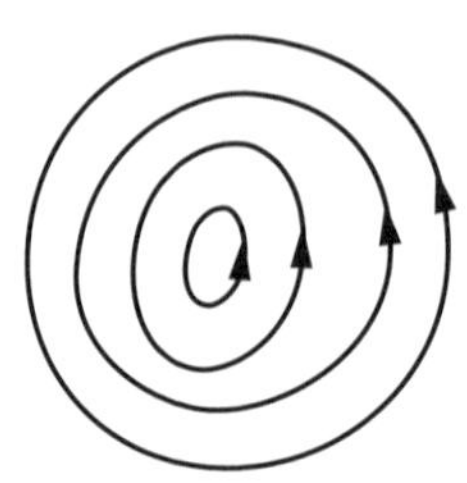

6－9図　このような静電場は存在しない．

静電場をつくるときには仕事が必要であるが，これを保持するにはエネルギーを要しない．もし 6－9 図のような静電場が可能なら，この中に環状の導線

を置くだけで電流が得られ，エネルギー不要の発電機がつくれることになるから，エネルギーは不生不滅であるという熱力学の第1法則に反することになる．

(6.10) 式をAとBがきわめて接近しているときに使うと，$\boldsymbol{E}$は一定と見てよいから$\overrightarrow{\mathrm{AB}} = \delta\boldsymbol{r}$として

$$\boldsymbol{E}\cdot\delta\boldsymbol{r} = V(\boldsymbol{r}_{\mathrm{A}}) - V(\boldsymbol{r}_{\mathrm{B}}) \tag{6.11}$$

となる．さて，$V(\boldsymbol{r})$は位置ごとに値の決まったスカラーであるから，$V(\boldsymbol{r}) = $(一定)を満たす$\boldsymbol{r}$は1つの曲面をつくる．これを等電位面という．いま，上の2点AとBが1つの等電位面上にあると，右辺は0であるから

$$\boldsymbol{E}\cdot\delta\boldsymbol{r} = 0 \qquad (\delta\boldsymbol{r}：\text{等電位面上}) \tag{6.12}$$

となり，これは$\boldsymbol{E}$と$\delta\boldsymbol{r}$が垂直であることを示す．つまり，**電場ベクトル**(したがって**電気力線**)**は等電位面に垂直である**(6-7図)．そして$\boldsymbol{E}$**は電位の減る方へ向いている．**

電位は(6.9), (6.10)式が示すように，(電場の強さ)×(長さ)という単位をもつ．「電場の強さ」は(力)÷(電気量)——SI単位系ならN/C——という単位をもつから，(力)×(長さ)が(仕事)になっていることを用いて

$$\text{電位のSI単位} = \mathrm{J/C}$$

であることがわかる．J/Cのことをボルトとよび，Vまたはvoltなどと表す．

上の諸関係が示すように，電位はいつも2点間の電位差という形で現れるので，付加定数だけ不定である．あるいは，適当な基準点を定めてそこの電位を0と決めてもよい．理論的な計算では通常無限遠点の電位を0にとることが多く，実際の応用においては地球(アース，1つの導体と見てよい)の電位を0とするのがふつうである．

［例］ 半径aの球面上に一様に電荷Qが分布しているときの電場は

$$E(r) = \begin{cases} 0 & (r < a) \\ \dfrac{Q}{4\pi\varepsilon_0 r^2} & (r > a) \end{cases} \tag{6.13}$$

である．電位も当然，球の中心からの距離rだけの関数であるが$V(\infty) = 0$とす

ると (6.10) 式から，

$r < a$ のとき

$$V(r) = \int_r^\infty E(r)dr$$

$$= \int_a^\infty \frac{Q}{4\pi\varepsilon_0} r^{-2}\,dr = \frac{Q}{4\pi\varepsilon_0 a} \quad (6.14\text{a})$$

$r > a$ のとき

$$V(r) = \frac{Q}{4\pi\varepsilon_0}\int_r^\infty r^{-2}\,dr = \frac{Q}{4\pi\varepsilon_0 r} \quad (6.14\text{b})$$

が得られる．$r < a$ (球内) は $\boldsymbol{E} = 0$，$V =$ (一定) の等電位領域になっている (6 - 10 図)．

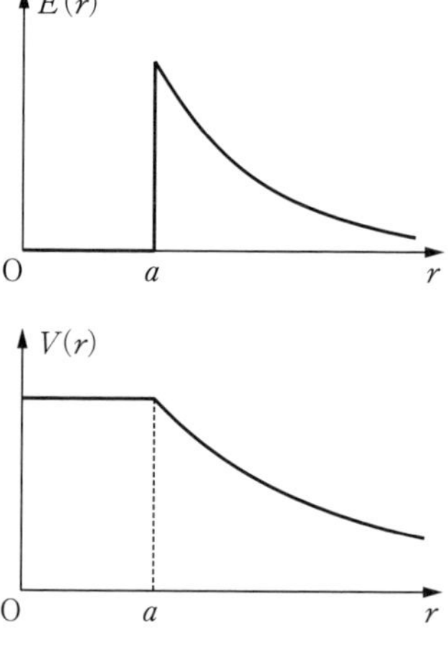

6 - 10 図　球殻状電荷のつくる電場とその電位

問　§6.2 [例 2] (215 ページ) の $E(r)$ に対する電位はどうなるか．

§6.4　導　体

ガラスやビニールのように電気を通しにくいものを**絶縁体**，金属や電解質溶液のように電気をよく通すものを**導体**という．物質は一般に正電気をもった粒子と負電気をもった粒子からできているが，金属などでは負電気をもった電子のうちの一部が金属内をほとんど自由に動けるので，これ (**伝導電子**という) が電気を運ぶ役をする．電解質では正負のイオンが電荷の移動の担い手になっている．

導体に帯電体を近づける —— つまり，電場をかける —— と，これらの伝導電子やイオン (**担体**または**キャリア**という) が動き，片側の表面が正に，他の側の表面が負に帯電する．これを**静電誘導**という．この電荷の移動は導体内に電場があれば続くが，移動して上記のように帯電した結果と

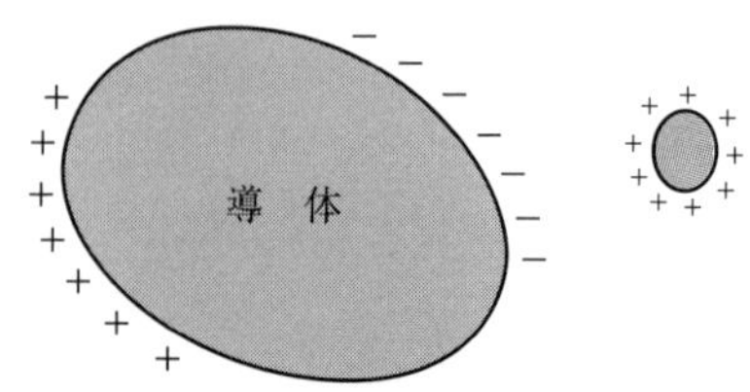

6 - 11 図　静電誘導

して電場 ── 外から帯電体などによって加えた電場と静電誘導で生じた電荷のつくる電場とを合成したもの ── が（導体内で）0 になればやむ．これはきわめて速やかに起こる．このため，静電場を扱う限り，導体内はどこも $\boldsymbol{E} = 0$ で，全体を 1 つの等電位領域と見てよい．電荷が存在するのは表面だけで，内部には電荷は存在しない．（もっと正確にいえば，内部では正負の電荷が等量だけ分布して互いに完全に打ち消し合っている．）

導体は等電位領域であるからその表面は等電位面である．したがって，**導体のすぐ外側の電場は導体表面に垂直である**．いま，導体の表面のところに，底面積が ΔS で厚さが薄い板状の領域を考える．底面は導体表面に平行で，一方の面は導体内部，他方の面は導体の外部にあるようにとる．側面は導体表面に垂直にとっておく．この領域を囲む面にガウスの法則を適用する．電場は導体外にのみ存在し，導体面に垂直であり，ΔS は十分小さくそこで $\boldsymbol{E}$ の大きさは一定と見てよいから

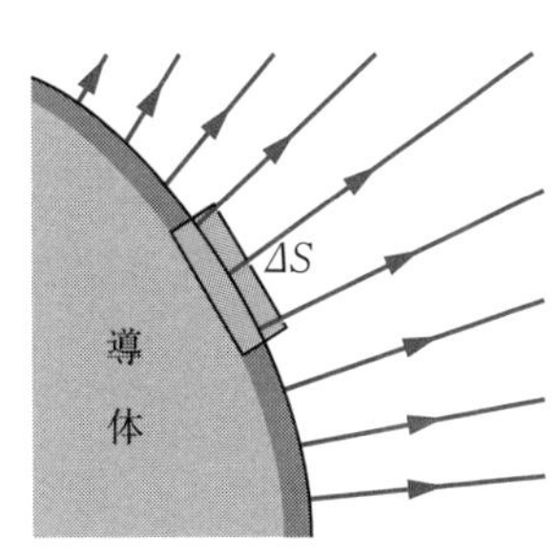

6 - 12 図　導体表面

$$\varepsilon_0 E \, \Delta S = \sigma \, \Delta S \qquad (\sigma \text{ は表面電荷密度})$$

したがって

$$E = \frac{\sigma}{\varepsilon_0} \tag{6.15}$$

が得られる．

［例］　前節の［例］（219 ページ）にあげた半径 a の球面上に分布する電荷は，半径 a の導体球に電荷 Q を与えた場合になっている．内部では電場は 0 であり，(6.13) 式が示すように球のすぐ外の電場の大きさは

$$E = \frac{Q}{4\pi a^2 \varepsilon_0}$$

であるが，球の表面積は $4\pi a^2$ であるから，$Q/4\pi a^2$ は表面の電荷密度 σ にほかならない．したがってこれは (6.15) 式の 1 つの場合になっている．

問 半径 a_1 の導体球と a_2 の導体球に正の電荷を与えて同じ電位にしたとき，どちらの表面の電場の方が強いか．$a_1 > a_2$ とする．

一様な静電場内に置かれた導体球

§6.2 の［例 2］（215 ページ）で半径 a の球内に一様な密度 ρ で分布している電荷のつくる電場を求め (6.7) 式を得た．$\rho > 0$（したがって $Q = 4\pi a^3\rho/3 > 0$）として，このような球の中心を $x = \delta$，$y = z = 0$ におくと，それがつくる電場は

$$\text{球内で} \quad E_x{}^+ = \frac{\rho}{3\varepsilon_0}(x-\delta), \quad E_y{}^+ = \frac{\rho}{3\varepsilon_0}y, \quad E_z{}^+ = \frac{\rho}{3\varepsilon_0}z \tag{6.16}$$

$$\text{球外で} \quad \left.\begin{aligned} E_x{}^+ &= \frac{\rho a^3}{3\varepsilon_0}\frac{x-\delta}{\{(x-\delta)^2+y^2+z^2\}^{3/2}} \\ E_y{}^+ &= \frac{\rho a^3}{3\varepsilon_0}\frac{y}{\{(x-\delta)^2+y^2+z^2\}^{3/2}} \\ E_z{}^+ &= \frac{\rho a^3}{3\varepsilon_0}\frac{z}{\{(x-\delta)^2+y^2+z^2\}^{3/2}} \end{aligned}\right\} \tag{6.17}$$

となる．

次に，同じ半径で密度が $-\rho$ の負電荷球の中心を原点 $x = y = z = 0$ においたとすると，それのつくる電場は

$$\text{球内で} \quad E_x{}^- = -\frac{\rho}{3\varepsilon_0}x, \quad E_y{}^- = -\frac{\rho}{3\varepsilon_0}y, \quad E_z{}^- = -\frac{\rho}{3\varepsilon_0}z \tag{6.18}$$

$$\text{球外で} \quad \left.\begin{aligned} E_x{}^- &= \frac{-\rho a^3}{3\varepsilon_0}\frac{x}{(x^2+y^2+z^2)^{3/2}} \\ E_y{}^- &= \frac{-\rho a^3}{3\varepsilon_0}\frac{y}{(x^2+y^2+z^2)^{3/2}} \\ E_z{}^- &= \frac{-\rho a^3}{3\varepsilon_0}\frac{z}{(x^2+y^2+z^2)^{3/2}} \end{aligned}\right\} \tag{6.19}$$

となる．

この 2 つを重ね合わせると，両球の重なる部分では (6.16) 式と (6.18) 式の和として

$$E_x = \frac{-\rho}{3\varepsilon_0}\delta, \qquad E_y = E_z = 0 \tag{6.20}$$

両球の外側では，δ を微小量としてその 2 次以上を省略して*

* $\{(x-\delta)^2+y^2+z^2)\}^{-3/2} \approx (x^2+y^2+z^2-2x\delta)^{-3/2} = r^{-3}(1-2x\delta/r^2)^{-3/2}$
$\approx r^{-3}(1+3x\delta/r^2) \qquad (r^2 = x^2+y^2+z^2)$

$$E_x = \frac{\rho\delta a^3}{3\varepsilon_0 r^3}\left(\frac{3x^2}{r^2} - 1\right), \quad E_y = \frac{\rho\delta a^3}{3\varepsilon_0 r^3}\frac{3xy}{r^2}, \quad E_z = \frac{\rho\delta a^3}{3\varepsilon_0 r^3}\frac{3zx}{r^2} \tag{6.21}$$

が得られる．

次に，2つの電荷球を重ねたものが表す電荷分布を考える．大部分のところで $\pm\rho$ は打ち消し合って，残っているのは表面のところだけである．いま xy 面内だけで考えれば十分である．x 軸の周りに回転対称性があるからである．そうすると6-13図のP点付近の正電荷層の厚さは（球面に垂直に測って）$\delta\cos\theta$ である．したがって，δ が無限に小さいとしてこれを厚さのない表面電荷と見たときの面密度は

$$\sigma = \rho\delta\cos\theta \tag{6.22}$$

となる．$x < 0$ の負電荷の層のところでは $\cos\theta < 0$ であるから，この式は全体について使える．

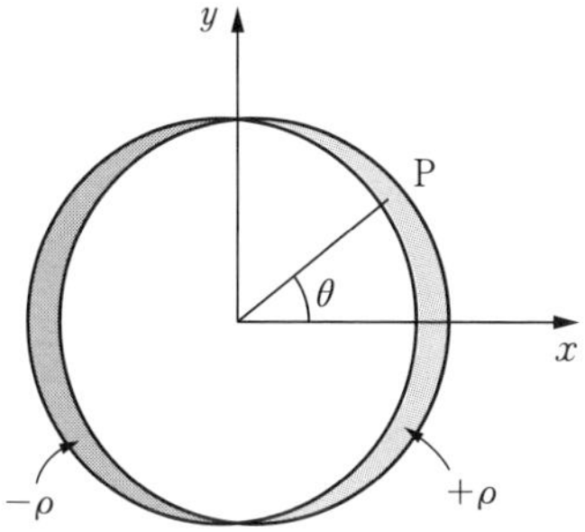

6-13図　正負電荷球を少しずらせて重ねる．

以上により，このような $\delta \to 0$（ただし $\rho\delta$ は有限に保つ）の極限では，$\cos\theta$ に比例した電荷が球の表面に分布し，球の内部にはこの電荷をつくる一様な $-x$ 方向の電場（6.20）式が生じていることになる．

いま，導体球を一様な電場 E_0（$+x$ 方向とする）内に持ちこんだときを考えると，静電誘導でちょうどこのような正負の電荷が現れ，それのつくる電場が導体球内で E_0 を打ち消すようになるはずである．そこで，上に求めた球内の電場（6.20）式（$-x$ 方向に強さ $-\rho\delta/3\varepsilon_0$ の一様な電場）がちょうど E_0 を打ち消すようになっていれば，つまり

$$E_0 = \frac{\rho\delta}{3\varepsilon_0} \tag{6.23}$$

であれば，この分布は，導体球がそのように静電誘導を起こしている状態を表していることになる．（6.23）式から求めた $\rho\delta = 3\varepsilon_0 E_0$ を（6.22）式に入れれば

$$\sigma = 3\varepsilon_0 E_0 \cos\theta$$

がこの場合の表面電荷密度である．

さて，222ページに示したように，一様な球状電荷がその外側につくる電場（6.17），（6.19）式は，その球の中心に全電荷 $\pm Q = \pm 4\pi a^3\rho/3$ が集中した点電荷のつくる電場と同じである．したがって，静電誘導を起こしている導体球がその**外部**につくる電場（6.21）式（$\rho\delta$ に $3\varepsilon_0 E_0$ を代入）は，正負2つの点電荷 $\pm Q$ をわずかに離して置いたもの —— このような一組の電荷を

電気双極子という —— がつくる電場と同じである．$Q\delta$ をこの場合の双極子モーメントの大きさとよぶ.* これを P と書くと

$$P = Q\delta = \frac{4\pi a^3}{3}\rho\delta = 4\pi a^3\varepsilon_0 E_0$$

となる．つまり，一様な電場 E_0 内に置かれた半径 a の導体球は，外から見るとモーメント $4\pi\varepsilon_0 a^3 E_0$ をもった電気双極子のようになる．

§6.5 静電容量・コンデンサー

静電誘導では，導体表面のある部分に正電気，他の部分に負電気が出現するが，その総和は 0 である（電気量保存の法則）．しかし，導体を全体としての電気量が 0 でないような帯電状態にすることもできる．たとえば，導体に正の電荷を近づければ，電荷に近い方の表面に負電荷，反対側に正電荷が現れるが，いまこの導体を接地（アース）すれば，正電荷は地球に逃れるから，そこで接地をやめれば導体は負に帯電することになる．

帯電導体の例として，§6.3［例］（219 ページ），§6.4［例］（221 ページ）で考えた半径 a の球状導体をとり上げてみると，電荷 Q を与えることによって電位は $Q/4\pi\varepsilon_0 a$ になり（無限遠で電位を 0 としている），その外側の電場は（6.13）式のようになっている．$Q = 0$ なら導体の電位 V（以下 V と記したら導体の電位を表す）は 0 で，周りに電場もないから，微小電荷をもってこれに近づくのに何の抵抗もない.** しかし電荷を帯びればそれに比例した強さの電場が周りにできるから，（無限遠を 0 にとった）導体の電位 —— 単位正電荷を無限遠から導体まで近づけるのに要する仕事 —— も電荷に比例して変化する；正電荷なら上がり，負電荷なら下がる．

いま，導体に電荷を蓄えようという立場で考えると，Q と V の比例係数 C

$$Q = CV \tag{6.24}$$

が小さい導体は，少しの正電荷（負電荷）で V が大きく上がって（下がって）しまい，そのあとに同じ正（負）電荷を与えることが困難 —— 多大の仕事を

* 双極子モーメントというときには，この大きさをもち，負電荷から正電荷の方へ向かう（いまの場合 $+x$ 方向）ベクトルを指す．

** 微小でないと導体に起こる静電誘導を無視できず，問題がきわめて複雑になる．

要する —— になる．C が大きければこの逆で，電荷を蓄えやすい．そこで，この C をその導体の**電気容量**または**静電容量**とよぶ．キャパシタンスという人もある．容量 C の SI 単位は，クーロンをボルトで割ったものになるが，これをファラッドとよび F で表す（F = C/V —— 上の C や V とまぎらわしいので注意）．導体球の静電容量を求めてみると，(6.14a) 式から直ちに

$$C = 4\pi\varepsilon_0 a \qquad \text{（導体球）} \tag{6.25}$$

であることがわかるが，$a = 1\,\mathrm{m}$ の球の容量 C は，$4\pi\varepsilon_0$ の値が非常に小さい（$1.11 \times 10^{-10}\,\mathrm{C^2/N{\cdot}m^2}$，(6.2)′ 式）ために，$1.11 \times 10^{-10}\,\mathrm{F}$ というきわめて小さい値になる．地球の半径は約 6400 km であるから，その静電容量は $7 \times 10^{-4}\,\mathrm{F}$ ということになる．このようにファラッドという単位は大きすぎて使いにくいので，その 10^{-6} 倍のマイクロファラッド（μF），10^{-12} 倍のピコファラッド（pF）が実用に使われる．

$$1\,\mu\mathrm{F} = 10^{-6}\,\mathrm{F}, \qquad 1\,\mathrm{pF} = 10^{-12}\,\mathrm{F}$$

孤立導体の容量はこのように小さいが*，これに他の導体を近づけて置いたり，その近づけた導体を接地しておくと，導体の容量は著しく増す．それは，6-14 図に示すように，導体 A に導体 B を近づけると，B の A に近い表面には静電誘導で反対の電気を生じ，これが A の電荷を B に近い方に引きつける．(6.15) 式が示すように，表面電荷密度と電場は比例するから，電場はほとんど A と B の間に局在してしまう．したがって，図で右上の方から電荷を A に運びこむのだと考えると，B の存在によってこの辺の電場はずっと弱くなっているから，必要な仕事は著しく減少する．この効果は A と B の向かい合う面積が大きく，すきまがせまいほど，顕著である．そこでこのようにして電気をなるべくたくさん蓄えられるようにしたものが**コンデンサー**（**蓄電器**）—— キャパシターともいう —— である．

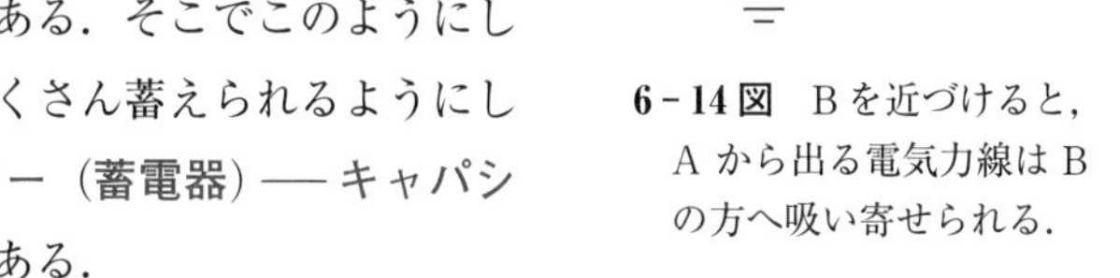

6-14 図　B を近づけると，A から出る電気力線は B の方へ吸い寄せられる．

* 鳥が高圧線にとまっても平気なのはこのためである．

［例］ 平板コンデンサーは2枚の平行導体板をきわめて接近させて対置したものである．極板の面積を S，間隔を d とする．端の方を除けば，極板には一様な電荷が現れており，電場は板に垂直である．電荷の面密度を $\pm\sigma$ とすると，電場の強さは（6.15）式により

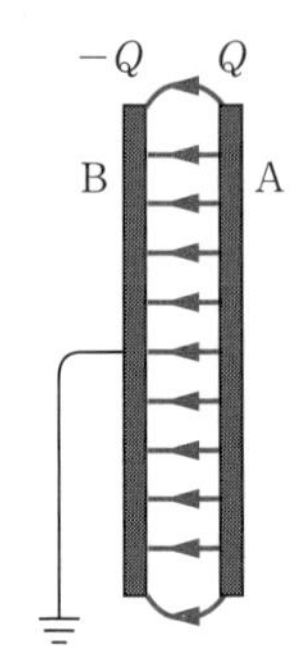

6-15図
平板コンデンサー

$$E = \frac{\sigma}{\varepsilon_0}$$

という大きさをもつ．したがって，両極板間の電位差は

$$V_\mathrm{A} - V_\mathrm{B} = \int_\mathrm{A}^\mathrm{B} E\,dx = \frac{\sigma d}{\varepsilon_0} = \frac{d}{\varepsilon_0 S} S\sigma$$

となる．$S\sigma = Q$ は極板に蓄えられる電気量である．$V_\mathrm{B} = 0$ とおいてもよいが，あえてそうしなくても，この両極板間の電位差のままで

$$C(V_\mathrm{A} - V_\mathrm{B}) = Q_\mathrm{A}(= -Q_\mathrm{B}) \tag{6.26}$$

とおいた方がむしろ便利である．そうすると，平板コンデンサーの容量は

$$C = \frac{\varepsilon_0 S}{d} \tag{6.27}$$

であることがわかる．

なお，（6.26）式で $Q_\mathrm{A} = -Q_\mathrm{B}$ としたが，電気力管が正に帯電した導体から出て負に帯電した導体に終わっているときには，その両端に存在する電気量の絶対値は常に等しい．それは，細い電気力管について成り立つ $ES =$（一定）という関係式（216ページ）と，（6.15）式を用いて考えればすぐわかる．あるいは電気力管を側壁とし，その両端を導体の少し内側（電場0）にとった曲面でふさいでできる閉曲面にガウスの法則を適用すれば，このなかの電気量の和が0になることでわかる．

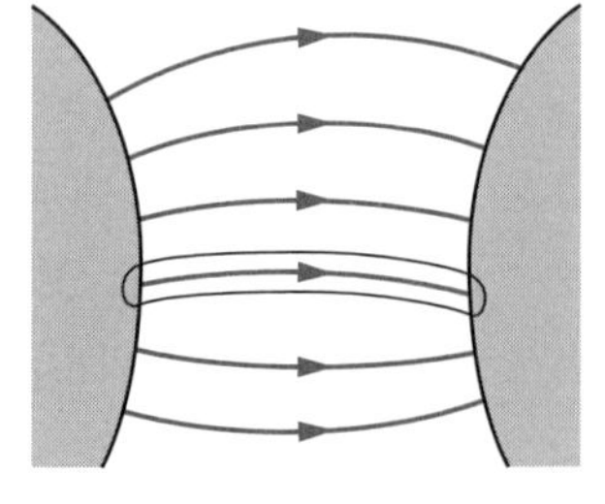
6-16図

コンデンサーの接続

電気回路の図を描くとき，コンデンサーを表すには2本の平行線で2枚の極板を示す．容量が $C_1, C_2, \cdots, C_n$ のコンデンサーがあるとき，それぞれの一方の極を接続してこれを1つの極とし，他方の極をつないでこれを別の1つの極とするようなつなぎ方を並列接続という．導線でつながれた n 個の極は全体が1つの導体とみなされるから電位は全部等しい．したがって，上のようにつないだ2つの極に電位差 V を与えると，それは全部のコンデンサーに共通の電位差になる．つまり

$$V = V_1 = V_2 = \cdots = V_n$$

である．各コンデンサーの正極板に蓄えられる電荷を $Q_1, Q_2, \cdots, Q_n$（いずれも正）とすると，負極板にはもちろん $-Q_1, -Q_2, \cdots, -Q_n$ の電荷が蓄えられていることになるが，これらと V との間には，$V = V_j = Q_j/C_j$ $(j = 1, 2, \cdots, n)$ という関係がある．全体を1つのコンデンサーと考えると，両極板に蓄えられている電荷は $\pm Q = \pm(Q_1 + Q_2 + \cdots + Q_n)$ であり，電位差は V であるから，その容量 C は

$$C = \frac{Q}{V} = \frac{1}{V}\sum_j Q_j$$

となる．ところが，$Q_j = C_j V_j = C_j V$ であるから

$$C = C_1 + C_2 + \cdots + C_n \qquad (\text{並列}) \tag{6.28}$$

が導かれる．つまり，**コンデンサーを並列にした場合の容量は各コンデンサーの容量の和になる．**

6-17図(b)のようなつなぎ方を直列接続という．この両端に電位差 V を与えた場合には，各コンデンサーにかかっている電位差 $V_1, V_2, \cdots, V_n$ の和が V になる．

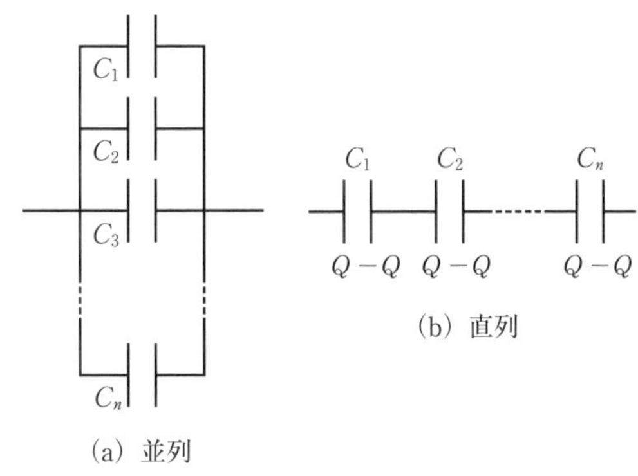

6-17図 コンデンサーの接続

$$V = V_1 + V_2 + \cdots + V_n$$

このとき各コンデンサーの極板に現れる電荷が全部共通になることはすぐわかるであろう．それを $\pm Q$ とすると，$V_1 = Q/C_1, V_2 = Q/C_2, \cdots, V_n = Q/C_n$ という関係があるから，上の式に入れて

$$V = \frac{Q}{C_1} + \frac{Q}{C_2} + \cdots + \frac{Q}{C_n} = Q\left(\frac{1}{C_1} + \frac{1}{C_2} + \cdots + \frac{1}{C_n}\right)$$

が得られる．一方，これ全体を1つのコンデンサーと見ると，両端からとり出せる電気量は $\pm Q$ で，電位差が V なのであるから，その容量を C とすると $V = Q/C$ である．したがって，これと上式とを比べて

$$\frac{1}{C} = \frac{1}{C_1} + \frac{1}{C_2} + \cdots + \frac{1}{C_n} \qquad \text{(直列)} \qquad (6.29)$$

が得られる．

問　容量 C のコンデンサー2つを直列につないだものを2つ並列にしたものの合成容量はいくらか．これの両端に電位差 V を与えたとき，各コンデンサーにかかる電位差はいくらになっているか．

§6.6　誘電分極

絶縁体も正電気をもった粒子（原子核）と負電気をもった粒子（電子）からできていることに変わりはない．導体と異なる点は，それらの粒子が物質内の一定のところに束縛されていて，かってに動き回ることができないか（固体の場合），動き回るにしても正負ちょうど打ち消し合うだけの量が常に一体になっているので，電流が流れないことである．

$H_2, O_2, CO_2, CH_4, C_6H_6$ などのような多くの分子は対称性がよく，分子内での正負の電荷分布の中心は一致している（**無極性分子**）．電場がかかると，正電荷は電場の方向に，負電荷はそれと逆向きに力を受けるが，原子核と電子の結合は十分に強いので，わずかに相互の位置がずれる（**分極**という）程度であり，よほど強い電場でない限り束縛を脱して飛び離れるようなことはない．H_2O, NH_3 のような分子は，もともと分子内で正負の電荷が偏在しており，各分子が1つの電気双極子のように振舞う（**有極性分子**）．しかし，電場がなければそれら多数の双極子モーメントの向きは全く乱雑なので，全体としては電荷の偏在はない．電場がかけられると，その向きがある程度そろうので，物質全体として正

負の電荷の中心がずれたことになる．また，NaCl（固体）などのイオン結晶では，正のイオン（Na^+ など）と負のイオン（Cl^- など）が交互に規則正しく並んでいる．これに電場が加えられると，正のイオンは電場の向きに，負のイオンは反対向きに，一斉にごくわずかだけずれる．

物質の原子・分子的構造まで考えると，電場に対する反応の仕方はさまざまであるが，これをならして巨視的に見ると，電場がないときは正の電荷と負の電荷が同じ密度で一様に分布したものが完全に重なっており，電場がかけられるとそれが相互に少しずれる，というように考えることができる．その結果として，絶縁体の両端には正負の電荷が“にじみ出す”．この現象を**誘電分極**という．

§6.4 で考えた正負の球状電荷をわずかにずらせて重ねたものは，導体の場合には全く計算の便宜上考えた手段に過ぎなかったのであるが，絶縁体の場合には実際にこのようなことが起こるのである．ただし，その結果として生じた電荷のつくる電場（6 - 18 図の場合なら絶縁体の内部では左向き）が，外からかけた電場 $\boldsymbol{E}_0$ を完全に打ち消すことはない．

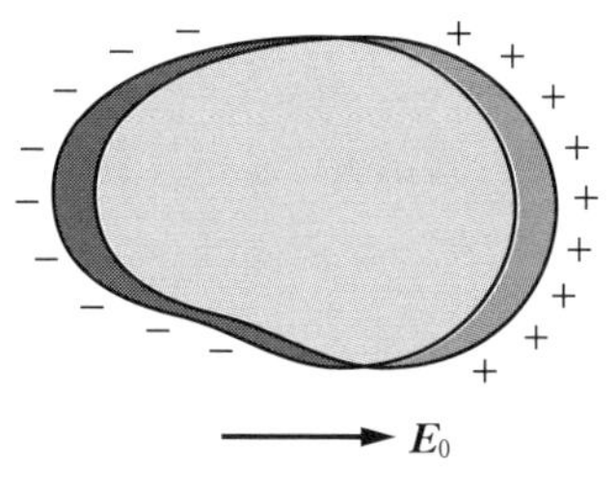

6 - 18 図　誘電分極

誘電分極を起こすような物質，という意味で絶縁体のことを**誘電体**とよぶことがある．誘電分極は，導体の場合の静電誘導と一見似ているようであるが，本質的な違いがある．導体の場合には，自由電子などの一部が移動して両側の面に電荷（の過不足）を生じ，それのつくる電場がもとの電場を完全に打ち消す．その結果，表面のところ以外の導体は電場を全く感じず，その状態は**電場がない場合と全く同じ**になっている．これに反し，誘電分極では，**すべての点で正負電荷のずれが生じており**，内部には電荷がないので一見電場のないときと同じに見えるが，この一種の“ひずみ”が全体にわたって起こっているのである．つまり，分極している誘電体のどの部分を切り出したとしても 6 - 18 図と同様な分極した状態になっており，両端には正負の電荷 ── **分極電荷**という ── が現れる．これは磁石をいくら切ったり折ったりしても，やはり N, S 2つの極をもった磁石になるのと全く同じである．

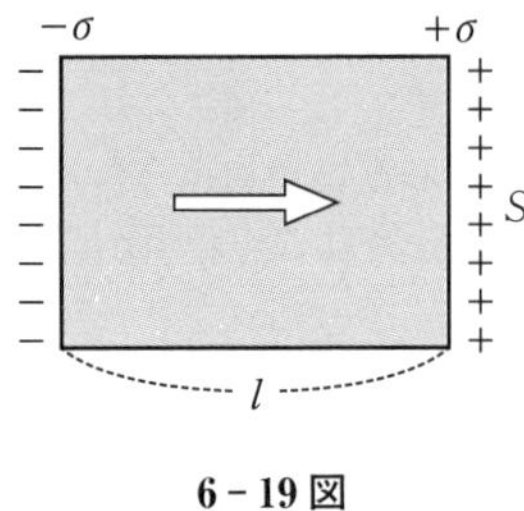

6 - 19 図

この誘電分極の度合を表すには，どうすればよいであろうか．いま，一様に分極している誘電体から分極の方向に長さ l をもち，それに垂直な断面が S であるような柱状の部分を切り出したと考え，その両端に現れる正負の電荷の面密度を $\pm\sigma$ とする．断面積を掛けた $\pm\sigma S$ は両端面に現れている分極電荷の総量である．この電気量が長さ l だけ離れているので，その積 σSl はこの柱状部分がもつ双極子モーメントの大きさということになる．Sl はこの部分の体積であるから，双極子モーメントの大きさは体積に比例し，単位体積当たりの大きさが σ に等しいということになる．これに，分極の方向（正電荷のずれている方向）を付与したベクトルを $\boldsymbol{P}$ として，これによってこの部分の**分極の度合と方向**を示すことができる．この $\boldsymbol{P}$ を**誘電分極**，**電気分極**または**分極ベクトル**という．

$$P = |\boldsymbol{P}| = \sigma \tag{6.30}$$

である．

誘電分極によって誘電体の表面に現れる電荷は，磁石の N 極や S 極と同様，正負に分けてとり出すことができない．このような**分極電荷**に対し，導体に帯電した電荷や，摩擦によって絶縁体に生じた電荷のようなものを**真電荷**とよんで区別する（磁気には真電荷に相当するものがない）．

いま，面積が S の極板を d だけへだててつくったコンデンサーに電位差 V を与えると，両極板にたまる電気量 $\pm Q_0$ は，

$$Q_0 = \frac{\varepsilon_0 S}{d} V = C_0 V$$

で与えられる．容量 C_0 には (6.27) 式を用いた．同じコンデンサーの極板の間に誘電体を入れると，誘電分極によって 6 - 20 図の左側のように分極電荷 $\mp Q'$ が現れる．

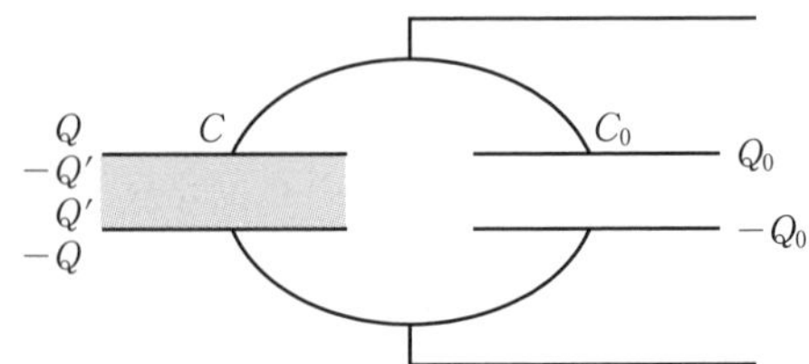

6 - 20 図　誘電体をコンデンサーにはさむと容量が増す．$Q_0 = Q - Q'$.

このとき極板に現れる電荷を $\pm Q$ とすると，これの作用は分極電荷で一部打ち消され，$\pm(Q - Q')$ だけが電場をつくることになる．電位差が同じならば電場も同じであり，$\pm(Q - Q')$ は誘電体がない場合の $\pm Q_0$ に等しい．

$$Q - Q' = Q_0 \qquad \text{あるいは} \qquad Q = Q_0 + Q'$$

S で割った面密度で表すと

$$\sigma - \sigma' = \sigma_0 \qquad \text{あるいは} \qquad \sigma = \sigma_0 + \sigma'$$

である．結局，6-20 図のどちらのコンデンサーについても，その極板間の電場の強さは等しく

$$E = \frac{\sigma_0}{\varepsilon_0} = \frac{\sigma - \sigma'}{\varepsilon_0}$$

である．

誘電体が感じているのもこの電場であり*，分極はそれによって保持されていると考えられる．特別な場合を除き，誘電分極は電場に比例し，等方性物質では方向も一致する．そこで

$$\boldsymbol{P} = \chi_e \varepsilon_0 \boldsymbol{E} \tag{6.31}$$

と書き，χ_e をその誘電体の**電気感受率**という（真空は $\chi_e = 0$ である）．(6.30) 式により $P = \sigma'$ であるから，いまの場合

$$\sigma' = \chi_e \varepsilon_0 E$$

となる．これを用いると，誘電体をはさんだコンデンサーの極板にたまる電荷の面密度は

$$\sigma = \sigma_0 + \sigma' = \varepsilon_0 E + \chi_e \varepsilon_0 E = (1 + \chi_e)\varepsilon_0 E$$

となって，はさまないときの σ_0 に比べて

$$k_e \equiv 1 + \chi_e \tag{6.32}$$

倍になっていることがわかる．この k_e のことをその物質の**比誘電率**という．同じ電位差を与えても，たまる電荷は k_e 倍なのであるから，比誘電率が k_e の誘電体を極板の間にはさむことによって，コンデンサーの容量が k_e 倍になっていることがわかる．

$$C = k_e C_0 = \frac{k_e \varepsilon_0 S}{d}$$

* 本当はもっと面倒な議論が必要である．

$k_e\varepsilon_0$ をふつう ε と記し，これをその物質の誘電率とよぶ．

$$\varepsilon = k_e\varepsilon_0 \tag{6.33}$$

誘電体に電場 $\boldsymbol{E}$ をかけると，それによって誘電体の各部分は $\boldsymbol{P} = \chi_e\varepsilon_0\boldsymbol{E}$ だけ分極する．$\boldsymbol{E}$ には分極による電荷からの影響も入っている．一般には $\boldsymbol{E}$ は位置によって違い，$\boldsymbol{P}$ もそれに応じて違ってくるが，とにかく誘電体内のすべての点ごとに $\boldsymbol{E}$ と $\boldsymbol{P}$ が決まる．そうすると，やはり各点ごとに

$$\boldsymbol{D} = \varepsilon_0\boldsymbol{E} + \boldsymbol{P} \tag{6.34}$$

というベクトルを決めることができる．これをその点における**電束密度**とよぶ．(6.31) 式が成り立つ物質では

$$\boldsymbol{D} = \varepsilon_0(1 + \chi_e)\boldsymbol{E} = \varepsilon_0 k_e\boldsymbol{E} \tag{6.35a}$$

すなわち

$$\boldsymbol{D} = \varepsilon\boldsymbol{E} \tag{6.35b}$$

と書かれる．

6‐20 図の左側のコンデンサーで，仮にいま真電荷 $\pm Q$ だけはそのままに残し，誘電体もそれがもつ分極電荷 $\mp Q'$ も取り除いたとすると，$Q = k_eQ_0 = k_e(Q - Q')$ であるから，極板間の電場の強さはもとの k_e 倍の $k_eE = \varepsilon E/\varepsilon_0$ になる．これは D/ε_0 に等しい．このような平板コンデンサーのときに限らず，ふつうは真電荷だけを仮にそのままに残しておいて誘電体も分極電荷も除いてしまったとした場合の仮想電場を $\boldsymbol{E}'$ とすると，電束密度 $\boldsymbol{D}$ というのは $\varepsilon_0\boldsymbol{E}'$ に一致する．自発分極のある物が存在するとそうはならない．

§6.2 のガウスの法則 (6.5) 式をこの $\boldsymbol{E}'$ に適用してみればすぐわかるように

$$\int_S D_n\,dS = (\text{S のなかにある真電荷}) \tag{6.36}$$

が成り立つ．

6‐1 表　室温における電気感受率

岩　塩	5	二酸化炭素 (1 気圧の気体)	9.9×10^{-4}
水　晶	3	四塩化炭素 (　〃　)	3.0×10^{-3}
イオウ	3	ヘリウム (　〃　)	6.8×10^{-5}
水	80	メチルアルコール (　〃　)	5.7×10^{-3}
ベンゼン	1.2		

§6.7 電場のエネルギー

面積 S の平面極板 2 枚を間隔 d で平行に置き，その間に誘電率 ε の誘電体をつめた平板コンデンサーの容量は

$$C = \frac{\varepsilon S}{d}$$

であった．いま，これを充電するときに必要な仕事を求めてみる．充電の仕方は，電荷を少しずつ一方の極板から他方の極板へ運ぶものとする．いま，充電の途中で両極板に $\pm q$ だけの電荷があるときに，さらに dq だけの電荷を負極板から正極板へ運ぶのに要する仕事は，このときの電位差が

$$V(q) = \frac{q}{C}$$

であるから，

$$V(q)\,dq = \frac{1}{C}q\,dq$$

である．このような仕事を $q=0$ のときから $q=Q$ まで加え合わせれば，上のような仕方でこのコンデンサーを $\pm Q$ まで充電するのに必要な仕事が得られる．

$$W = \int_0^Q \frac{1}{C}q\,dq = \frac{Q^2}{2C} \tag{6.37}$$

これだけの仕事は静電エネルギーとしてコンデンサーのなかに蓄えられ，放電のときに外に取り出すことができる．ところで，このエネルギーはどこに一体蓄えられていると考えたらよいのであろうか．

電荷を運ぶときにこれに力を加えて仕事をしたのであるから，ちょっと考えると電荷がエネルギーをもっていると思われるが，実はそうではない．このときのエネルギーは電場という空間に蓄えられているのである．真空でも電場ができるから，エネルギーは真空内にも電場という形で存在しうるのであって，光が真空中を伝わってエネルギーを運ぶことを考えれば，決して不思議なことではない．

(6.37) 式の C に $\varepsilon S/d$ を代入し，さらに $Q=\sigma S$ とおけば

$$W = \frac{\sigma^2}{2\varepsilon} Sd$$

となるが，Sd は極板間の電場の体積であるから，このエネルギーは体積に比例し，単位体積当たりのエネルギー（エネルギー密度）が

$$w = \frac{\sigma^2}{2\varepsilon}$$

になっていることがわかる．ところで，$\sigma = k_e\sigma_0$ であり，$E = \sigma_0/\varepsilon_0$ であったから，$\sigma = k_e\varepsilon_0 E$ となる．これを上に代入し，$\varepsilon = k_e\varepsilon_0$，$D = \varepsilon E$ を用いると

$$w = \frac{1}{2}\varepsilon E^2 = \frac{1}{2}DE = \frac{1}{2\varepsilon}D^2 \tag{6.38}$$

という静電場のエネルギー密度を与える式が得られる．この関係は平板コンデンサーという特殊な場合について求めたが，一般のどんな電場に対しても成立することが証明されている．

［例］　真空中に置かれた半径 a の導体球の静電容量は，(6.25) 式が示すように $C = 4\pi\varepsilon_0 a$ である．これに Q だけの電荷を与えるのに要する仕事は，無限遠（電位 0）から少しずつ電荷を運んでくるとして計算すると

$$W = \int_0^Q \frac{q}{C}\,dq = \frac{Q^2}{2C} = \frac{Q^2}{8\pi\varepsilon_0 a}$$

となる．一方，このときには球の外に (6.13) 式で与えられる電場ができている．球の中心から r のところでは

$$E^2(r) = \frac{Q^2}{16\pi^2{\varepsilon_0}^2 r^4}$$

であるから，エネルギー密度は

$$w = \frac{Q^2}{32\pi^2\varepsilon_0 r^4} \qquad \text{（真空中なので } \varepsilon \text{ は } \varepsilon_0\text{）}$$

である．半径が r と $r + dr$ の球面ではさまれる球殻部分の体積は $4\pi r^2\,dr$ なので，上の w にこれを掛けたものが，その球殻内のエネルギーになる．それを r について a から ∞ まで合計すると

$$W = \int_a^\infty w\cdot 4\pi r^2\,dr = \frac{Q^2}{8\pi\varepsilon_0}\int_a^\infty \frac{dr}{r^2} = \frac{Q^2}{8\pi\varepsilon_0 a}$$

となって先の結果と一致する．つまり，$w = \varepsilon_0 E^2/2$ という密度でエネルギーが電場内に分布すると考えて正しい結果になったのである．

問　　　題

1. 半径 a の球内に負電荷 $-Q$ が一様に分布し，その中心に正の点電荷 Q があるとき，この球内外の電場を，球の中心からの距離 r の関数として表せ．
2. 6-4 図のような平面電荷（面密度 $\sigma > 0$）と平行に面密度 $-\sigma$ の平面電荷を距離 l だけへだてて置いたときの電場を求めよ．
3. 半径が a の無限に長い円柱内に，一様な密度 ρ で電荷が分布している．円柱内外の電場を求めよ．
4. 面積が S の極板 2 枚を x だけへだてて置いてつくった平板コンデンサーに $\pm Q$ の電荷を蓄えたときのエネルギーは $W = (Q^2/2\varepsilon S)x$ で与えられる．これを用いて，両極板が引き合っている力を求めよ．また，極板に存在する電荷が受けている電場は，極板間に生じている電場の半分であることを示せ．
5. 面積 400 cm^2 の絶縁した 2 枚の金属板を，互いに平行に 1 cm 離して対置し，これに 1000 V の電位差を与えたとき，
   （i）　両板間にできる電場の強さはいくらか．
   （ii）　両板に現れる表面電荷密度はいくらか．
   （iii）　両板が引き合う力はいくらか．
   （iv）　両板間の電場に蓄えられるエネルギーはいくらか．
6. 平板コンデンサー（極板の面積 S，極板間の距離 d）に，比誘電率が k_e の誘電体の板（厚さ t）を極板と平行に入れる．極板を電位差 V に保つとき，真空中，および誘電体中の電場を求めよ．またこのコンデンサーの容量はいくらか．ただし，$t < d$ とする．
7. 半径が a, b（$a < b$ とする）の同心導体球殻からできているコンデンサーの外球を接地し，内球に電荷 Q を与えるときの容量を求めよ．

クーロン

クーロン（Charles Augustin de Coulomb, 1736－1806）は，フランスの土木技術者，物理学者で，メジエールの工兵学校で学んで工兵隊の将校となり，要塞の構築や運河の建設などを指導した．彼は橋を設計する技術の研究から摩擦や流体，物体のねじれや強度などの研究へと進んだ．摩擦の法則も彼の周到な実験の結果として得られたものである（曾田範宗：『摩擦の話』（岩波新書，1971）を参照）．

彼はその成果を応用して精密なねじり秤をつくり（1785年），それを用いて電気と磁気に関する「クーロンの法則」を発見したのである．クーロンはまた，電気の分布に関する研究をも行い，導体はその表面にのみ帯電することを示した．

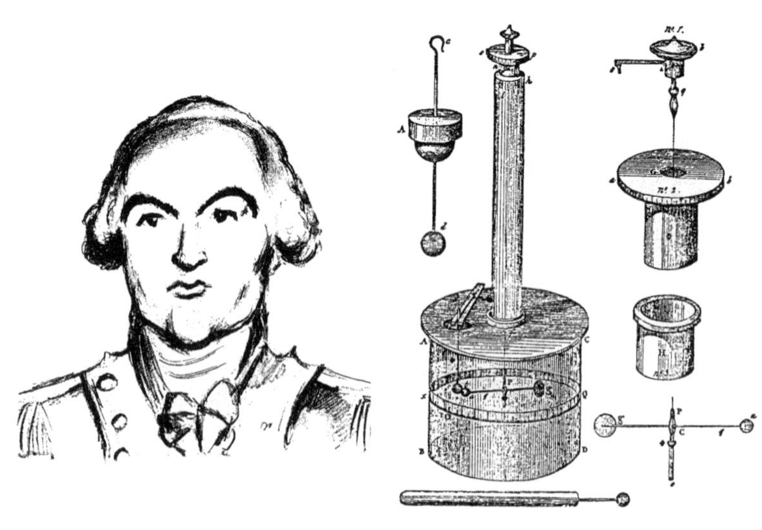

7. 電流と磁場

この章では時間的に変化しない定常電流の流れ方と，それが示す熱作用（ジュール熱）および磁気作用を主に扱う．オームの法則は，物理を少しでもやった人なら必ず知っている法則であるが，電位差（電圧）の意味をもう一度確認し，キルヒホフの法則へと理解を広めてほしい．

磁気は結局は電流に帰着されるものであるが，ここでは正負の磁荷が存在するという扱いから出発し，静電気と対応させながら諸概念を導入していく方式をとった．それから，電流が磁場から受ける力，電流のつくる磁場という順序で進み，電流と磁石の関係をつけることになるが，このあたりは知識を整理しながら理解していかないと混乱するかもしれない．面倒な単位も，自分で導くことを試みると，知識の整理に役立つ．

§7.1 オームの法則

導体内には自由に動ける電荷が存在するから，電場があればその力によって電荷の移動が起こる．もし何らかの方法で電場が常に保たれるようにできれば，電荷の移動は持続し，電流が得られることになる．電場が時間的に変化しなければ電流も時間的に変化しない定常電流になる．

電流のなかに考えたある面 —— たとえば，導線の１つの断面 —— を単位時間に通過する電荷の量を，その面を通る電流の強さという．１秒間に I クーロンの電荷が流れるとき，電流の強さは I アンペア（ampere, A）であるという．定常でない電流の場合をも含ませるようにするためには，微小時間 dt の間に通った電気量を dQ とすると，

$$I = \frac{dQ}{dt} \tag{7.1}$$

がそのときの電流の強さである．

針金の両端に一定の電位差 V を与え続ける場合を考える．針金のなかに

は一定の電流 I が流れる．孤立導体の容量はきわめて小さいから針金の途中に電荷がたまることはないので，I は断面のどこをとっても同じである．実験によれば，通常この I は V に比例する．

$$I = \frac{V}{R} \tag{7.2}$$

この比例定数 R をその針金の**電気抵抗**という．I をアンペア，V をボルトで表したとき，R の単位（volt/amp）をオーム（ohm）とよび Ω で表す．I と V が比例するという関係（7.2）式のことを**オームの法則**という．（7.2）式を $V = IR$ と書けば，抵抗 R の導線に電流 I が流れているときには，両端に IR だけの電位差が生じている，ということを表す式と見ることもできる．

同じ針金 n 本に同じ電位差 V を与えれば，すべて $I = V/R$ で与えられる電流が流れるが，これを束ねて考えれば，同じ電位差 V で電流は nI だけ流れるから，1 本の場合に比べて抵抗は n 分の 1 になっている．したがって，**針金の電気抵抗は太さに逆比例する**ことがわかる．

次に，同じ針金を順に n 本つないだ場合を考える．これに電流 I を通したとすると，1 本の両端の電位差は V でなくてはならないから，n 本全体の電位差は nV である．電位差 nV で電流 I が流れるのであるから，n 本つないだもの（長さはもとのものの n 倍）の抵抗は 1 本の場合の抵抗の n 倍である．つまり，針金の抵抗はその長さに比例することがわかる．

長さが l，断面積が S の一様な針金の抵抗を R とすると

$$R = \rho\frac{l}{S} \tag{7.3}$$

と書くことができ，ρ はその物質によって決まる定数となる．この ρ のことをその物質の**比抵抗**あるいは**抵抗率**という．単位は Ω·m である．ρ の逆数 $\sigma = 1/\rho$ をその物質の**電気伝導率**とよぶ．

電気抵抗は温度によって変化し，金属では温度が上昇すると抵抗は増加するのがふつうである．t℃ のときの抵抗を $R(t)$ とすると，あまり温度範囲が広くない限りで大体

$$R(t) = R(t_0)\{1 + \alpha(t - t_0)\} \tag{7.4}$$

が成り立ち，α を（抵抗の）温度係数とよぶ．

7-1表 物質の比抵抗と温度係数

物 質	比抵抗 ρ（20℃の値）	比抵抗の温度係数
アルミニウム	$2.8\times10^{-8}\,\Omega\cdot\mathrm{m}$	$3.9\times10^{-3}\,\mathrm{K}^{-1}$
銅	1.7×10^{-8}	3.9×10^{-3}
鉄	1.0×10^{-7}	5.0×10^{-3}
ニッケル	7.8×10^{-8}	6×10^{-3}
銀	1.6×10^{-8}	3.8×10^{-3}
タングステン	5.6×10^{-8}	4.5×10^{-3}
カーボン	3.5×10^{-5}	-5×10^{-4}

（7.3）式を（7.2）式に代入して整理すると

$$\frac{I}{S}=\frac{1}{\rho}\frac{V}{l}$$

となるが，左辺は針金の単位断面積を流れる電流で，**電流密度**とよばれる量である．これをiで表そう．右辺のV/lという量は，針金の両端の電位差をその長さで割ったものなので，電位差によって生じている針金のなかの電場の強さE（太さが一様なので，$\boldsymbol{E}$の大きさも一定）に等しい．したがって，物質の電気伝導率σを用いれば，上の式は$i=\sigma E$と表すこともできる．

いま，針金のように細い導体でなく，三次元的に広がった導体（たとえば地中）を流れる電流を考える．流れに垂直な微小面積dSを単位時間に通過する電気量を$i\,dS$とおいて，この点における電流密度の大きさiを定義する．これに，流れの方向を考えれば，電流密度を表すベクトル$\boldsymbol{i}$が定義される．この点における電場を$\boldsymbol{E}$とすると，$\boldsymbol{i}$は$\boldsymbol{E}$に平行で，大きさの間に$i=\sigma E$という関係がある，つまり

$$\boldsymbol{i}=\sigma\boldsymbol{E} \qquad (7.5)$$

が成り立つ，というのが一般化されたオームの法則である．

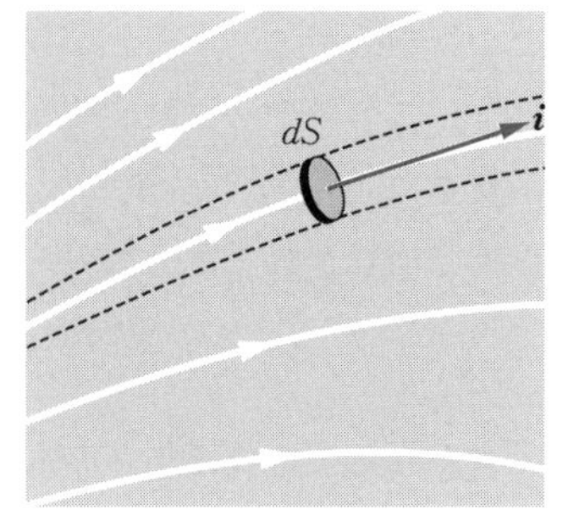

7-1図 電流密度

問 直径1 mmの円形断面をもった銅線1 m当たりの抵抗は何オームか．

§7.2 ジュール熱と起電力

A 点と B 点の電位が V_A, V_B で，$V_A > V_B$ であれば，電場は A → B の向きをもち，正の電荷 q がこの電場のなかで A から B まで動くときに，電場が電荷に対してする仕事は $q\,(V_A - V_B)$ である．重力場のなかで動く放物体では，重力のする仕事は放物体の運動エネルギーの変化となる．電流の場合にはどうであろうか．

導体のなかで電荷を運ぶイオン（電解質の場合）や伝導電子（金属などの場合）も完全に自由なわけではなく，導体を構成する粒子と絶えず衝突を行っている．これが電気抵抗の原因である．このため，電場がした仕事はまず電流を運ぶキャリアの運動エネルギーになるが，それは衝突を通して導体を構成する原子の乱雑な運動のエネルギーに転化する．つまり，熱を与えたのと同じことになって，導体の温度は上昇する．これをジュール熱という．

抵抗が R の針金の両端に電位差 V がかけられているときには電流は $I = V/R$ だけ流れる．dt 時間の間に一端から $I\,dt$ だけの電荷が流れこみ，電位が V だけ低い他端から $I\,dt$ だけの電荷が流れ出すから，結局この針金が外から受けとるエネルギーは $d'W = VI\,dt$ である．単位時間当たりでは

$$P = \frac{d'W}{dt} = VI \tag{7.6}$$

という割合でエネルギーが与えられ，これがジュール熱となっている．この P を，この針金 —— 針金でなくてもよい，一般に負荷（load）という —— で消費される電力という．単位は J/s = watt である．$I = V/R$ を用いれば，抵抗で消費される電力は

$$P = VI = I^2R = \frac{V^2}{R} \tag{7.7}$$

と書かれる．抵抗の小さいものに電位差を与えると大きな電流が流れて多量に発熱するので危険である．

電場のエネルギーがジュール熱に転化すれば，それだけ電場は弱くなってしまうはずであるが，電池などの電源は —— 何か他のエネルギー（化学的エネルギーなど）を利用して —— 電場がなくならないように保持する．したが

って，電流は流れ続け，電源から補給されるエネルギーでジュール熱の発生は続くことになる．電源がこのように電流を流し続けようとする作用を**起電力**といい，その大きさを表すには電源の両端に生じている電位差（電圧）を用いる．

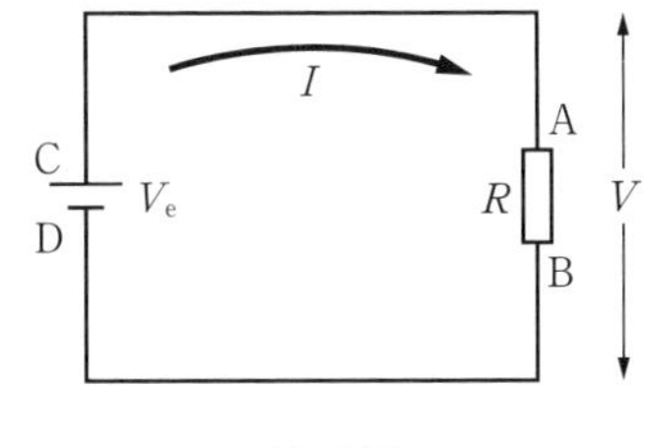

7-2図

通常，電流を導くためだけの導線にはなるべく抵抗の小さなものを用いる．電熱発生とか電圧の調整などの目的で電気抵抗の大きいものを挿入するとき，これをレジスターとか抵抗とよび，7-2図のABのように長方形の記号で示す．

電池に抵抗をつないで電流を流す場合に，抵抗 R をいろいろ変えたときの電流の強さ I は必ずしも R には逆比例しない．R がきわめて大きくて電流が微量のとき —— 電圧計をつなぐときなど —— には電池の両端の電位差は一定の値 V_e をもつが，R が小さくて電流がたくさん流れるときには電池は V_e を保つことができなくなる．この場合の I と R の関係は

$$I = \frac{V_{\mathrm{e}}}{R + r} \tag{7.8}$$

となることが知られている．抵抗 R の両端（7-2図のAとB．いま導線CA，BDの抵抗は0とすると，AとC，BとDの電位はそれぞれ等しい）の電位差は IR であるが，(7.8)式から $IR = V_{\mathrm{e}} - Ir$ であるから，電流 I を流すことによって電池の両端の電圧は V_{e} よりも Ir だけ低くなっていることがわかる．$I = 0$ のときの電池の両極間の電圧 V_{e} のことをその電池の**起電力**という．電流によって Ir だけ電位差が降下するのは，電池の内部に抵抗 r があるためであると考え，r のことを電池の**内部抵抗**とよぶ．蓄電池では r は小さいが，乾電池では r は相当大きいので両極を短絡してもあまり大きな電流は生じない．

電池の陽極（長い線で表す）は陰極（短い線で表す）よりも高い電位になっているが，もちろん電池に抵抗をつないだときに電池のなかを流れる電流は低電位の陰極から高電位の陽極へ向かう．これは，電池内で電流を流す作用を起こしているのは電場ではなくてそれ以外の原因であるから少しも不思議

ではない．両極の電位差は，むしろそのような作用の結果として生じたものである．電池を使っていないときには，この力が，生じた電位差による電場とつり合っているわけである．外部を導線につないで電流を流すと電位差は減ろうとするから，つり合いが破れて起電力の方が打ち勝ち，内部にも電流を生じる．

熱起電力

気体は高温にすると膨張するから，器に入れた気体に温度勾配を与えれば，低温側では密度が大きく，高温側では密度が小さくなるであろう．金属内の伝導電子はいろいろの点で一種の気体になっていると考えられるが，温度勾配を与えると上と同様のことが起きる．その結果として，高温側は正に，低温側は負に帯電する．つまり，高温側は低温側よりも電位が高くなる．ところで，このはたらきは金属の種類によって異なるので，2 種類の金属を 7-4 図のようにつないで両接点間に温度差を与えると，この回路には電流を生じる．この現象をゼーベック効果，それによる起電力 —— 図の回路の途中を切ったときそこに現れる電圧で測る —— のことを**熱起電力**とよぶ．また，このような装置のことを**熱電対**という．

7-3 図 気体に温度勾配を与えると密度は一様でなくなる．

7-4 図 熱電対の原理

問 電熱器のニクロム線を 2/3 に切り縮めると，発熱量はどう変わるか．抵抗率の温度変化はないものとせよ．

§7.3 キルヒホフの法則

電池のような電源や抵抗がいろいろに組み合わされた**回路網**において，どこをどのように電流が流れるかを知りたい場合に便利なのが**キルヒホフの法則**である．

回路の各部分を流れる電流を，適当に向きまで定めて $I_1, I_2, \cdots$ とおく．定常電流では途中のどこかに電荷がたまるようなことはないから，枝分れのない1本の導線については，いたるところで電流は一定である．分岐点でも同様であるから，

第1法則：1つの分岐点に流れこむ電流の総和と流れ出る電流の総和とは等しい．あるいは，1つの分岐点に流れこむ電流の代数和は0である．

たとえば，7-5図のD点では，$I_0 = I_3 + I_4$ である．

第2法則：回路網のなかに任意の閉回路をとってひと回りするとき，そこに含まれるすべての起電力（最初に考えた回る向きと同じ向きに電流を流そうとするものを正，反対向きのものを負とする）の代数和は，そこに含まれるすべての抵抗とその抵抗を流れる電流（回る向きと同じなら正，反対向きなら負とする）との積の代数和に等しい．

たとえば，7-5図で $\mathrm{A} \to R_2 \to V_3 \to \mathrm{B} \to R_3 \to \mathrm{D} \to V_2 \to R_4 \to \mathrm{C} \to \mathrm{A}$ という閉じた道を考えるとき，含まれる起電力は V_3 と V_2 であるが，V_2 はこれとは反対向きに電流を流そうとするようになっているから，負号をつける必要がある．電流の方は，図の矢印のように向きを決めてあれば，I_3R_3 はそのままで，I_2R_2 と I_4R_4 には負号をつけなければならない．したがって

$$-V_2 + V_3 = I_3R_3 - I_2R_2 - I_4R_4$$

とすればよい．もし電池に内部抵抗があるときには，右辺にそれを加える必要がある．

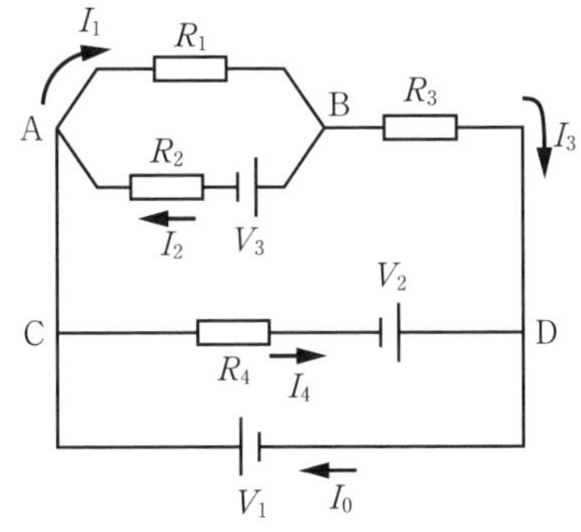

7-5図　回路網の一例

電位というものは位置によって決まっているから，閉じた道に沿って変化をたどると，上がったり下がったりした結果，もとの位置へもどったときに

は最初と同じになるはずである．抵抗 R に電流 I が流れているときの両端の電位差は IR に等しく，起電力というのはそれだけの電位差を何らかの作用によってつくり出しているのであるから，ひと回りについての電位の変化を総計して 0 とすれば第 2 法則が得られるのである．

［例］ 抵抗の連結

7-6 図のように 2 つの抵抗 R_1, R_2 を直列につないだ場合，流れる電流は共通であるからそれを I とすると，それぞれの抵抗の両端の電位差は IR_1, IR_2 になる．したがって

$$V_e = IR_1 + IR_2$$

となり

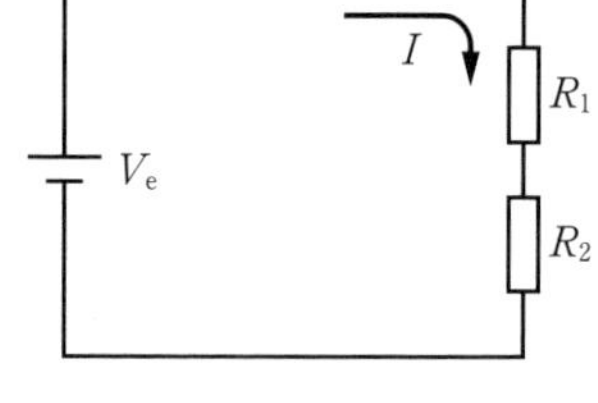

7-6 図 直列連結

$$I = \frac{V_e}{R_1 + R_2}$$

と書けるから，これは起電力 V_e の電池（内部抵抗 0）に抵抗が $R = R_1 + R_2$ の導線をつないだときと同じである．したがって，合成抵抗は

$$R = R_1 + R_2$$

となる．3 つ以上を直列につないだ場合も同様で，

$$R = \sum_j R_j \qquad \text{（直列）} \tag{7.9}$$

となる．

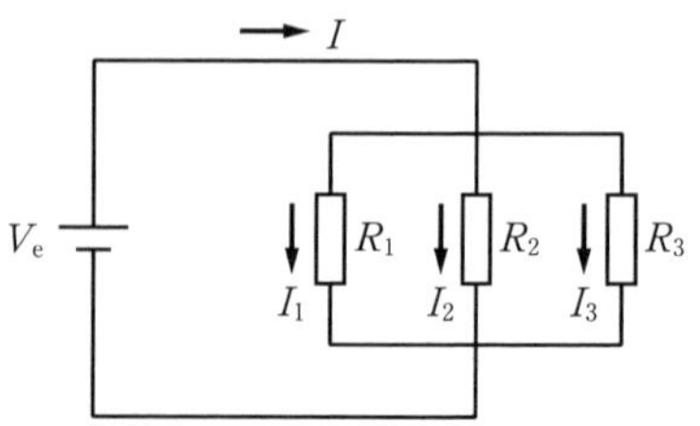

7-7 図 並列連結

抵抗 $R_1, R_2, \cdots$ を 7-7 図のように並列につないだときには，電流 I は分かれるがそれぞれを流れる電流を $I_1, I_2, \cdots$ とすると，キルヒホフの第 1 法則により，$I = I_1 + I_2 + \cdots$ である．ところが，各抵抗の両端の電位差 $I_1R_1, I_2R_2, \cdots$ は，第 2 法則からすぐわかるように，全部共通で V_e に等しい（内部抵抗があれば $V_e - Ir$ に等しい）．したがって

$$I_1 = \frac{V_e}{R_1}, \quad I_2 = \frac{V_e}{R_2}, \quad \cdots \qquad \left(r \neq 0 \text{ なら } I_j = \frac{V_e - Ir}{R_j}\right)$$

となり

$$I = \sum_j I_j = \sum_j \frac{V_e}{R_j} \qquad \left(r \neq 0 \text{ なら } I = \sum_j \frac{V_e - Ir}{R_j} \right)$$

が得られる．したがって

$$\frac{1}{R} = \sum_j \frac{1}{R_j} = \frac{1}{R_1} + \frac{1}{R_2} + \cdots \tag{7.10}$$

とおけば

$$I = \frac{V_e}{R} \qquad \left(r \neq 0 \text{ なら } I = \frac{V_e - Ir}{R} \right)$$

となり，合成抵抗は $R = (1/R_1 + 1/R_2 + \cdots)^{-1}$ になっていることがわかる．

問 7-8図のような回路の合成抵抗を R_0 にするには，R_1 をどのようにとればよいか．

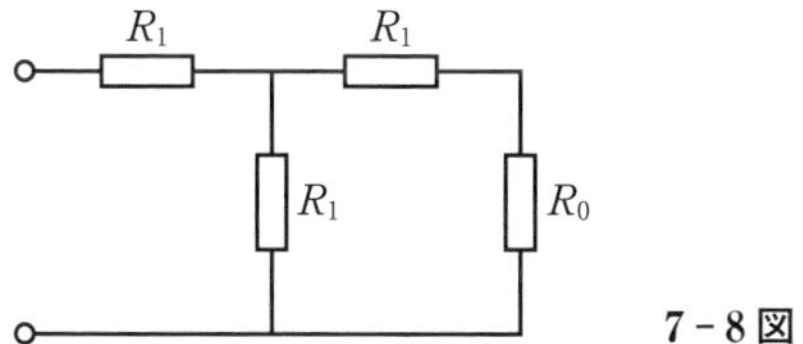

7-8図

§7.4 磁石と磁場

よく知られているように，磁針や，重心のところを糸でつるした棒磁石は南北を向く．これらに鉄粉をふりかけると，鉄粉がたくさん吸いつくところが2か所あることがわかる．これを**磁極**といい，北をさす方の磁極をN極，南に来る方の磁極をS極とよぶ．磁極には**磁気**というものが存在すると考え，N極には正の磁荷，S極には負の磁荷があるとすると，細長い棒磁石によって，電気の場合と全く同じ**クーロンの法則**が成り立っていることが実験的に確かめられる．

ただ磁気が静電気と異なる点は，正負の磁極を分けて一方だけ —— 単極（モノポール）という —— を得ることができないことである．磁荷は誘電体の分極電荷と同じであり，真電荷に対応するものは磁気には知られていない．そういう意味で，正負の磁荷というようなものは**存在しない**のだ，という言い方も可能であろう．近頃はそういう考え方をする人が多い．しかし，電気との比較も容易で現象の記述には便利なことも多いので，少し上の考え方で磁石を扱ってみることにしよう．

磁荷（磁気量）q_{m} をもつ小さい磁極 —— 細長い棒磁石をつくったとしてその一方の端を考えればよい —— と磁荷 q_{m}' をもつ小さい磁極の間にはたらく力を F N，両磁極間の距離を r m とすると，クーロンの法則は

$$F = \frac{1}{4\pi\mu_0}\frac{q_{\mathrm{m}}q_{\mathrm{m}}'}{r^2} \tag{7.11}$$

という形になるが，このとき μ_0 が

$$\mu_0 = 4\pi \times 10^{-7}\ \mathrm{N/A^2} \tag{7.12}$$

という値になるように定めた磁気量の単位がウェーバー（記号 Wb）である．あとでわかるように（256 ページ）Wb = J/A である．電場のときの ε_0 に対応する μ_0 は真空の透磁率とよばれる．

問 Wb = J/A を用いれば，(7.11) 式により μ_0 の単位が N/A^2 となることを確かめよ．

磁極間に力がはたらくのは，一方の磁極がつくる磁場（または磁界）を他方の磁極が感じるためである，と考えて電場のときと同様に磁場というものを導入し，電場（の強さ）に対応するベクトル場として磁場の強さ $\boldsymbol{H}$ というものを定義する．強さが $\boldsymbol{H}$ の磁場に置かれた磁気量 q_{m} の小さい磁極の受ける力が

$$\boldsymbol{F} = q_{\mathrm{m}}\boldsymbol{H} \tag{7.13}$$

になるように $\boldsymbol{H}$ を定めるのである．単位は，この式から明らかなように，N/Wb = A/m である．*

磁石では q_{m} と $-q_{\mathrm{m}}$ が必ず対になって存在するから，両極間の距離を l とすると，7-9 図のような棒磁石が受ける偶力のモーメントは

$$N = q_{\mathrm{m}}Hl\sin\theta \tag{7.14}$$

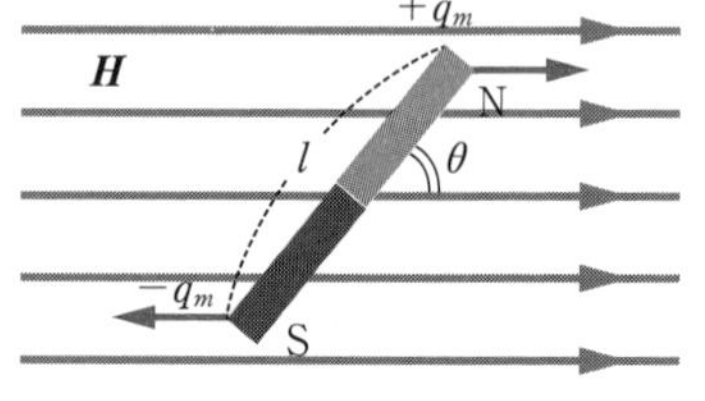

7-9 図 磁石は磁場から偶力を受ける．

となる．そこで，この磁石のもつ磁気

* 磁場の単位には，CGS 電磁単位のエルステッド（oersted）がまだ使われることがある．1 A/m = $4\pi \times 10^{-3}$ oersted.

モーメント $\boldsymbol{p}_{\mathrm{m}}$ を，大きさが $p_{\mathrm{m}} = q_{\mathrm{m}} l$ で，S極からN極へ向かうベクトルとして定義する．そうすると，偶力は

$$\boldsymbol{N} = \boldsymbol{p}_{\mathrm{m}} \times \boldsymbol{H} \tag{7.15}$$

と表されることがわかる．

電気の場合の電位に対応するものとして磁位という量を考えることができる．磁位を $V_{\mathrm{m}}(\boldsymbol{r})$ とすると

$$H_x = -\frac{\partial V_{\mathrm{m}}}{\partial x}, \qquad H_y = -\frac{\partial V_{\mathrm{m}}}{\partial y}, \qquad H_z = -\frac{\partial V_{\mathrm{m}}}{\partial z} \tag{7.16}$$

によって磁場 $\boldsymbol{H}$ が求められる．磁気量 q_{m} の孤立小磁極から距離 r の点の磁位は $q_{\mathrm{m}}/4\pi\mu_0 r$ ということになる．

しかし，実際にはモノポールは見つかっていないから，正負の磁極 q_{m} と $-q_{\mathrm{m}}$ が接近して存在する**磁気双極子**（小さな磁石）を，電気の点電荷に対応する磁気の「もと」と考えるほうがよいであろう．そうすると，原点 $(0, 0, 0)$ にある小磁極 $-q_{\mathrm{m}}$ と，それに近い $(\delta, 0, 0)$ にある小磁極 q_{m} からなる磁気双極子が xy 面内の位置 $\boldsymbol{r}$ につくる磁場の磁位は，

$$V_{\mathrm{m}}(x, y, 0) = \frac{1}{4\pi\mu_0}\left\{\frac{q_{\mathrm{m}}}{\sqrt{(x-\delta)^2 + y^2}} + \frac{-q_{\mathrm{m}}}{\sqrt{x^2 + y^2}}\right\}$$

となるが，δ（> 0 とする）が小さいとして $f(x + \Delta x) - f(x) \approx f'(x)\Delta x$ を使うと

$$\begin{aligned} V_{\mathrm{m}}(x, y, 0) &= -\delta\left(\frac{\partial}{\partial x}\frac{q_{\mathrm{m}}/4\pi\mu_0}{\sqrt{x^2 + y^2}}\right) \\ &= \frac{x}{4\pi\mu_0 r^3}(q_{\mathrm{m}}\delta) \end{aligned}$$

$$\left(\text{ただし}\quad r = \sqrt{x^2 + y^2}\right)$$

が得られる．$q_{\mathrm{m}}\delta$ はこの磁気双極子の**磁気モーメント**の大きさであるからこれを p_{m} とし，7 - 10 図のように θ を定めると

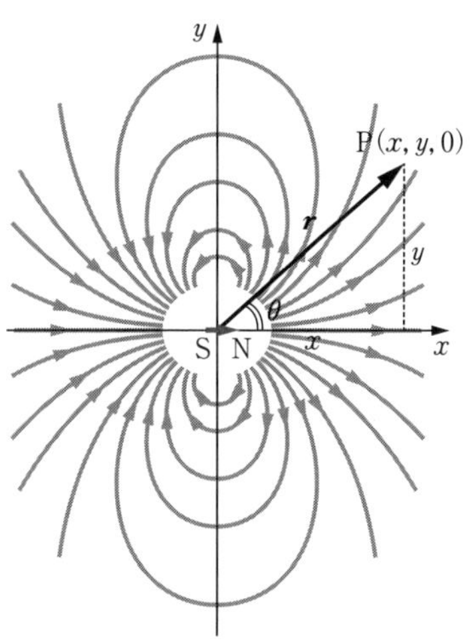

7 - 10 図　原点にある磁気双極子のつくる磁場（灰色の線は $\boldsymbol{H}$ を表す磁力線）

$$V_m(\boldsymbol{r}) = \frac{p_m \cos\theta}{4\pi\mu_0 r^2} \tag{7.17}$$

と表される．磁気モーメントが p_m の小さい磁気双極子から $\boldsymbol{r}$ の点の磁位は，座標軸のとり方と関係なく，この（7.17）式の右辺で与えられる．θ は磁気モーメントと $\boldsymbol{r}$ の間の角である．

問 V_m = (一定) の等磁位面が大体どのようになるかを上の（7.17）式から求め，7-10 図に書きこんでみよ．

§7.5 磁 性 体

物質はすべて磁場内では磁化する．つまり，磁性体である．物質の磁化は，誘電体の誘電分極に対応し，正負等量の磁荷が出現し，物質をどう分割しても必ずその各部分に N 極と S 極が生じる．

磁化の仕方はその方向と強弱によって示される．一様に磁化した物体はその体積に比例した磁気モーメントをもつので，単位体積当たりの磁気モーメントによって磁化の仕方を表すことができる．これを**磁気分極**とよび，$\boldsymbol{P}_m$ で表す．これは電気の場合の分極ベクトルに対応し，その大きさ $|\boldsymbol{P}_m|$ は磁化の方向に垂直な切り口の単位面積当たりに出現する磁気量（Wb/m^2）に等しい．磁気モーメントは (磁気量) × (長さ) であるから Wb·m という単位で表され，「単位体積当たり」はこれを m^3 で割るから Wb/m^2 となる．

われわれが磁石として知っているものは自発磁化をもつ**強磁性体**とよばれる例外的な物質であって，大ていの物質では $\boldsymbol{P}_m$ は磁場 $\boldsymbol{H}$ に比例する．その関係を

$$\boldsymbol{P}_m = \mu_0 \chi_m \boldsymbol{H} \tag{7.18}$$

としたとき，χ_m (単位のない数になる) をその物質の**磁化率**という．電気ではこれに対応する χ_e は常に正であるが，磁気では χ_m には正のものと負のものがある．$\chi_m > 0$ の物質を**常磁性体**といい，気体では O_2, NO，固体では遷移金属や白金族，希土類などの元素や化合物がこれに属する．この場合，χ_m は絶対温度に大体逆比例する（**キュリーの法則**）．大部分の物質では $\chi_m < 0$ で，これを**反磁性体**という．反磁性体の $|\chi_m|$ はきわめて小さい（$\sim 10^{-5}$）．

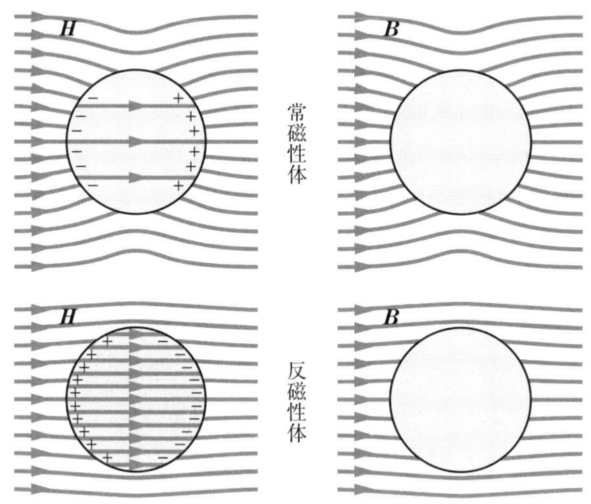

7-11図　球状常磁性体と反磁性体

この図は磁化がかなり強いとした場合のもので，実際には球内外での差はずっと少ない．

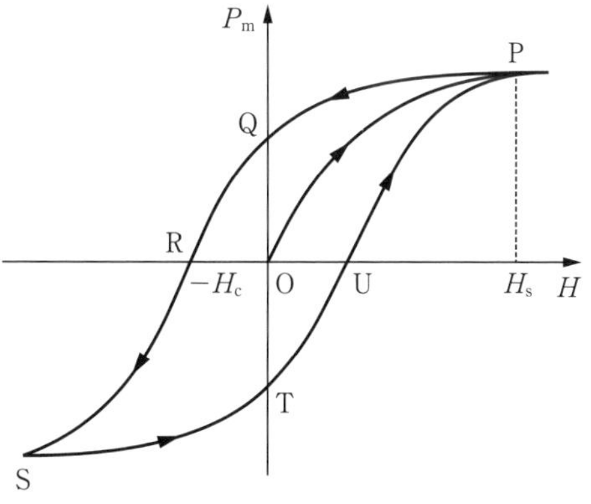

7-12図　強磁性体の磁化（ヒステリシス曲線）

磁石として利用される強磁性体は P_m が非常に大きくなる物質であり，それの H と P_m の関係は (7.18) 式のような単純なものではなく，同じ H に対する P_m がそれまでの経過によって異なるという**ヒステリシス（履歴）現象**を示す．$P_m = 0$ の強磁性体に磁場を次第にかけたときの磁化の仕方は，7-12図の曲線 OP のようになり，P で磁化は飽和に達しこれ以上 H をいくら大きくしても P_m は増さなくなる．それから H を減らすと，変化は経路 PQ をたどり，$H = 0$ になって OQ に相当する**残留磁化**を示す．$P_m = 0$ にするには逆向きに OR（$= H_c$）だけの磁場をかけることが必要である．H_c を**保磁力**という．逆向きの H をさらに増していくと，S で逆向きの飽和に達する．この図のような曲線を**ヒステリシス曲線**という．

H_c の小さい物質は磁気的に**ソフト**であるといい，純鉄はソフトな磁性体（OQ ～ 1.3 Wb/m^2，H_c ～ 60 A/m）である．これに対し，永久磁石として使う H_c の大きな物質は**ハード**な磁性体とよばれる．フェライトでは OQ ～ 0.3 Wb/m^2，$H_c \sim 2 \times 10^5$ A/m，アルニコ（Al, Ni, Co の合金）では OQ ～ 1 Wb/m^2，$H_c \sim 2 \times 10^5$ A/m の程度である．

$\boldsymbol{H}$ は電気の場合の $\boldsymbol{E}$ に対応する．$\boldsymbol{E}$ を表す電気力線が（真電荷と分極電荷を合わせた）正電荷を湧き出し口とし負電荷を吸い込み口にしていることに対応して，$\boldsymbol{H}$ を表す**磁力線**は ── 磁気には真電荷に対応するものがないから ── **N 極から湧き出し S 極に吸い込まれる**ことになる．したがって，7 - 13 図に示すように，外部磁場がないところに置かれた永久磁石では，内部の $\boldsymbol{H}$ は $\boldsymbol{P}_m$ と逆向きになっていて，$\boldsymbol{P}_m$ を消そうとする向きになっている．これを**反磁場**という．7 - 12 図の $\boldsymbol{H}$ は，外部磁場とこの反磁場とを合わせたものである．

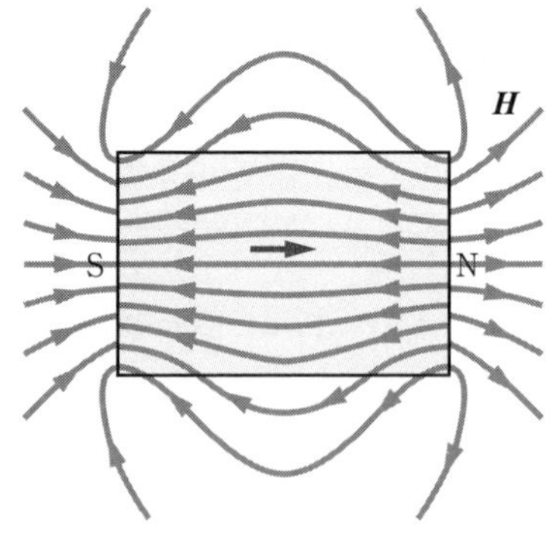

7 - 13 図 右向きに磁化した永久磁石の内部の磁場 $\boldsymbol{H}$ は $\boldsymbol{P}_m$ と逆向きである．

電場の場合の電束密度 $\boldsymbol{D}$ に対応するものとして，**磁束密度 $\boldsymbol{B}$** というベクトル量を

$$\boldsymbol{B} = \mu_0 \boldsymbol{H} + \boldsymbol{P}_m \tag{7.19}$$

によって定義する．単位は Wb/m^2 = N/A·m であって，これをテスラ（記号 T）とよぶことになっている．しかし，その 1 万分の 1 のガウスという CGS 単位がまだかなり用いられている．

$$1 \text{ gauss} = 10^{-4} \text{ T}$$

電気の場合の $\boldsymbol{D}$ を表す電束線は**真電荷のみ**を湧き出し口，吸い込み口とするものであった．これに対応する**磁束線には，湧き出し口も吸い込み口も存在しない**．物質のない $\boldsymbol{P}_m = 0$ のところでは $\boldsymbol{B} = \mu_0 \boldsymbol{H}$ であるが，物質内

ではどうかというと，7－13図と同じ永久磁石なら7－14図のようになる．磁束線は，このようにいつも閉じた曲線になるのである．

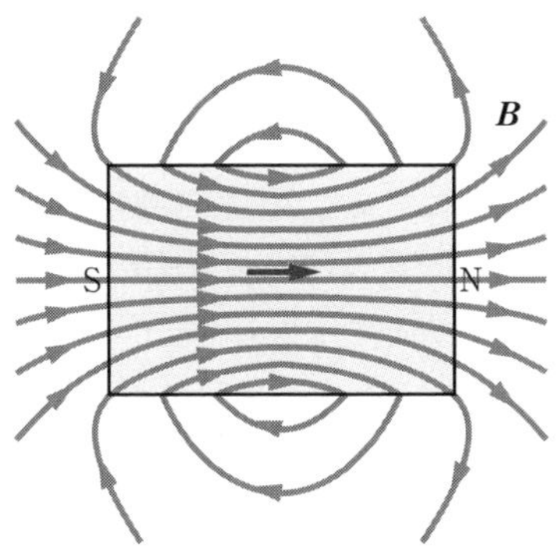

7－14図 永久磁石でも磁束線はすべて閉曲線になっている．

$\boldsymbol{P}_{\mathrm{m}}$ が $\boldsymbol{H}$ に比例する物質では

$$\boldsymbol{B} = \mu_0\boldsymbol{H} + \mu_0\chi_{\mathrm{m}}\boldsymbol{H} = \mu_0(1 + \chi_{\mathrm{m}})\boldsymbol{H}$$

となるから

$$\boldsymbol{B} = \mu\boldsymbol{H} \qquad (\mu = \mu_0(1 + \chi_{\mathrm{m}})) \tag{7.20}$$

とおいて，μ をその物質の**透磁率**という．**相対透磁率**

$$k_{\mathrm{m}} = \frac{\mu}{\mu_0} = 1 + \chi_{\mathrm{m}} \tag{7.21}$$

のことを単に透磁率ということも多い．強磁性体以外では実際上 $\mu = \mu_0$ とみなしてよい．

問 面に垂直な方向に一様に磁化している無限に広い板磁石がある．その表面の単位面積当たりの磁荷を σ_{m} とする．板の内外の $\boldsymbol{H}$, $\boldsymbol{P}_{\mathrm{m}}$, $\boldsymbol{B}$ はどうなっているか．

§7.6 電流が磁場から受ける力

摩擦で帯電した物に磁石をゆっくり近づけても，何も力をおよぼし合うことはないが，磁石をテレビの画像に近づけると画像がゆがむことから，動いている電荷は磁場から力を受けることがわかる．いろいろ調べた結果，点電荷 q が磁場内を速度 $\boldsymbol{v}$ で動くときに受ける力は

$$\boldsymbol{F} = q\boldsymbol{v} \times \boldsymbol{B} \tag{7.22}$$

で与えられることがわかった．$\boldsymbol{B}$ はその磁場の磁束密度である．電場 $\boldsymbol{E}$ と磁場（磁束密度 $\boldsymbol{B}$）が共存するときには，荷電粒子の受ける力は

$$\boldsymbol{F} = q(\boldsymbol{E} + \boldsymbol{v} \times \boldsymbol{B}) \tag{7.23}$$

となる．これを**ローレンツ力**という．磁場から受ける力が $\boldsymbol{H}$ でなく $\boldsymbol{B}$ で表されている点に注意を要する．

［例］ 磁束密度 $\boldsymbol{B}$（z 方向とする）の一様な磁場に，これと垂直に（y 方向とする）速さ v の荷電粒子（電荷 $q<0$，質量 m）が飛び込んだとする．力（7.22）式は $\boldsymbol{v}$ に垂直であるから，運動の方向は変えるが速さは変えない（仕事をしないから $mv^2/2$ が変わらない）．速さが一定なら磁場から受ける力の大きさ $|qvB|$ も一定なので，方向の変化も一定である．そのような運動は等速円運動であり，半径が R の円周に沿って質量が m の質点が速さ v で回っているときにはたらいている力は大きさが mv^2/R の求心力であるから

$$\frac{mv^2}{R}=|q|\,vB$$

が成り立つ．これから

$$R=\frac{mv}{|q|\,B}$$

が求められ，一周に要する時間（周期）は

$$\frac{2\pi R}{v}=\frac{2\pi m}{|q|\,B}$$

となって，v によらない．このような運動をサイクロトロン運動，この周期の逆数をサイクロトロン振動数という．*

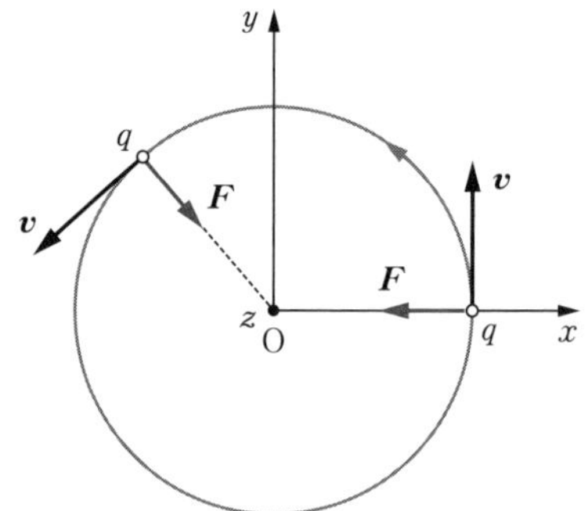

7-15 図 手前向きの一様な磁場に垂直に入射した荷電粒子は等速円運動をする．

問 電子（$m=9.1\times10^{-31}$ kg，$q=-1.6\times10^{-19}$ C）は 7-15 図と同じ向きに回るが，$B=1$ T（$=10000$ gauss）の磁場内ではサイクロトロン振動数はいくらになるか．

磁場内に置かれた導線に電流が流れているときには，導線内を動く伝導電子（電荷を $-e$ とし，単位体積に n 個含まれているとする）にはすべて（7.22）式のローレンツ力がはたらく．電子の速度を $\boldsymbol{v}$ とすると，1 個が受ける力は

$$\boldsymbol{f}=-e\boldsymbol{v}\times\boldsymbol{B}$$

であるが，導線の断面積を A とすると，長さが l の部分には nlA 個の伝導

* qB/m のことをサイクロトロン角振動数といったり，単にサイクロトロン振動数ということもある．

電子が含まれるから，力の総和は

$$\boldsymbol{F} = -enlA\, \boldsymbol{v} \times \boldsymbol{B}$$

となる．ところで，この導線のかってな断面を単位時間に通過する電子の数（導線の長さ v 内に含まれる伝導電子数に等しい）は nAv であるから，電流の強さは $I = neAv$ に等しい．電流の向きは $\boldsymbol{v}$ と逆であるから，大きさが I で電流と同じ方向·向きをもったベクトルを $\boldsymbol{I}$ とすると，$\boldsymbol{I} = -neA\boldsymbol{v}$ となる．このを $\boldsymbol{I}$ 用いると，導線の長さ l 部分にはたらく力 $\boldsymbol{F}$ は

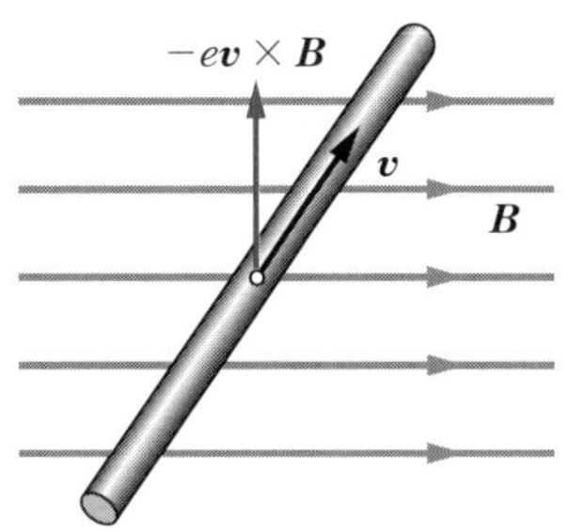

7-16 図　導線内を流れる荷電粒子が受ける力

$$\boldsymbol{F} = l\boldsymbol{I} \times \boldsymbol{B} \qquad (7.24)$$

と表されることがわかる．つまり，電流 I が流れている導線を磁束密度が $\boldsymbol{B}$ の磁場内に置くと，単位長さについて $\boldsymbol{I} \times \boldsymbol{B}$ という力がはたらく．この $\boldsymbol{F}$ と $\boldsymbol{B}$ と $\boldsymbol{I}$ の関係はフレミングの左手の法則で表すと便利である．導線が曲がっていたり，磁場が一様でないときには，導線を細かく分けて考え，各微小部分ごとに（7.22）式のような力がはたらくと思えばよい．

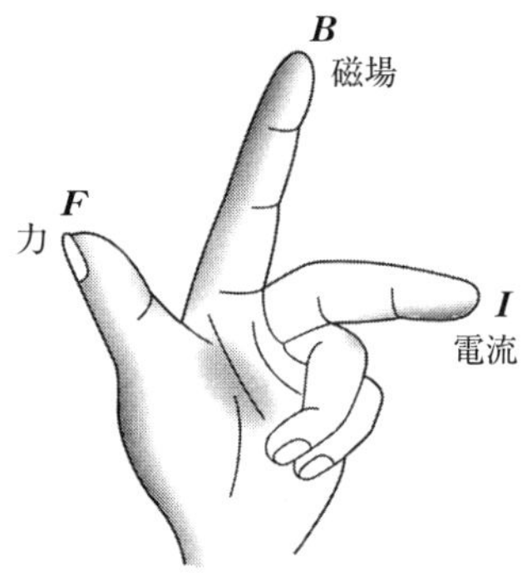

7-17 図　フレミングの左手の法則

いま，長方形で一巻きのコイル ABCD が一様な磁場（磁束密度 $\boldsymbol{B}$）のなかに 7-18 図のように置かれているとする．θ はコイルの面の法線と $\boldsymbol{B}$ との間の角であり，AB と CD（長さ b）は $\boldsymbol{B}$ に垂直である．このコイルに強さ $\boldsymbol{I}$ の電流が流れているとすると，DA，BC には等しい大きさで反対向きの力がはたらくが，これらは互いに打ち消し合ってしまう．AB と CD にはたらく力は図の赤茶色の矢印のようになり，その大きさはどちらも bIB であるから，偶力をつくる．そのモーメントの大きさは

$$N = bIB \times a \sin\theta = abIB \sin\theta$$

に等しい．ab はコイルの面積であるからこれを S と記すと，$N = SIB \sin\theta$

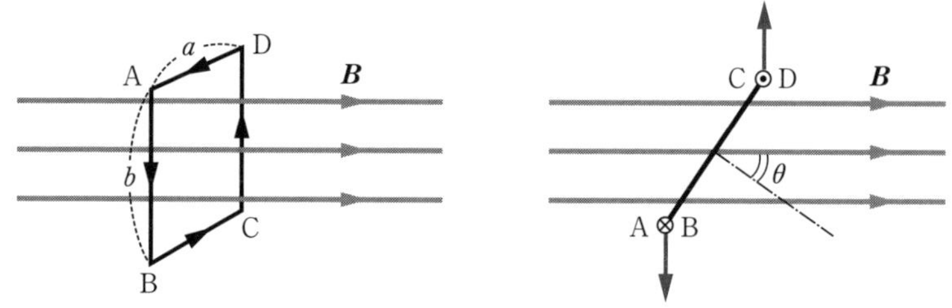

7-18図 コイルは磁場から偶力を受ける．

と書かれる．

上では長方形のコイルを考えたが，面積がSのコイルならばどんな形（たとえば円形）でも，$N = SIB\sin\theta$となることが証明される．そこで，大きさがISで，コイルの面に垂直で，電流Iの向きに右ねじを回したときにそれが進む向きと一致するような向きをもつベクトル$\boldsymbol{m}$を定めると，このコイルが磁場から受ける偶力は，

$$\boldsymbol{N} = \boldsymbol{m} \times \boldsymbol{B}$$

と書かれることがわかる．$\boldsymbol{B} = \mu_0 \boldsymbol{H}$とし，$\mu_0 \boldsymbol{m} = \boldsymbol{p}_{\mathrm{m}}$とおけば，この式は

$$\boldsymbol{N} = \boldsymbol{p}_{\mathrm{m}} \times \boldsymbol{H}$$

となって（7.15）式と一致する．つまり，面積がSの平面閉曲線に沿って流れている電流Iは，大きさが$p_{\mathrm{m}} = \mu_0 IS$の磁気モーメントをもった磁石と等価である．$\boldsymbol{p}_{\mathrm{m}}$の向きは電流と右ねじの関係にある（7-19図）．

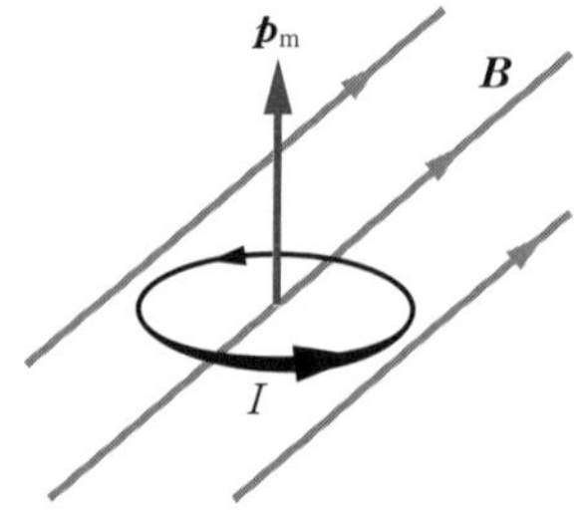

7-19図 コイルの磁気モーメント

§7.7 電流のつくる磁場

動いている電荷が磁場から受ける力を調べたが，今度は逆に，動いている電荷（電流）がつくる磁場を考えよう．電流がつくる磁場は次の法則にしたがっている．

強さ I の電流が流れているとき，その微小部分 $d\boldsymbol{s}$ が，そこから $\boldsymbol{r}$ だけ離れたところにつくる磁場の強さを $d\boldsymbol{H}$ とすると，

$$d\boldsymbol{H} = \frac{I}{4\pi r^2} d\boldsymbol{s} \times \frac{\boldsymbol{r}}{r} \quad (7.25)$$

が成り立つ．

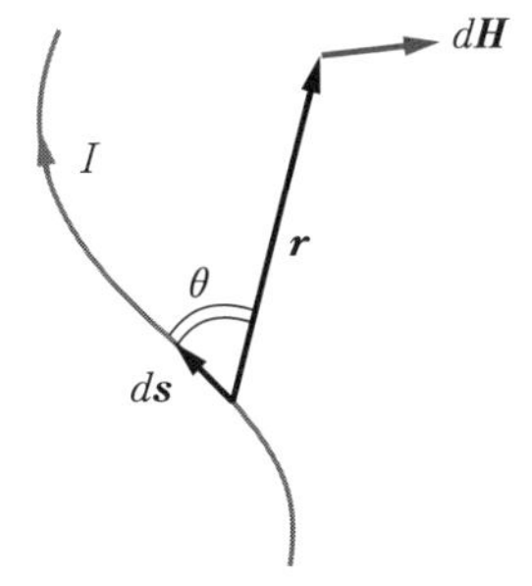

7-20 図　ビオ-サバールの法則

これをビオ-サバール (Biot-Savart) の法則という．$\boldsymbol{r}/r = \boldsymbol{n}$ は電流素片と考えている点を結ぶ方向の単位ベクトルであるから，これと電流素片 $I\,d\boldsymbol{s}$ との間の角を θ とすると，$d\boldsymbol{H}$ の大きさは

$$|d\boldsymbol{H}| = \frac{I\,ds}{4\pi r^2} \sin\theta \qquad (7.26)$$

となる．

［例 1］　直線電流による磁場．強さ I の直線電流から距離 a のところにある点 P の $\boldsymbol{H}$ を求める．7-21 図の ds 部分が P 点につくる磁束密度は紙面に垂直で，その大きさは

$$dH = \frac{I}{4\pi} \frac{\sin\theta}{r^2} ds$$

である．θ を変数にとると

$$r = \frac{a}{\sin\theta}, \qquad \sin\theta\,ds = r\,d\theta$$

になることがすぐわかるから，これらを上式に代入し，θ について 0 から π まで積分すれば

$$H = \int dH = \frac{I}{4\pi a}\int_0^\pi \sin\theta\,d\theta = \frac{2I}{4\pi a} \qquad (7.27)$$

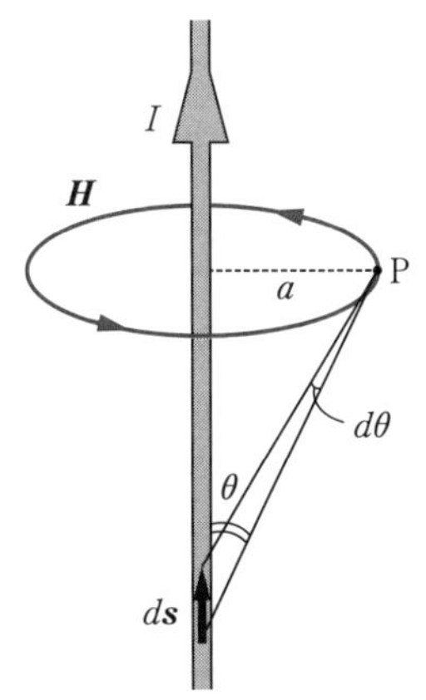

7-21 図　直線電流のつくる磁場

が得られる．（無限に長い）**直線電流がその周りにつくる**磁場の強さは，電流からの距離に逆比例することがわかった．

［例 2］　平行な電流の間にはたらく力．無限に長い直線電流が a だけへだてて 2 本平行に置かれている場合を考える．一方の電流（強さを I とする）が他方の位置につくる磁場の磁束密度は（7.27）式により $B = \mu_0 I/2\pi a$ である．これから第 2 の電流（強さを I' とする）の単位長さが受ける力は，（7.24）式から

$$F = \frac{\mu_0 I\, I'}{2\pi a} \tag{7.28}$$

という大きさをもち，2 つの電流の向きが同じ（平行）ならば引き合い，逆（反平行）ならば反発し合うことがわかる．

アンペアの定義*

（7.28）式は電流の国際標準単位アンペアの定義に用いられている．つまり 2 本の無限に長くて細い平行な導線が真空中で 1 m の距離に置かれていて，それに同じ大きさの電流が流れているとき，それらの間に 1 m 当たり 2×10^{-7} N の力が作用している場合に，流れている電流を 1 A（アンペア）と定めるのである．その他の諸量は，たとえば C = A·s というように，これをもとにしてきめていけばよい．

問　半径 a の円形電流 I がその中心のところにつくる磁場の強さはいくらか．

（7.27）式からわかるように，磁場の単位は電流を長さで割ったもの（A/m）になっている．（7.13）式から求めた N/Wb を A/m に等しいとおけば，Wb = J/A が得られる．

§7.8　アンペールの法則

面積 S の平面閉曲線に沿って流れる電流 I は，大きさが $\mu_0 IS$ の磁気モーメントをもった磁石と同じ偶力を磁場から受けることを 254 ページで知ったが，実はつくる磁場も同じである．

いま，面積 ΔS の小さい閉曲線に沿って流れる電流を I とすると，その磁気モーメントの大きさは $\mu_0 I\, \Delta S$ である．そこで，この閉曲線を周縁とした

* なお，アンペアの定義はその後（2019 年 5 月 20 日）改定された．

厚さ h (小さくとる) の板を考え，それの片側に正の磁荷 (N 極)，反対側に等量の負の磁荷 (S 極) を一様に分布させた板磁石をつくったとする．磁荷の面密度を $\sigma_\mathrm{m} = \mu_0 I/h$ にとれば，その磁気モーメントは $\mu_0 I\,\Delta S$ となって，電流のそれと一致する．この板磁石がつくる磁場の，7-22 図の P 点における磁位は，(7.17) 式(248 ページ)により

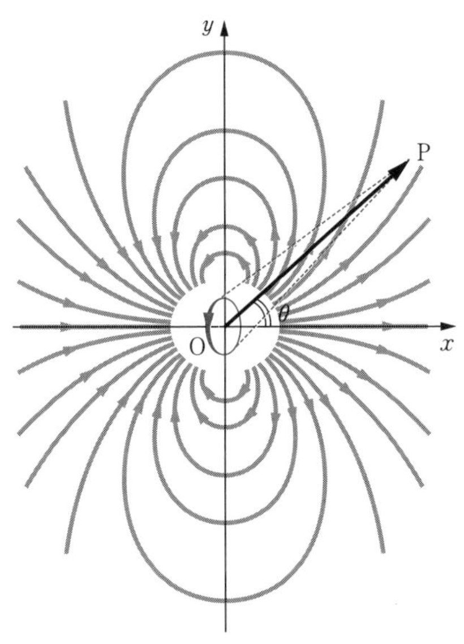

7-22 図　小さい閉電流のつくる磁場は，それを縁とする板磁石のつくる磁場と同じになる．

$$V_\mathrm{m}(\mathrm{P}) = \frac{I\,\Delta S \cos\theta}{4\pi r^2}$$

で与えられる．θ は面の法線と $\boldsymbol{r}$ の間の角である．ところで，$\Delta S \cos\theta / r^2$ は，考えている P 点から電流を見こむ立体角 $\Delta\Omega$ になっている．立体角には符号を考え，電流が反時計向きに見えるとき (7-22 図なら $x > 0$ の領域) には正，時計向きに見えるときには負と約束する．そうすると，$V_\mathrm{m}(\mathrm{P}) = (I/4\pi)\Delta\Omega$ と表されることがわかる．

電流 I が小さくない閉曲線 —— 平面上になくてもよい —— に沿って流れているときには，その閉曲線を縁とした適当な曲面を考えてそれを細かく分け，その細片の縁に沿って電流 I を流したと考えれば，これら多数の微小閉電流を合わせた

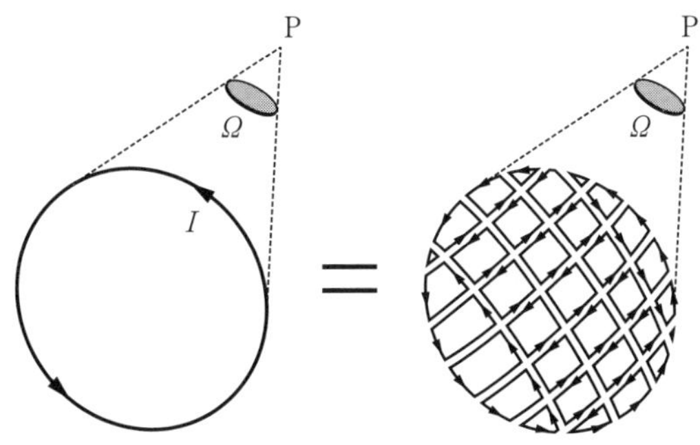

7-23 図　左の大きな閉電流は，右の小さな閉電流の和と等価である．

ものがもとの大きな閉曲線に沿った電流と等価になることは明らかである．細片の境界では反対向きの電流が相殺するからである．そうすると，この電流のつくる磁場は，この閉曲線を縁とした，厚さが h で磁荷の面密度が $\pm\mu_0 I/h$ に等しい板磁石がその外部につくる磁場と同じであり，P 点における磁位は，P からその閉曲線を見こむ立体角を Ω として

$$V_{\mathrm{m}}(\mathrm{P}) = \frac{I\Omega}{4\pi} \tag{7.29}$$

で与えられることがわかる．

ところで，磁位の定義により（218 ページ，(6.10) 式に対応）

$$V_{\mathrm{m}}(\boldsymbol{r}_{\mathrm{A}}) - V_{\mathrm{m}}(\boldsymbol{r}_{\mathrm{B}}) = \int_{\mathrm{A}}^{\mathrm{B}} \boldsymbol{H}\cdot d\boldsymbol{r}$$

であるから，

$$\int_{\mathrm{A}}^{\mathrm{B}} \boldsymbol{H}\cdot d\boldsymbol{r} = \frac{I}{4\pi}(\Omega_{\mathrm{A}} - \Omega_{\mathrm{B}}) \tag{7.30}$$

となる．もし積分が閉曲線についての一周ならば B と A が一致するから $\Omega_{\mathrm{A}} = \Omega_{\mathrm{B}}$ となり，(7.30) 式は 0 を与えそうである．実際，閉曲線が電流を囲むようなことがなければ，その上の各点から電流を見こむ Ω は連続的に変化して，一周でもとにもどるから

$$\oint \boldsymbol{H}\cdot d\boldsymbol{r} = 0 \qquad \text{（電流を囲まないとき）}$$

となる．

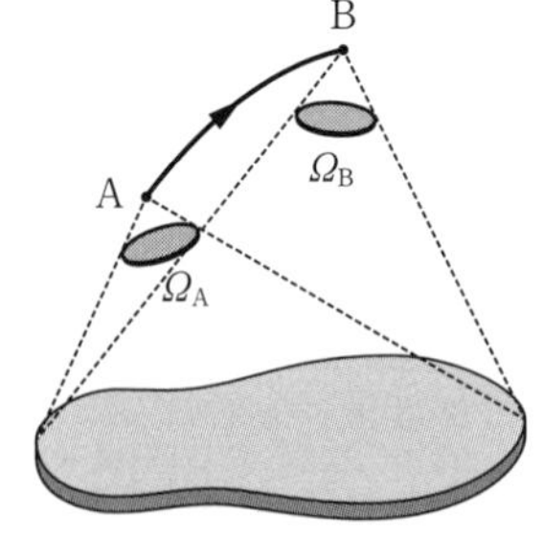

7－24 図

これに対し，積分経路が電流を囲むときには事情は違ってくる．このときには，板磁石で電流を置き換えると，経路はどうしても板を貫かねばならなくなる．ところが，板の内部の $\boldsymbol{H}$ は外とは逆向きで強い磁場になっており，閉電流の磁場とは全く異なったものになっている（7－25 図）．そして，ここを貫いた経路による上記の積分は，外の分を内部の値が打ち消して 0 になるのである．これは保存力のポテンシャルである磁位としては当然のことである．ところが電流がつくる磁場の磁力線は 7－25 図の(b)のように閉曲線になっているから，そもそも保存力として磁位のようなポテンシャルを使っ

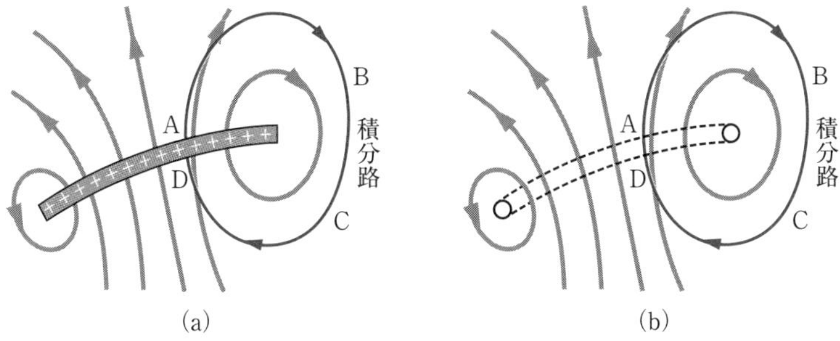

7-25 図　板磁石の磁場と閉電流の磁場

て表すことができないものなのである．閉曲線に沿って A → B → C → D とたどると，等価板磁石の磁位は，A における値 $\Omega_{\mathrm{A}} \approx 2\pi$ から次第に減り，B と C の中間のどこかで 0 になり，C では負の値になって，以後その絶対値が次第に増して，D 点では $\Omega_{\mathrm{D}} \approx -2\pi$ となる．したがって

$$\int_{\mathrm{A}}^{\mathrm{D}} \boldsymbol{H}\cdot d\boldsymbol{r} = \frac{I}{4\pi}(\Omega_{\mathrm{A}} - \Omega_{\mathrm{D}}) \approx I$$

である．そこで，板磁石の厚さ h を 0 にした極限を考え，内部に貫通**しない**ことにすれば，閉電流のつくる磁場と板磁石の磁場とは外では一致するのだから，閉電流を右ねじの向きにとり囲んで一周した積分として

$$\oint \boldsymbol{H}\cdot d\boldsymbol{r} = I$$

が得られることになる．回る向きが逆なら符号が逆になる．

以上をまとめると，

$$\oint \boldsymbol{H}\cdot d\boldsymbol{r} = \begin{cases} 0 & \text{電流を囲まないとき} \\ I & \text{電流を右ねじの向きに一周するとき} \\ -I & \text{電流を右ねじと反対向きに一周するとき} \end{cases} \tag{7.31}$$

となる．これを**アンペールの法則**という．

電流が何本もあるときには，積分路を通り抜ける電流の代数和をとればよい．たとえば，7-26 図のときには，曲線 C について

$$\oint_{\mathrm{C}} \boldsymbol{H}\cdot d\boldsymbol{r} = 2I_2 - I_3 + I_4 \tag{7.32}$$

となる．

問 z 軸に沿った無限に長い直線電流 I がつくる磁場は§7.7［例1］（255ページ）で与えられる．このとき，xy 面内にある原点を中心とした円についてアンペールの法則を確かめよ．

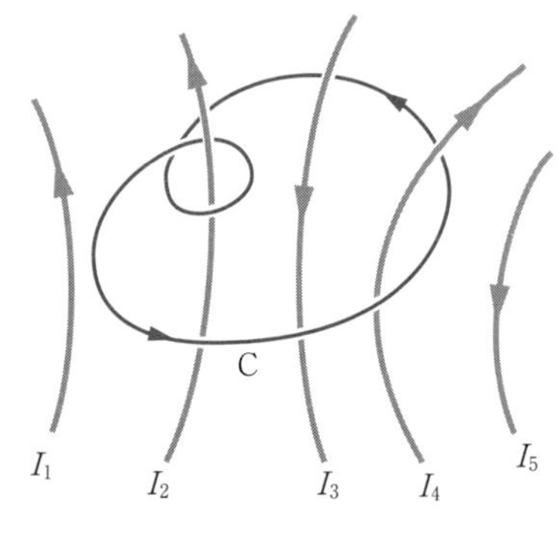

7-26 図

点電荷のつくる電場に関するクーロンの法則の形を変えたものがガウスの法則であるのに対応して，電流素片のつくる磁場を与えるビオ-サバールの法則を変形したものがアンペールの法則である．対称性のよい場合にはアンペールの法則を用いて容易に磁場を求められることが多い．

電荷が連続分布をするときにガウスの法則が使えるように，電流が線状でないときにもアンペールの法則は適用できる．

［例］ まっすぐな太い導線（断面は半径が R の円形とする）に一様な電流が流れている場合の磁場を求めてみよう．電流密度を i とする（$\pi R^2 i = I$ が全電流）．対称性から考えて，磁力線は円柱形の軸を囲み，これに垂直な円をつくっており，その上のいたる所で大きさは一定である．そこで，半径が r のそのような円をとって閉曲線とし，これを一周する場合についてアンペールの法則を適用する．この円を通る電流の総和は，$r < R$ なら $i\times$（半径 r の円の面積）であるから，電流の合計は $\pi r^2 i$ となる．$r > R$ ならば電流は I である．一方，左辺の積分は，（円周）$\times$ $H(r)$ である．したがって

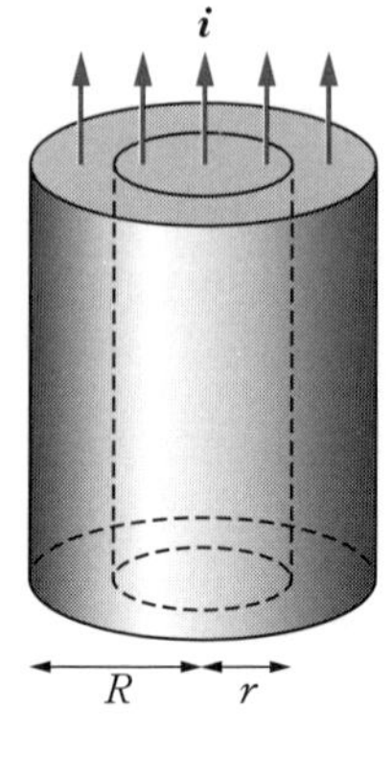

7-27 図

$$2\pi r\, H(r) = \begin{cases} \pi r^2 i & (r < R) \\ I & (r > R) \end{cases}$$

ゆえに

$$H(r) = \begin{cases} \dfrac{1}{2}ir & (r < R,\ 導線内) \\ \dfrac{I}{2\pi r} & (r > R,\ 導線外) \end{cases}$$

となる．ただし $I = \pi R^2 i$ である．導線外の磁場は，電流が線状の場合と同じである（これは，球状に分布する電荷がその外部につくる電場が点電荷の場合と同じになる，ということに対応している）．

問　　題

1. 電池の両極をある抵抗でつないだとき電流が 5 A 流れ，両極間の電位差は 1.85 V であった．回路を断ったときの両極間の電位差が 1.98 V であったとすれば，電池の内部抵抗，および，始めにつないだ抵抗はそれぞれ何 Ω か．

2. 一定の起電力 V_e をもつ電池，電流計 G，測定しようとする高抵抗 R，および可変抵抗 r を図のようにつなぐ．r が 50 Ω および 100 Ω のときの電流計のふれは，それぞれ 3.9 および 5.2 目盛であった．R を既知抵抗 20000 Ω にとりかえ，r を 0.4 Ω にしたときの電流計のふれは 7.8 目盛である．電流計のふれは電流に比例するものとして，抵抗 R を求めよ．

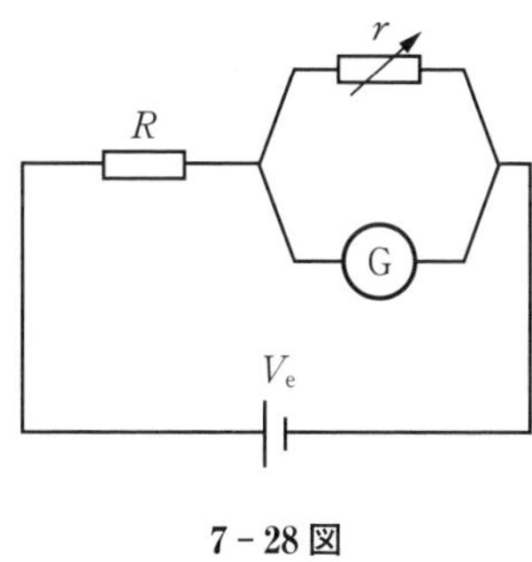

7-28 図

3. ある蓄電池を抵抗 1 Ω の外部回路を通して放電したところ，10 時間で電圧が 2.1 V から 1.9 V に低下した．電圧が一様な割合で下がったとして，この時間内に外部に供給されたエネルギーを求めよ．

4. 電球のフィラメントの抵抗がその絶対温度 T に比例するものとし，フィラメントの放熱は T^4 に比例する（シュテファン－ボルツマンの法則）と考えた場合に，電球に加えられる電圧とフィラメントの温度 T との関係を求めよ．

5. 磁極の強さがそれぞれ $\pm q_m, \pm q_m'$ で，長さが l, l' であるような 2 本の棒磁石を，向きをそろえて一直線上に並べたとき，これらの間にはたらく力はいくらになるか．磁石の中点間の距離を r とする．また，r が l や l' に比べてずっと大きいときの式を求めよ．

6. 7-29図の右側の図のようなドーナツ形の環磁石がある．内部は矢印のように磁化されているが，環状に閉じているので磁極はどこにも現れない．このような磁石の $\boldsymbol{B}$ と $\boldsymbol{H}$ はどうなっているか．磁気分極の大きさは一様であるとする．

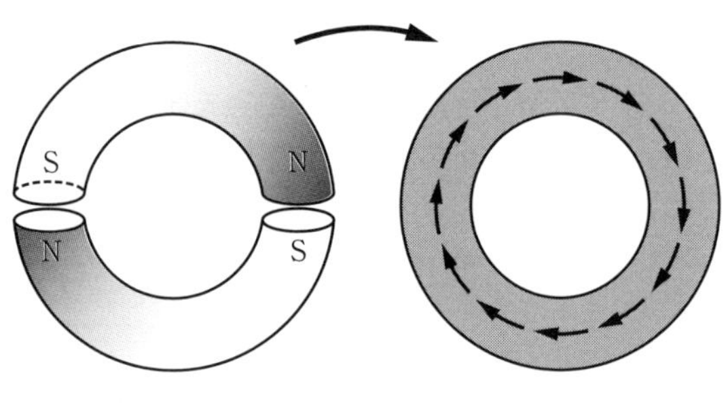

7-29 図

7. ビオ-サバールの法則を用いて，円電流がその中心を通り円に垂直な直線上につくる磁場を計算せよ．

8. 円筒形の中空ボビンに，導線を一様に密にらせん状に巻いたものをソレノイドという．これに電流を流したものは，同じ大きさの円電流をたくさん重ね合わせたものと考えることができる．したがって，それが外部につくる磁場は，円筒形の棒磁石のつくる磁場と同じである．このこととアンペールの法則を用いて

　(i) 無限に長いソレノイドの外側には磁場がないこと

　(ii) 無限に長いソレノイドの内部の磁場は一様で，$H = nI$ であること

を証明せよ．ただし，n は単位長さ当たりの巻き数，I は流す電流の強さである．

オームとアンペール

オームの墓標には1787年生まれと記してあるそうであるが，教会の記録により1789年が正しい生年と判明した．彼はエルランゲン大学へ入ったが，学資が続かず中退し，教師をしながら最新の物理学を独学自習した．ケルンのギムナジウム（6年制の高校）に在職中に電流の研究を行ってオームの法則を発見し，1826年に論文，1827年には『数学的に論ぜられたガルヴァーニ電池』（*Die galvanische Kette, mathematisch bearbeitet*）と題する本にまと

めて出版した．この大きな発見にもかかわらず，彼はドイツではなかなか認めてもらえず，フランスやイギリスで高く評価されるようになって，やっと1849 年にミュンヘン大学の員外教授になることができ，1852 年に正教授になったがそれは他界の 2 年前であった．外国で認められてから国内でも評価される，というのはどこかの国に限ったことではないらしい．

Georg Simon Ohm
(1789 - 1854)

フランスの物理学者・化学者のアンペールは，リヨンで生まれそこで教育を受けた．語学と数学の才能に恵まれ，ラテン語で書かれたオイラーやベルヌーイの著作に少年の頃から親しんで，図書館の職員を驚かせたという．1804 年にパリに出て，電気化学･物質構造論（1810 年代）と電流の磁気作用にすぐれた研究業績を残した．彼は磁石を円電流の集合とみなして，磁気現象をすべて電流で説明した．その成果は『実験から一意的に演繹される電気力学現象の数学的理論』（*Théorie mathématique des phénomènes electro-dynamiques, uniquement déduite de l'expérience*, 1827）にまとめられている．しかし，彼は電流と電流の相互作用に中心力（2 つの電流素片間の力はそれらを結ぶ直線に沿ってはたらくとする）だけしか認めなかった点で，現在の立場から見ると誤っていた（中心力にならない場合を読者は考えてみてほしい）．

Andre - Marie Ampère
(1775 - 1836)

8. 電磁誘導と電磁波

電磁誘導は発電機の原理になっているきわめて重要な現象である．それが磁束の「**変化**の割合」に比例することが，この現象の発見に手間をとらせたという歴史があるので，学習して理解するときにも少々困難を感じる人がいるかもしれない．特に，起電力の生じる向きがどうなるかを，問違いなく把握してほしい．

起電力はボルト単位で表すが，電磁誘導で生じる電場の力線は環状で，電位の勾配という形で与えられる保存力ではないことを銘記しておかねばならない．

交流は広く実用になっているが，ここではその扱いのごく初歩だけにとどめた．

マクスウェルの方程式はやや数学的なので，むずかしいと思う読者も多いと思うから，最初は印のところはとばしてもよい．

§8.1 電磁誘導

コイルに磁石を近づけたり遠ざけたりすると，電流が誘起される．1831 年にファラデーが発見したこの現象を**電磁誘導**といい，発電機の原理になっているきわめて重要な現象である．回路を固定して磁場を変化させる代りに，磁場の中で回路を動かしてもやはり電流は生じる．そこで，最も簡単な場合として，8-1 図のように，一様な磁場の中でこれに垂直に長方形の回路を置き，その一辺 AB を速さ v で動かすときを考えよう．導線 AB 内には正の電荷をもった粒子と負の電荷をもった粒子がたくさん存在するが，AB が動けばそれらも磁場内で運動することになるから，磁場からローレンツ力を受けるはずである．この力は，正電荷に対しては B → A，負電荷に対しては A → B の向きにはた

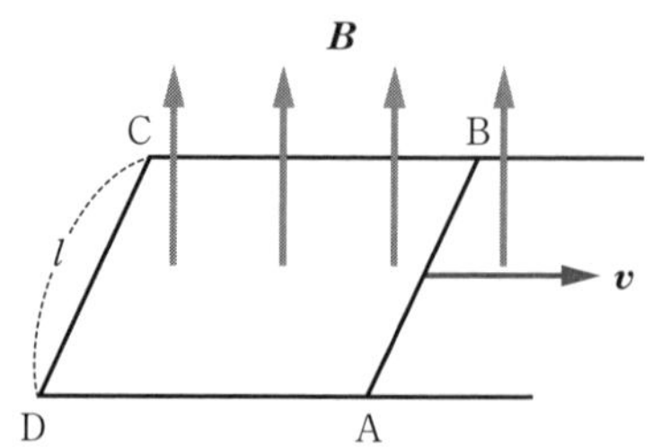

8-1 図　導線 AB を動かすと内部に電場ができる．

らく．どちらも B → A の向きの電場 $\boldsymbol{E}$ によって表される．その強さは (7.22) 式により vB に等しい．

仮に針金 AB だけが動いているとすると，この電場のために自由電子が A → B の向きに動いて B の側にたまるので，これによって A → B の向きの電場 $\boldsymbol{E}'$ を生じ，これが上記の仮想的な「電場」$\boldsymbol{E}$ とちょうど打ち消し合うようになったところで電子の移動は止む．電子が B の側にたまれば B は A よりも低電位になる．すぐわかるように A と B の電位差は

$$V_{\mathrm{A}} - V_{\mathrm{B}} = vBl$$

である．この電位差はローレンツ力が作り出したものである．つまり，ローレンツ力は起電力が vBl の電池を A が陽極，B が陰極側になるように入れたのと同じである．電流を A → D → C → B → A の向きに流そうとする作用が同じ大きさになるからである．したがって，針金 AB の運動によって生じた**誘導起電力**は vBl である，ということができる．

いま，$\mathrm{DA} = \mathrm{CB} = x$ とおくと $v = dx/dt$ である．長方形 ABCD の面積は $S = lx$ であるが，磁場のなかでそれに垂直な面積にそこの磁束密度 $\boldsymbol{B}$ の大きさを掛けたものを，その面を通る**磁束**とよぶ．磁場に垂直でない面の場合には，面の法線と $\boldsymbol{B}$ の間の角を θ として $|\boldsymbol{B}|$ と面積と $\cos\theta$ との積を磁束とよぶ．そうすると，長方形 ABCD を通る磁束は $\Phi = Blx$ ということになるから，

$$\frac{d\Phi}{dt} = Bl\frac{dx}{dt} = Blv$$

はちょうど上に求めた誘導起電力の大きさに等しい．8-1 図で，回路を上向きに貫く磁束が増すとき，生じる起電力は A → D → C → B という向きであるが，これは上向きを正の向きとしてそれと右ねじの関係にある回転を正の回る向きとしたとき，反対向きになっている．このような向きまで表すため，この場合（$d\Phi/dt > 0$）の起電力

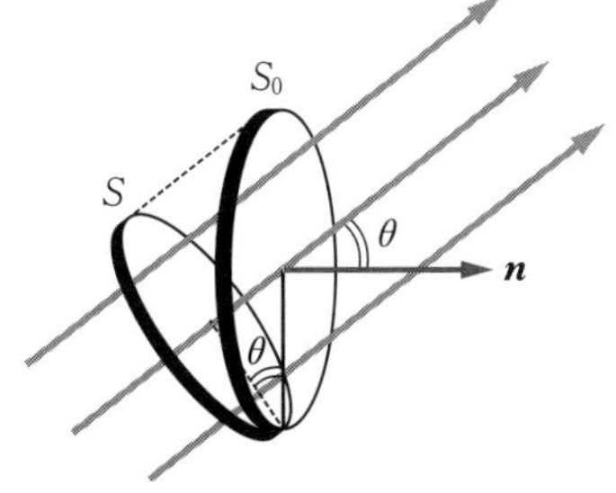

8-2 図

$\Phi = BS = BS_0\cos\theta$
S を通る磁束と S_0 を通る磁束は等しい．

の向きは負であると考える．逆に $d\Phi/dt$ が負のとき ── AB を左向きに動かして面積を減らすとき ── には起電力は正の向き（A → B → C → D → A）である．これは負号をつけて

$$V = -\frac{d\Phi}{dt} \tag{8.1}$$

のように表すことができる．

上の式は，8-1 図のような場合だけでなく，もっと一般的に閉回路を貫く磁束が何らかの方法で ── たとえば，コイルを磁場内で回転するのでもよい ── 変化する場合には，いつでも成り立つことがわかっている．8-1 図の場合は針金が動いて磁束線を切るのであるが，導線が静止していて磁石を近づけるようなときには磁束線の方が動くことになる．相対的には同じことである．閉回路を貫く磁束が増すのは，外から磁束線が集まってくるのだと考えればよく，集まってくる磁束線は導線のところを通過するときに「切られる」形になるわけである．

電磁誘導で流れる電流の向きは，その電流のつくる磁場が，誘導の原因となった磁場の変化にさからうように生じる．これをレンツの法則という．上で考えた場合には，生じた電流のつくる磁場は，ABCD の内部では下向きになり，上向きの Φ の増加を妨げるようになっている．

問　8-1 図で AB の長さが 20 cm，磁束密度が 1 T（= 10000 gauss）であるとすると，1 V の起電力を得るには v はいくらでなければならないか．

§8.2　相互誘導と自己誘導

2つのコイル（どちらもさしあたりは 1 巻きとする）1, 2 があって，1 を流れる電流 I_1 のつくる磁場によって 2 を貫く磁束を Φ_2 とすると，Φ_2 は明らかに I_1 に比例する．

$$\Phi_2 = MI_1$$

そこで，I_1 を時間的に変化させると Φ_2 も変化するから，電磁誘導によってコイル 2 に誘導起電力を生じることになる．

$$V_2 = -\frac{d\Phi_2}{dt} = -M\frac{dI_1}{dt} \tag{8.2}$$

この現象を**相互誘導**とよび，比例定数 M を**相互インダクタンス**とよぶ．1 を N_1 巻きのコイルにすれば，同じ電流を流しても生じる磁場は N_1 倍になる．また，2 を N_2 巻きのコイルにすると，1 巻きごとに上のときと同じ誘導起電力を生じ，コイル全体では N_2 倍の起電力になる．(8.2) 式はこのときも成り立つが，M は N_1N_2 倍になる．

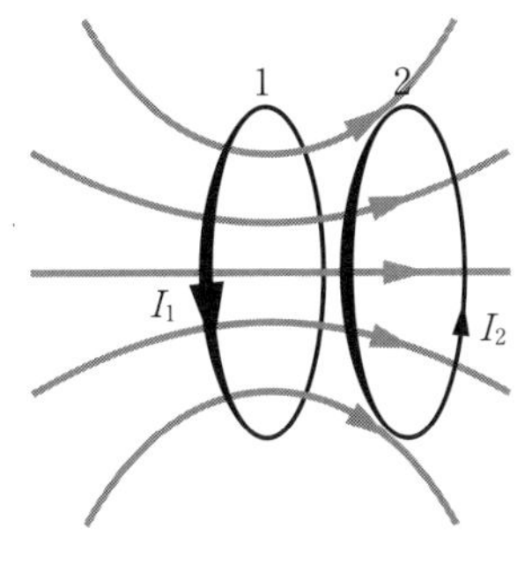

8-3 図　電流 I_1 のつくる磁束の変化がコイル 2 に誘導起電力を生じる．

1 つの回路でも，その途中が 8-4 図のようなコイルになっていて，流れる電流が変化する場合には，その電流のつくる磁場が変化し，それが電磁誘導で起電力を生じ，電流自身を規制することになる．これを**自己誘導**という．電流を I とすると，磁束は I に比例するから，誘導起電力は $-dI/dt$ に比例する．したがって，このような回路では，コイルのところに

$$V = -L\frac{dI}{dt}$$

という時間的に変化する起電力をもった電池を挿入したのと同じである．負号は，誘導起電力が電流の変化を妨げる向きに生じることを表している．比例定数 L を，そのコイルの**自己インダクタンス**，または単に**インダクタンス**という．インダクタンス（M または L）の SI 単位はヘンリーとよばれ，H あるいは henry と記される．

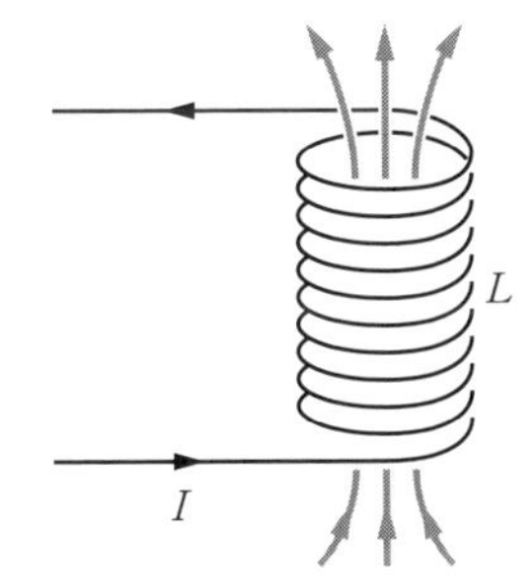

8-4 図　自己誘導

$$\mathrm{H} = \frac{\mathrm{V\cdot s}}{\mathrm{A}}$$

［例］　図のように，インダクタンス L のコイルと抵抗 R を直列につないだものを起電力 V の電池と接続し，スイッチ S を閉じたときを考える．矢印の向きに流れる電流を $I(t)$ とすると，S を閉じる瞬間は $I(0) = 0$ で，それから I は増し始めるが，コイル L に誘導起電力が生じるために，I はすぐには V/R にはならない．

途中では

$$V - L\frac{dI}{dt} = IR$$

が成り立つ．いま，$I - V/R = j$ とおくと，上の式は

$$L\frac{dj}{dt} = -Rj \qquad \left(\frac{dj}{dt} = \frac{dI}{dt}\right)$$

となるから，積分すれば

$$j = j_0\,\mathrm{e}^{-(R/L)t}$$

となる．$t = 0$ で $I = 0$，すなわち $j(0) = j_0 = -V/R$ であるから，結局

$$I = \frac{V}{R}(1 - \mathrm{e}^{-Rt/L})$$

が得られる．I は，オームの法則から決まる値 V/R に，8-6 図のように漸近的に近づく．

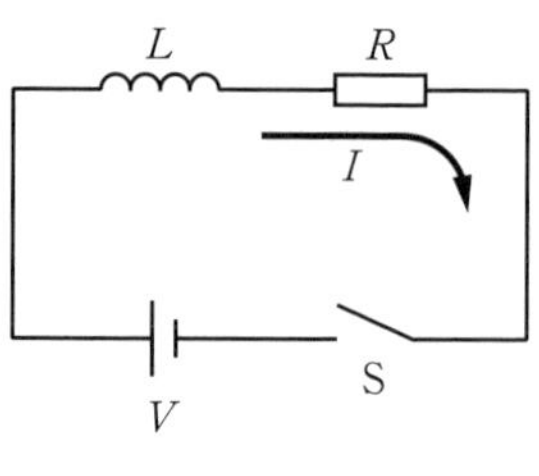

8-5 図

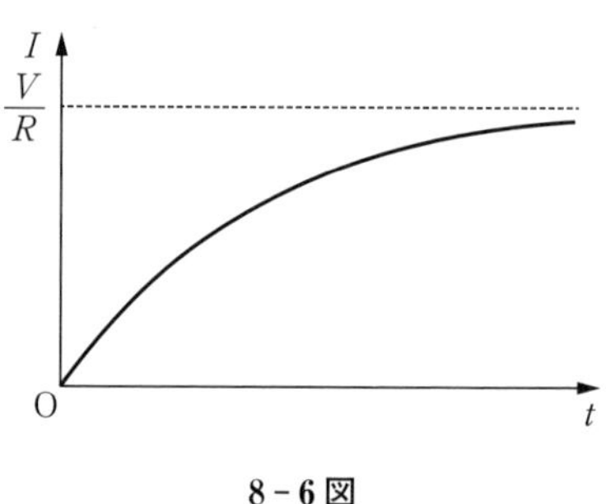

8-6 図

なお，こうして定常になった状態で急にスイッチを開くと，L による電流の慣性のために，スイッチのところに高い電位差を生じてスパークが飛んだりする．

問　8-4 図のようなコイルで，磁束がコイルの側面からもれることがないとしたら，L は巻数の何乗に比例するか．

§8.3　交　　流

電磁誘導を利用した発電機では，磁場内でコイルを回転したり（回転発電子型），その逆に静止したコイルの周りで磁石（大てい電磁石）を回したりして，コイルを通る磁束を $\Phi = \Phi_0 \sin \omega t$ のように変化させ，それによって生じる誘導起電力を用いる．この場合に得られる起電力は，時間的に

$$V = V_0 \cos \omega t \tag{8.3}$$

のように変化する**交流起電力**である．このような電源を用いた場合には，回路を流れる電流も

$$I = I_0 \cos(\omega t - \phi) \tag{8.4}$$

のように変化する交流であることが多い．ω を角周波数，$f = \omega/2\pi$ を周波数とよぶ．

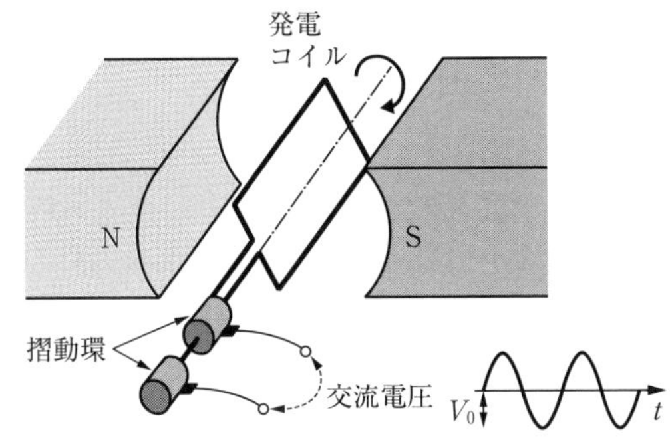

8-7図　交流発電機の原理

問1　8-7図で磁場の磁束密度が B，コイルは面積が S で n 巻きのものであったとすると，V_0 はいくらになるはずか．

交流電圧（8.3）式のかかっている回路に，交流（8.4）式が流れている場合，消費される電力は各瞬間に

$$
\begin{aligned}
IV &= I_0 V_0 \cos\omega t \cos(\omega t - \phi) \\
&= \frac{1}{2} I_0 V_0 \cos\phi + \frac{1}{2} I_0 V_0 \cos(2\omega t - \phi)
\end{aligned}
$$

である．時間平均をとると，最後の項は正負が打ち消して 0 になってしまうから，平均消費電力は

$$
\langle IV \rangle = \frac{1}{2} I_0 V_0 \cos\phi \tag{8.5}
$$

と表される．$\langle\cdots\rangle$ は時間平均を表す．正弦波交流では，電圧でも電流でも，振幅の $1/\sqrt{2}$ 倍を実効値とよぶが，電流と電圧の実効値をそれぞれ I_e, V_e とすると，

$$
I_e = \frac{1}{\sqrt{2}} I_0, \qquad V_e = \frac{1}{\sqrt{2}} V_0 \tag{8.6}
$$

であるから

$$
\langle IV \rangle = I_e V_e \cos\phi \tag{8.7}
$$

と書かれる．$\cos\phi$ を力率といい，電流と電圧の間に位相の差 ϕ があるために生じる因子である．交流電源につなぐのが単なる抵抗の場合には，各瞬間ごとに常にオームの法則が成り立つ．つまり，電圧（8.3）式に対して

$$
V = IR \qquad \text{より} \qquad I = \frac{V_0}{R} \cos\omega t
$$

となるので，$I_0 = V_0/R$（したがって $I_e = V_e/R$），$\phi = 0$ となるから，$\cos\phi = 1$ であって，

$$\langle IV \rangle = I_e V_e \qquad (I_e = V_e/R)$$

が成り立つ．つまり，このときは，直流電源 V_e に抵抗 R をつないだときに流れる直流 I_e と全く同じ扱いが可能なのである．われわれの家庭に来ているのは周波数が 50 Hz（東日本）ないし 60 Hz（西日本）で，実効値 V_e が 100 V の交流である．単に何ボルトの交流とか，何アンペアの交流，というときには実効値をさしている．

$\cos\phi = 0$ のときには，電流が流れていても電力は消費されない．

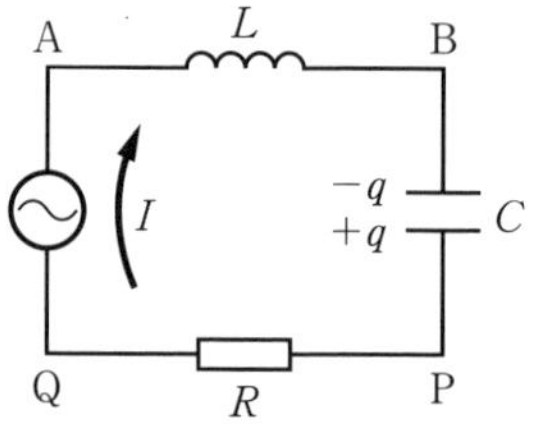

8-8図　LCR 直列回路．矢印を正の向きとする．

交流回路で最も重要なのは，図のように，インダクタンスが L のコイル，抵抗 R，容量 C のコンデンサーを直列につないだものである．A → B → P → Q の向きを正の向きと定め，電源の電圧を

$$V = V_0 \cos \omega t$$

とするとき，ある瞬間に流れている電流を I，コンデンサーの両極にたまっている電荷を図のように $\pm q$ とする．このように q の符号を定めると，$q > 0$ のときにはコンデンサーは回路に正の向きに電流を流そうとするようなはたらきをする．すぐにわかるように，電流 I が dt 時間だけ流れると，$I\,dt$ だけの電荷が $+q$ の極板から流出し，$-q$ の極板に流入するから，$dq = -I\,dt$ である．つまり

$$I = -\frac{dq}{dt} \qquad (8.8)$$

という関係がある．

いま，この回路を一回りしたときの電位の昇降を考える．まず，コイル L の両端には $-L\,dI/dt$ だけの起電力が発生しているので次式が成り立つ．

$$V_A - V_B = L\frac{dI}{dt} \qquad (8.9)$$

$dI/dt > 0$ ならば誘導起電力は回路に負の向きに電流を流そうとするから，A 側に陽極，B 側に陰極をつないだ電池と同じで $V_A - V_B > 0$ となり，$dI/dt < 0$ のときはこの逆である．コイル内ではこの電位差で電流が反対向きに流れそうに思われるが，ここには誘導起電力の原因になる電場（磁束の変化に起因する電場．電位で表されるような**保存力ではない**）が存在するので，電位差による力だけ考えても意味がない．

次に，抵抗については，各瞬間にオームの法則が成り立っていて

$$V_P - V_Q = IR \tag{8.10}$$

である．また，コンデンサーについては

$$V_B - V_P = -\frac{q}{C} \tag{8.11}$$

が成り立っている．

以上，(8.9), (8.10), (8.11) 式を合計したものは $V_A - V_Q$ になり，これが電流の電圧に等しいから，

$$L\frac{dI}{dt} + RI - \frac{q}{C} = V_0 \cos\omega t \tag{8.12}$$

が得られる．これを t で微分し，(8.8) 式を用いれば

$$L\frac{d^2I}{dt^2} + R\frac{dI}{dt} + \frac{1}{C}I = -V_0\omega\sin\omega t \tag{8.13a}$$

という微分方程式になる．これが，t の関数としての I を決定する方程式である．(8.12) 式を微分せず，I に (8.8) 式を用いれば

$$L\frac{d^2q}{dt^2} + R\frac{dq}{dt} + \frac{1}{C}q = -V_0\cos\omega t \tag{8.13b}$$

という方程式になる．これから $q(t)$ を求めて (8.8) 式を適用しても $I(t)$ が得られる．

(8.13a), (8.13b) 式はどちらも強制振動の方程式である．減衰振動を除いて定常的な解を求めるには，電流を $I = I_0\cos(\omega t - \phi)$ として (8.13a) 式に代入すればよい．I_0 と ϕ は

$$I_0 = \frac{V_0}{\sqrt{R^2 + \left(L\omega - \dfrac{1}{C\omega}\right)^2}}, \qquad \tan\phi = \frac{L\omega - \dfrac{1}{C\omega}}{R} \tag{8.14}$$

によって決まることが容易にわかる．この式で

$$Z = \sqrt{R^2 + \left(L\omega - \frac{1}{C\omega}\right)^2} \tag{8.15}$$

は，直流の場合の抵抗を一般化したものと考えられ，この回路のインピーダンス（または交流抵抗）とよばれる．コイルがなく（$L = 0$），コンデンサーも入っていなければ（$1/C = 0$），$Z = R$ である．

抵抗がない極限（$R \to 0$）では $\tan\phi \to \pm\infty$ となるので，力率 $\cos\phi = 0$ の無効電流しか流れないことになる．これは，電流が流れても，抵抗によるジュール熱の発生はなく，コイルのなかの磁場やコンデンサーの極板間の電場をつくったり消したりするのにエネルギーを補給したりもどしたりをくり返しているのに過ぎないため，電源のする仕事が時間平均として 0 になるからである．

［例］ 交流の場合に電源のする仕事を求めてみよう．それには，(8.12) 式の各項に $I = -dq/dt$ を掛けて項ごとに t で積分すればよい．右辺には I として $I_0\cos(\omega t - \phi)$ を掛けることにする．不定積分の形で書くと

$$\frac{1}{2}LI^2 + R\int I^2\,dt + \frac{q^2}{2C} = I_0V_0\int \cos\omega t\cos(\omega t - \phi)\,dt$$

右辺の時間平均が先に求めた電力の式 (8.5) である．左辺のうちで，第 3 項は第 6 章§6.7 の (6.37) 式で与えられているコンデンサー内の電場のエネルギーである．

$$I = -\frac{dq}{dt} = I_0\cos(\omega t - \phi) \qquad \text{より} \qquad q = -\frac{I_0}{\omega}\sin(\omega t - \phi)$$

であることがわかるから，これは

$$\frac{q^2}{2C} = \frac{I_0^2}{2C\omega^2}\sin^2(\omega t - \phi) = \frac{I_0^2}{4C\omega^2}[1 - \cos\{2(\omega t - \phi)\}]$$

となり，平均値 $I_0^2/4C\omega^2$ の周りで振動的に変化するだけである．

左辺の第 1 項も同様で

$$\frac{1}{2}LI^2 = \frac{1}{2}LI_0^2\cos^2(\omega t - \phi) = \frac{LI_0^2}{4}[1 + \cos\{2(\omega t - \phi)\}]$$

のように振動的に変化するだけの量で，これはコイルのなかにできたり消えたりしている磁場のエネルギーであることが証明される．

これらと異なり，ジュール熱

$$R\int I^2\,dt = \frac{1}{2}RI_0{}^2\int[1+\cos\{2(\omega t-\phi)\}]\,dt$$

では，[…] 内の第2項は上と同様の振動を与えるが，[…] 内の第1項が積分範囲に比例して増大する．つまり，時間 τ だけの間で積分すれば $(RI_0{}^2/2)\tau$ のようになる．これは単位時間について $RI_0{}^2/2 = RI_e{}^2$ の割合で発熱し続けることを示す．(8.14) の第2式を用いると，(8.7) 式に出ていた力率は

$$\cos\phi = \frac{1}{\sqrt{1+\tan^2\phi}} = \frac{R}{\sqrt{R^2+\left(L\omega-\dfrac{1}{C\omega}\right)^2}} \qquad \therefore \quad \frac{V_0}{R}\cos\phi = I_0$$

であることがわかるから，(8.14) の第1式を使うと，時間平均で残る部分について

$$\frac{1}{2}I_0V_0\cos\phi = \frac{1}{2}RI_0{}^2$$

が示される．つまり，振動部分以外の消費電力はジュール熱になっている．

問2 $L = 10^{-4}\,\mathrm{H}$ のコイルと $R = 20\,\Omega$ の抵抗と $C = 10^{-8}\,\mathrm{F}$ のコンデンサーを直列につないだ回路のインピーダンスは，ω がいくらのときに最小になるか．その最小値はどれだけか．

§8.4 電気振動

8-8図のような系が強制振動を行うということは，外から加える交流起電力がなくても，L と C をつないだものがそれ自体で振動する性質を有することを示している．この場合には (8.13a) 式または (8.13b) 式で右辺を0としたものを考えればよい．(8.13b) 式を使うと

$$L\frac{d^2q}{dt^2} + R\frac{dq}{dt} + \frac{1}{C}q = 0 \tag{8.16}$$

であるが，$R = 0$ であれば

$$\frac{d^2q}{dt^2} = -\frac{1}{LC}q$$

となるから，q は

$$q = Q\cos(\omega_0 t+\delta), \quad \omega_0 = \sqrt{\frac{1}{LC}}$$

のように単振動的な変化を行う．特に，最初コンデンサーに $\pm Q$ だけ充電しておいて(8-9図)，$t=0$ にスイッチKを閉じた場合には，上の式で $\delta=0$ とした

$$q = Q\cos\omega_0 t$$

のような振動になる．電流は，これを微分して

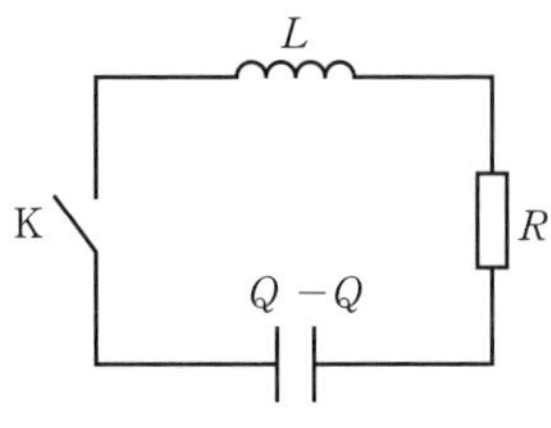

8-9図 この回路は減衰振動をする力学系に対応する．

$$I = -\frac{dq}{dt} = Q\omega_0\sin\omega_0 t$$

で与えられる．

式を見てすぐわかるように，インダクタンス L は振り子の場合の質量 m に対応し，$1/C$ はバネなどがおよぼす復元力の比例定数（バネの強さ）に相当する．コンデンサーの電圧は，$\pm q$ がなくなるように電流を流そうとするが，インダクタンスは電流の変化（速度の変化に対応）を嫌い，一種の「慣性」のように作用する．こうして振動電流が得られるわけである．

抵抗 R は，振り子の場合の抵抗と同様に，振動数を少し小さくし，振幅を減衰させて減衰振動にする役割をする．(8.16) 式の一般解は

$$q = A\,\mathrm{e}^{-\alpha t}\cos(\omega' t + \delta) \tag{8.17}$$

という形になる．ただし

$$\alpha = \frac{R}{2L}, \quad \omega' = \sqrt{\frac{1}{LC} - \frac{R^2}{4L^2}} \tag{8.18}$$

である．

［例］ $t=0$ で $q=Q$，$I=0$ になるような減衰振動を求めること．

$$I(t) = -\frac{dq}{dt} = A\,\mathrm{e}^{-\alpha t}\{\alpha\cos(\omega' t+\delta) + \omega'\sin(\omega' t+\delta)\}$$

であるから，$I(0)=0$ より δ は

$$\tan\delta = -\frac{\alpha}{\omega'} \qquad \left(\delta = -\tan^{-1}\frac{\alpha}{\omega'}\right)$$

から求められる．$q(0)=Q$ より $A\cos\delta = Q$ であるから，いま求めた δ を用いれば

$$A = Q\frac{\omega_0}{\omega'}, \qquad \omega_0 = \sqrt{\frac{1}{LC}}$$

にとればよいことがわかる.

今度は，相互インダクタンスを含む回路の例として 8－10 図のような場合を考えよう.

回路（I）には交流電源 G によって

$$I_1 = I_{01}\cos\omega t$$

のような電流が流れているものとする．これと相互インダクタンス M で結合されている回路（II）には抵抗 R，コンデンサー C が含まれ，コイルの部分は（M で（I）と結合していると同時に）自己インダクタンス L をもっているものとする．回路（II）に流れる電流を I とすると，前と同様に

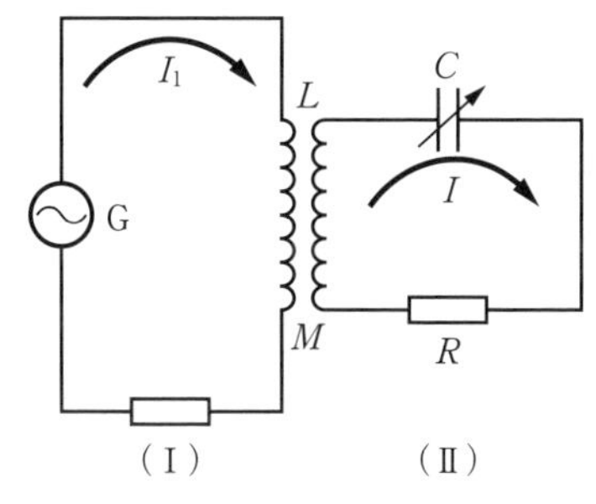

8－10 図 相互インダクタンスを含む回路

$$L\frac{dI}{dt} + M\frac{dI_1}{dt} + RI - \frac{q}{C} = 0$$

が成り立ち，t で微分すれば

$$L\frac{d^2I}{dt^2} + R\frac{dI}{dt} + \frac{1}{C}I = -M\frac{d^2I_1}{dt^2}$$

となる．$I_1 = I_{01}\cos\omega t$ を右辺に入れれば

$$L\frac{d^2I}{dt^2} + R\frac{dI}{dt} + \frac{1}{C}I = MI_{01}\omega^2\cos\omega t$$

という強制振動の方程式になる．この方程式の定常解を $I = I_0\cos(\omega t - \phi)$ とおき，上式に代入して I_0 と ϕ を決めれば

$$I_0 = \frac{MI_{01}\omega}{\sqrt{R^2 + \left(L\omega - \dfrac{1}{C\omega}\right)^2}}$$

$$\tan\phi = \frac{\omega R/L}{{\omega_0}^2 - \omega^2}, \qquad \omega_0 = \sqrt{\frac{1}{LC}}$$

となることがわかる.

コンデンサーの容量 C が変えられるようになっている場合には，上の I_0 の式からすぐわかるように，C を変えて

$$L\omega - \frac{1}{C\omega} = 0$$

を満たすようにしたとき，つまり

$$C = \frac{1}{L\omega^2}$$

になったとき I_0 は最大になる．このときには $\omega_0 = \omega$ となるから，共鳴が起こっていることになる．このような回路を**同調回路**という.

問 インダクタンスが 0.50 mH のコイルとコンデンサーとを直列にした回路で，2.5 MHz の振動に同調させるには，コンデンサーの容量をいくらにすればよいか.

§8.5 変位電流

定常電流がつくる磁場に関しては，アンペールの法則

$$\oint_{\mathrm{C}} \boldsymbol{H}\cdot d\boldsymbol{r} = \sum_j I_j$$

が成り立つ．左辺は磁場内にとった閉曲線 C についての積分，右辺はその閉曲線 C を周縁とする曲面を貫く巨視的電流（向きにより正負をとる）の代数和である．この曲面は，電流が定常電流のときには，C を縁にしていれば何でもよかったのである.

ところが，電流が交流のときには，8-11 図のように導線の途中にコンデンサーが入って，そこで電流が途切れていてもかまわないので，C が電流をとり囲むようなときでも，曲面の形をそれがちょうどコンデンサーの極板の間を通るように選ぶことも可能である．そうすると，C は同じでも，曲面のとり方によって $\mu_0 I$ があったりなかったりすることに

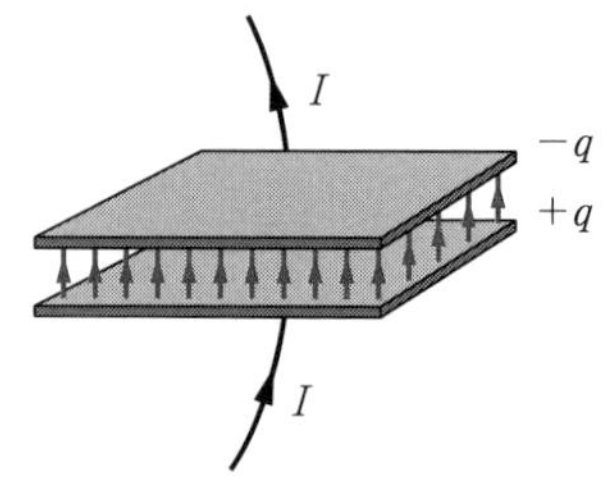

8-11 図 コンデンサーの極板間には変位電流が流れている.

なり，アンペールの法則は成り立たないように見える．

いま，コンデンサーの極板の面積を S とし，両極板に存在する電荷を図のように $\pm q$ とする．端の不斉を考えなければ，極板間には電束密度の大きさが

$$D = \frac{q}{S}$$

で与えられるような一様な電場ができている．q は真電荷だから，これは誘電体の有無にかかわらず同じである．ところが，いまのような選び方では，電流は $I = dq/dt$ であるから，

$$S\frac{dD}{dt} = I$$

という関係が成り立っている．

このようなことから，マクスウェルは変位電流（電束電流ともいう）という考えを導入した．それによると，時間的に変化する電場内の各点では，その電場の方向に電流密度の大きさが $|\partial D/\partial t|$ の変位電流というものが流れていると考えるのである．$\partial D/\partial t > 0$ なら変位電流はその点の $\boldsymbol{D}$ と同じ向き，$\partial D/\partial t < 0$ ならば逆向きと考える．つまり，ベクトルとして $\partial \boldsymbol{D}/\partial t$ で与えられる．上の例では D が一様としたから，変位電流は極板の単位面積当たり $dD/dt = I/S$ の割合で流れており，全体はその S 倍だからちょうど I に等しい．そこで，ふつうの意味の電流 ── これを明示するときには伝導電流とよぶ ── は途切れていても，コンデンサーの部分には変位電流という形をとって広義の電流が存在すると考えれば，電流の途切れはなくなる．

伝導電流と変位電流の共存するところがあれば，これらの和をとったものを広義の電流とみなす．そして，磁場を生じるのは，変位電流をも含めた広義の電流であると考える．そうすると，アンペールの法則は

$$\oint_{\mathrm{C}} \boldsymbol{H}\cdot d\boldsymbol{r} = \sum_j I_j + \frac{d}{dt}\int_{\mathrm{S}} D_n\, dS \tag{8.19}$$

のように一般化することができて，先の矛盾は解消する．右辺の第 2 項は，閉曲線 C を周縁とする曲面 S を細分し，その各部分のところの $\boldsymbol{D}$ の法線成分と面積 dS との積の総和 ── これを C を貫く電束という ── の時間変化である．t についての微分と，S の表面についての和（積分）の順序を入れか

えた形に書いてある．

問 正の点電荷が空間を動いているときに，その周りの空間に生じている変位電流は大体どのようになるか．「流線」を描いてみよ．

§8.6 マクスウェルの方程式

いままでに調べた基本法則を整理してみよう．まず電荷として真電荷だけを考えると，ガウスの法則（6.36）式

$$\int_{\mathrm{S}} D_n\, dS = (\mathrm{S}\,\text{のなかにある真電荷}) \tag{8.20}$$

は，真電荷が電束密度 $\boldsymbol{D}$ の湧き出し口になっていることを表す．

電場をつくるのは電荷だけではない．変化する磁場は電磁誘導によって渦状（湧き出し口なし）の電場をつくる．（8.1）式の左辺は，コイルがつくる閉曲線 C に沿って $\boldsymbol{E}\cdot d\boldsymbol{r}$ を合計したものと考えられ，右辺は C を周縁とする曲面 S を通る磁束に関するものであるから，結局（8.1）式は

$$\oint_{\mathrm{C}} \boldsymbol{E}\cdot d\boldsymbol{r} = -\frac{d}{dt}\int_{\mathrm{S}} B_n\, dS \tag{8.21}$$

という一般的な形に表せることがわかるであろう．電磁誘導はそこに導線があってもなくても，磁場の変化によって電場ができていると考えるべき現象であり，C はコイルとは関係なしに，かってに考えてよい．

次に磁場を考える．磁場の強さ $\boldsymbol{H}$ は，7 - 13 図からわかるように，磁石の N 極から湧き出し，S 極に吸い込まれる．これに対して $\boldsymbol{B}$ ── 物質内では微視的な磁束密度をならしたもの ── は，その原因がすべて電流であるから，磁束線は必ず循環しており，ガウスの法則における電荷のような湧き出し口はない（7 - 14 図参照）．したがって，かってな閉曲線 S について常に

$$\int_{\mathrm{S}} B_n\, dS = 0 \tag{8.22}$$

が成り立つ．磁荷は磁束線の湧き出し口でも吸い込み口でもないのである．

最後に，前節で一般化したアンペールの法則を記すと，

$$\oint_{\mathrm{C}} \boldsymbol{H}\cdot d\boldsymbol{r} = \sum_j I_j + \frac{d}{dt}\int_{\mathrm{S}} D_n\, dS \tag{8.23}$$

これらの式をまとめて，積分形で書いた**マクスウェルの方程式**という．

これらに，電磁場に対する物質の応答を示す関係式

$$\boldsymbol{D} = \varepsilon \boldsymbol{E}, \qquad \boldsymbol{B} = \mu \boldsymbol{H}, \qquad \boldsymbol{i} = \sigma \boldsymbol{E} \tag{8.24}$$

を組み合わせれば，電磁気的現象を統一的に説明することができる．(8.20) ～ (8.23) 式はきわめて一般的な方程式であるが，(8.24) 式は物質によってはこれにしたがわないものもあるので，そういうものに対してはその特性を示す方程式を使う必要がある．

問 次の電磁場は電荷も電流もない場合の (8.21) 式と (8.23) 式を満たしていることを，x 軸と y 軸に平行な 2 辺をもった長方形と，z 軸と y 軸に平行な 2 辺をもった長方形を使って確かめよ．ただし $c = 1/\sqrt{\varepsilon_0\mu_0}$ とする．

$$\boldsymbol{D} = \varepsilon_0 \boldsymbol{E}, \qquad E_x = E_y = 0, \qquad E_z = \begin{cases} E_0 & (y < ct) \\ 0 & (y \geqq ct) \end{cases}$$

$$\boldsymbol{B} = \mu_0 \boldsymbol{H}, \qquad H_y = H_z = 0, \qquad H_x = \begin{cases} \sqrt{\dfrac{\varepsilon_0}{\mu_0}} E_0 & (y < ct) \\ 0 & (y \geqq ct) \end{cases}$$

マクスウェルの方程式の微分形

積分形で表したマクスウェルの方程式は，有限の大きさの閉曲面と閉曲線について積分した形になっている．これらを，きわめて小さい（数学的に無限小の）領域や面素片に適用することによって，$\boldsymbol{E}, \boldsymbol{D}, \boldsymbol{B}, \boldsymbol{H}$ などがしたがうべき微分方程式が求められる．この場合には，電荷や電流も空間内に連続的に分布していると考え，電荷はその空間分布密度を ρ，電流は電流密度 $\boldsymbol{i}$ で表すことにする．$\boldsymbol{E}, \boldsymbol{D}, \boldsymbol{B}, \boldsymbol{H}, \rho, \boldsymbol{i}$ はすべて位置と時間 (x, y, z, t) の関数である．

まず，(8.20) 式を，きわめて小さい体積とそれを囲む面に適用すると*，

$$\frac{\partial D_x}{\partial x} + \frac{\partial D_y}{\partial y} + \frac{\partial D_z}{\partial z} = \rho \tag{8.25}$$

が得られる．左辺は，$\left(\dfrac{\partial}{\partial x}, \dfrac{\partial}{\partial y}, \dfrac{\partial}{\partial z}\right)$ を 3 成分とするベクトル(？)── これを ∇ という記号で表し，ナブラとよぶ（25 ページ）── とベクトル $\boldsymbol{D}$ とのスカラー積の形をしており，$\nabla \boldsymbol{D}$ または $\mathrm{div}\,\boldsymbol{D}$ と略記する．div は divergence（発散）を意味する．そうすると (8.25) 式は

$$\nabla \boldsymbol{D} = \rho \qquad \text{または} \qquad \mathrm{div}\,\boldsymbol{D} = \rho \tag{8.26}$$

---

* 付録の 350 ～ 353 ページを参照.

となる．この (8.25)，(8.26) 式は (8.20) 式と同じ内容を，空間の各点について語っている式であると考えてよい．右辺の ρ は真電荷の密度である．

次に，(8.21) 式を，x 軸，y 軸，z 軸に垂直な微小長方形に適用することによって

$$\left\{\begin{aligned} \frac{\partial E_z}{\partial y} - \frac{\partial E_y}{\partial z} &= -\frac{\partial B_x}{\partial t} && (8.27\,\mathrm{a}) \\ \frac{\partial E_x}{\partial z} - \frac{\partial E_z}{\partial x} &= -\frac{\partial B_y}{\partial t} && (8.27\,\mathrm{b}) \\ \frac{\partial E_y}{\partial x} - \frac{\partial E_x}{\partial y} &= -\frac{\partial B_z}{\partial t} && (8.27\,\mathrm{c}) \end{aligned}\right.$$

が得られる．これらの左辺はナブラベクトル ∇ と $\boldsymbol{E}$ のベクトル積の 3 成分になっている．このベクトル積を $\nabla \times \boldsymbol{E}$ または $\mathrm{rot}\,\boldsymbol{E}$ と記し，ローテイション (rotation) $\boldsymbol{E}$ または $\boldsymbol{E}$ の回転とよぶ．そうすると (8.27) 式は簡単に

$$\mathrm{rot}\,\boldsymbol{E} = -\frac{\partial \boldsymbol{B}}{\partial t} \tag{8.28}$$

と書かれることになる．電磁誘導がこの式で表現されているのである．

(8.22) 式は，発散の記号を用いれば

$$\mathrm{div}\,\boldsymbol{B} = 0 \tag{8.29}$$

となる．磁極には真電荷に相当するものがない，というのがこの式の内容である．最後に，アンペールの法則 (8.23) 式を書き直したものは

$$\mathrm{rot}\,\boldsymbol{H} = \boldsymbol{i} + \frac{\partial \boldsymbol{D}}{\partial t} \tag{8.30}$$

となる．

以上をまとめると，微分形に表したマクスウェルの方程式として，次の一組が得られる．

$$\left\{\begin{aligned} &\mathrm{div}\,\boldsymbol{D} = \rho \\ &\mathrm{rot}\,\boldsymbol{E} = -\frac{\partial \boldsymbol{B}}{\partial t} \\ &\mathrm{div}\,\boldsymbol{B} = 0 \\ &\mathrm{rot}\,\boldsymbol{H} = \boldsymbol{i} + \frac{\partial \boldsymbol{D}}{\partial t} \end{aligned}\right.$$

電場や磁場という考えは，独学で偉大な科学者になったファラデーが，その鋭い直感によって導入した概念である．それをマクスウェルはこのように美しい数学的な方程式の形にまとめたのである．ボルツマンはその著書のなかで，「これらの記号を書きたまいしは神なりや」という言葉をゲーテのファウストから引用して，その美しさをたたえたという．

問　次の電磁場はマクスウェルの方程式を満たしていることを確かめよ．このときの ρ と $\boldsymbol{i}$ はどうなっているか．

$$\boldsymbol{D} = \varepsilon_0 \boldsymbol{E}, \quad E_x = E_y = 0, \quad E_z = \cos(y - ct)$$

$$\boldsymbol{B} = \mu_0 \boldsymbol{H}, \quad H_x = \sqrt{\frac{\varepsilon_0}{\mu_0}} \cos(y - ct), \quad H_y = H_z = 0$$

§8.7 電　磁　波

変位電流の導入によって，電場の変化が磁場を誘起することがわかったが，これと電磁誘導 —— 磁場の変化によって電場が生じる —— とを組み合わせると，電場と磁場がからみ合って伝わる波の存在が予言できる．マクスウェルがこれを理論的に彼の方程式から導き，ヘルツが実験でその存在を確認したことは科学史上で特筆すべきことであった．

電磁波がどのようにしてできるかは，直観的には 8 - 12 図のように考えて理解されよう．z 方向に伝わる波では，電場の方向は x，磁場の方向は y，というように，ともに進行方向に垂直になっている．したがって，電磁波は横波である．

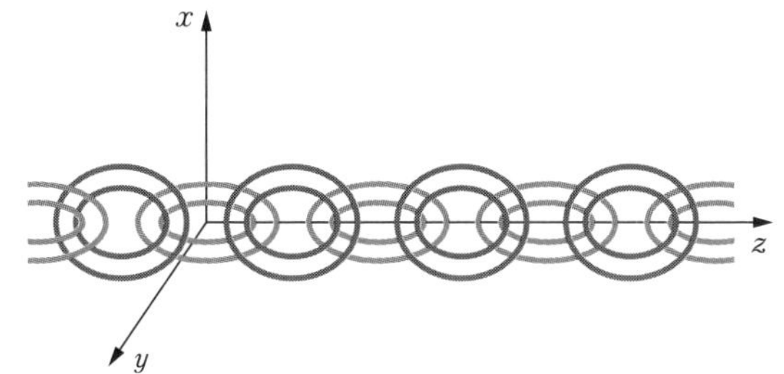

8 - 12 図

z 方向に伝わる電磁波で，電場（灰色）の変化が磁場（赤茶色）をつくり，その変化が次の電場をつくる，… というありさまを模型的に示したもの．

これらのことを確かめ，電磁波の速度を求めるには，マクスウェルの方程式を使わなければならない．いま，電荷も電流もない真空の空間を考えるから，$\rho = 0$，$\boldsymbol{i} = 0$ であり，さらに $\boldsymbol{D} = \varepsilon_0 \boldsymbol{E}$，$\boldsymbol{B} = \mu_0 \boldsymbol{H}$ という関係がある．したがって，(8.26) ～ (8.30) 式は $\boldsymbol{E}$ と $\boldsymbol{H}$ のみに関する

$$\operatorname{div} \boldsymbol{E} = 0, \quad \operatorname{div} \boldsymbol{H} = 0, \quad \operatorname{rot} \boldsymbol{E} = -\mu_0 \frac{\partial \boldsymbol{H}}{\partial t}, \quad \operatorname{rot} \boldsymbol{H} = \varepsilon_0 \frac{\partial \boldsymbol{E}}{\partial t} \tag{8.31}$$

という式に帰着する．

いま簡単のために，z 方向に伝わる平面波に話を限定すると，すべての量は z と t だけの関数ということになる．そうすると，(8.31) の第 1 式および第 4 式の z 成分から

$$\frac{\partial E_z}{\partial z} = 0, \qquad \frac{\partial E_z}{\partial t} = 0$$

が得られるので，E_z は z にも t にもよらない定数であることがわかる．いまわれわれは電磁波と無関係な静電磁場は考えていないから，これを 0 としてよい．B_z についても，第 2 式および第 3 式の z 成分から同じ結論が出る．したがって，$E_z = 0$，$H_z = 0$，つまり波は**横波**である．

そこで，$\boldsymbol{E}$ の方向を x 方向にとることにすると，$E_y = 0$ であるから，第 3 式の x 成分と第 4 式の y 成分の式によって

$$\frac{\partial H_x}{\partial t} = 0, \qquad \frac{\partial H_x}{\partial z} = 0$$

が得られ，H_x も 0 としてよいことがわかる．つまり，$\boldsymbol{H}$ は y 成分だけをもつ．

さて，いままで使わなかった残りの式は，

$$\frac{\partial E_x}{\partial z} = -\mu_0 \frac{\partial H_y}{\partial t}, \qquad -\frac{\partial H_y}{\partial z} = \varepsilon_0 \frac{\partial E_x}{\partial t} \tag{8.32}$$

である．第 1 式を z で微分したものの右辺に，第 2 式を t で微分したものを代入すれば

$$\frac{\partial^2 E_x}{\partial t^2} = \frac{1}{\varepsilon_0 \mu_0} \frac{\partial^2 E_x}{\partial z^2} \tag{8.33a}$$

同様の方法で逆に E_x を消去すれば

$$\frac{\partial^2 H_y}{\partial t^2} = \frac{1}{\varepsilon_0 \mu_0} \frac{\partial^2 H_y}{\partial z^2} \tag{8.33b}$$

という式が求められる．これらはいずれも光や音の波がしたがうのと同形の波動方程式である．この波の伝わる速さは

$$c_0 = \frac{1}{\sqrt{\varepsilon_0 \mu_0}} = 3.0 \times 10^8 \text{ m/s} \tag{8.34}$$

で，ちょうど光の速さになっている．このことから，光が電磁波であることがはっきりわかったのである．

いま，電場の波を

$$E_x = E_0 \cos\omega\left(t - \frac{z}{c_0}\right)$$

とおくと，上記の（8.32）式から

$$H_y = H_0 \cos\omega\left(t - \frac{z}{c_0}\right), \qquad \frac{H_0}{E_0} = \sqrt{\frac{\varepsilon_0}{\mu_0}}$$

という関係のあることがわかる．波の形を図示すれば8-13図のようになる．

真空でなく，空気とか水などのような透明物質中を伝わるときには，ε_0 を ε，μ_0 を μ に変えれば上の関係はそのまま使える．ふつうの物質では $\mu = \mu_0$ としてよい．その場合の光速は

$$c = \frac{1}{\sqrt{\varepsilon\mu_0}} = \frac{c_0}{\sqrt{\varepsilon/\varepsilon_0}} \tag{8.35}$$

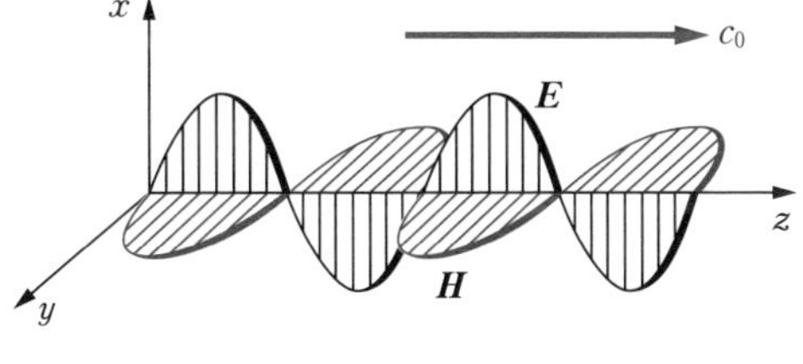

8-13図　電磁波はこのような横波である．

となる．

$$n = \sqrt{\frac{\varepsilon}{\varepsilon_0}} \tag{8.36}$$

はこの媒質の屈折率ということになる．ただし，静電場で求めた ε の値は，振動数の高い波に対しては，そのままでは使えない．ε が振動数によって異なることは，光の分散の原因になる．

§8.8　電磁波としての光の反射と屈折

電磁波について学んだから，ここでは電磁波としての光の反射と屈折について調べよう．その準備として，誘電率が ε_1 で透磁率が μ_1 の媒質と，誘電率が ε_2 で透磁率が μ_2 の媒質の境界面における，電場や磁場に関する条件を考えよう．

まず，境界面に平行な，面積が ΔS の微小板状領域を考える．板の一方の面は第1媒質内，他方の面は第2媒質内にあるようにとり，その両面および側面（厚さが0の極限を考えるので面積を無視する）からできている閉曲面をSと名づけることにする．このS内には分極電荷しか存在しないから，$\boldsymbol{D}$ につ

いてのガウスの法則を適用すると $\int D_n\,dS = 0$ となるが，$\varDelta S$ が小さいのでこれは

$$-D_{1z}\,\varDelta S + D_{2z}\,\varDelta S = 0$$

（z は境界面の法線）

となる．$\boldsymbol{D}_1, \boldsymbol{D}_2$ は境界のすぐ両側におけるベクトル $\boldsymbol{D}$ である．したがって

$$D_{1z} = D_{2z} \qquad (8.37)$$

となり，**$\boldsymbol{D}$ は法線成分が連続であること**がわかる．

磁束密度 $\boldsymbol{B}$ も湧き出し口のないベクトルであるから，S に対して同じように考えれば

$$B_{1z} = B_{2z} \qquad (8.38)$$

となることがわかる．**$\boldsymbol{B}$ も法線成分が連続である．**

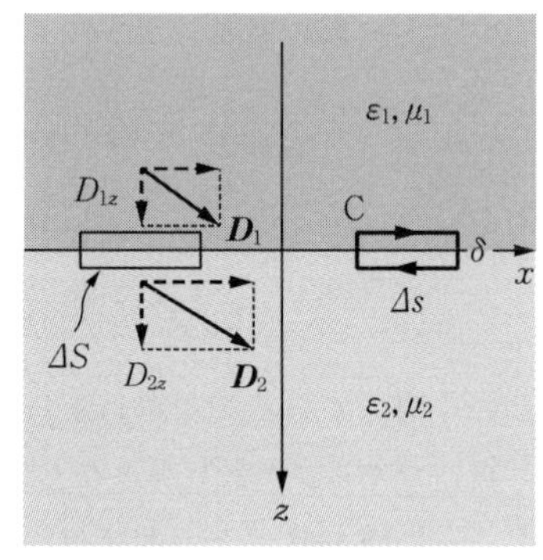

8-14 図　媒質の境界面のところで，$\boldsymbol{D}$ に関するガウスの法則とアンペールの法則を適用する．

次に，境界面をはさむ 8-14 図の C のような閉曲線（$\delta \to 0$ とする）を考え，これに対して電磁誘導の式およびアンペールの法則を適用する．$\delta \to 0$ の極限で，それらは

$$E_{1x}\,\varDelta s - E_{2x}\,\varDelta s = 0, \qquad H_{1x}\,\varDelta s - H_{2x}\,\varDelta s = 0$$

となる．したがって

$$E_{1x} = E_{2x}, \qquad H_{1x} = H_{2x} \qquad (8.39\,\mathrm{a})$$

全く同様に

$$E_{1y} = E_{2y}, \qquad H_{1y} = H_{2y} \qquad (8.39\,\mathrm{b})$$

であることがわかる．つまり，**$\boldsymbol{E}$ と $\boldsymbol{H}$ は境界面に平行な（接線）成分がその両側で連続である．**

まず，境界が平面（xy 面）である場合に，これに垂直に入射する波を考えよう．$z < 0$ の側（ε_1, μ_1）から入射する波の $\boldsymbol{E}$ の方向と x 方向を一致させておくと，入射波は

$$\begin{cases} E_{1x} = E_{10} \sin \omega\left(t - \dfrac{z}{c_1}\right) \\[2ex] H_{1y} = H_{10} \sin \omega\left(t - \dfrac{z}{c_1}\right) \end{cases}$$

となる．ただし

$$\frac{E_{10}}{H_{10}} = \sqrt{\frac{\mu_1}{\varepsilon_1}}, \qquad c_1 = \frac{1}{\sqrt{\varepsilon_1 \mu_1}}$$

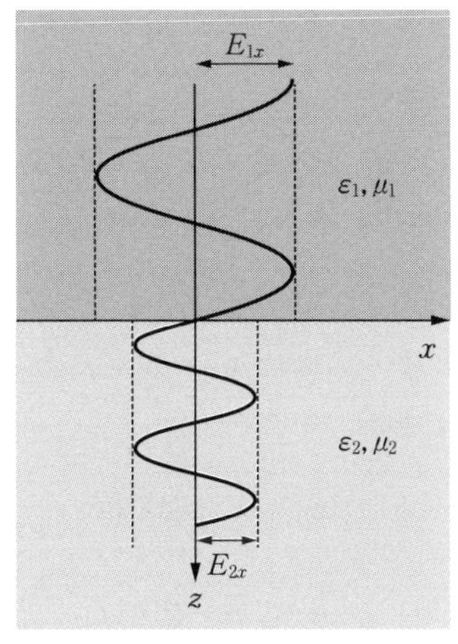

8-15 図 垂直入射

である．反射波には ′ をつけることにすると

$$\begin{cases} E_{1x}' = E_{10}' \sin \omega\left(t + \dfrac{z}{c_1}\right) \\ H_{1y}' = -H_{10}' \sin \omega\left(t + \dfrac{z}{c_1}\right) \end{cases}$$

$$\frac{E_{10}'}{H_{10}'} = \sqrt{\frac{\mu_1}{\varepsilon_1}}$$

が成り立つ．第 2 式の負号は，8-13 図のような $\boldsymbol{E}$ 波と $\boldsymbol{H}$ 波と波の進行方向の関係が成立しているために必要である (こうすれば E_{10}' と H_{10}' とは同符号)．透過して第 2 媒質 ($z > 0, \varepsilon_2, \mu_2$) 内へ進入する波に対しては

$$\begin{cases} E_{2x} = E_{20} \sin \omega\left(t - \dfrac{z}{c_2}\right), \\ H_{2y} = H_{20} \sin \omega\left(t - \dfrac{z}{c_2}\right), \end{cases} \qquad \frac{E_{20}}{H_{20}} = \sqrt{\frac{\mu_2}{\varepsilon_2}}, \qquad c_2 = \frac{1}{\sqrt{\varepsilon_2 \mu_2}}$$

が成り立つ．

境界面 ($z = 0$) での連続条件は，$E_{1x} + E_{1x}' = E_{2x}$，$H_{1y} + H_{1y}' = H_{2y}$ であるから，

$$E_{10} + E_{10}' = E_{20}, \quad H_{10} - H_{10}' = H_{20}$$

が要請される．$E_{10}/H_{10} = \sqrt{\mu_1/\varepsilon_1}$ などを用いて上の第 2 式を E の式に書き換えると

$$\sqrt{\frac{\varepsilon_1}{\mu_1}}(E_{10} - E_{10}') = \sqrt{\frac{\varepsilon_2}{\mu_2}} E_{20}$$

となるから，これと上の第 1 式とから E_{20} を消去すれば

$$(\text{反射係数}) = \frac{E_{10}'}{E_{10}} = \frac{H_{10}'}{H_{10}} = \frac{\sqrt{\varepsilon_1/\mu_1} - \sqrt{\varepsilon_2/\mu_2}}{\sqrt{\varepsilon_1/\mu_1} + \sqrt{\varepsilon_2/\mu_2}} \qquad (8.40)$$

が得られる．入射波と反射波のエネルギー比は，振幅の 2 乗に比例するので

$$(\text{反射率}) = \left(\frac{\sqrt{\varepsilon_1/\mu_1} - \sqrt{\varepsilon_2/\mu_2}}{\sqrt{\varepsilon_1/\mu_1} + \sqrt{\varepsilon_2/\mu_2}}\right)^2 \qquad (8.41)$$

である．特に $\mu_1 = \mu_2 = \mu_0$ ならば

$$(\text{反射率}) = \left(\frac{\sqrt{\varepsilon_1} - \sqrt{\varepsilon_2}}{\sqrt{\varepsilon_1} + \sqrt{\varepsilon_2}}\right)^2 = \left(\frac{c_1 - c_2}{c_1 + c_2}\right)^2$$
$$= \left(\frac{n_1 - n_2}{n_1 + n_2}\right)^2 \tag{8.42}$$

となる．$n_1 = c_0/c_1$，$n_2 = c_0/c_2$ はそれぞれの媒質の屈折率である．

多くの場合 $\mu_1 = \mu_2 = \mu_0$ としてよいが，その場合，$\varepsilon_1 \lesseqgtr \varepsilon_2$ ならば $n_1 \lesseqgtr n_2$ である．そこで

$$n_1 > n_2 \quad \text{ならば} \quad \frac{E_{10}'}{E_{10}} > 0,\ \text{つまり}\ E_{10}'\ \text{と}\ E_{10}\ \text{は同符号}$$

$$n_1 < n_2 \quad \text{ならば} \quad \frac{E_{10}'}{E_{10}} < 0,\ \text{つまり}\ E_{10}'\ \text{と}\ E_{10}\ \text{は反対符号}$$

となる．後の場合には，反射によって電気ベクトルの向きが逆転する．つまり，電場の波は，そのまま折り返すのではなく，山と谷が逆になって ── 位相が π だけずれて，といってもよい ── 反射する．たとえば，弦の波の固定端での反射と同様なことになっているのである．

問　$\mu_1 = \mu_2 = \mu_0$ の場合，$(E_{20}/E_{10})^2$ を n_1, n_2 で表すとどうなるか．それと (8.42) 式との和が 1 にならない理由は何か．

反射と屈折 ── 斜めに入射した場合

(i)　電気ベクトル $\boldsymbol{E}$ が入射面内にある場合．8-16 図のように記号を定めると，O 点における境界条件および電波と磁波の振幅比から

E_x の連続条件：

$$(E_{10} - E_{10}') \cos i = E_{20} \cos r$$

D_z の連続条件：

$$\varepsilon_1 (E_{10} + E_{10}') \sin i = \varepsilon_2 E_{20} \sin r$$

H_y の連続条件：

$$H_{10} + H_{10}' = H_{20}$$

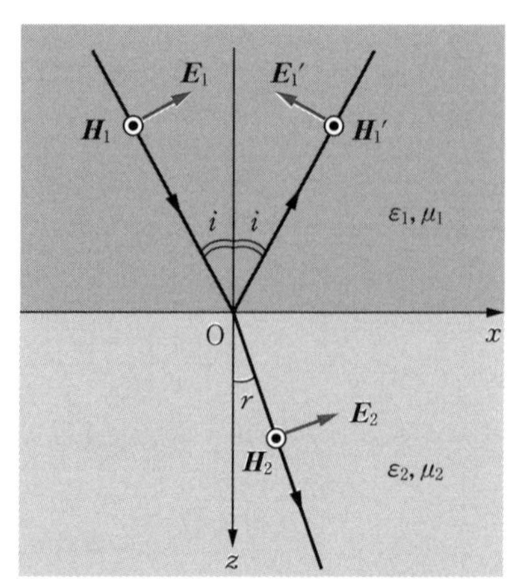

8-16 図　斜めに入射した波の反射波と屈折波．⊙ は紙面に垂直で手前向きの矢印を示す．

振幅比：

$$\frac{E_{10}}{H_{10}} = \frac{E_{10}'}{H_{10}'} = \sqrt{\frac{\mu_1}{\varepsilon_1}}$$

$$\frac{E_{20}}{H_{20}} = \sqrt{\frac{\mu_2}{\varepsilon_2}}$$

という諸関係が得られる．これらから

屈折率：

$$n_{12} = \frac{\sin i}{\sin r} = \sqrt{\frac{\varepsilon_2\mu_2}{\varepsilon_1\mu_1}} = \frac{c_1}{c_2}$$

反射係数：

$$\frac{E_{10}'}{E_{10}} = \frac{H_{10}'}{H_{10}} = \frac{\sqrt{\varepsilon_2/\mu_2}\cos i - \sqrt{\varepsilon_1/\mu_1}\cos r}{\sqrt{\varepsilon_2/\mu_2}\cos i + \sqrt{\varepsilon_1/\mu_1}\cos r} \tag{8.43}$$

を導くことができる（読者自ら試みること）．

特に $\mu_1 = \mu_2 = \mu_0$ ならば

$$\frac{E_{10}'}{E_{10}} = \frac{H_{10}'}{H_{10}} = \frac{c_1\cos i - c_2\cos r}{c_1\cos i + c_2\cos r} = \frac{\sin i\cos i - \sin r\cos r}{\sin i\cos i + \sin r\cos r} = \frac{\tan(i-r)}{\tan(i+r)} \tag{8.44}$$

となり，$i + r = \pi/2$ のときには反射係数が 0 になる．これは光学でブリュースターの法則として知られているものである（150 ページ参照）．

（ii）　磁気ベクトル $\boldsymbol{H}$ が入射面内にある場合．このときには，もとになる式で，E, ε と H, μ を入れかえさえすればよい．屈折率については全く同じ関係が求められる．反射係数は

$$\frac{E_{10}'}{E_{10}} = \frac{H_{10}'}{H_{10}} = \frac{\sqrt{\mu_2/\varepsilon_2}\cos i - \sqrt{\mu_1/\varepsilon_1}\cos r}{\sqrt{\mu_2/\varepsilon_2}\cos i + \sqrt{\mu_1/\varepsilon_1}\cos r} \tag{8.45}$$

で与えられ，$\mu_1 = \mu_2 = \mu_0$ のときにはこれは

$$= -\frac{\sin(i-r)}{\sin(i+r)} \tag{8.45a}$$

となる．これが 0 になるようなことは起こらない．

問　　題

1. 無限に長いソレノイド（単位長さ当たりの巻数 n）に電流 I を流したとき，その内部の磁束密度は一様で，大きさは $\mu_0 nI$ に等しいことを用い，半径が a で単位長さの巻数が n の，十分に長いソレノイドのインダクタンスは，大体 $L = \pi n^2 a^2 \mu_0 l$ に等しいことを示せ．l はソレノイドの長さである．
2. 30 H の自己インダクタンスと 1 Ω の抵抗をもつコイルと，0.34 μF の容量をもつコンデンサーが直列につながれている．これに周波数が $\nu = 25, 50, 75, 100$ Hz の交流を流したときのインピーダンスは，それぞれいくらか．
3. インダクタンス L のコイルと，容量 C のコンデンサーを並列につないだ回路を，交流電源 $V = V_0 \cos \omega t$ につないだときに流れる電流を求めよ（8 - 17 図）．

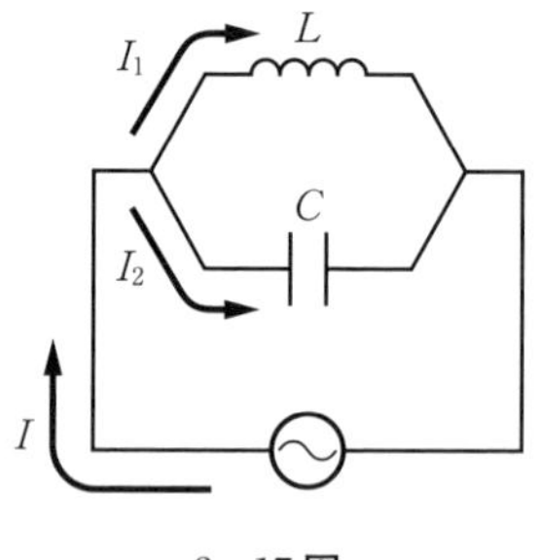

8 - 17 図

4. インダクタンスが 0.1 H で抵抗が 100 Ω のコイルと，容量が 1 μF のコンデンサーを直列につないだときの共振周波数はいくらか．また，周波数が 1 kHz（キロヘルツ）の交流電圧を加えたとき，電流の位相は電圧に比べてどれだけ遅れるか．また，この位相差が $\pm\pi/4$ になる周波数を求めよ．
5. 60 Ω の抵抗と 0.2 H のインダクタンスを直列につないで，50 Hz，100 V（実効値）の電源につないだとき，消費される電力はいくらか．
6. 容量 0.001 μF のコンデンサーを充電し，インダクタンス 10 μH のコイルを通して放電するときの電気振動の周波数と，それが空間（$\varepsilon = \varepsilon_0$，$\mu = \mu_0$）を伝わるときの波長を求めよ．
7. L と C と R を直列につないだ直列共振回路（8 - 8 図）において，電源の ω を変えたときの電流の振幅の 2 乗の変化を調べ，共振角周波数 $\omega_0 = \sqrt{1/LC}$ の付近での共振の鋭さと，L, C, R との関係を求めよ．
8. 10 pF から 150 pF まで容量の変わるコンデンサーと，抵抗が R Ω でインダクタンスが L H のコイルとを直列につなぎ，0.5 ～ 1.6 MHz の放送波に同調させたい．電流が共振電流の $1/\sqrt{2}$ になる周波数の範囲を 5 kHz にとどめるには，R

にどんな制限が必要か（1 pF = 10^{-12} F）.

9.　8-18 図のような発電機で，矢印の向きを正とした電流を I とする．電流 I が磁場から受ける力はこの発電子のコイルにはたらく偶力になることを示し，そのモーメントは $-VI/\omega$ に等しいことを証明せよ．これに抗して発電子を一定角速度 ω で回転させるために加えるべき仕事率は VI に等しいことを示せ．（偶力 N で角 $\Delta\theta$ だけ回転させるときの仕事は $N\Delta\theta$ である．）

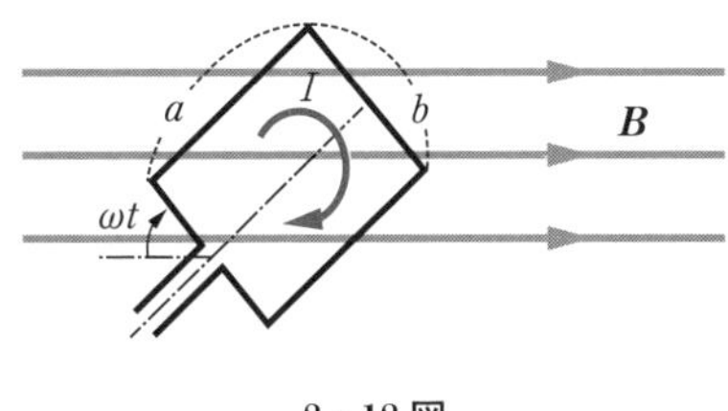

8-18 図

10.　平面電磁波を空気（$\mu = \mu_0$, $\varepsilon = \varepsilon_0$ としてよい）中からある液体の表面へ垂直入射させて反射率を測ったところ 4.02 % であった．この液体の屈折率と比誘電率 $\varepsilon/\varepsilon_0$ を求めよ．μ は μ_0 としてよい．

ない磁場を感じる？

電流を流した無限に長いソレノイドの内部には一様な磁場ができており，$\boldsymbol{H}$ も $\boldsymbol{B}$ も存在する．しかし，外には磁場は存在せず $\boldsymbol{H} = 0$, $\boldsymbol{B} = 0$ である．いま，このソレノイドをとり巻くような閉回路を考えると，その位置に磁場は存在しないがこれを貫く磁束 Φ は存在する．磁束はソレノイドの電流 I に比例するから，I を増減すれば Φ が変化し，電磁誘導によって回路には電流が流れる．

「場」の考え方によると，電荷や磁極が力を受けるのは，**置かれている位置の**電場や磁場を感じるためである．いまの場合，導線内の電子が何かに感じて動いて電流を生じるのであるが，それが離れたところにあるソレノイド内部の磁場だとしたのでは，この考えと矛盾してしまう．導線の位置では終始 $\boldsymbol{H}$ も $\boldsymbol{B}$ も 0 なのにおかしな話である．

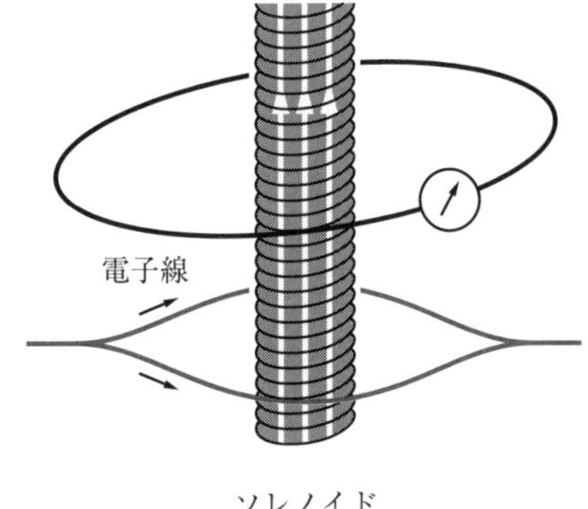

ソレノイド

電流が周囲につくる磁場を表すのに磁力線や磁束線を用いるが，電流を強くすると磁束線の数は増す．このときその磁束線は，全空間で一斉に湧き出すのではなく，電流の周りにそれを取り囲むようにできて，それが，水面に石を投げこんでできた波の輪のように，周りに広がっていくと考えるのである（速さは光速 c）．ソレノイドの場合にもそう考えると，I を増したときにはソレノイドの外側にも磁束線ができて，あっという間に，無限遠へ飛び去ることになる．そのときに，磁束線は閉回路を横切るから，電子はそれを感じるのだと考えればよいであろう．

では，I を一定に保っているときにはどうだろうか．電子の流れ（電子線）は光線と同じように波の性質を示すことが知られているが，この波を2つに分けて図のようにソレノイドの両側を通し，再び合流させる．このとき両経路の長さを完全に等しくしておけば，両波の山と山，谷と谷が一致するように合流するであろう．$I = 0$ のときには確かにそうなるのである．ところが $I \neq 0$ であると，2つの波にくいちがい（位相差）が生じるのである．これをアハロノフ - ボーム効果という．

262 ページの 7 - 29 図のような環状の永久磁石をつくると，外では $\boldsymbol{H}$ も $\boldsymbol{B}$ も 0 になるが，内部には磁束ができる（$\boldsymbol{H} = 0$ であるが $\boldsymbol{B} \neq 0$）．この環の内部の穴を通った電子線と外側を迂回した電子線について上と同様な実験をやると，やはり磁石の存在による位相のずれが存在することがわかったのである．これは，日立製作所中央研究所の外村 彰氏のグループが報告して注目をひいた．これをどう解釈したらよいか，電磁場を含む「場」の本質にも触れる問題なのである．

参照：外村 彰著「ゲージ場を見る ― 電子波が拓くミクロの世界」講談社ブルーバックス（1997）

9. 現代物理学

20 世紀に入って物理学は 2 つの大きな転換をした．その 1 つは相対性理論による空間・時間概念の根本的な見直しである．§9.1 ～ §9.4 は，この相対性理論のあらましの紹介である．

空間・時間を舞台とすると，物質はそこで劇を演じる俳優である．その物質の原子的構造が次第に明らかになるにしたがい，微視的な粒子や光の振舞は巨視的物体に対して成り立つ古典物理学では到底律しえない奇妙なものであることがはっきりしてきた．光も電子その他も，波動性と粒子性の両方をもつ二重人格的存在である．こうして，ニュートン力学とは全く異なる量子力学が誕生した．§9.5 以下ではそのごく概要を述べ，それによって明らかになってきた物質構造の説明の一部を簡単に紹介する．

現代物理学の最先端ともいうべき高エネルギー物理学は日進月歩であるため，最後に軽く触れるにとどめた．この章では，程度が高いことを示す印はあまり意味がないので，一切つけてない．

§9.1 ローレンツ変換

運動を考える場合には，何か「静止」したものを標準としたいわけであるが，地動説が天動説にとってかわり，大地は不動ではなくなった．太陽を標準にすれば，慣性系が得られることはわかっても，運動方程式はすべての慣性系に対して成り立つのであるから，太陽を標準とした座標系は無数にある慣性系の 1 つに過ぎず，これが静止系（**絶対静止系**）であるかどうか，力学的な現象（天体の運動など）だけでは確かめるわけにいかない．

力学以外の現象で，このような目的にかないそうなのは光の伝わる現象である．光を伝える媒質（エーテル）がもし存在するのなら，それに対して相対的に動いている座標系から測った光の速度は方向によって異なるであろう．考えている座標系から見て，エーテルが x 方向に v の速さで動いているとすれば，x 方向に進む光は $c+v$，反対向きに進む光は $c-v$ の速さで伝わるように見えるに相違ない．そこで v として地球の公転速度（約 30 km/s）を用い，それが十分に検出されるような精度で方向による光速の差を求める実験をしたのがマイケルソンとモーレイである．ところがその結果は否定的で，方向による光速の差は見出されなかった．

この実験結果を説明するために，いろいろの試みがなされたが，決定的な結論を与えたのはアインシュタインであった．彼は

（i）　すべての慣性系は，互いに全く同資格である

（ii）　どの慣性系においても，真空中を伝わる光の速さは光源の速度とは無関係に，方向によらず一定である（光速不変の原理）

を基本原理として認め，これを基礎にして特殊相対性理論をつくった．その場合，ガリレイ変換と決定的に異なるのは，座標系のとり方と無関係に一様に流れる（絶対）時間という考えを捨て，各慣性系ごとに異なる時間を考えることにした点である．そのような時間を定めるためには，各座標系ごとに，そのあらゆる点に時計を配置しておき，標準点（たとえばその系の原点）に置いた標準時計と合わせておくことにする．合わせるには，標準点から光の信号を送り，光が伝わるのに要する時間を考慮に入れて調整する．

いま，2つの座標系 O-xyz（K 系）と O′-$x'y'z'$（K′ 系）とは，x 軸と x' 軸が重なり，y 軸と y' 軸，z 軸と z' 軸とは平行で，K 系から見れば K′ 系の原点 O′ が x 軸上を速度 v（$v > 0$ とする）で動いているものとする．K′ 系から見れば，K 系の原点 O が x' 軸上を $-v$ という速度で動いていることになる．両系で用いる時間を t, t' と記すことにするが，簡単のために O と O′ とが一致した瞬間を $t = t' = 0$ にとる．

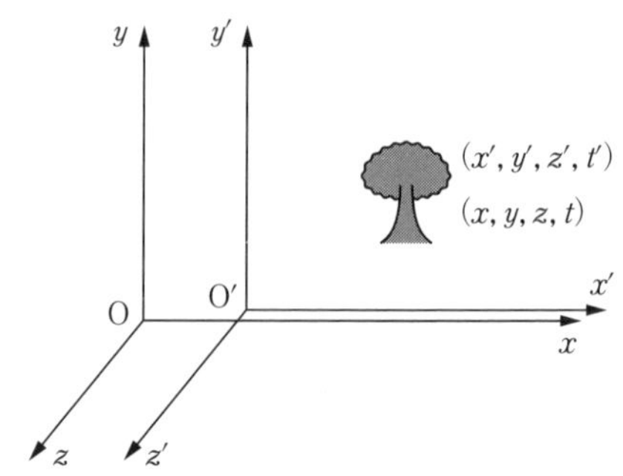

9-1 図
同じ事象を 2 つの慣性系で記述する．

さて，いま何か事象が起こったときに，どこでいつ起きたかとい

う位置と時間を，K 系の人は (x, y, z, t) と記録し，K′ 系の人は (x', y', z', t') と記録する．この両者の関係が，上記（i）と（ii）を基礎とした場合にどうなるかを考えてみる．それにはまず，x 軸 $=$ x' 軸 上に置かれた物差しの長さを測ることを考えてみよう．どちらの系も同等であるから，物差しをその座標系に固定させて測った場合の長さ —— 両端の座標の値の差 —— はどちらの系でも同じになるはずである．それを l_0 とする．次にそれが考えている系に対し速さ v で動いているときに測った長さ —— その系の「同時刻」における両端の位置の座標値の差 —— も両系で同じはずであるから，それを l とする．l と l_0 は等しいと限らないが，2 本の物差しをつないで並べたときは，l も l_0 も 2 倍になると考えてよいであろう．したがって，l は l_0 に比例するとして

$$l_0 = \gamma l \qquad (\gamma \text{ は } v \text{ によって異なる})$$

とおくことができる．

いま，x' 軸上の P 点である事象が起こったとし，その位置と時刻を K 系で $(x, 0, 0, t)$，K′ 系で $(x', 0, 0, t')$ と記録したとする．O′P の長さは，K′ 系ではもちろん x' である．K 系から見ると，その同じ瞬間に O′ は x 座標が vt の位置にいるから，O′P の長さは $x - vt$ であるということになる．上で調べた物差しの長さの関係を用いると，このとき

$$x' = \gamma(x - vt) \tag{9.1}$$

という関係が成り立つ．

今度は OP の長さを考えると，K 系ではこれはもちろん x である．K′ 系から見ると，O は x' 座標が $-vt'$ の位置にあるから，OP の長さは $x' + vt'$ である．したがって

$$x = \gamma(x' + vt') \tag{9.2}$$

が成り立つはずである．

γ を決めるには，光速不変の原理（ii）を適用せねばならない．(9.1) 式と (9.2) 式はどんな事象に対しても成り立つ一般的な関係であるから，$t = t' = 0$ に O $=$ O′ を出て x 方向（$=$ x' 方向）に進んだ光がある Q 点に達した，という事象にも適用できる．この事象を K 系では $(x, 0, 0, t)$，K′ 系では $(x', 0, 0, t')$ のできごとと記録したのだとすると，光速不変の原理により

$$x = ct, \qquad x' = ct'$$

である．これらが (9.1), (9.2) 式を満たすことから

$$(9.1)\text{ 式に } t = \frac{x}{c} \text{ を入れて} \qquad x' = \gamma x\left(1 - \frac{v}{c}\right)$$

$$(9.2)\text{ 式に } t' = \frac{x'}{c} \text{ を入れて} \qquad x = \gamma x'\left(1 + \frac{v}{c}\right)$$

を得る．辺々掛け算をして，両辺を xx' で割れば

$$1 = \gamma^2\left(1 - \frac{v^2}{c^2}\right)$$

となるから

$$\gamma = \frac{1}{\sqrt{1-\beta^2}} \qquad \left(\beta = \frac{v}{c}\right)$$

であることがわかる．これを用いれば (9.1), (9.2) 式は

$$x' = \frac{x - vt}{\sqrt{1-\beta^2}}, \qquad x = \frac{x' + vt'}{\sqrt{1-\beta^2}}$$

となる．この 2 式から x' を消去すれば

$$t' = \frac{t - \dfrac{v}{c^2}x}{\sqrt{1-\beta^2}}$$

x を消去すれば

$$t = \frac{t' + \dfrac{v}{c^2}x'}{\sqrt{1-\beta^2}}$$

が得られる．$y = y'$, $z = z'$ は明らかであるから，以上をまとめれば，x', y', z', t' を x, y, z, t で表す式として

$$x' = \frac{x - vt}{\sqrt{1-\beta^2}}, \qquad y' = y, \qquad z' = z, \qquad t' = \frac{t - \dfrac{v}{c^2}x}{\sqrt{1-\beta^2}} \tag{9.3a}$$

逆の関係式として

$$x = \frac{x' + vt'}{\sqrt{1-\beta^2}}, \qquad y = y', \qquad z = z', \qquad t = \frac{t' + \dfrac{v}{c^2}x'}{\sqrt{1-\beta^2}} \tag{9.3b}$$

を得る．2つの慣性系K系とK′系を関係づけるこの変換を**ローレンツ変換**という．

座標系によって時間が異なること，ローレンツ変換では時間と空間が混じり合うことなどが，それまでには考えられなかった点であり，時間と空間というものに対する考え方を根本的に改めた点にアインシュタインの相対性理論の画期的な意義がある．

$c \to \infty$ $(\beta \to 0)$ とした極限で，上の式は

$$x' = x - vt, \qquad y' = y, \qquad z' = z, \qquad t' = t$$

および

$$x = x' + vt', \qquad y = y', \qquad z = z', \qquad t = t'$$

というガリレイ変換の式に帰着する．

K′系の人にとって「同じ」場所も，K系の人から見れば時とともに変わっていく．それと同様に，K′系の人にとって「同じ」時刻におきた事象 —— たとえば列車の中央から出た光は，車の両端に同じ時刻につく —— も，K系の人から見れば同じ時刻とは限らないのである.*

なお (9.3a), (9.3b) 式からすぐわかるように，

$$x^2 + y^2 + z^2 - c^2t^2 = x'^2 + y'^2 + z'^2 - c^2t'^2 \tag{9.4}$$

という関係が成り立っている．

問　K′系とともに動く長さ $2l_0$ の列車の中央 $x' = l_0$ から $t' = 0$ に出た光がその両端につく時刻は，K系ではどのように観測することになるか．

§9.2　ローレンツ変換の諸性質

前節で，物差しの長さについて

$$\gamma l = l_0$$

*　(9.3a) 式の第4式で，t が同じでも x が異なれば t' は違ってくることがわかる．

であることを述べたが，$\gamma = 1/\sqrt{1-\beta^2}$ を用いれば

$$l = \sqrt{1-\beta^2}\, l_0 \tag{9.5}$$

が得られる．この式は，**動いている物体は，その運動の方向に縮んで見える** ($\sqrt{1-\beta^2} < 1$ なので $l < l_0$)，ということを示している．これをローレンツ短縮という．

$x' = y' = z' = 0$ で時刻 t' に起こることとして，O′ 点に置かれた時計が時刻 t' をきざむ，という事象が考えられる．これを K 系ではどう観測するかを見るのには（9.3b）式を使えばよい．第 4 式から（$x' = 0$ とおいて）

$$t = \frac{t'}{\sqrt{1-\beta^2}} \tag{9.6}$$

を得るが，これはそのとき O′ と同じ場所にある K 系の時計の示す時刻 t が，t' よりも大きい（O′ にある K′ 系の時計よりも進んでいる）ことを示している．逆にいえば，O′ にある K′ 系の時計を，すれちがいながら K 系の人が見て自分の時計と比べると，遅れて見える（$t' < t$）ということである．

このように一見奇妙な結果も，静止している μ 粒子の寿命が 2.2×10^{-6} s なのに，宇宙線から地上にやって来る高速度 μ 粒子の場合にはそれよりずっと長い，という実験結果などによって証明されている（章末問題 4 を参照）．

K′ 系で見て，時刻 t' に（x', y', z'）にあった質点が，時刻 $t' + \Delta t'$ には（$x' + \Delta x', y' + \Delta y', z' + \Delta z'$）に来たとする．

$$V_x' = \frac{\Delta x'}{\Delta t'}, \qquad V_y' = \frac{\Delta y'}{\Delta t'}, \qquad V_z' = \frac{\Delta z'}{\Delta t'}$$

は K′ 系で測ったこの質点の速度である．

これらに対応する K 系の位置と時刻は，（9.3b）式および，それに $x' + \Delta x'$ などを代入した

$$x + \Delta x = \frac{x' + \Delta x' + v(t' + \Delta t')}{\sqrt{1-\beta^2}}, \qquad y + \Delta y = y' + \Delta y'$$

$$z + \Delta z = z' + \Delta z', \qquad t + \Delta t = \frac{t' + \Delta t' + \dfrac{v}{c^2}(x' + \Delta x')}{\sqrt{1-\beta^2}}$$

で与えられる．これらから（9.3b）式の対応する式を辺々引き算すると

$$\varDelta x = \frac{\varDelta x' + v\,\varDelta t'}{\sqrt{1-\beta^2}}, \qquad \varDelta y = \varDelta y', \qquad \varDelta z = \varDelta z', \qquad \varDelta t = \frac{\varDelta t' + \dfrac{v}{c^2}\varDelta x'}{\sqrt{1-\beta^2}}$$

を得る．これらから，K 系で見た質点の速度として

$$V_x = \frac{\varDelta x}{\varDelta t} = \frac{\varDelta x' + v\,\varDelta t'}{\varDelta t' + \dfrac{v}{c^2}\varDelta x'} = \frac{V_x' + v}{1 + \dfrac{v}{c^2}V_x'} \qquad (\text{分子分母を } \varDelta t' \text{ で割った})$$

$$V_y = \frac{\varDelta y}{\varDelta t} = \frac{\varDelta y'\sqrt{1-\beta^2}}{\varDelta t' + \dfrac{v}{c^2}\varDelta x'} = \frac{V_y'\sqrt{1-\beta^2}}{1 + \dfrac{v}{c^2}V_x'}, \qquad V_z = \frac{V_z'\sqrt{1-\beta^2}}{1 + \dfrac{v}{c^2}V_x'}$$

を得る．もう一度書けば

$$V_x = \frac{V_x' + v}{1 + \dfrac{v}{c^2}V_x'}, \qquad V_y = \frac{V_y'\sqrt{1-\beta^2}}{1 + \dfrac{v}{c^2}V_x'}, \qquad V_z = \frac{V_z'\sqrt{1-\beta^2}}{1 + \dfrac{v}{c^2}V_x'} \tag{9.7}$$

となる．$c \to \infty$ とすれば，これは $V_x = V_x' + v$，$V_y = V_y'$，$V_z = V_z'$ というガリレイ変換の式に帰着する．いま，$c > v$，$c > V_x'$ とすると

$$(c - v)(c - V_x') = c^2 + vV_x' - c(V_x' + v) > 0$$

であるから，

$$c^2 + vV_x' = c^2\left(1 + \frac{v}{c^2}V_x'\right) > c(V_x' + v)$$

したがって

$$c > \frac{V_x' + v}{1 + \dfrac{v}{c^2}V_x'}$$

であることがわかる．右辺は (9.7) の第1式により V_x であるから，

$$v < c,\ V_x' < c \qquad \text{ならば} \qquad V_x < c$$

ということになる．

(9.7) 式は，K′ 系が K 系に対してもつ速度 $(v, 0, 0)$ と，質点が K′ 系に対してもつ速度 (V_x', V_y', V_z') とを合成したものと考えることができる．x 方向に関して，光速以下の速度 v と V_x' を合成したものは，たとえこの 2 つが c にどんなに近くても，**光速を超えることができない**ことが上で示された

ことになる．この結果から，物体の速さは —— 信号やエネルギーのような物理的作用の伝わる速さも含めて —— 光速を超えることができない，ということを要請しても，物理学の理論全体に何ら矛盾を生じないことがわかる．いままでのところ，これに反する実験事実は知られていない．

問 K′ 系での x' の方向の等速度運動は $x' = V't'$ で表される．これに (9.3a) 式を代入して x と t の関係に直すとどうなるか．

§9.3 質量とエネルギー

速度の合成に関する前述の結果は，ガリレイ変換とは異なるわけであるが，この違いは，合成すべき速度の大きさが c に近いほどいちじるしい．つまり，光速に近くなるほど物体は加速しにくくなる．これは，慣性（質量）が大きくなるためである，と考えることもできる．そこで，静止しているときの質量 —— 静止質量という —— が m_0 の物体が，ある座標系で見て，(V_x, V_y, V_z) という速度をもっているときには，その質量は

$$m = \frac{m_0}{\sqrt{1 - V^2/c^2}} \qquad (V^2 = V_x{}^2 + V_y{}^2 + V_z{}^2) \tag{9.8}$$

になっていると考え，このときの運動量は

$$p_x = mV_x = \frac{m_0 V_x}{\sqrt{1 - V^2/c^2}}, \qquad p_y = \frac{m_0 V_y}{\sqrt{1 - V^2/c^2}}, \qquad p_z = \frac{m_0 V_z}{\sqrt{1 - V^2/c^2}} \tag{9.9}$$

になっているとみなすのである．ここでさらに

$$p_0 = \frac{m_0 c}{\sqrt{1 - V^2/c^2}} \tag{9.9a}$$

という量をも導入しておくことにする．

速度の変換式 (9.7) はやや複雑な形をしているが，これから

$$\sqrt{1 - \frac{V^2}{c^2}} = \frac{\sqrt{1-\beta^2}\sqrt{1 - V'^2/c^2}}{1 + \dfrac{v}{c^2} V_x'}$$

が得られるので，(9.7) の各式をこれで割り，m_0 を掛けることによって，

$$
\left\{
\begin{aligned}
& p_x = \frac{p_x' + \beta p_0'}{\sqrt{1-\beta^2}}, \qquad p_y = p_y', \qquad p_z = p_z' \\
& \qquad\qquad\qquad \text{および} \\
& \qquad\qquad p_0 = \frac{p_0' + \dfrac{v}{c^2} p_x'}{\sqrt{1-\beta^2}}
\end{aligned}
\right.
\tag{9.10}
$$

という関係が得られる．これは，(x, y, z, ct) に (p_x, p_y, p_z, p_0) を対応させて考えると，ローレンツ変換 (9.3b) 式と全く同じ形になっている．特殊相対性理論では，時間と空間が入り混るので，(x, y, z, ct) を 4 成分とする**四元ベクトル**というものを考え，**ローレンツ変換は，異なる座標系の間での，四元ベクトルの成分の変換式である**とみなす．これは，二次元や三次元の空間における座標軸の回転を一般化したものと考えられる．この立場で，位置 (x, y, z) に第 4 成分として ct を付け加えたように，(9.9) 式で定義された運動量の 3 成分に，第 4 成分として (9.9a) 式を加えたものを採用すると，上の (9.10) 式に見るように，全く変換性が同じになるのである．(9.4) 式に対応して

$$
p_x^2 + p_y^2 + p_z^2 - p_0^2 = p_x'^2 + p_y'^2 + p_z'^2 - p_0'^2 \tag{9.11}
$$

が成り立つことも容易に確かめられる．こういったことから，(9.9) 式で定めた運動量が速度よりもずっと意味深長な量であると推察されるのである．

ニュートンの運動方程式は，$\boldsymbol{p} = m\boldsymbol{V}$ として，$\boldsymbol{F} = \dfrac{d}{dt}\boldsymbol{p}$ という形に表すことができる．そこで，これを一般化したものとして，相対性理論における運動方程式も

$$
\boldsymbol{F} = \frac{d}{dt}\boldsymbol{p} \qquad \left(\text{ただし} \quad \boldsymbol{p} = \frac{m_0 \boldsymbol{V}}{\sqrt{1 - V^2/c^2}}\right) \tag{9.12}
$$

という形にとったらよいと考えられる．

上のように運動方程式を決めると，質点が P_1 から P_2 まで動く間に力 $\boldsymbol{F}$ のする仕事が

$$
\begin{aligned}
\int_1^2 \boldsymbol{F}\cdot d\boldsymbol{r} &= \int_1^2 (F_x\,dx + F_y\,dy + F_z\,dz) \\
&= \frac{m_0 c^2}{\sqrt{1 - V_2^2/c^2}} - \frac{m_0 c^2}{\sqrt{1 - V_1^2/c^2}}
\end{aligned}
\tag{9.13}
$$

と表されることが証明される（301 ページの［問］参照）．ただし，V_1, V_2 は

質点がP_1, P_2においてもっていた速さである．そこで，ニュートン力学のときとの対応から考えて，静止質量がm_0の質点が速さVで運動しているときにもつエネルギーが

$$E = \frac{m_0 c^2}{\sqrt{1 - V^2/c^2}} \tag{9.14}$$

であるとすると，(9.13) 式は力のした仕事がこのエネルギーの増し高に等しい，という関係になっている．$V^2/c^2 \ll 1$のときには，(9.14) 式は

$$\begin{aligned} E &= \frac{m_0 c^2}{\sqrt{1 - V^2/c^2}} = m_0 c^2 \left(1 - \frac{V^2}{c^2}\right)^{-1/2} \\ &= m_0 c^2 \left(1 + \frac{V^2}{2c^2} + \cdots\right) = m_0 c^2 + \frac{m_0}{2} V^2 + \cdots \end{aligned}$$

となる．そこで，**静止質量m_0の物体は，静止しているときでもエネルギー$m_0 c^2$をもつ**と考える．運動をすればそれによってエネルギーは増加するが，速さが小さいときには，その増加分は$m_0 V^2/2$である．$m_0 c^2$のことを静止エネルギー，$E - m_0 c^2$のことを運動エネルギーとよぶ．Vが小さいときの運動エネルギー$m_0 V^2/2$は，ニュートン力学のものと一致する．

静止エネルギーが存在するということは，静止したままの物体に何らかの方法でエネルギーを加えると，それだけ質量が増加するのではないか，と推測させる．加えるエネルギーの量をεとすると，$\Delta m = \varepsilon/c^2$だけ質量が増加するはずである．通常の物体を加熱してもこうなっているはずなのであるが，加熱程度ではΔmがもとの質量に比べて桁ちがいに小さいので，測定にはとてもかからない．Δmが観測できるのは原子核反応の場合であって，たとえば，質量Mの原子核を2つに分けるときに，εだけの仕事を必要とする場合には，結果としてできた2つの核の質量をM_1, M_2とするとき

$$Mc^2 + \varepsilon = (M_1 + M_2)c^2$$

あるいは

$$M + \Delta M = M_1 + M_2 \qquad (\Delta M = \varepsilon/c^2)$$

という関係が成り立つ．このような場合，ΔMはMに比べて無視できるほど小さくはない．核反応に関係した1原子当たりのエネルギーの出入は，化学変化に比べて桁はずれに大きい（約100万倍の程度）からである．

なお，(9.9a) 式で定義した p_0 は，(9.14) 式の E をちょうど c で割ったものになっている．つまり，運動量の 3 成分に，第 4 成分として E/c を付け加えたものが，(x, y, z, ct) と同じ変換をする四元ベクトルを形成しているのである．空間の 3 成分に運動量の 3 成分を対応させるとき，時間に対応するのはエネルギーなのである．また，この四元ベクトルを，2 つの座標系で表したときには，(9.11) 式の関係が成り立つが，$p_0 = E/c$，$p_0' = E'/c$ とおけば，この式は

$$p^2c^2 - E^2 = p'^2c^2 - E'^2 \tag{9.15}$$

とも表せる．(9.9)，(9.14) 式を入れれば，この不変量（座標系のとり方によらない量）は $-m_0{}^2c^4$ に等しいことがすぐわかる．

問　V_x, V_y, V_z を t の関数と考えて $d\boldsymbol{p}/dt$ の 3 成分を計算し，$dx = V_x\,dt$，$dy = V_y\,dt$，$dz = V_z\,dt$ を用いることによって

$$\boldsymbol{F}\cdot d\boldsymbol{r} = \{m_0(V_x\dot{V}_x + V_y\dot{V}_y + V_z\dot{V}_z)(1 - V^2/c^2)^{-3/2}\}dt$$

を示せ．$\{\cdots\}$ 内は $m_0c^2/\sqrt{1 - V^2/c^2}$ を t で微分したものになっていることを確かめ，(9.13) 式を証明せよ．

§9.4　加速系と等価原理

特殊相対性理論で扱うのは慣性系だけであったが，アインシュタインはこれを一般化し，加速系をも包括的に扱う一般相対性理論をつくった．加速系では遠心力のような見かけの力が現れるが，それは質量に比例するという点で重力と同じ性質をもつ．そこでアインシュタインは，重力と加速系の見かけの力とは区別ができず，本質的には同じものである，という等価原理を理論の基礎に置いた．

この原理によると，9 - 2 図の(a)のように，地球上で重力を受けている所に置かれた箱の中と，(b)のように，宇宙のどこか無重力状態のところで慣性系に対して加速度 g で動いている箱の中とは，全く同等である．そこでいま，(b)の箱の左方から矢印のように光を通したとすると，箱の中の人はこの光が点線のように曲がった道を進んだと観測するであろう．そうすると，これと等価な(a)においても，光の進路は重力のために図の点線のように

曲がるはずである．実際は，地球の重力場による光線の曲がりは無視できるほど小さくて観測にかからないが，遠い星から来る光が太陽の周縁をかすめるときの曲がりは日食のときに測定され，アインシュタインの予測と一致することが確認された．

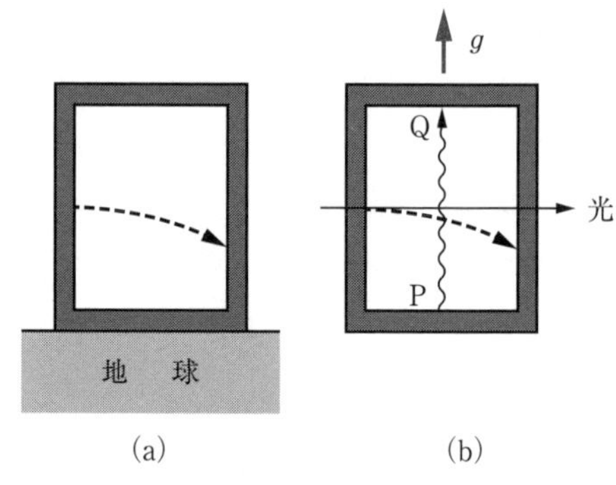

9-2図

地球による重力と，上向き加速度 g による慣性力は区別できない．

今度は，9-2図(b)の箱のなかの点Pから出した光をQ点で観測する場合を考えてみよう．PQの長さを h とすると，光がPを出てからQに達するまでに要する時間は大体 h/c と見てよい．この間に箱の速度は図の上向きに gh/c だけ増加している．したがって，Pが出した光を，それと相対速度 gh/c で遠ざかりつつある観測者が受けとって観測する問題になり，ドップラー効果による振動数のずれが測られるはずである．ドップラー効果の非相対論的理論* によれば，Pが出した光の振動数を ν_0 とすると，Qが観測する振動数 ν は

$$\nu = \nu_0\left\{1 - \frac{(\text{相対速度})}{c}\right\} = \nu_0\left(1 - \frac{gh}{c^2}\right)$$

で与えられる．等価原理が正しければ，同じことが(a)の場合にも起こるはずである．

1960年にパウンド（Pound）とレプカ（Rebka）の二人は，^{57}Feの原子核から放出される γ 線（光子のエネルギー14.4 keV）が，鉛直距離（上の h）22 m を上がったときの振動数の変化（$\nu_0 - \nu$）を，メスバウアー効果という現象を利用して測定した．gh/c^2 はこの場合 2.4×10^{-15} であるが，測定値はこれと実験誤差の範囲内で完全に一致した．

一般相対性理論はこの等価原理を基礎とし，加速系を含めた一般の座標系

---

*　正しい結果は $\nu = \nu_0\sqrt{\dfrac{1 - v/c}{1 + v/c}}$（$v$ は相対速度）．章末問題5を参照．

の間の変換 —— ローレンツ変換を一般化したもの —— を論じ，四次元時空の幾何学的構造と結びつけて重力（万有引力）を論じる理論である．それによると，大きな質量がある大きさ以内の小さいところに集中していると，それがおよぼす強い重力のために，外から光が吸い込まれることはあっても，そこから外へ光が出ることができないようなことも起こりうる．これをブラックホールとよぶが，天体の中ならこのようなものも存在しうるとされ，それらしいものも発見されている．

§9.5　熱放射と量子仮説

物体の表面は，当たった電磁波（以下では**放射**とよぶことにする）のうちの一部を反射し，一部を吸収する．全然反射をせず，当たった放射をすべて吸収してしまうものを**完全黒体**または単に**黒体**とよぶ．空洞をつくって小さい孔をあけ，それを外から見ると，当たった放射はすべて孔のなかに入っていってしまうから，その孔の部分は黒体の表面と同じである．

物体は，反射と吸収のほかに，自らも放射を出す．温度が高くないとわずかの放射しか出さず，しかもそれは波長の長いものばかりなので，目には見えない．温度を上げると放射の量も増し，しかも波長の短い光を出すようになるので，赤く見えたり（**赤熱**），さらに高温だと白く光ったり（**白熱**）するようになる．どのような波長の光をどんな割合で出すかは，その表面によって異なるが，黒体の場合には 9 - 3 図に示したようになる．(a)は横軸に波長 λ をとった場合，(b)は横軸に振動数 ν をとった場合の放射エネルギーの分布を示す図である．

図のどれか 1 本の曲線をとって，それと横軸が囲む面積は，黒体の単位面積が単位時間に放射する全エネルギーを表す．それを E とすると，これは T^4 に比例し

$$E = \sigma T^4 \qquad (\sigma = 5.67 \times 10^{-8}\,\mathrm{J/m^2{\cdot}s{\cdot}K^4}) \tag{9.16}$$

となることがわかった．これは**シュテファン - ボルツマンの法則**とよばれる．

9 - 3 図(a)の曲線の極大値を与える波長 λ_m は，温度の増加とともに減少している．ウィーンはこの関係を理論的に研究し

$$\lambda_\mathrm{m} T = 2.898 \times 10^{-3}\,\mathrm{m{\cdot}K} \tag{9.17}$$

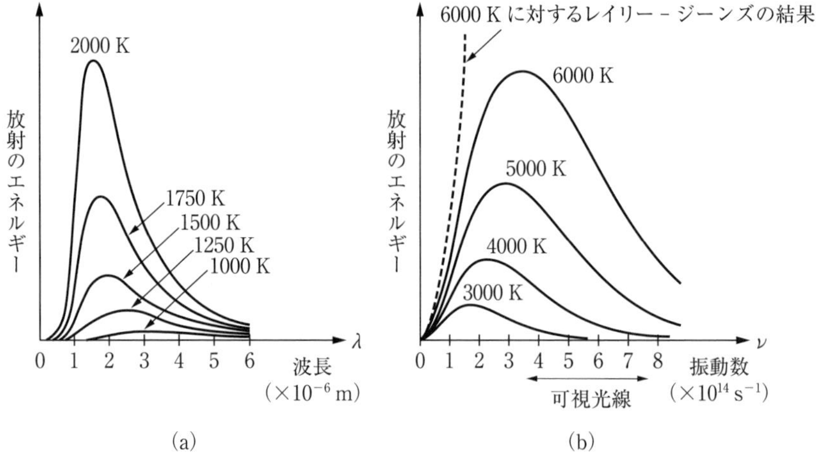

9－3 図　熱放射の分布

という関係を得た．これをウィーンの変位則という．

これらの曲線を理論的に導き出すことが，19 世紀末の物理学者に与えられた課題であった．黒体放射と空洞放射は同じなので，この問題を考えるためには，温度 T の壁で囲まれた空洞の中に，どのような放射がどのような割合でできていることになるか，を考えればよい．その空洞の壁に小孔をあけたときに外へもれ出る放射が黒体の表面から出る放射と同じだからである．

問 1　太陽は半径が 7×10^8 m の球で，表面は $T = 5762$ K の黒体放射をしているとして，太陽から 1 億 5 千万 km の位置にある地球で，太陽の方向を向いた 1 m^2 の面が毎秒太陽から受ける放射のエネルギーは約どれだけか．

どのような電磁波かを規定するには，平面波の波数ベクトル $\boldsymbol{k}$ ── 大きさが $2\pi/\lambda$ で，波の進む方向と同じ方向をもったベクトル ── を用いる．気体分子の運動状態を速度で指定したのに対応して，電磁波はベクトル $\boldsymbol{k}$ と（横波であるために）その偏光の方向で指定する．9－4 図のような $\boldsymbol{k}$ 空間を細かいます目に分け*，そのます目のなかは **1 つの $\boldsymbol{k}$** と考えることにする．$\boldsymbol{k}$ と偏光方向を決めると，波の種類（振動数は $\nu = c/\lambda = ck/2\pi$）は決まるから，そのよう

*　空洞の体積を V とするとき，ます目の体積は $8\pi^3/V$ にとる．その理由の説明は省略する．

な波がそれぞれどういう振幅と位相で生じているかを与えれば空洞内の状態が完全に決まる．これはちょうど振り子があるときに，振幅と位相を決めてそれを振らせるのと同じである．

偏光方向としては，各 $\boldsymbol{k}$ ごとにこれに垂直な 2 方向を適当に決めておけば，この $\boldsymbol{k}$ をもつ波ならどんな波もこの 2 種類の直線偏光の重ね合せで表せる．したがって，各 $\boldsymbol{k}$ ごとに 2 種類ずつ（独立な）波が存在すると考えればよい．**つまり，各 $\boldsymbol{k}$ ごとに 2 つ**ずつの振り子（調和振動子）があると考えればよく，そうすればこの空洞内の電磁場はこの無数の振り子の集合体と同等ということになる．どういう波がどのように生じているか，というのは，どの振り子がどのように振動しているか，ということに対応する．

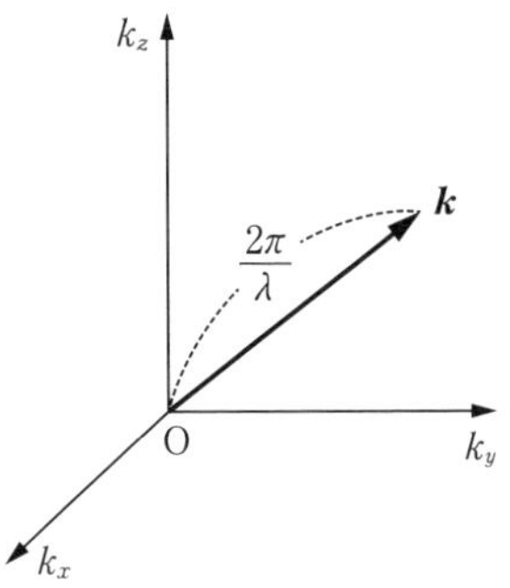

9-4 図

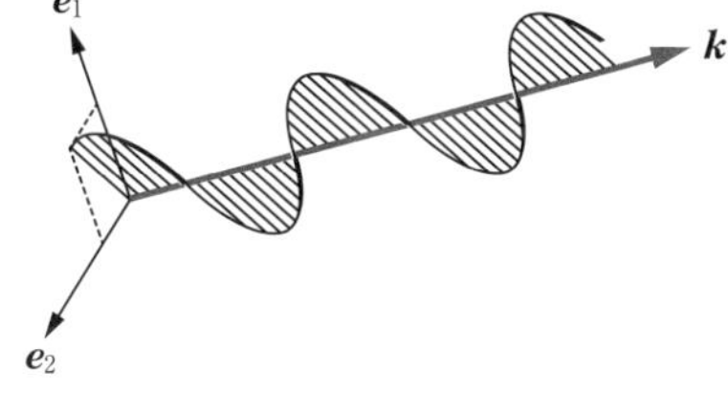

9-5 図

1 つの $\boldsymbol{k}$ に対して独立な偏光の方向は 2 つある．$\boldsymbol{k}$ 方向に進む横波の振動は $\boldsymbol{e}_1$ 方向の振動と $\boldsymbol{e}_2$ 方向の振動に分解される．

さて，これらの振り子のうちで，$\boldsymbol{k}$ の大きさが k と $k+dk$ の間にあるものは，9-4 図で O を中心とした半径が k と $k+dk$ の球ではさまれる球殻内にあるます目の数の 2 倍である．

$$\frac{2\times 4\pi k^2\,dk}{8\pi^3/V} = \frac{V}{\pi^2}k^2\,dk$$

$k=(2\pi/c)\nu$ であるから，振動数が ν と $\nu+d\nu$ の間にある振り子の数に直せば，それは

$$\frac{8\pi V}{c^3}\nu^2\,d\nu \tag{9.18}$$

で与えられることがわかる．

もしこの振り子（調和振動子）にエネルギー等分配の法則を適用すれば，温度が T のときには各振動子のもつ平均エネルギーは $k_{\mathrm{B}}T$ ということになるから*，振動数が ν と $\nu+d\nu$ の間の電磁波（放射）のエネルギーは

$$\frac{8\pi V}{c^3}k_{\mathrm{B}}T\nu^2\,d\nu$$

となる．これは，9-3 図(b)で，示されているような極大をもつ曲線の代りに，$T\nu^2$ に比例して単調に増大する放物線を得たことになる．これはレイリーとジー

---

* 波数ベクトルと区別するため，ボルツマン定数を k_{B} と記す．

ンズが得た理論的結論であるが，図に示された実験結果とは全く異なるおかしな結果である．**おかしい**というのは，もしこの式が正しかったら，$T=0$ でない限り，どんな空洞でも，ν の大きい波ほどたくさんできて充満しているというとんでもない結果になるからである．

これを救ったのがプランクの量子仮説であった．それは，**振動数が ν の放射のエネルギーは**

$$h = 6.62607015 \times 10^{-34}\,\mathrm{J{\cdot}s} \qquad (\text{プランクの定数}) \tag{9.19}$$

として，$h\nu$ の整数倍に限られる，というものである．そうすると，§5.17 で計算したように，振動数が ν の振動子の平均エネルギーは $k_{\mathrm{B}}T$ ではなくて

$$\frac{h\nu}{\mathrm{e}^{h\nu/k_{\mathrm{B}}T} - 1} \tag{9.20}$$

になる（これは（5.51）式を $3N$ で割れば得られる）．この式は $h\nu/k_{\mathrm{B}}T \to 0$ とした極限で $k_{\mathrm{B}}T$ に一致する．

上の結果を用いると，振動数が ν と $\nu + d\nu$ の間にある放射のエネルギーは，(9.20) と (9.18) 式の積として

$$\frac{8\pi V}{c^3}\frac{h\nu^3}{\mathrm{e}^{h\nu/k_{\mathrm{B}}T} - 1}\,d\nu \tag{9.21}$$

で与えられることがわかる．空洞に小孔をあけたときに出てくる放射の分布もこれに比例する．これを**プランクの放射式**といい，9 - 3 図(b)の実験結果と完全に一致する．ν の代りに λ を用いる式に直せば 9 - 3 図(a)の曲線を与えることももちろんである．

問2 (9.21) 式を ν で 0 から ∞ まで積分する式を書き，積分変数を ν から $\xi = h\nu/k_{\mathrm{B}}T$ に変換することにより，シュテファン - ボルツマンの T^4 法則が導けることを示せ．比例定数は求めなくてよい．

§9.6 光電効果とコンプトン効果

プランクの考えをさらに進め，振動数が ν で波数ベクトルが $\boldsymbol{k}$ であるような光は，1 個のエネルギーが $h\nu$ で運動量が $h\boldsymbol{k}/2\pi$（$k = 2\pi\nu/c$ であるから，大きさは $h\nu/c$）の**光量子***というものの集まりである，と考えたのは

* 最近は光子（photon）とよぶことが多い．

アインシュタインである．エネルギーが $h\nu$ の整数倍ということは，光量子の個数がその整数だということである．波にまちがいないとされてきた光にこのような粒子性を認めるのは全く不合理なことと考えられたのであるが，以下に述べる事実によって，光が波動性と同時に粒子的な性質をも有することは疑いの余地がなくなった．

光電効果

固体に光を当てたときその表面から電子* が飛び出す現象を（外部）光電効果という．これは光の振動数 ν がある限界振動数 ν_0 以上のときにのみ起こり，それ以下の光はどんなに強いものを当てても光電効果を示さない．ν_0 以上の ν をもつ光ならば，弱い光であっても，当てた瞬間から電子が出てくる．光の強弱は電子の個数の大小を決めるだけである．このような結果は，空間に連続的に広がったエネルギーを運ぶとする古典的波動論では，どうしても説明がつかない．しかし，光のエネルギーが $h\nu$ を単位とした粒子状になって物質（内の電子）に与えられるのだと考えれば，説明はきわめて簡単である．

物質から電子がやたらに飛び出さないのは，表面のところで電子が外に出ないように引きもどす力が作用するからである．これに打ち勝って電子が飛び出せるためには，電子はある一定値以上のエネルギーをもっていなくてはならない．そのエネルギーを W とすると，$h\nu_0 = W$ で決まる ν_0 が上記の限界振動数になるわけである．$\nu > \nu_0$ の光ならば，電子に W 以上のエネルギーを与えることができるが，$\nu < \nu_0$ の光ではそれができないから，光電効果を起こすことが不可能なのである．

コンプトン効果

物質による電磁波の散乱というのは，電磁波の振動する電磁場によって物質を構成する荷電粒子が強制振動を行い，それが周りに新たな振動電磁場をつくる，つまり電磁波を四方八方に放射することであると解釈される．強制

---

* 電子については次節以下で述べる．

振動の振動数は加えられた外力のそれと同じであるから，散乱波の振動数は入射波のそれと等しいのが当然である．事実，大ていの散乱はこのような解釈と矛盾しない．

ところが，1923年にコンプトンは，物質によって散乱されたX線のなかにその波長が入射X線よりも長いものが混じっていることを発見した．波動説では扱いようのないこの現象も，エネルギーが $h\nu$ で運動量の大きさが $h\nu/c$ の粒子が静止している電子と衝突してこれをはねとばし，エネルギーと運動量の一部をそれに与え，方向を変えて出てくる衝突の問題として扱うと，簡単に実験と一致する結論を導き出してしまう．

散乱X線光量子の方向が入射X線と θ の角をつくる場合を考え，はねとばされた電子は角 ϕ の方向に速さ v で出ていくとする．v は大きいので相対論を考える必要がある．そうすると，電子の静止質量を m として，エネルギー保存則は

$$h\nu + mc^2 = h\nu' + \frac{mc^2}{\sqrt{1 - v^2/c^2}} \tag{9.22}$$

となり，運動量保存則は，

$$\frac{h\nu}{c} = \frac{h\nu'}{c}\cos\theta + \frac{mv}{\sqrt{1 - v^2/c^2}}\cos\phi \tag{9.23}$$

$$\frac{h\nu'}{c}\sin\theta = \frac{mv}{\sqrt{1 - v^2/c^2}}\sin\phi \tag{9.24}$$

となる．(9.23), (9.24) 式より ϕ を消去し，(9.22) 式と組み合わせることによって（途中の計算は省く），

$$\nu = \nu'\left\{1 + \frac{h\nu}{mc^2}(1 - \cos\theta)\right\}$$

という結果を得る．$\nu = c/\lambda$, $\nu' = c/\lambda'$ によって波長に書き換えると

$$\lambda' - \lambda = \frac{h}{mc}(1 - \cos\theta)$$

となる．$\lambda_0 \equiv h/mc$（$= 0.0024\,\mathrm{nm}$. コンプトン波長という）という量を用いると

$$\lambda' - \lambda = 2\lambda_0 \sin^2\frac{\theta}{2} \tag{9.25}$$

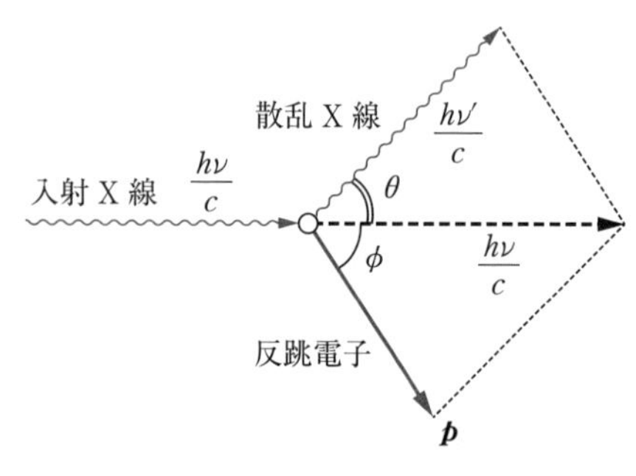

9-6図

コンプトン効果は光を光子と考えれば容易に説明できる．

と書かれる．これは実験と完全に一致する結果である．

問　上で省略した計算を行って結果を確かめよ．

§9.7　結晶とX線

粒子性を示すにもかかわらず，光やX線が波としての性質を示すことも厳然たる事実である．可視光について第4章で調べたような波動性がX線でも見られることを示すのが，結晶による回折である．

結晶は，その形が示す規則性や，割った場合のへき開面のでき方などから考えて，原子が規則正しく並んだものであろうと想像されていた．他方，1895年にドイツのレンチェンは偶然のことからX線を発見し，その正体は不明であったが，それは波長のきわめて短い（0.1 nm程度）電磁波ではあるまいかという推測が行われていた．これを確かめたのはラウエであった．彼は規則正しく並んだ原子 ── 間隔は0.1 nmの程度 ── による電磁波の回折現象を理論的に計算し，実験を行わせてそのとおりの結果を得たのである．X線による結晶構造の研究は，その後イギリスのブラッグ父子によって引きつがれた．

結晶は，原子を規則正しく並べた平面を積み重ねたもの，と考えることができる．そのような結晶面の1枚AA′に角度θで入射したX線によってAA′内の各原子から出て行く散乱波（二次波）を重ねたものを考えると，ちょうど平面鏡で反射したのと同じ方向では散乱波は互いに強め合うことが容易にわかる．次の面BB′についても同じであるから，もしAA′での反射波とBB′での反射波が互いに強め合うようになっていれば，BB′での反射波とCC′での反射波についても同様になるので，この方向には強い反射X線が観測されることになる．そのための条件は，9-8図からすぐわかるように，X線の波長をλ，原子面の間隔をdとして

$$2d \sin \theta_n = n\lambda \qquad (n = 1, 2, 3, \cdots) \tag{9.26}$$

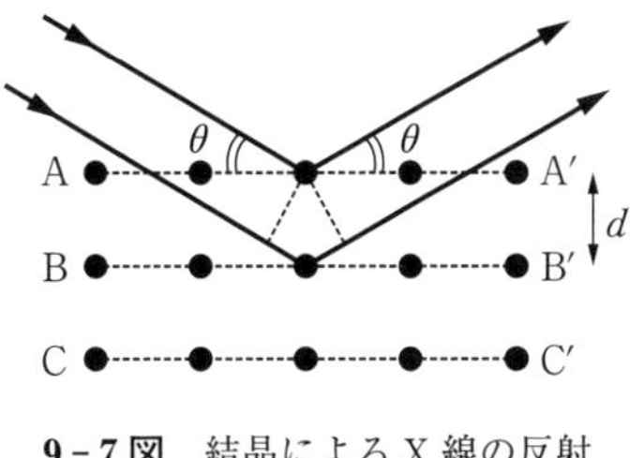

9-7図　結晶によるX線の反射

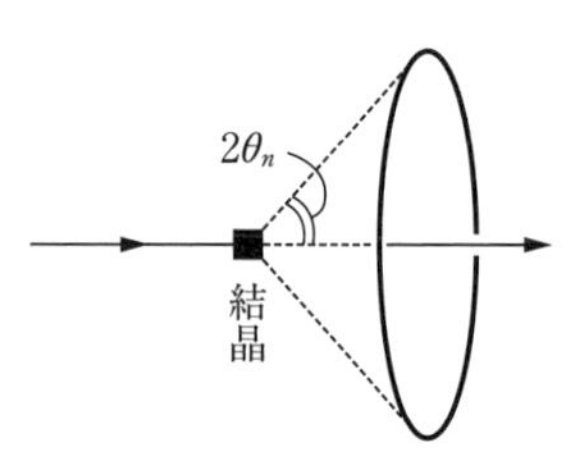

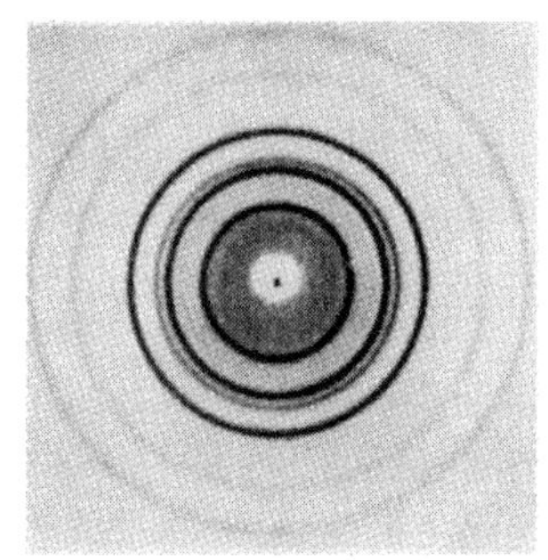

9-8図　デバイ - シェラー環

で与えられる．これをブラッグの反射条件といい，$n = 1, 2, 3, \cdots$ の場合をそれぞれ1次，2次，3次，… の反射とよぶ．

結晶を粉末にして固めると，あらゆる方向を向いた微結晶の集まりになる．これに波長 λ の決まったX線（単色X線という）を当てると，微結晶のなかでちょうどブラッグ条件を満たすものによって，$2\theta_n$ だけ曲がった方向に強く反射されて出てくる．入射方向と角 $2\theta_n$ をつくる方向は1つの円錐面を形成するから，これをフィルムで受けると，9-8図のような環状に感光した写真が得られる．これをデバイ - シェラー環という．9-9図でわかるように，結晶を原子面の積み重ねと考えるとき，その面のとり方にはいろいろあるので，原子面間隔にも，$d, d', d'', \cdots$ のようにいろいろなものがあり，それぞれが1次，2次，… の反射を行う．そこで，デバイ - シェラー写真を分析してこの $d, d', d'', \cdots$ を求めれば，それから逆に未知の結晶構造を推測することができる．

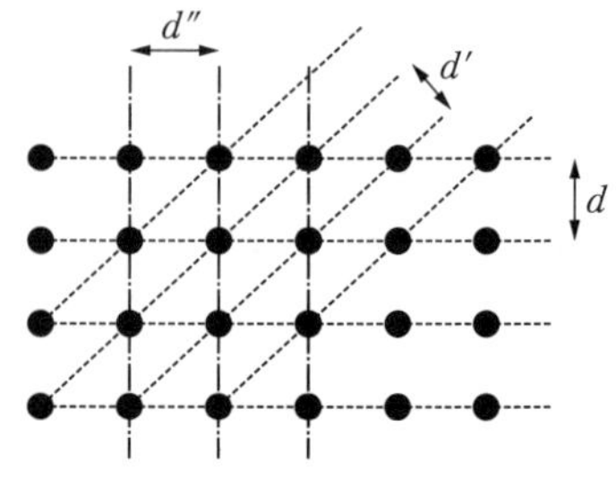

9-9図

単色X線でなく，いろいろな波長を連続的に含むX線（白色X線という）を単結晶に当てた場合には，いろいろな原子面がそれぞれちょうどブラッグ条件を満たす波長のX線を選んで反射するので，結晶の後方に置いた写真乾板上には9-10図のようなラウエの斑点が得られ

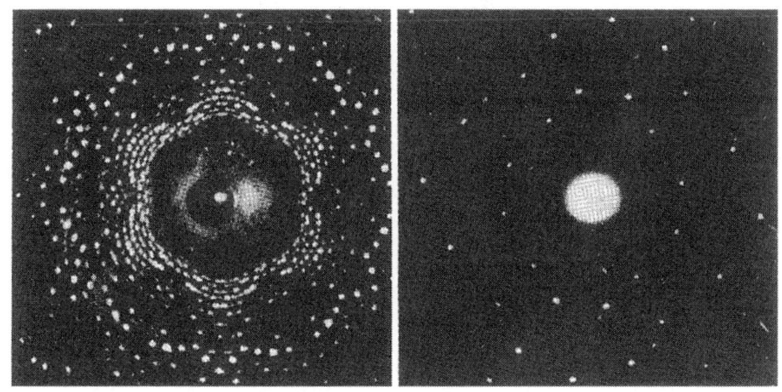

9-10図 ラウエ写真

る．これも結晶構造によって異なる配列を示すので，結晶解析に用いられる．

問 波長が 0.133 nm の X 線を結晶に当てたところ，進行方向から 60° の方向に X 線が強く回折された．これが 1 次のブラッグ反射によるものとすると，原子配列面の間隔はいくらか．

§9.8 陰極線と電子

細長いガラス管に，2 つの電極を封入し，これに数千ボルトの電圧をかけておいて，管内の気体の圧力を次第に下げていくと放電が起こる．ネオンサインや水銀燈は，このような低圧気体放電による発光を利用したものである．この気体の圧力を低くして 0.01 mmHg 程度以下にすると，管内の光はほとんど消え，陰極に対するガラス管部分がうすい緑色に光るようになる．よく調べるとこれは，陰極から何か放射線が飛び出しているためであることがわかり，**陰極線**と名づけられた．現在は**電子線**とよぶことが多い．

陰極線が電場や磁場のなかを通ると，その進路は曲がり，その曲がり方からこれは負電荷をもった粒子の流れであることがわかった．この粒子が**電子**である．電子の静止質量を m，電荷を $-e$ とすると，一様な電場 $\boldsymbol{E}$ のなかでは電子は $\boldsymbol{E}$ と反対向きに大きさ eE の一定の力を受けて放物線を描く．また，磁束密度が $\boldsymbol{B}$ の一様な磁場のなかでは，$\boldsymbol{B}$ および速度 $\boldsymbol{v}$ の両方に垂直な方向に，大きさが evB の力を受けて円（またはらせん）を描く．

J. J. トムソンは，陰極線の電場・磁場による曲がりを研究して，電子の比電荷を求めた．現在知られているその精密な値は

$$-\frac{e}{m} = -1.758820011 \times 10^{11}\ \mathrm{C/kg} \qquad (9.27)$$

である．

電子の電荷は，ミリカンが有名な油滴実験によって求めた．その値は，その後の実験で精密化され，現在では

$$-e = -1.60217663 \times 10^{-19}\ \mathrm{C} \qquad (9.28)$$

とされている．これと (9.27) 式とから，

$$m = 9.10938370 \times 10^{-31}\ \mathrm{kg} \qquad (9.29)$$

が得られる．

電子はまた，高温に熱した金属の表面から飛び出したり（熱電子放射．真空管に利用），光電効果によって飛び出すことから，物質を構成する粒子の一種であることがわかったが，その質量 (9.29) 式は，原子のなかでも最も軽い水素原子の質量の約 1/1837 にしか過ぎない．

問 x 方向の速度をもつ電子が，y 方向の電場 $\boldsymbol{E}$ と z 方向の磁場 $\boldsymbol{B}$ の共在するところに入射して，方向を変えずに直進したとすると，速さはいくらか．

§9.9 原子模型とボーアの量子論

物質は電気的に中性であるから，電子以外に正電荷をもった構成要素があるに違いない．そして，原子は，電子とそのような正電荷をもったものからできているはずである．水素原子ですら電子の約 1800 倍も重いのであるから，原子の質量の大部分はその正電荷部分が担っているであろう．問題はその正電荷をもった重いものが原子内にどう分布しているかであった．これに対して，いろいろな原子模型が提案された．その 1 つは，J. J. トムソンによるもので，原子は正電気を帯びた半径が 10^{-10} m 程度の球の中心付近に何個かの電子をもっており，これら電子は球の中心に向かう力（§6.2 の［例 2］参照）を受けて楕円振動をしている，というものであった．また日本の長岡半太郎は，正電荷が中央に球状に集まっていて，その周りを土星の環のように電子

が回っている，という模型を提案した．イギリスのラザフォードが考えた模型は，正電荷は原子の中心の非常にせまい範囲に集まって核（原子核）をつくり，それからのクーロン引力を受けて，何個かの電子がその周りを回っている，というものであった．α 粒子を原子に当てたときに，どう進路を変えて出てくるかという，α 線の散乱の実験の分析から，ラザフォードは，正電荷は直径が 10^{-12} cm 程度以下の非常にせまい範囲に集まっていなければならないことを結論した．その場合には，実験結果が定量的にみごとに説明できるので，この模型の正しさは疑いの余地がなくなった．

ところがこの模型が実は重大な矛盾を含んでいた．電子が回転すれば周りに振動電場ができる，つまり電磁波を出す．電磁波はエネルギーを運び去るから，これによって電子は次第にエネルギーを失い，太陽の周りの惑星のように一定の楕円軌道を描き続けることはできない．軌道はだんだん小さくなっていって，ついに電子は核と合体してしまうはずである．このとき，回転の角速度も連続的に変化するから，出る電磁波（光）は連続スペクトルを示すであろう．これでは原子がその大きさ（約 0.1 nm 程度）を保持していて，弾性球のように振舞うことも説明できないし，原子の出す光が多数の線からなる線スペクトルを示すこととも矛盾する．

原子のスペクトルのうちで，最も簡単で規則性のはっきりしているのは，水素原子のスペクトルである．測定値の分析から，線スペクトルの振動数 ν はすべて

$$\nu = cR\left(\frac{1}{n^2} - \frac{1}{n'^2}\right) \qquad (n' = n+1,\ n+2,\ \cdots) \tag{9.30}$$

という実験式で表されることがわかった．R はリュードベリ定数（リドベルグ定数ということも多い）とよばれ，

$$R = 1.0973731568160 \times 10^7\ \mathrm{m}^{-1} \tag{9.31}$$

という値をもつ．整数 n が 1 で $n' = 2, 3, 4, \cdots$ に対応する線の一群はライマン系列とよばれて紫外部にあり，$n = 2$ で $n' = 3, 4, 5, \cdots$ に相当する線の群はバルマー系列とよばれ，可視部にあるために一番先に知られていた．$n = 3$ はパッシェン系列，$n = 4$ はブラケット系列とよばれ，いずれも赤外部にある線である．

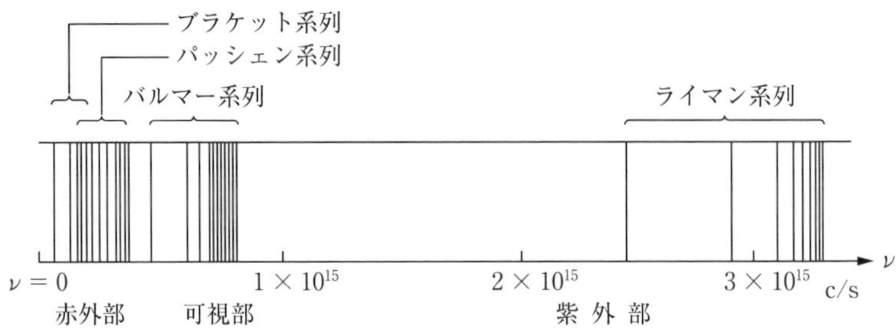

9-11図 水素原子のスペクトル系列

ラザフォード模型の矛盾を解決し，上記の規則性を説明するために，1913 年にボーアは次のような説を提案した．

水素原子は，原子核（不動と考えてよい）の周りを 1 個の電子が回っている系であるが，電子の軌道として円を考え，その半径を r，角速度を ω とする．求心力は電子（電荷は $-e$）と核（電荷は $+e$）の間のクーロン引力であるから

$$mr\omega^2 = \frac{e^2}{4\pi\varepsilon_0 r^2} \tag{9.32}$$

が成り立つ．このとき，電子の運動エネルギーと位置エネルギーの和は

$$E = \frac{m}{2}(r\omega)^2 - \frac{e^2}{4\pi\varepsilon_0 r} = -\frac{e^2}{8\pi\varepsilon_0 r} \tag{9.33}$$

で与えられる．いま，この電子がもつ運動量の大きさ $mr\omega$ に軌道の一周の長さ $2\pi r$ を掛けたものが，プランクの定数の整数倍の値しかとることを許されないと仮定しよう．

$$2\pi mr^2\omega = nh \qquad (n = 1, 2, 3, \cdots) \tag{9.34}$$

これを (9.32) 式に代入して ω を消去すると

$$r = \frac{\varepsilon_0 n^2 h^2}{\pi me^2} \tag{9.35}$$

を得，これを (9.33) 式に入れることによって

$$E_n = -\frac{me^4}{8\varepsilon_0{}^2 h^2}\frac{1}{n^2} \tag{9.36}$$

という式が得られる．つまり，上のような仮定によって，軌道の半径もエネ

ルギーも，$n = 1, 2, 3, \cdots$ に対して (9.35) 式や (9.36) 式で計算される**とびとび**の値だけに制限されることになる．ボーアは，このような運動だけが安定なものとして許されると仮定し，これに**定常状態**という名を与えた．そして，電子が1つの定常状態にある間は，たとえぐるぐる回っていても，電磁波を出すことはない，と仮定した．電磁波を出したり吸ったりするのは，1つの定常状態から他の定常状態へ**遷移**する瞬間だけであり，このとき2つの定常状態のエネルギーの差を，1個の光量子として出したり吸収したりする，と考えるのである．そうすると

$$h\nu = |E_n - E_{n'}| \tag{9.37}$$

となるが，これに (9.36) 式を代入すれば，まさしく (9.30) 式が得られる．

$$cR = \frac{me^4}{8\varepsilon_0{}^2h^3}$$

として計算した値は (9.31) 式に一致するのである．これはまさに驚くべき結果であった．(9.34) 式 —— **量子条件**という —— が何故に成り立つかはわからなかったが，このようなよい一致が偶然によるものでないことはあまりにも明白であった．

ボーアの考えは，水素原子以外の原子に拡張することが困難であったし，いろいろ都合の悪いこともわかってきた．そこで，量子条件の背後にひそむ自然法則がいろいろな人達によって探索された．この難題は，量子力学の発見という革命的な形で達成され，ミクロの世界を扱う，古典物理学とは全く異なる新しい物理学の誕生を見るにいたった．

問 ボーアの量子条件 (9.34) 式は，角運動量の大きさに対して何を要求していることになるか．

§9.10 電子の波動性

波とばかり思われていた光に粒子性があることがわかって，この二重性をどう扱ったらよいか人々が迷っていたときに，フランスの物理学者 L. ド・ブロイは，粒子と考えていた電子が波動性をもっているのではあるまいか，という驚くべき意見を提出した．光の波動性を表す量はその振動数 ν と波

長λであるが，これらの量と，光の粒子的側面を表すエネルギーEと運動量の大きさpとの間には，アインシュタインの関係

$$E = h\nu, \qquad p = \frac{h}{\lambda} \tag{9.38}$$

がある．光の場合にはさらに

$$E = cp \qquad \text{（光子の場合）} \tag{9.39}$$

という関係がある．ド・ブロイは，電子の波に対してもこの（9.38）式が成立する，と考えたのである．

ボーアの量子条件は，円軌道を回る電子の運動量の大きさpに軌道の一回りの長さl（円周）を掛けたものがnhになる，という条件であった．$p = h/\lambda$とすると，この条件は$hl/\lambda = nh$，つまり$l = n\lambda$という条件になる．円に沿って波がぐるぐる回っているとして，円周が波長の整数倍なら9-12図のような具合の悪いことが起こらない．このように，原子の周りに束縛された電子に対し，電子の波が安定な定常波をつくりうる条件だと考えると，ボーアの量子条件はごく自然に出てくる．ド・ブロイはここに着目した．

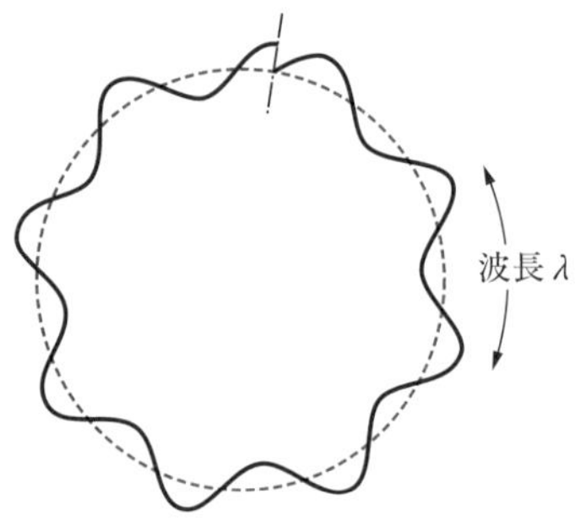

9-12図
円周が波長の整数倍でないと，波形がうまくつながらない．

遅い電子（相対論を考えなくてよい）の場合には，光子のときの（9.39）式の代りに

$$E = \frac{p^2}{2m} \qquad \text{（遅い電子の場合）} \tag{9.40}$$

が成り立つ．したがって，電子を電圧Vで加速すると，エネルギー$E = eV$を得るから，このときの運動量は$p = \sqrt{2meV}$であり，（9.38）式を用いてλが

$$\lambda = \frac{h}{\sqrt{2meV}}$$

と定まる．$V = 150\,\mathrm{V}$とすると，$\lambda = 0.1\,\mathrm{nm}$となって，X線の波長の程度である．したがって，X線のときと同様に，結晶を使って回折を示すかど

うかを調べれば，波動性の有無が検証される．ダヴィソン，ガーマー，菊池正士，トムソンといった人達による実験結果は，ド・ブロイの予言を確証した．

§9.11　シュレーディンガー方程式

ド・ブロイの唱えた物質波がどのように伝わるかを決める方程式は，1926 年にシュレーディンガーによって与えられた．振動数の 2π 倍である角振動数 $\omega = 2\pi\nu$ を用いると，アインシュタイン - ド・ブロイの関係式（9.38）式の第 1 式は

$$E = \hbar\omega \tag{9.41}$$

となる．ただし

$$\hbar = \frac{h}{2\pi} = 1.0545718 \times 10^{-34}\,\mathrm{J{\cdot}s} \tag{9.42}$$

である．第 2 式（$p = h/\lambda$）の左辺は，$\hbar$ と波数ベクトル（129 ページ参照）$\boldsymbol{k}$ の大きさ k を用いると $\hbar k$ と書けるから，方向まで入れたベクトルの式として

$$\boldsymbol{p} = \hbar\boldsymbol{k} \tag{9.43}$$

と表せることがわかる．

外力を受けずに等速度運動をしている粒子は $\boldsymbol{p}$ が一定であるから，これを表す波は $\boldsymbol{k}$ が一定な平面波となるであろう．そして $E = p^2/2m$ であるから，(9.41) 式と (9.43) 式を使えば，$\boldsymbol{k}$ と ω の間には

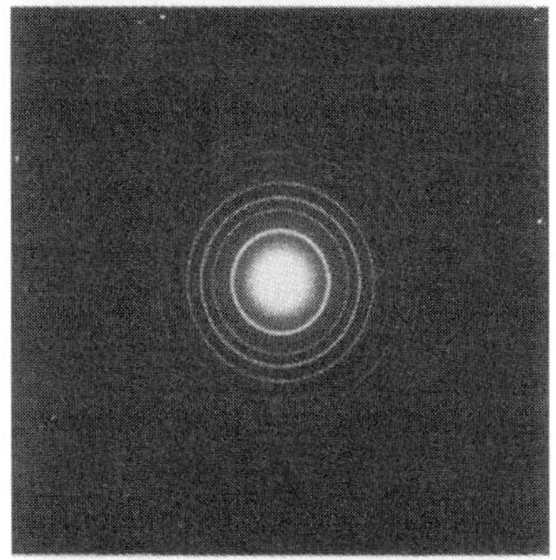

(a) 単結晶に近い Bi による電子線回折像
(b) Al と Ge の混合多結晶による電子線回折像
(c) コロジオン膜による電子線回折像

9 - 13 図

$$\hbar\omega = \frac{\hbar^2}{2m}(k_x{}^2 + k_y{}^2 + k_z{}^2) \tag{9.44}$$

という関係があるはずである．

物質波の場合，平面波は（4.38）式（129ページ）のような三角関数ではなく，345ページに与えられているような虚数の指数関数（実部も虚部も三角関数）

$$\begin{aligned}\psi(\boldsymbol{r}, t) &= C\exp\{i(\boldsymbol{k}\cdot\boldsymbol{r} - \omega t)\}\\ &= C\exp\{i(k_x x + k_y y + k_z z - \omega t)\}\end{aligned} \tag{9.45}$$

で表されると考える．そうすると，

$$i\hbar\frac{\partial}{\partial t}\psi = \hbar\omega\psi, \qquad -i\hbar\frac{\partial}{\partial x}\psi = \hbar k_x\psi$$

が成り立っていることがわかる．そこで，外力の有無にかかわらず，波動力学では常にエネルギーと運動量を

$$\begin{cases} E \to i\hbar\dfrac{\partial}{\partial t} \\ \boldsymbol{p} \to -i\hbar\nabla \qquad \left(p_x \to -i\hbar\dfrac{\partial}{\partial x}\ \text{など}\right)\end{cases} \tag{9.46}$$

のように**演算子で置き換える**と約束する．そうすると，ポテンシャル（位置エネルギー）が $V(\boldsymbol{r})$ で与えられるような保存力の場の中で運動する質量 m の粒子では，

$$E = \frac{1}{2m}(p_x{}^2 + p_y{}^2 + p_z{}^2) + V(\boldsymbol{r}) \tag{9.47}$$

が成り立つから，（9.46）式の置き換えを行うと，この式の右辺は

$$H = -\frac{\hbar^2}{2m}\left(\frac{\partial^2}{\partial x^2} + \frac{\partial^2}{\partial y^2} + \frac{\partial^2}{\partial z^2}\right) + V(\boldsymbol{r}) \tag{9.48}$$

という演算子になる．これをこの粒子のハミルトニアンという．そうすると（9.47）式は $i\hbar(\partial/\partial t) = H$ となるが，これでは意味をなさないから，両辺に波動関数 $\psi(\boldsymbol{r}, t)$ をもってきて

$$H\psi(\boldsymbol{r}, t) = i\hbar\frac{\partial}{\partial t}\psi(\boldsymbol{r}, t) \tag{9.49}$$

としたものを考え，これが物質波の従う波動方程式であるとするのである．*

これを，時間を含むシュレーディンガー方程式という．この式は V が $V(\boldsymbol{r}, t)$ ── 外からかけた振動電場など ── のように t を含む場合にも成立する．

テレビのブラウン管内の電子のような場合には，海の波のように一方向に進む進行波になっているが，原子や分子内に束縛された電子の波は，弦の振動や管内の気柱の振動のような「定常波」になるのがふつうである．シュレーディンガーの定常波は

$$\psi(\boldsymbol{r}, t) = \mathrm{e}^{-i\omega t}\varphi(\boldsymbol{r}) \tag{9.50}$$

のように表され，(9.49) 式に代入すればすぐわかるように，$\varphi(\boldsymbol{r})$ は

$$H\varphi(\boldsymbol{r}) = E\varphi(\boldsymbol{r}) \tag{9.51}$$

$$\text{ただし}\quad E = \hbar\omega \tag{9.52}$$

という方程式を満たさねばならない．(9.51) 式を，時間を含まないシュレーディンガー方程式という．

波動関数（の空間部分）$\varphi(\boldsymbol{r})$ が束縛された粒子の運動を表すためには，それは有限の範囲内だけで大きな値をもち，遠方では急速に 0 に近づく関数でなくてはならない．そういう条件をつけると，(9.51) 式が解をもつのは，E が特定の値 $E_1, E_2, \cdots$ をもつときだけに限定されるのがふつうである．この特定の値のことを，ハミルトニアンの固有値とよぶ．それぞれの固有値に対して，(9.51) 式の解として関数 $\varphi_1(\boldsymbol{r}), \varphi_2(\boldsymbol{r}), \cdots$ が定まるが，これを固有関数とよぶ．

シュレーディンガーは，水素原子の場合 ── $V(\boldsymbol{r}) = -e^2/4\pi\varepsilon_0 r$ ── に対して (9.51) 式を解いて固有値を求め，ボーアの結果 (9.36) 式と完全に一致する結果を得た．それ以外の場合も，(9.51) 式を問題に応じて解き，エネルギーの固有値を求め，固有関数を計算すれば，その粒子の運動として許されるもの（定常状態）が決まり，そのエネルギーが定まる．そしてボーアの振動数条件 (9.37) 式を用いれば，いろいろな定常状態間の遷移に際して放出あるいは吸収する光の振動数が求まり，実験で得られるスペクトル線と比較することができるわけである．

---

* (9.49) 式は，ニュートンの運動方程式に対応する基本法則であり，それが正しいか否かは，この式から得られる結果が実験と合うかどうかによってのみ決められる．ここでは (9.49) 式を証明しているわけではない．

§9.12 エネルギー固有値の例

波動性のためにエネルギーの値がとびとびになることを具体的に知るためには，$V(\boldsymbol{r})$ の形を与えてそれに対する固有関数 $\varphi_1(\boldsymbol{r}), \varphi_2(\boldsymbol{r}), \cdots$ と固有値 $E_1, E_2, \cdots$ を求めればよいが，(9.51) 式のような偏微分方程式を解くことは一般にはそう容易でない．ここでは，せまい範囲に束縛された粒子の**模型**として，直方体形の箱の中に閉じこめられた粒子を考えることにする．壁では完全反射を行うとすると，古典力学では運動は3つの等速往復運動に分離される (§5.14を参照)．x 方向の箱の長さを a とすると，x 方向の往復運動を波動力学で表したものは長さが a の弦の振動（一次元定常波）と同様になる．

箱内で力ははたらかないから V は定数としてよいので，それを0とすると，一次元のシュレーディンガー方程式は

$$-\frac{\hbar^2}{2m}\frac{d^2}{dx^2}u(x) = Eu(x) \tag{9.53}$$

となる．x 方向の箱の範囲を $(0, a)$ とすると，箱から外へ出られないということは，波が $(0, a)$ 内に局限されていて外では $u \equiv 0$ ということであるが，$u(x)$ には**連続性**が要求されるので，$u(0) = u(a) = 0$ でなくてはならない．方程式 (9.53) の解でこの条件を満たすのは

$$u_n(x) = (\text{定数}) \sin\frac{n\pi}{a}x \qquad (n = 1, 2, 3, \cdots) \tag{9.54}$$

という形のものだけであり，この固有関数に対する固有値は，(9.53) 式へ代入してみればすぐわかるように

$$E_n = \frac{\hbar^2}{2m}\left(\frac{n\pi}{a}\right)^2 \qquad (n = 1, 2, 3, \cdots) \tag{9.55}$$

という**とびとび**のものになる．このようなエネルギーの値を図示するときには，9-14図のように固有値の高さのところに横線を引いて表すので，この横線やそれが表す固有値自体のことをエネルギー準位とかエネルギーレベルという．$n = 1$ の $u_1(x)$ で表される運動はエネル

E_6
E_5
E_4
E_3
E_2
E_1

9-14図 一次元等速往復運動のエネルギー準位

ギーが最低の状態で，**基底状態**とよばれる．これに対し $n=2$ 以上の状態は**励起状態**とよばれる．

準位の間隔の**程度**を知るために E_2-E_1 を調べてみよう．

$$E_2-E_1=\frac{3\hbar^2}{2m}\frac{\pi^2}{a^2}=\frac{3h^2}{8ma^2}$$

であるが，原子内の電子の場合には

$$m=9.11\times10^{-31}\,\mathrm{kg},\qquad a=2\times10^{-10}\,\mathrm{m}$$

なので

$$\frac{3h^2}{8ma^2}=4.5\times10^{-18}\,\mathrm{J}$$

となる．この程度のエネルギーを測るには，電子（電荷 $-1.60\times10^{-19}\,\mathrm{C}$）を電圧 1 V で加速したときのエネルギー

$$1.60\times10^{-19}\times1\,\mathrm{CV}=1.60\times10^{-19}\,\mathrm{J}$$

を用いることが多い．これを**1 電子ボルト**（記号 eV）という．そうすると

$$E_2-E_1\sim30\,\mathrm{eV}$$

となる．

原子核は直径が 3(水素) ～ 17(ウラン) $\times10^{-15}$ m の球形で，その中を陽子と中性子が動き回っている．そこで，$a=10^{-14}$ m，$m=1.67\times10^{-27}$ kg としてみると

$$E_2-E_1\sim9.9\times10^{-13}\,\mathrm{J}=6.2\times10^6\,\mathrm{eV}$$

となる．これでわかるように，原子核のエネルギーを扱うときには 10^6 eV $=1$ MeV（メガ電子ボルト）を用いないと間に合わない．電子の運動の変化で出入するエネルギーは eV，核内の陽子や中性子の運動の変化で出入するエネルギーはその「百万倍」の MeV を使って表す**程度**の大きさなのである．

なお，上では x 方向のみを考えたが，y 方向と z 方向まで考えた波動関数は

$$\varphi_{nn'n''}(\boldsymbol{r})=(\text{定数})\sin\frac{n\pi x}{a}\sin\frac{n'\pi y}{b}\sin\frac{n''\pi z}{c}\qquad(9.55\,\mathrm{a})$$

固有値は

$$E_{nn'n''}=\frac{\hbar^2}{2m}\left\{\left(\frac{n\pi}{a}\right)^2+\left(\frac{n'\pi}{b}\right)^2+\left(\frac{n''\pi}{c}\right)^2\right\}\qquad(9.55\,\mathrm{b})$$

のように表される．

問 (9.55a), (9.55b) 式が

$$-\frac{\hbar^2}{2m}\left(\frac{\partial^2}{\partial x^2}+\frac{\partial^2}{\partial y^2}+\frac{\partial^2}{\partial z^2}\right)\varphi_{nn'n''}=E_{nn'n''}\varphi_{nn'n''}$$

を満たし，箱の壁で $\varphi=0$ という条件を満たしていることを確かめよ．

§9.13 波動関数の意味と不確定性原理

波の伝わり方やでき方はわかったが，わかり難いのは波動関数 $\psi(\boldsymbol{r},t)$ ないし $\varphi(\boldsymbol{r})$ の意味であった．波動性をもつといっても粒子性がなくなるわけでなく，9-13 図のような写真をとるとき，1 個の電子はフィルムや乾板のどこか 1 点を感光させるのである.* そのような感光点がたくさん集積されたものが写真のような模様である．ところが，シュレーディンガー理論で計算されるのは，**1 個**の電子の波動的な振舞なのである．**1 個**の電子を表す波が結晶に当たると，回折をした結果として，9-13 図の白い部分では $|\psi|^2$ が大きく，黒い部分では $|\psi|^2$ が小さくなり，場所による感光度の違いが $|\psi|^2$ に比例する，というのが波動力学の与えてくれる結果である．

実験はふつうはたくさんの電子を送りこんで行うのであるが，ポツンポツンと 1 つずつ電子を送りこんで長時間かけても結果は同じである．その場合，送りこむ電子に与える条件は全く同じなのに，あるものは上の方に，あるものは左の方に，…というように行先が異なり，次の電子がフィルムのどこに達するかは全く確率的にしかわからない．ただ，$|\psi|^2$ の計算値が 0 になるようなところには決していかない．そういうわけで，個々の粒子の振舞は不確定で行先は確率的にしか予言できず，その確率を与えてくれるのが $|\psi|^2$ である，と考えればよいことがわかった．

このような行先のバラツキは，電子を送りこむときの最初の位置や速度にどうしても誤差があるために生じるのではないか，とも考えられよう．だがそれだけなら 9-13 図のような干渉模様などできるはずがない．したがって，波動性はやはり粒子に本来備わったものと見るべきである．しかし，もし粒子の位置や速度を正確に定めることが実験では可能なのに計算にはそれ

* 1 点というのは，この写真に見える斑点の 1 個という意味ではない．斑点の 1 個も多数の電子による感光点の集まりである．

が取り入れられていない，というのであれば，理論が不完全だということになるであろう．ところがよく考えてみると，電子のような微小な粒子の位置や速度を正確に定め，それを初期条件として以後の運動がちゃんと決まるようにする，ということはできない相談なのである．測定には，光を当てるなど何らかの作用をおよぼすことが不可欠であるが，それにより粒子の運動は乱されてしまう．光は運動量をもつからである（光の粒子性）．また，光は波動でもあるから，その反射で位置を定めることには精度の限界がある．こういった事情をくわしく調べたハイゼンベルクは，微視的な粒子の位置 x, y, z と運動量 p_x, p_y, p_z の測定には，どうしても越えられない不確定さの限界があり，それは

$$\Delta x \cdot \Delta p_x \gtrsim h, \qquad \Delta y \cdot \Delta p_y \gtrsim h, \qquad \Delta z \cdot \Delta p_z \gtrsim h \tag{9.56}$$

で与えられることを示した．これをハイゼンベルクの**不確定性関係**という．波動力学の結果はあいまいのように見えるが，この限界を考えれば，決して不完全な理論ではないのである．

問　完全な平面波 $\psi(\boldsymbol{r}, t) = \exp\{i(\boldsymbol{k}\cdot\boldsymbol{r} - \omega t)\}$ で表される状態では，位置はどうなっていると考えられるか．

§9.14　原子構造と周期律

量子力学はきわめて多方面にわたって輝かしい成果をおさめているが，ここで原子構造について簡単に触れよう．

水素以外の原子は複数の電子を含むので，それを正確に扱うには，電子数の3倍の変数を含む複雑な偏微分方程式を解かねばならず，実際上不可能に近い．通常このような多粒子系を扱うには何らかの近似を行って問題を簡単化する．原子の場合には，ある電子を考えるときには他の電子がこれにおよぼす力を適当な静電場で置き換え，核のつくるクーロン電場と合わせてそれを $V(r)$ で表す．これは全部の電子に共通とする．そして，そのような $V(r)$ に対して*1個の粒子のシュレーディンガー方程式（9.51）を解く．このとき x, y, z よりも極座標 r, θ, ϕ を用いた方が便利である．変数が3つ

*　$V(r)$ の形は原子の種類によって異なる．

あることに対応して，固有関数は（電話番号のように）3種の数 n, l, m の組で番号づけられる．$n = 1, 2, 3, \cdots$ は**主量子数**，$l = 0, 1, 2, 3, \cdots$（ただし，数 $0, 1, 2, 3, \cdots$ の代りに，文字 s, p, d, f, ⋯ で表すことが多い）は**方位量子数**，$m = l, l-1, l-2, \cdots, -l$（各 l ごとに）は**磁気量子数**とよばれる．大ざっぱに言って，n は r の変化に対応する運動の激しさを，l は核の周りを回る角運動量の大きさを，m は z 軸の周りを回る運動（角運動量の z 成分）の様子をそれぞれ示すめやすだと思えばよい．

波動関数（固有関数）は

$$\varphi_{nlm}(r, \theta, \phi) = R_{nl}(r)\, Y_l^m(\theta, \phi)$$

という形に表され，固有値は n と l だけによって決まり，m にはよらない．* それを E_{nl} と記すことにする．

$n = 1$ のときには $l = 0$ (s 状態という) だけしかなく，m も 0 だけである．したがって，運動状態は φ_{1s0} という一種類だけしかなく，その固有値 E_{1s} は最低であり，$|\varphi_{1s0}|^2$ が有限な範囲は核のごく近傍に限られる．

$n = 2$ のときには $l = 0, 1$（s 状態と p 状態）が可能で，p 状態に対しては $m = 1, 0, -1$ の3種がある．したがって，運動状態には φ_{2s0} と φ_{2p1}，φ_{2p0}，φ_{2p-1} の計4種類があり，エネルギーは E_{2s} およびそれより少し高い E_{2p} の2つである．E_{2p} という同じエネルギーをもちながら $\varphi_{2p1}, \varphi_{2p0}, \varphi_{2p-1}$ で表される異なった3種類の運動が可能なのである．このとき，この3種の状態は**縮退**または**縮重**しているという．

$n = 3$ のときは $l = 0(\mathrm{s}), 1(\mathrm{p}), 2(\mathrm{d})$ が許され，それぞれのエネルギーは E_{3s}, E_{3p}, E_{3d} でこの順に少しずつ高くなり，p 状態は3重，d 状態は5重（$m = 2, 1, 0, -1, -2$ に対応）に縮退している．

以下同様にして次第に状態は増え，主量子数が n のときには，l と m の異なる n^2 個の状態が存在する．エネルギーの値は n によって大きく異なり，同じ n に対しては l の増す順に少しずつ E_{nl} は高くなる．$|\varphi_{nlm}|^2$ が0と顕著に異なる領域 —— 運動の「縄ばり」とでもいえようか —— は $n = 1$ が最も核に近く，$n = 2$ の4状態はその外側，$n = 3$ の9状態はさらにその外

* 水素のように $V(r)$ が r^{-1} に比例するときには，E_{nl} は l にもよらない．

側，…，というように大体球殻状になっている（といっても境界がはっきりしているわけではない）．$n = 1, 2, 3, \cdots$ に対するこの球殻を，それぞれK殻，L殻，M殻，… とよんでいる．

上に述べたのは，与えられた $V(r)$ という力の場のなかで「可能な」1個の電子の定常的な運動状態である．中性の原子（原子番号を Z とする）では，ここに Z 個の電子が存在する．エネルギーが最低なのは1s状態であるから，Z 個の電子が全部1sという運動をしたら原子全体のエネルギーは最低となるであろう．ところがここにパウリの排他律とよばれる原理があって，nlm の決まった1つの状態 —— 古典力学との類推で，これを（原子）軌道とよぶことが多い．もちろん閉曲線で軌道が表されるのではなく，波動関数 φ_{nlm} という不可思議なもので表される —— をとりうる電子の数は**2つまで**，と制限されているのである．なお，同じ軌道に入る2個の電子は，それのもつスピン（自転にたとえられる運動）が互いに逆向きでなくてはならず，したがって，スピンに起因する電子の固有磁気モーメントは互いに打ち消し合う．

この原理にしたがって，Z 個の電子をなるべくエネルギーの低い方の軌道から順につめていくと，原子全体としてエネルギーの最も低い状態（**基底状態**という）ができる．それを $Z = 1 \sim 40$ について示したのが9-1表である．

K殻，L殻までそれぞれいっぱいにつまった* He($1s^2$)，Ne($1s^2\,2s^2\,2p^6$)はきわめて安定な元素になり，他の原子と結合することはない．3dは4sよりもエネルギーが高いので，Arで3pまでつまったときにも，HeやNeと同様の安定さを示す．その次のKでは電子は4sに入る．$4s^2$ になってからやっとそれよりも内側の3dにも入るようになる．He, Ne, Arのように安定な電子配置に，1個余分な電子の加わったLi, Na, Kなどは，この余分な電子を放り出して安定な閉殻だけの構造になろうとする傾向がある．これらは1価の正イオンになりやすいという点で共通性をもつアルカリ金属である．逆にF, Cl, Brなどは，もう1個電子があれば閉殻構造になって安定化するので，1価の負イオンになりやすい．これらはハロゲン族を形成する．

*　このように定員いっぱいに電子の入った殻を閉殻という．

9-1表 基底状態にある中性原子の電子配置

	K	L		M			N				O			
	1s	2s	2p	3s	3p	3d	4s	4p	4d	4f	5s	5p	5d	5f
1 H	1													
2 He	2													
3 Li	2	1												
4 Be	2	2												
5 B	2	2	1											
6 C	2	2	2											
7 N	2	2	3											
8 O	2	2	4											
9 F	2	2	5											
10 Ne	2	2	6											
11 Na	2	2	6	1										
12 Mg	2	2	6	2										
13 Al	2	2	6	2	1									
14 Si	2	2	6	2	2									
15 P	2	2	6	2	3									
16 S	2	2	6	2	4									
17 Cl	2	2	6	2	5									
18 Ar	2	2	6	2	6									
19 K	2	2	6	2	6		1							
20 Ca	2	2	6	2	6		2							
21 Sc	2	2	6	2	6	1	2							
22 Ti	2	2	6	2	6	2	2							
23 V	2	2	6	2	6	3	2							
24 Cr	2	2	6	2	6	5	1							
25 Mn	2	2	6	2	6	5	2							
26 Fe	2	2	6	2	6	6	2							
27 Co	2	2	6	2	6	7	2							
28 Ni	2	2	6	2	6	8	2							
29 Cu	2	2	6	2	6	10	1							
30 Zn	2	2	6	2	6	10	2							
31 Ga	2	2	6	2	6	10	2	1						
32 Ge	2	2	6	2	6	10	2	2						
33 As	2	2	6	2	6	10	2	3						
34 Se	2	2	6	2	6	10	2	4						
35 Br	2	2	6	2	6	10	2	5						
36 Kr	2	2	6	2	6	10	2	6						
37 Rb	2	2	6	2	6	10	2	6			1			
38 Sr	2	2	6	2	6	10	2	6			2			
39 Y	2	2	6	2	6	10	2	6	1		2			
40 Zr	2	2	6	2	6	10	2	6	2		2			

以上のようにして，原子番号の順に元素を並べると，外側の電子配置の似た原子が周期的に現れるために，元素の周期律が説明される．化学変化，原子の結合による分子の形成に関係するのは最外殻の電子だからである．閉殻は団結が強く，かつその「縄ばり」のなかに他の電子が入ることを嫌うから(パウリの原理)，2つの原子の閉殻が重なりそうになると強く反発する．また，エネルギー固有値はとびとびで，閉殻内の電子の運動を変化させるには相当のエネルギー（室温の $k_{\mathrm{B}}T$ に比べるとずっと大きい）がいるので，$k_{\mathrm{B}}T$ 程度のエネルギーをもった原子相互の衝突などでは変化しないため，原子が弾性球のように振舞うのである．

化学結合に関与したり，金属の伝導電子になったりして，いろいろな物質の物理的化学的性質を左右するのは主として閉殻外の電子 —— **価電子**という —— の振舞である．

§9.15　物質と電子

原子が集まって物質をつくる仕方にはいろいろなタイプがある．その典型的なものを紹介する．

金属は，少数の電子を失うと閉殻構造の陽イオンになって安定するような原子が集まってできている．このとき閉殻外の電子（価電子）は特定の原子に束縛されず，原子から原子へと金属全体をほとんど自由に動き回るようになる．これを**伝導電子**といい，金属が電気や熱をよく伝えるのは伝導電子のはたらきによる．(9.55) 式のエネルギー固有値が $1/a^2$ に比例することからわかるように，金属内全体を動き回ることによって —— 金属片全体が1つの箱と同じになるから —— 電子の運動エネルギーは激減する．原子が集まって金属の結晶をつくると安定するのはこのためである．このとき，9-14図(を三次元の運動に一般化したもの) のエネルギー準位はせまい間隔で密集したものになるので，それをエネルギー帯（バンド）とよび，伝導電子のエネルギー帯ということを示すために**伝導帯**という．

イオン結晶の代表として食塩NaClをとり上げよう．Na^+ と Cl^- は閉殻構造できわめて安定であるから，Na は Cl に価電子を1個渡して Na^+ と Cl^- になる．Na^+ は半径が 0.95×10^{-10} m，Cl^- は半径が 1.81×10^{-10} m の球

のように振舞うが，これらは正負の電気をもつために強い静電気力で引き合い 5 - 23 図（203 ページ）のように交互に配列した結晶格子を形成する．Na^+ も Cl^- も閉殻構造なので，これらを離れて結晶内をさまよう伝導電子は存在しない．食塩水が電気を導くのは，Na^+ と Cl^- が水の分子をかき分けて動くことによる**イオン伝導**であって，電子の移動によるものではない．

分子は比較的少数の原子が一団となったものである．そのなかには H_2O のようにかなりイオン結晶に近いものもある．H_2O は 2 個の H^+ と 1 個の O^{2-} がイオン結合したと考えてもかなり実際に近いからである．しかし，H_2 や O_2 などは 2 つの同じ原子の結合であるから，正負のイオンという考え方は適用できない．簡単な H_2 分子で説明すると，2 つの H 原子はどちらも 1s 電子 1 個をもっており，相手の 1s 電子を引っ張りこんで $1s^2$ の閉殻をつくろうとする傾向をもっている．そこで，2 つの原子が近づいて両方の 1s 軌道をドッキングさせた新しい軌道（原子のときと異なり，2 原子にまたがった定常波の波動関数で表される）をつくり，そこに 2 個の電子（スピン逆向き）を収容して，一種の閉殻的な構造をつくって安定化するのである．2 つの原子が 2 つの電子を「共有」することで結合するので，この H_2 のような結合を**共有結合**という．

炭素 C は，$1s^2$ の閉殻の外の L 殻に 4 個の電子をもつが，これがそれぞれ上と同様な共有結合を隣接原子と行うと，CH_4 などのように 4 本の結合手をもった化合物をつくることになる．各 C 原子が 4 本の手で隣りの C と共有結合でつながると，ダイヤモンドの結晶ができる．

共有結合は，ダイヤモンドの固さでもわかるように，強い結合であるが，各結合手には各原子から 1 個ずつの電子が関与しているから，C の場合は 4 本の手が 9 - 15 図(a)のような方向に出るというように，方向や相手の数が限定される．したがって，たとえば CH_4 はもはやそれ以上の原子と共有結合でつながることはなく，He 原子や Ar 原子のように，他の原子や分子とは**ファン・デル・ワールス力**という弱い引力をおよぼし合うだけになる．このような分子がゆるく引き合って集まった**分子結晶**の融点が低くて軟いのはそのためである．

半導体にはいろいろあるが，Si や Ge は真性半導体とよばれている．9 - 1 表に見るように，C の $2s^2 2p^2$ と同様に，これらは閉殻の外に $3s^2 3p^2$，$4s^2 4p^2$ という 4 個の電子をもつので，ダイヤモンドと同じように共有結合の結晶をつくる．ところが，その結合は比較的弱くて，1 eV 程度のエネルギーを与えると電子が飛び出してしまう性質をもっている．飛び出した電子は結晶中をうろつく伝導電子になる．電子が飛び出した跡を空孔とか正孔（負電荷が脱出した跡なので，正電気が余計にあるように見えるから）というが，これも 1 か所に止まっていないで動き回り，正電荷をもつ粒子のように振舞う．このため，結晶はわずかながら電気伝導性をもつ半導体になる．このような伝導電子と正孔は，Si や Ge を高温にすると，原子の熱運動によってあちらこちらに生じるようになるから，高温にするほど電気伝導性はよくなる．

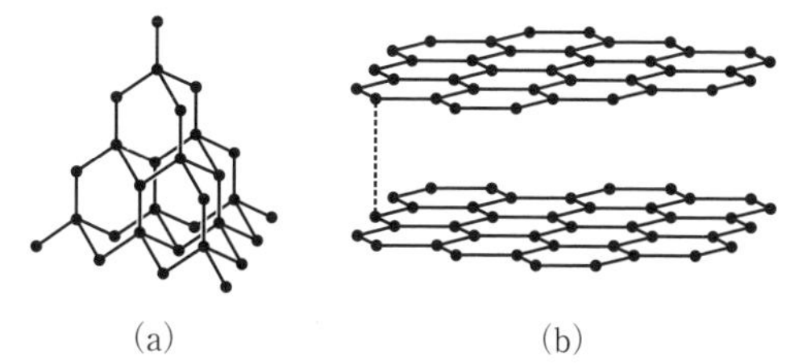

(a) ダイヤモンドの結晶構造
(b) グラファイトの結晶構造（結合手は 3 本なので，1 原子 1 個ずつの価電子が余って伝導電子になる）

9 - 15 図

Si や Ge に，ns^2np^3 という価電子をもつ元素（P, As, Sb）を不純物として混ぜると，これら 5 個の価電子のうちの 4 個を使って周囲の Si や Ge と共有結合をつくるが，余分の電子が 1 個できるので，それが伝導電子としてさまようようになる．そこで，これらの不純物は**電子供与体（ドナー）**とよばれ，こうしてできる半導体を **n 型半導体**という．これに対し，ns^2np^1 という電子配置の元素（B, Al, Ga）を混ぜると正孔ができて，これも結晶内をうろつくので伝導性が生じる．これが **p 型半導体**

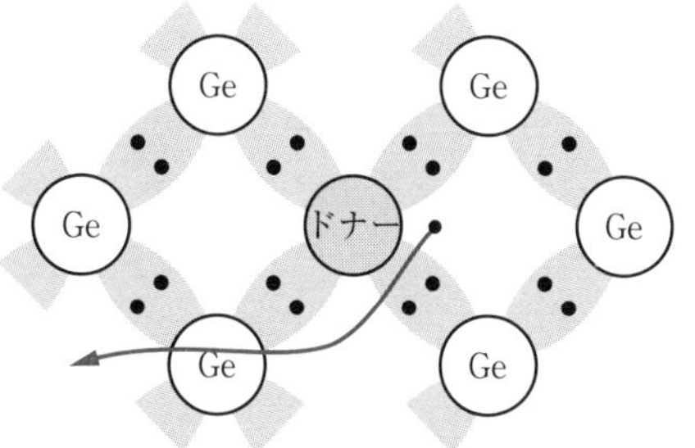

9 - 16 図　n 型半導体の模式図
赤茶色部分は共有結合手，その中の黒丸は共有結合に関与する電子を示す．ドナーの余分な電子は伝導電子になる．

で，このときの不純物は**電子受容体**（アクセプター）とよばれる．

n 型半導体と p 型半導体では，電流を運ぶ**担体**（キャリヤー）の電荷の符号が異なるので，それらを接合すると，p から n の向きには電流は流れやすいが，その逆には流れにくくなる．このことを利用して，整流や増幅用のダイオード，トランジスターなどをつくることができる．こうして今日のエレクトロニクス全盛時代が生まれた．

問 金属内の伝導電子群は一種の気体のように扱われることが多いが，通常の気体と最も異なる点の 1 つは，その数密度（単位体積当たりの数）である．大体どの程度違うか．

§9.16 原子核

ラザフォードが原子による α 線の散乱の実験を分析して，原子番号 Z の原子の中心には，その原子の質量（水素原子の質量の整数倍に近い．この整数を**質量数**とよび A と記す）のほとんどと，$+Ze$ の電荷をもった核が存在することを示したことはすでに述べた．19 世紀末にベクレルやキュリー夫妻が発見し研究した**放射能**は，原子のなかでもこの原子核によるものであることがこれではっきりした．自然放射性元素の出す放射線 3 種のうち，α 線はヘリウムの原子核，β 線は電子，γ 線は波長のきわめて短い電磁波であることがいろいろの研究で明らかになったが，原子核の質量が水素原子核（$+e$ の電荷をもつ）のほぼ整数倍であることから，原子核は電子 $A-Z$ 個と**陽子**（水素の原子核，電荷 $+e$ と質量 $M_p = 1.67262 \times 10^{-27}\,\mathrm{kg}$ をもつ）A 個からできているのではないかと考えられた．β 線として電子が出てくることから考えても，これは当然と思われた．

ところがその後，いろいろの研究から核のなかに電子が存在することに疑問が生じ，1932 年にチャドウィックが，陽子とほぼ同じ質量（$M_n = 1.67493 \times 10^{-27}\,\mathrm{kg}$）をもち，電気をもたない**中性子**を発見するにおよんで，原子核は Z 個の陽子と $A-Z$ 個の中性子からできている，ということが確定した．α 崩壊のときには，このうちの 2 個の陽子と 2 個の中性子が一塊となって外に飛び出す．このとき原子核は

$$\alpha \text{崩壊} \qquad (Z, A) \longrightarrow (Z-2,\ A-4)$$

のように変化する．β 崩壊のときには，核内の中性子が陽子に変わり，そのときに電子が「生まれ」，それが外に飛び出すと考えねばならない．なお，このとき同時に，中性で質量がほとんど0のニュートリノ（**中性微子**）という粒子も生まれると考えないと，エネルギーの保存則などが成り立たなくなる．とにかく β 崩壊では

$$\beta \text{崩壊} \qquad (Z, A) \longrightarrow (Z+1,\ A)$$

というように原子核は変化する．α 崩壊や β 崩壊後の原子核がエネルギー最低の状態でないときには不安定で，それが最低の状態に遷移し，余ったエネルギーを γ 線の光子として放出する．このときは A も Z も変化しない．

原子核を表すのに，${}^{16}_{8}\mathrm{O}$ のように，元素記号の左上に質量数 A を，左下に原子番号 Z を記すことになっている．Z が同じで A の異なる原子を**同位体**（アイソトープ）という．Z が同じで A の異なる核には**同位核**という名を用いることもある．A が等しくて Z の異なる核を**同重核**（アイソバール）とよぶ．

原子核はほぼ球形であるが，その半径は大体 $A^{1/3}$ に比例することが知られている．

$$r \approx r_0 A^{1/3} \qquad (\text{ただし}\quad r_0 = 1.4 \times 10^{-15}\,\mathrm{m})$$

である．このことは，

$$\frac{4\pi}{3} r^3 \approx \frac{4\pi}{3} {r_0}^3 A$$

であることを示すから，原子核の密度はどの核でもほぼ一定で，陽子あるいは中性子1個の占める体積が半径 r_0 の球のそれに等しいことがわかる．

陽子と中性子は**核子**と総称され，核子という粒子がとる2つの異なる状態が陽子と中性子である，と考える場合が多い．核子をまとめて原子核という強固な単位をつくり上げている力を**核力**という．これは核子間の距離が $10^{-15}\,\mathrm{m}$ の程度になったときにはじめて作用する強い力で，遠くで引力，近くで斥力としてはたらく．

§9.12 で概算してわかったように，原子核が関係する問題で扱うエネルギーはふつう $10^6\,\mathrm{eV} = \mathrm{MeV}$ という単位を使って表される．核力に抗して原子

核から核子を取り出したりするにはこの程度のエネルギーが必要なのであり，したがって核から出たり入ったりする電磁波も，光子1個のエネルギーが MeV の程度の γ 線ということになる．

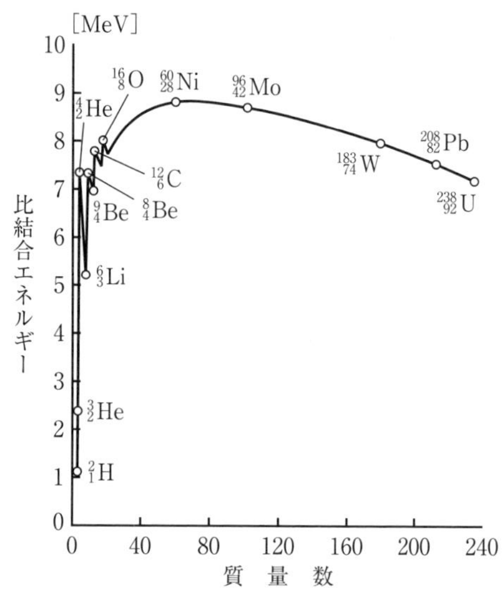

9-17図　原子核の比結合エネルギー

$M_pc^2 \approx M_nc^2 \approx 930\,\mathrm{MeV}$ であるから，1 MeV のエネルギーの変化は，核子の質量の千分の1程度の質量の変化を生じることになる．したがって，原子核反応では，エネルギーの出入にともなう質量の変化が無視できない大きさである．実際，原子核の質量 M は，それを構成する核子の質量の総和より小さい．その差を

$$\varDelta M = \{ZM_p + (A - Z)M_n\} - M \qquad (9.57)$$

とすると，$B = \varDelta M \cdot c^2$ は，この核をばらばらの陽子 Z 個と中性子 $(A - Z)$ 個に分けてしまうときに，外から加えるべき仕事である．これをその核の**結合エネルギー**，それを A で割った B/A を**比結合エネルギー**という．これは A が小さいときは不規則であるが（α 粒子 $^4_2$He はきわめて安定），A とともに増大し，$A = 50$ のあたりで最大になり，それからは A が増すと減少する．

結合エネルギーの差を利用すると，大きな核を分裂させて，余分になったエネルギーを取り出すことができる．原子核は核子が核力で集まった多体系であるが，いろいろの点で分子が集まってできた液体の小滴と似ているので，**液滴模型**で扱える場合が多い．核に中性子をたたきこむと，液滴は振動をはじめ，エネルギーがある値以上だと，9-18図のようにくびれた形になることが可能となり，こうなると陽子の間のクーロン斥力のために2つに分裂してしまう．分裂が可能かどうかは核によって異なる．${}^{235}_{92}\mathrm{U}$ では熱中性子（$k_{\mathrm{B}}T$ 程度のエネルギーの中性子）によっても分裂が可能であるが，天然産ウラニウムの大部分を占める ${}^{238}_{92}\mathrm{U}$ では不可能である．${}^{235}_{92}\mathrm{U}$ が分裂して中くらいの重さの安定な核に分かれると約 200 MeV のエネルギーが放出される．中くらいの核より U の方が陽子に対して中性子を含む割合が大きいから，分裂のときには中性子も放出される（平均 2.5 個）．これが別の ${}^{235}_{92}\mathrm{U}$ に当たればさらに分裂をひき起こすから，${}^{235}_{92}\mathrm{U}$ をある程度以上集めておくと**連鎖反応**が可能になる．その割合を制御したものが**原子炉**である．${}^{238}_{92}\mathrm{U}$ は中性子（${}^{1}_{0}\mathrm{n}$ と記す）により

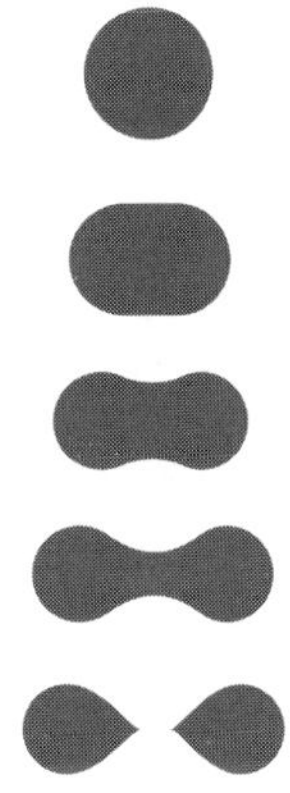

9-18 図　核分裂

$$
{}^{1}_{0}\mathrm{n} + {}^{238}_{92}\mathrm{U} \longrightarrow {}^{239}_{92}\mathrm{U} \xrightarrow[\text{23 分}]{\text{半減期}} {}^{239}_{93}\mathrm{Np} + \mathrm{e}^{-} \qquad (\mathrm{e}^{-}\text{ は }\beta\text{ 線})
$$

$$
{}^{239}_{93}\mathrm{Np} \xrightarrow[\text{2.3日}]{} {}^{239}_{94}\mathrm{Pu} + \mathrm{e}^{-}
$$

となってプルトニウム ${}^{239}_{94}\mathrm{Pu}$ を生じる．これも核分裂性をもつので，原子爆弾用の核燃料として利用される．

軽い核のうちで特別に安定な ${}^{4}_{2}\mathrm{He}$（比結合エネルギー 7 MeV）をそれより軽い核から合成して，余ったエネルギーを取り出そうというのが**核融合**である．人工的には水爆以外達成されていないが，太陽内部では次のようにしてこれが行われ，太陽が放出するエネルギーの源になっていると考えられている．

$$
\begin{aligned}
{}^{1}_{1}\mathrm{H} + {}^{1}_{1}\mathrm{H} &\longrightarrow {}^{2}_{1}\mathrm{H} + \mathrm{e}^{+} + \nu \qquad &(\mathrm{e}^{+}\text{ は陽電子，}\nu\text{ はニュートリノ})\\
\mathrm{e}^{+} + \mathrm{e}^{-} &\longrightarrow 2\gamma &(\gamma\text{ は光子})\\
{}^{2}_{1}\mathrm{H} + {}^{1}_{1}\mathrm{H} &\longrightarrow {}^{3}_{2}\mathrm{He} + \gamma &\\
{}^{3}_{2}\mathrm{He} + {}^{3}_{2}\mathrm{He} &\longrightarrow {}^{4}_{2}\mathrm{He} + 2\,{}^{1}_{1}\mathrm{H} &
\end{aligned}
$$

これで結局 4 個の陽子から ${}^{4}_{2}\mathrm{He}$ ができることになり，そのとき約 27 MeV のエネルギーが γ 線などとして放出される．核融合反応を起こさせるためには，2 つの核を静電斥力に打ち勝って融合可能な距離まで近づけることが不可欠であるが，それを少しずつ行わせることが技術的に未解決なのである．

§9.17 素粒子と高エネルギー物理学

前節でも述べたように，光子を別格として，物質は電子と陽子からできていると考えられていた．電子に対しては波動力学ができたが（1926年），これは相対論を考慮に入れていないものであり，2年後にディラックが相対論を考えに入れた電子論をつくり上げた．それによって，電子がスピンをもつことなども自然に導き出されたのであるが，電子には負のエネルギー状態*も可能であるという奇妙な結論まで導き出されてしまった．そんな状態が可能だと，そこらにある電子は片端からエネルギーの低い負エネルギー状態に遷移してしまうはずであって，正のエネルギーで安定に存在できないこととなる．そこでディラックは，そういう負エネルギーの状態は全部電子で占められているので，パウリの原理によって，遷移は許されないのだと考えた．そうすると，何もないと思われる「真空」は，実は負のエネルギーの電子で充満しているのだ，ということになる．そのような電子にエネルギー（最低 $2mc^2$ が必要）を与えて正エネルギーのふつうの状態に遷移させることも可能なはずであるが，事実 γ 線によってこれを起こすことができる．これを**電子対生成**という．なぜならこの場合，真空からふつうの電子が1個生じ，真空には遷移で残された空席が生じるが，この空席（空孔という）は，電子と同じ質量をもち，反対の電荷をもつ粒子のように振舞うからである．これを**陽電子**という．陽電子は，中性子発見と同じ1932年にアンダーソンによって発見され，ディラックの考えの正しさを裏づけた．上とは逆に，電子と陽電子がぶつかると，両者は消滅し（**電子対消滅**という），エネルギーは γ 線（光子2個）となって放出される．

なお，もうひとつの素粒子として，β 崩壊の分析からパウリがニュートリノの存在を提唱したのは1933年であった．

電磁気的な力（電磁場）が波として伝わるのが光であり，それが粒子的に振舞うというので，光子の概念が導入されたわけである．同じことを核力について考えたのが湯川秀樹の**中間子理論**である．核力の到達距離が 10^{-15} m

---

* 原点の選び方で負になるのではない．静止質量のエネルギー mc^2 まで負になるのである．

程度であることから，核力に対応する粒子は電子の約 200 倍の静止質量をもつはずだと予言された．これが今日 π 中間子とよばれるものである．

これらさまざまな粒子は，高いエネルギーの粒子で原子核をたたきこわすときに飛び出してくるものである．高エネルギー粒子源としては，昔は宇宙線を利用するしか方法がなかったが，次第に大型の**粒子加速器**が建設されるようになって，人工的にもいろいろな実験が可能になってきた．宇宙線による研究も含めて，こうした研究が大規模に行われるようになるにつれ（1947 年頃から），昔は予想もつかなかったような新しい粒子が次々と発見されるようになった．わずかな例外（光子，ニュートリノ，電子，陽子）を除くと，これらの粒子は不安定で，短い寿命で他の粒子に崩壊する．また，電子に対する陽電子のような関係にあるものを**反粒子**とよぶが，ニュートリノ，陽子，中性子を含む多くの粒子は反粒子をもつ．現在知られている素粒子のうちで比較的寿命の長い主なものを 9‐2 表に示す．質量は $E = Mc^2$ の関係を使って MeV 単位で表してある．

これらのほかにも寿命のきわめて短い素粒子あるいは**共鳴状態**とよばれるものが多数存在するので，それを説明するため，ハドロンとその共鳴状態はクォークという名の**基本粒子**やその反粒子が結合してできた複合体であると考えられるようになった．クォークには 6 種類があるとされているが，特徴的なことはその電荷が素電荷 e（$= 1.602 \times 10^{-19}$ C）の**整数倍ではない**，ということである．そのような半端な電荷はまだ発見されていないので，最初はクォークに疑問がもたれたが，現在ではクォークが単独では存在しえない理由があるのだとされるようになった．なお，クォークを区別する性質には「色」とか「香り」という名が与えられているが，ふつうの意味の色や香りとは関係ない．

自然界に存在する基本的な力には，重力（万有引力）と電磁気力があるが，核や素粒子の世界ではこのほかに**強い相互作用**および**弱い相互作用**という 2 種の力が存在する．ハドロンは強い相互作用をする粒子，**軽粒子**（**レプトン**）は強い相互作用をしない粒子である．ちなみに，弱い相互作用が関係する現象としては，β 崩壊（$\mathrm{n} \longrightarrow \mathrm{p} + \mathrm{e}^- + \bar{\nu}$）がある．

ところで，電磁相互作用の波である光の粒子性を示すものとして光子が導

9-2表 主な素粒子とその性質

分類			粒子名	記号 粒子	記号 反粒子	粒子の構成	スピン ($\hbar$)	質量 [MeV]	平均寿命 [s]
光子				γ	$\bar{\gamma}$		1	0	安定
レプトン			ニュートリノ	ν_e, ν_μ, ν_τ	$\bar{\nu}_e, \bar{\nu}_\mu, \bar{\nu}_\tau$		1/2	～0	安定
レプトン			電子	e^-	e^+		1/2	0.5110034	安定
レプトン			μ 粒子	μ^-	μ^+		1/2	105.6595	2.1971×10^{-6}
レプトン			τ 粒子	τ^-	τ^+		1/2	1782	$< 10^{-11}$
ハドロン	中間子		π 中間子	π^0	π^0	$u\bar{u}$-$d\bar{d}$	0	134.9626	0.83×10^{-16}
ハドロン	中間子		π 中間子	π^+	π^-	$u\bar{d}$	0	139.5669	2.6030×10^{-8}
ハドロン	中間子		K 中間子	K^+	K^-	$u\bar{s}$	0	493.668	1.2371×10^{-8}
ハドロン	中間子		K 中間子	K^0	$\bar{K}^0$	$d\bar{s}$	0	497.67	$K_S{}^0$: 0.892×10^{-10} $K_L{}^0$: 5.183×10^{-8}
ハドロン	重粒子	核子 N	陽子	p	$\bar{p}$	uud	1/2	938.2796	安定
ハドロン	重粒子	核子 N	中性子	n	$\bar{n}$	udd	1/2	939.5731	0.918×10^3
ハドロン	重粒子	重核子 Y	Λ 粒子	Λ	$\bar{\Lambda}$	uds	1/2	1115.60	2.632×10^{-10}
ハドロン	重粒子	重核子 Y	Σ 粒子	Σ^+	$\bar{\Sigma}^+$	uus	1/2	1189.37	0.802×10^{-10}
ハドロン	重粒子	重核子 Y	Σ 粒子	Σ^0	$\bar{\Sigma}^0$	uds	1/2	1192.47	5.8×10^{-20}
ハドロン	重粒子	重核子 Y	Σ 粒子	Σ^-	$\bar{\Sigma}^-$	dds	1/2	1197.35	1.483×10^{-10}
ハドロン	重粒子	重核子 Y	Ξ 粒子	Ξ^0	$\bar{\Xi}^0$	uss	1/2	1314.9	2.90×10^{-10}
ハドロン	重粒子	重核子 Y	Ξ 粒子	Ξ^-	$\bar{\Xi}^-$	dss	1/2	1321.32	1.654×10^{-10}
ハドロン	重粒子		Ω 粒子	Ω^-	$\bar{\Omega}^-$	sss	3/2	1672.2	1.1×10^{-10}

き出されたように，他の相互作用にも粒子 ── ゲージ粒子という ── が考えられる．相互作用はその粒子のやりとりによって生じる，と考えるのである．* 強い相互作用のゲージ粒子はグルーオン（膠着子）とよばれ，クォークを結びつけ，核力を生じるもとになる．グルーオンは，光子や重力子と同

9-3表 クォークと電荷

名称	記号	電荷 (e)
アップ	u	2/3
ダウン	d	−1/3
ストレンジ	s	−1/3
チャーム	c	2/3
ボトム	b	−1/3
トップ	t	2/3

* 重力にも重力波というものが存在し，重力子（グラビトン）というゲージ粒子が存在するはずであるが，まだ実験的に確認されていない．

様に，静止質量0の粒子である．これに対して，弱い相互作用を媒介するゲージ粒子には，中性のZ^0（質量97 GeV）と，正負の電荷をもったW^+, W^-（質量約80 GeV）の計3種があることがわかった．これらは，弱い相互作用と電磁相互作用を統一するワインバーグ，サラム，グラショーの理論で予言され（1967年），1983年に実験的に見出されたものである．

弱い相互作用と電磁相互作用だけでなく強い相互作用まで含めた大統一理論の試みもなされている．それによると，今まで安定とされていた陽子の寿命も有限（$\sim 10^{30\pm2}$年）で$p \longrightarrow e^+ + \pi^0$などに崩壊するはずなので，陽子の崩壊を示す実験的証拠を探す努力も行われている．

問　　題

1. 粒子が次の速さをもっているとき，その相対論的質量の静止質量に対する比はいくらになるか．

　（i）300 km/h，（ii）$0.1c$，（iii）$0.5c$，（iv）$0.9c$，（v）$0.999c$

2. 電子（静止質量$m_0 = 9.109 \times 10^{-31}$ kg，電荷$-e = -1.602 \times 10^{-19}$ C）がニュートン力学にしたがうとして，その速さが光速に等しくなるようにするには，どれだけの電位差のところを通過させればよいか．相対論を使うと，この電位差で電子が実際にはどれだけの速さになるか．

3. 慣性系K′がK系のx軸に沿ってK系に対して$0.6c$の一様な速度で動いている．両系の原点は$t = t' = 0$で一致していたとする．ローレンツ変換を用いて次のものを求めよ．

　（i）K系に対して以下の位置と時刻で起こった事象の，K′系で測った位置と時刻．

$$x = 4\,\mathrm{m},\ t = 6\,\mathrm{s};\quad x = 7 \times 10^8\,\mathrm{m},\ t = 2\,\mathrm{s}$$

　（ii）K′系で以下の位置と時刻で起こった事象の，K系で測った位置と時刻．

$$x' = 9 \times 10^9\,\mathrm{m},\ t' = 4\,\mathrm{s};\quad x' = 10^{11}\,\mathrm{m},\ t' = 50\,\mathrm{s}$$

4. 静止しているμ中間子の寿命を2.2×10^{-6} sとして，速さが（i）$0.9c$，（ii）$0.99c$，（iii）$0.999c$のときのμ中間子が真空中を進む距離を計算せよ．

5. 光のドップラー効果を相対論的に扱い，光源の振動数をν_0とするとき，光源から速さvで遠ざかりつつある観測者が観測する振動数は次式で与えられることを示せ.

$$\nu = \nu_0 \sqrt{\frac{1 - v/c}{1 + v/c}}$$

（注意：光源が動いているのか観測者が動いているのか，を問うことは，相対論では無意味である.）

6. 放射性原子核が，実験室（に固定した座標）系に対して$c/10$の速さで運動している．この原子核が，自分が静止している座標系に対して$0.9c$の速さのβ粒子を放出するとき，実験室系から見たβ粒子の速さと方向はどのようになるか．次の2つの場合について答えよ.

（i） 実験室に対する原子核の運動と同じ方向にβ粒子を放出するとき.

（ii） その運動方向に（粒子に固定した座標系で見て）垂直に放出するとき.

7. NaCl結晶に，5-23図のx軸に沿って白色X線束を当てたところ，y軸の方向に射出される回折X線束が観測された．ブラッグの法則によると，このX線の波長はいくらか．原子間隔を0.2814 nmとして計算せよ.

8. 太陽光のスペクトル強度は$\lambda = 4750$ Åで最大を示す．これから太陽の表面温度を推定せよ（1 Å $= 10^{-10}$ m).

9. 波長が4000 Åの光を金属に当て，出てきた光電子を強さ3 G（ガウス）の磁場に入れたところ円軌道を描いたが，その最大半径が1.2 cmであった．この金属の仕事関数（電子を飛び出させるのに必要な最小エネルギーをeで割ったもの）は何ボルトか.

10. 原子番号がZの原子核の周りに1個の電子をもつイオン（He^+，Li^{2+}など）のスペクトルは，水素原子のスペクトルと似ている．それらのエネルギー固有値はどうなるか.

11. 原子の質量（原子量）を表すには，${}^{12}_{6}C$の質量の1/12を単位とすることに定められている（1961年)．この単位を原子質量単位（uと記す）とよぶ.

$$1\,\mathrm{u} = 1.660539067 \times 10^{-24}\,\mathrm{g}$$

である．これをエネルギーに換算すると何eVになるか.

12. 2個の重陽子${}^{2}_{1}H$を融合させて${}^{4}_{2}He$にすると，どれだけのエネルギーが放出されるか．ただし，${}^{2}_{1}H = 2.01402$ u，${}^{4}_{2}He = 4.002603$ uである.

13. N 個の放射性原子核があるとき，短い時間 dt の間に放射能線を出して崩壊するものの数 $-dN$ は，dt と N の積に比例する．このことから，N の時間変化は

$$N(t) = N_0\,\mathrm{e}^{-t/\tau}$$

の形になることを示せ．N が $N(0) = N_0$ からその半分になるまでの時間を，この核の半減期という．上の場合，半減期は $\tau \log_e 2 = 0.693\,\tau$ になることを示せ．

14. 1 秒間に 3.7×10^{10} 個の原子核が崩壊するときの放射能の強さを 1 キュリー (Ci)，その千分の 1 を 1 ミリキュリーという．^{226}Ra（半減期 1622 年），^{214}Po（半減期 1.6×10^{-4} s）が 1 キュリーの放射能をもつためには，それぞれ何 g が必要か．

アインシュタイン

アルバート・アインシュタイン（Albert Einstein, 1879 - 1955）が 20 世紀最大の物理学者だということに異議を唱える人はまずいないであろう．ドイツのウルムというところにユダヤ人として生まれた彼は，スイスのチューリヒ工科大学を卒業した．学校では目立たない存在だったので，卒業後はベルンで特許局の技師として働きながらほとんど独学で研究を行い，1905 年に「特殊相対性理論」，「ブラウン運動の理論」，「光量子説」というノーベル賞級の論文を 3 編も立て続けに出して，学界に躍り出た（ノーベル賞は光量子説で 1921 年に受賞）．

相対性理論は時間と空間の考え方に革命的な変革をもたらすもので，宇宙の構造の議論にまでつながる壮大な理論である．彼はこの理論を，実験結果を何とかして説明しようとして考え出したのではなかったという．自然はこのようにできているはずだ，という深い洞察に基づいていたのである．そのような点がアインシュタインの偉大さであると同時に，彼の仕事に限界をもたらしたとも言える．彼は，量子論では光量子という画期的な考えを導入して先鞭をつけておきながら，その後の量子力学の発展からは取り

残されてしまった.『波動関数が確率しか与えないのは量子力学が不完全な理論だからだ』,『神様はサイコロ遊びなどするはずがない』と主張し続けたからである. これに関するボーアとの論争はよく知られている.

大ボスの素質をもち, コペンハーゲン学派というグループをつくって弟子を数多く輩出したボーアと対照的に, アインシュタインは独り高くそびえる富士山のような存在だった. 家庭にも恵まれていなかった. 平和主義者として知られ, ユダヤ人を迫害したヒトラーと厳しく対決し, ナチス・ドイツに先んじて原子爆弾を開発することの必要性をルーズベルト米大統領に説く手紙を出したことはよく知られている. 原爆の製造には関与しなかったが, このことを彼は終生良心の重荷として悩み続けた. なお, 原爆の原理となった関係式 $E = mc^2$ の発見者だから許せない, などと言う人もいるが, それは見当違いだということが読者にはおわかり頂けると思う.

付　　　録

物理で使う数学

A-1 関数の微分

物理学では，時間とともに変化したり，場所によって異なる量を扱うことがきわめて多い．いま，y という量が x の値によっていろいろに異なる値をとるとき，y は x の関数（函数とも書く）であるといい，それを $y = f(x)$ のように表す．x が時間なら，これは y という量の時間変化を示す式である．

時間変化もそれが急激か緩慢かによって，その影響とか効果が違ってくることが多い．そこで，変化の割合が考察の対象となることがしばしばある．車を運転すれば位置が時間の関数として変わるわけであるが，交通取締りの警察官の測定の対象は，車の位置（のこともあるが，それ）よりもスピードである．あわててブレーキを踏んでも，測った「瞬間」の**速さ**で罰金は決まってしまう．その速さというのは，測るごく短い時間の間に車がどれだけ走ったかという割合である．

一般に，x の関数 y があるとき，x のある値に対する y の値 $f(x)$ と，それよりも少し（Δx とする）だけ大きい $x + \Delta x$ に対する y の値 $f(x + \Delta x)$ とでは，わずかな差があるであろう．その差を Δy とする．

$$\Delta y = f(x + \Delta x) - f(x)$$

この Δy と x の変化 Δx との比をとるとこれは図の線分 AB の勾配（$\tan\theta$ のこと）になる．ここで，Δx をできるだけ小さくとった極限を考えると，この比はAの位置 x で決まる一定値 ── A で $y = f(x)$ のグラフに引いた接線の勾配 ── に近づく．これを

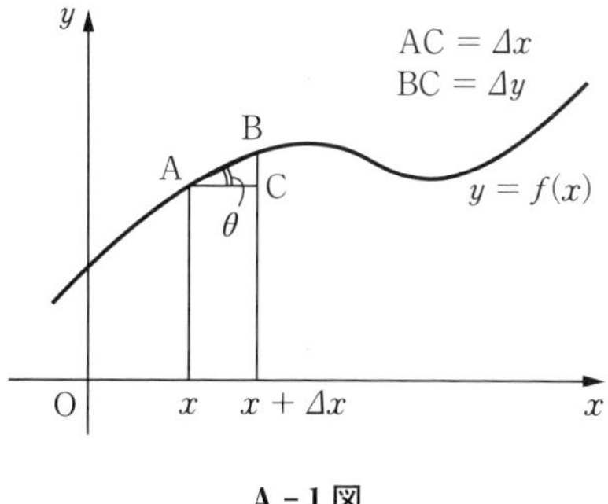

A-1 図

$$\frac{dy}{dx} = \lim_{\Delta x \to 0} \frac{\Delta y}{\Delta x} = \lim_{\Delta x \to 0} \frac{f(x + \Delta x) - f(x)}{\Delta x} \tag{A.1}$$

のように表し，x における $f(x)$ の**微分係数**または**導関数**といい，導関数を求めることを $f(x)$ を**微分する**という．これは x のとり方によって値が違ってくるから，そのことを明示するために $f'(x)$ と記すことも多い．

$$\frac{dy}{dx} = f'(x) \tag{A.2}$$

これを，x の無限小変化 dx と，それに対応する y の無限小変化 dy との比と見てもよい．そういう意味で微分係数のことを微分商ということもある．C を定数とすると，$Cf(x)$ の導関数は $Cf'(x)$，$f(x)+C$ の導関数は $f'(x)$ に等しい．

A-1表

$f(x)$	$f'(x)$
x^n，$(x-a)^n$	nx^{n-1}，$n(x-a)^{n-1}$
$\sin x$	$\cos x$
$\cos x$	$-\sin x$
e^x	e^x
$\ln x (= \log_\mathrm{e} x)$	$\dfrac{1}{x}$
$f_1(x)f_2(x)$	$f_1'(x)f_2(x) + f_1(x)f_2'(x)$
$\dfrac{f_1(x)}{f_2(x)}$	$\dfrac{f_1'(x)f_2(x) - f_1(x)f_2'(x)}{\{f_2(x)\}^2}$

$f(x)$ の導関数 $f'(x)$ もまた x の関数であるから，これをもう一度同じ手続きで微分することができる．それを

$$\frac{d}{dx}\frac{dy}{dx} = \frac{d^2y}{dx^2} = f''(x) \tag{A.3}$$

のように記し，2 階の導関数という．同様にして，さらに高階の導関数を次々と求めることができる．

合成関数の微分

水平方向に x だけ進んだときに高さが $y=f_1(x)$ になるような道路があるとして，そこを $x=f_2(t)$ という関数で与えられるような走り方をしている車があるとすると，高さ y は時刻とともに変わるから $y=f(t)$ という関係があるはずである．このとき，導関数 $dy/dt=f'(t)$ は時間に対する高さの変化の割合を表す．馬力の小さい車はこの dy/dt を大きくできない．f_1 と f_2 がわかっているときに，$f'(t)$ を求めるにはどうしたらよいかを考えてみよう．

微小時間 dt の間に x が dx だけ変わったとすると，

$$\frac{dx}{dt} = f_2'(t) \qquad \text{（車の走る速さ）}$$

は水平方向の（瞬間の）速さである．この dx によって高さが dy だけ変わったとすると

$$\frac{dy}{dx} = f_1'(x) \qquad (\text{道路の勾配})$$

という関係がある．この２つを掛けると

$$\frac{dy}{dx}\frac{dx}{dt} = f_1'(x) f_2'(t)$$

となるが，左辺は dx を分子と分母から約分して dy/dt になるから，結局

$$\frac{dy}{dt} = \frac{dy}{dx}\frac{dx}{dt} = f_1'(x) f_2'(t) \tag{A.4}$$

となる．馬力の小さい車は急勾配（f_1' が大）では遅く（f_2' を小に）せざるをえない．

このように，t の関数である $x = f_2(t)$ の関数 $y = f_1(x)$ という形で，y が t の関数 $y = f(t)$ になっているとき，$f(t)$ は $f_1(x)$ と $f_2(t)$ の合成関数であるといい，その微分の仕方を与えるのが（A.4）式である．

［例］ $x = A\sin(\omega t + \alpha)$ を t で微分するには，$\xi = \omega t + \alpha$ とおくと，$x = A\sin\xi$ となるから

$$\frac{dx}{dt} = \frac{dx}{d\xi}\frac{d\xi}{dt} \qquad \left(\frac{dx}{d\xi} = A\cos\xi, \quad \frac{d\xi}{dt} = \omega\right)$$

より

$$\frac{dx}{dt} = A\omega\cos(\omega t + \alpha)$$

A－2　関数のテイラー展開，マクローリン展開

（A.2）式の分母 dx を払うと，無限小の変化に対する

$$dy = f'(x)\,dx$$

となるが，有限の変化に対しては，Δy は $f'(x)\Delta x$ には等しくない．A－1 図で B は曲線から少しはずれる．

x の有限の変化 Δx に対する y の変化 Δy は，無限級数

$$\begin{aligned}\Delta y &= f'(x)\Delta x + \frac{1}{2!}f''(x)(\Delta x)^2 + \frac{1}{3!}f'''(x)(\Delta x)^3 + \cdots \\ &= \sum_{n=1}^{\infty}\frac{1}{n!}f^{(n)}(x)(\Delta x)^n \qquad (f^{(n)}(x)\ \text{は}\ f(x)\ \text{の}\ n\ \text{階導関数})\end{aligned}$$

で与えられる．いま，$x = a$ における $f(a), f'(a), f''(a), \cdots$ がわかっていて，a とは異なる x における $f(x)$ の値を知りたいとき，この式を用いることを考える．それには，この式の x を a に変え，

$$\Delta y = f(x) - f(a), \qquad \Delta x = x - a$$

とおけばよい．そうすると

$$f(x) = f(a) + f'(a)(x-a) + \frac{1}{2!}f''(a)(x-a)^2 + \frac{1}{3!}f'''(a)(x-a)^3 + \cdots \tag{A.5}$$

となる．これを，$x = a$ における $f(x)$ のテイラー展開とかテイラー級数という．(A.5) 式が正しいことは，両辺を微分して $x = a$ とおく，という操作を次々と行って確かめることができる（$(x-a)^n$ の導関数が $n(x-a)^{n-1}$ であることを用いる）．

(A.5) 式で，$a = 0$ の場合には，$f(x)$ は

$$f(x) = f(0) + f'(0)x + \frac{1}{2!}f''(0)x^2 + \frac{1}{3!}f'''(0)x^3 + \cdots \tag{A.6}$$

という x のべき級数になる．これをマクローリン級数という．$\sin x, \cos x$ をマクローリン展開したものが

$$\begin{cases} \sin x = x - \dfrac{x^3}{3!} + \dfrac{x^5}{5!} - \dfrac{x^7}{7!} + \cdots \\ \cos x = 1 - \dfrac{x^2}{2!} + \dfrac{x^4}{4!} - \dfrac{x^6}{6!} + \cdots \end{cases} \tag{A.7}$$

となることは容易に確かめられよう．

変数 x のマクローリン級数

$$\mathrm{e}^x = 1 + x + \frac{x^2}{2!} + \frac{x^3}{3!} + \cdots = \sum_{n=0}^{\infty} \frac{x^n}{n!} \tag{A.8}$$

で「定義」される x の関数を指数関数といい，e^x と記す．この式で $x = 1$ のときをとると

$$\mathrm{e} = \mathrm{e}^1 = 1 + 1 + \frac{1}{2!} + \frac{1}{3!} + \cdots = 2.71828\cdots \tag{A.9}$$

という数（自然対数の底という．円周率 π と同様に無理数）が得られるが，(A.8) 式を e の x 乗のように書いたのは

$$\mathrm{e}^{\xi}\mathrm{e}^{\eta} = \sum_n \frac{\xi^n}{n!} \sum_m \frac{\eta^m}{m!} = \sum_n \sum_m \frac{1}{n!\,m!}\xi^n \eta^m$$

として，最後の和を求めるときに，$n + m$ が 0 のとき（$n = m = 0$ だけ），1 のとき（$n = 1,\ m = 0$ と $n = 0,\ m = 1$），2 のとき（$n = 2,\ m = 0$ と $n = m = 1$ と $n = 0,\ m = 2$），… をまず加え合わせると（A-2 図で斜線に沿って加える）

$$1,\quad \xi + \eta,\quad \frac{1}{2!}(\xi + \eta)^2,\quad \frac{1}{3!}(\xi + \eta)^3,\quad \cdots$$

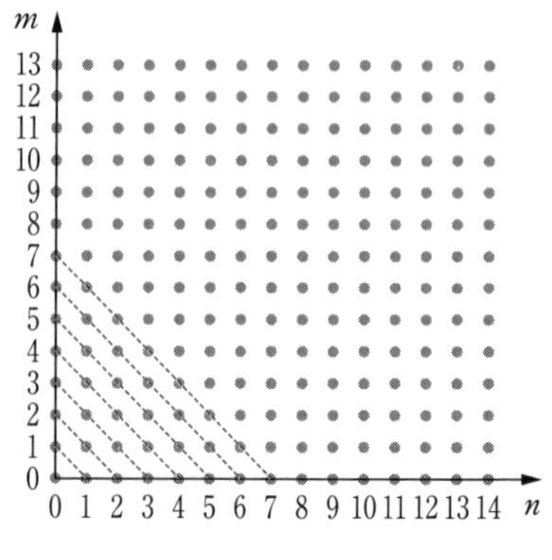

A-2 図

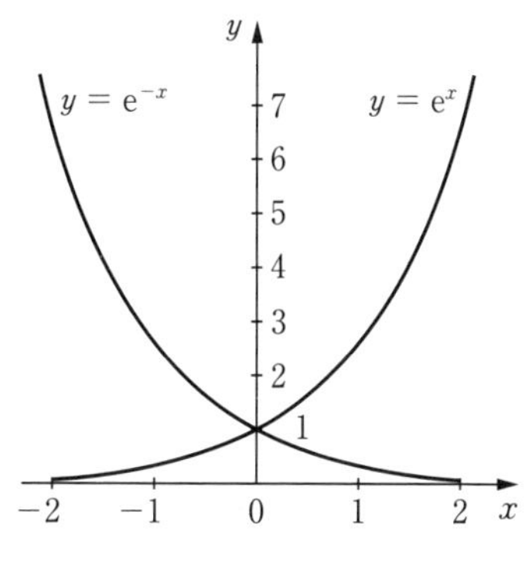

A-3図　指数関数

となるので，全部合計すると，(A.8) 式により

$$e^{\xi}e^{\eta} = e^{\xi+\eta}$$

となることがわかるからである．

(A.8) 式を項別に微分してみれば

$$\frac{d}{dx}e^{x} = e^{x}, \qquad \frac{d}{dx}e^{ax} = a\,e^{ax} \tag{A.10}$$

はすぐわかる．定数aは実数でなくてもよいので，$i^2 = -1$となる虚数単位iを用いて$e^{i\xi}$というものを考え，(A.8) 式を適用し，実数の部分と虚数の部分とを分けると

$$e^{i\xi} = 1 - \frac{\xi^2}{2!} + \frac{\xi^4}{4!} - \frac{\xi^6}{6!} + \cdots + i\left(\xi - \frac{\xi^3}{3!} + \frac{\xi^5}{5!} - \frac{\xi^7}{7!} + \cdots\right)$$

となるので，(A.7) 式から

$$e^{i\xi} = \cos\xi + i\sin\xi \tag{A.11}$$

が得られる．

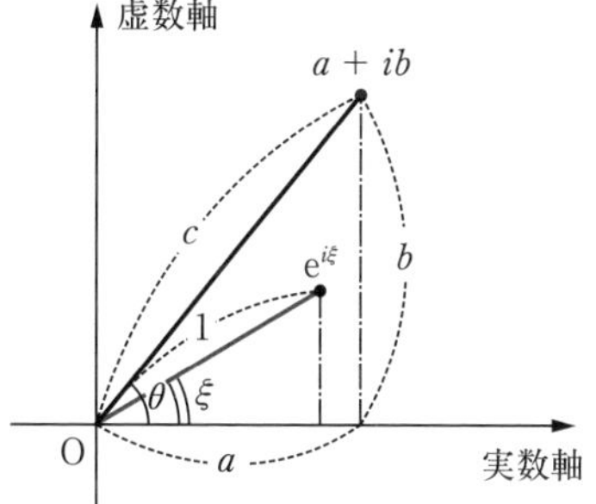

A-4図　複素平面（ガウス平面）

複素数$a + ib$（a, bは実数）をA-4図のように平面（ガウス平面という）上の1点で表すことはよく行われるが，$e^{i\xi}$をこの方式で図示すると，原点からの距離（複素数の絶対値）が1で，実数軸との間の角（偏角という）がξであるような点で表されることがわかる．したがって，$a + ib$は，その絶対値を$c = \sqrt{a^2 + b^2}$，偏角をθ（$\tan\theta = b/a$）とすると

$$a + ib = c\left(\frac{a}{c} + i\frac{b}{c}\right) = c(\cos\theta + i\sin\theta) = c\,e^{i\theta} \tag{A.12}$$

と表されることがわかる．

A-3　関数の積分

速さが一定ならば，(走った距離) = (速さ) × (時間) である．速さが一定でないとこうはいかない．そういうときには，走った時間を細かく分け，**きわめて短い間だけ**を考えると上の簡単な関係が成り立つ．これを$\Delta s = v\,\Delta t$，あるいは極限の場合を考えて$ds = v\,dt$と表すことができる．このような微小距離をよせ集めれば，

有限時間の間の走行距離が求められる．このよせ集めを積分といい，

$$s = \int ds = \int v\,dt$$

のように表す．積分記号は和（sum）の頭文字の s をとったものである．

一般に，関数 $y = f(x)$ があるとき，$x = a$ から $x = b$ までの区間を細分して，図のような細い帯状部分の面積 $f(x)\Delta x$ を求めてこれを $x = a$ から $x = b$ まで集め，分割 Δx を無限に細かくした極限を考えると，それは図の赤茶色部分の面積になる．これを，関数 $f(x)$ の $x = a$ から $x = b$ までの積分といい，

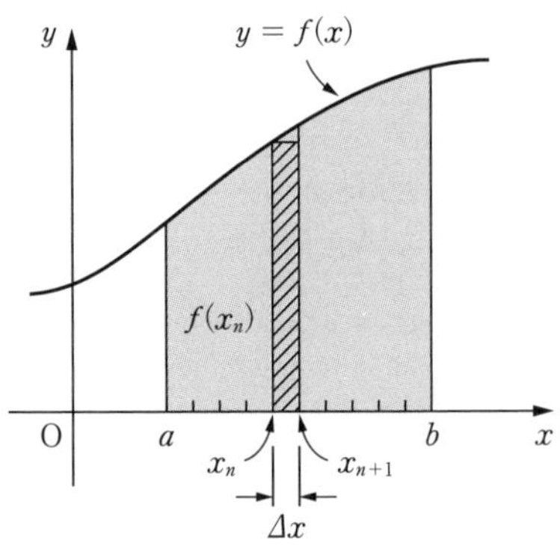

A－5図　積分

$$\int_a^b f(x)\,dx = \lim_{\Delta x \to 0} \sum f(x_n)\Delta x \qquad (\text{A}.13)$$

のように表す．

積分の上限を変えてみよう．定数でないことを示すために文字 ξ を用いると，上記の積分は ξ によって当然その値が違ってくるから，これは ξ の関数と考えられる．そこでそれを $F_a(\xi)$ と記すことにする．

$$F_a(\xi) = \int_a^\xi f(x)\,dx$$

ξ を少し（$\Delta\xi$ だけ）変えたときの $F_a(\xi + \Delta\xi)$ ともとの $F_a(\xi)$ との差を考える．定義から，これは A－6 図の斜線部分の面積に等しいから

$$F_a(\xi + \Delta\xi) - F_a(\xi) \approx f(\xi)\Delta\xi$$

となる．両辺を $\Delta\xi$ で割り，$\Delta\xi \to 0$ の極限をとると，これは近似式でなくなるから

$$\lim_{\Delta\xi \to 0} \frac{F_a(\xi + \Delta\xi) - F_a(\xi)}{\Delta\xi} = f(\xi)$$

ということになる．左辺は $F_a(\xi)$ の微分係数 $F_a'(\xi)$ にほかならない．いままでは混同を避けるために文字 ξ を用いてきたが，もうそのおそれはないから x にもどすと

$$\frac{d}{dx}F_a(x) = f(x) \qquad (F_a'(x) = f(x))$$

つまり，$F_a(x)$ は**微分すると $f(x)$ になるような関数**である．これを $f(x)$ の原始関数

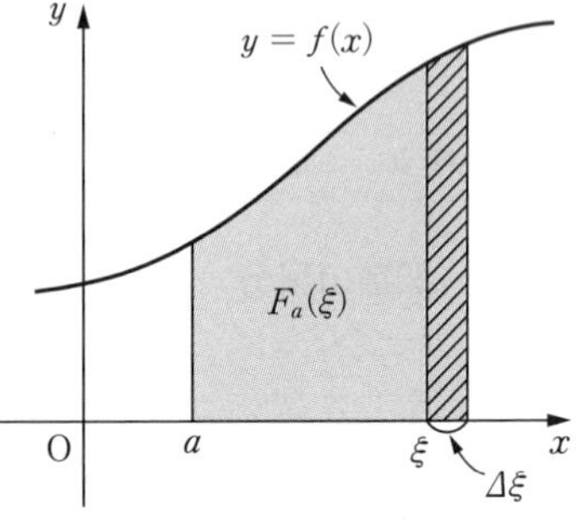

A－6図

または**不定積分**という.

ある関数を微分して $f(x)$ になったとすると，それに定数（正でも負でもよい）を加えたものを微分しても $f(x)$ になる．つまり，与えられた関数 $f(x)$ の原始関数は**付加定数だけ不定**である．これは，A-6図で積分を始める a がどこであるかによって $F_a(\xi)$ が異なってくることを考えればあたり前である.

いま，微分して $f(x)$ になる関数の任意の**1つを** $F(x)$ とすると，

$$\int_a^b f(x)\,dx = F(b) + C \qquad (C\text{ は未定の定数})$$

である．ここで b が a に等しい場合を考えてみると，左辺が0になることは明らかである．$b \to a$ とすれば赤茶色部分はなくなって，面積が0になるからである．このとき右辺は $F(a) + C$ と書けるから

$$0 = F(a) + C \qquad \text{ゆえに} \qquad C = -F(a)$$

であることがわかる．したがって

$$\int_a^b f(x)\,dx = F(b) - F(a) \qquad (f(x) = F'(x)) \tag{A.14}$$

という結果が得られる．これを $f(x)$ の a から b までとった**定積分**という.（先の $F_a(x)$ は $F(x) - F(a)$ になっている.）

積分というのは，このように微分の逆演算であるから実際の計算のときには原始関数を求めることが重要課題となる．しかし，速さから走行距離を求めるという例のような**物理的意味**をしっかり把握しておくことが，それ以上に大切である．そうすれば，変数が1個でなくて多数の場合 —— 一般の物理量は位置 x, y, z と時間 t の関数である —— に現れる多重積分も，値の計算は別として，何も恐れる必要がなくなるからである．例について考えよう.

物体の質量 M は密度と体積の積である，というのは密度が一定の場合に限られる．上へ行くほど希薄になる空気のようなときには，このように単純な掛け算ではことがすまない．そのようなときには，物体を細分して，その1つのかけらの体積を dV とすると，**微小な部分については密度は一定と見てよい**からその質量は $\rho\,dV$ と書くことができる．ρ は場所によって異なるから $\rho = \rho(x, y, z)$ である．また，直角座標のときには $dV = dx\,dy\,dz$（微小直方体）なので，M は $\rho\,dV$ の和として

$$M = \iiint_{\text{物体内}} \rho(x, y, z)\,dx\,dy\,dz \tag{A.15}$$

のように表されることになる．積分範囲は物体の形によるので表示しにくいから「物体内」と書いておいた．具体的な計算法は数学書にゆずるが，上の式の意味さえわかっていればそれですむことも多いから，安心してよい.

A-4 偏微分

変数が1個のときの関数 $y = f(x)$ は平面上にグラフ（曲線）で表せるが，2変数関数 $u = f(x, y)$ の場合にはこれに対応するものは曲面になる（A-7図).

いま，y の値を固定して x だけを変えたとすると，$f(x, y)$ は図の曲線 PABQ で表されることになる．このとき $f(x, y)$ を x で微分したものを，$'$ では x と y のどちらで微分したのかわからないから，$f_x(x, y)$ と書き，x に関する偏微分係数とか偏導関数といい，微分記号には d の代りに ∂ を用いる．

$$\frac{\partial u}{\partial x} = f_x(x, y) = \lim_{\Delta x \to 0} \frac{f(x + \Delta x, y) - f(x, y)}{\Delta x} \qquad (A.16)$$

これは，図の AB の勾配の B → A の極限を表す．同様にして，u の y に関する偏微分係数は

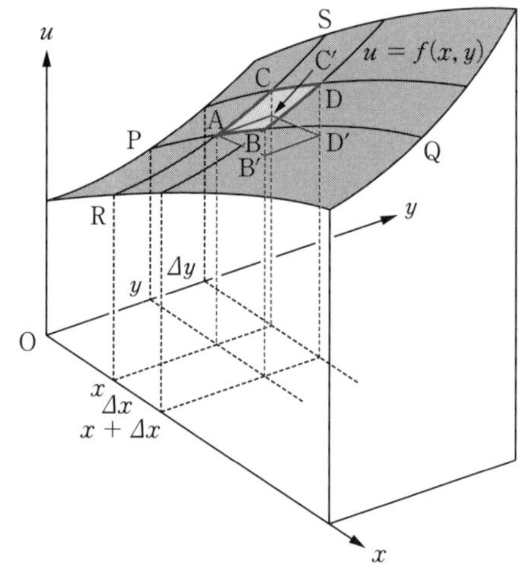

A-7図

$$\frac{\partial u}{\partial y} = f_y(x, y) = \lim_{\Delta y \to 0} \frac{f(x, y + \Delta y) - f(x, y)}{\Delta y} \qquad (A.17)$$

で定義される．

1変数の関数 $y = f(x)$ の無限小変化は（A.2）式の分母を払った式 $dy = f'(x)\,dx$ で与えられる．これは $\Delta y \approx f'(x)\Delta x$ で $\Delta x \to 0$ とした極限の関係とみなすことができる．同じことを2変数関数のときに考えてみよう．

x を Δx, y を Δy だけ変えたときの u の変化高は図の DD′ で表されるが，式では

$$\Delta u = f(x + \Delta x, y + \Delta y) - f(x, y)$$

となる．これに $f(x, y + \Delta y)$ を引いて足すと

$$\Delta u = f(x + \Delta x, y + \Delta y) - f(x, y + \Delta y) + f(x, y + \Delta y) - f(x, y)$$

となるが，ここで1変数のときの $\Delta y \approx f'(x)\Delta x$ を右辺に適用すると

$$\Delta u \approx f_x(x, y + \Delta y)\Delta x + f_y(x, y)\Delta y$$

あるいは

$$\Delta u \approx \frac{\partial u}{\partial x}\Delta x + \frac{\partial u}{\partial y}\Delta y \qquad (A.18)$$

が得られる．これは A－7 図で，$\mathrm{DD'} \approx \mathrm{BB'} + \mathrm{CC'}$ とすることに相当している．ここで $\varDelta x \to 0$，$\varDelta y \to 0$ とした極限では

$$du = \frac{\partial u}{\partial x}dx + \frac{\partial u}{\partial y}dy \tag{A.19}$$

となる．同じようにすれば，3 変数の関数 $u = f(x, y, z)$ の微小変化は

$$f(x + \varDelta x, y + \varDelta y, z + \varDelta z) - f(x, y, z) \approx \frac{\partial u}{\partial x}\varDelta x + \frac{\partial u}{\partial y}\varDelta y + \frac{\partial u}{\partial z}\varDelta z \tag{A.20}$$

となる．変数がもっと多くても同様である．

［例］　相対誤差

円板の体積は，半径を r，厚さを l，円周率を π として，$V = \pi r^2 l$ で与えられる．ところで，測定には必ず誤差があるから，r の誤差を δr，l の誤差を δl とすると，これにより V にも誤差が生じるからそれを δV としよう．π も有限の小数で近似すればそれにより誤差を生じるから，それを $\delta\pi$ とする．そうすると，

$$\delta V = \frac{\partial V}{\partial \pi}\delta\pi + \frac{\partial V}{\partial r}\delta r + \frac{\partial V}{\partial l}\delta l$$

ということになるが，これを $V = \pi r^2 l$ で割った「V の相対誤差」は

$$\frac{\delta V}{V} = \frac{\delta\pi}{\pi} + \frac{2\delta r}{r} + \frac{\delta l}{l}$$

となることがすぐわかる．$\delta r, \delta l$ は正のことも負のこともありうるが，実際に知りうるのは $|\delta r|, |\delta l|$ の大きさの**程度**だけである．誤差は相殺することもありえようが，集積することもありうることを考えて

$$\frac{|\delta V|}{V} \lesssim \frac{|\delta\pi|}{\pi} + 2\frac{|\delta r|}{r} + \frac{|\delta l|}{l}$$

によって，V の相対誤差の限度を見つもるのが適当である．$\delta\pi$ は，π の選び方で r や l の測定精度を帳消しにすることがないよう，そうかといってむやみに正確な値に近いものをとっても意味がないことを考えて，$|\delta\pi|/\pi$ が他の 2 項よりはかなり小さい（数分の 1 くらい）ものになるようにとればよい．

一般に，$u = x^n y^m z^p \cdots$ の場合には，べきの正負にかかわらず

$$\frac{|\delta u|}{u} = |n|\frac{|\delta x|}{x} + |m|\frac{|\delta y|}{y} + |p|\frac{|\delta z|}{z} + \cdots \tag{A.21}$$

となることは容易にわかるであろう．べき数の大きい量ほど誤差に気をつけて精度を上げる必要がある．

なお，もっと一般的な $u = f(x, y, \cdots)$ のときには，（A.18），（A.19）式を用いて上と同様な見積りをしなければならない．

A－5　ベクトルの発散とガウスの定理

ベクトルの和，差，積については第1章の本文中に説明を与えてあるが，空間の各点でベクトルが定義されるベクトル場 ── 一般には時間的にも変化する ── については，位置に関する微分や積分が重要になる．ここではそのようなベクトル解析について簡単に説明する．

ベクトル場として一番身近なのは流速の場であろう．風のなかや川のなかでは，空間の各点で流速 $\boldsymbol{V}$ がその位置 $\boldsymbol{r}$ と時間 t の関数として決まることは，第3章で述べたとおりである．ここでは，その流速に，その各点における流体の密度 ρ を掛けたベクトル $\boldsymbol{w} = \rho\boldsymbol{V}$ を考えることにしよう．気体では ρ も場所によって異なるからである．

流体の中に小さな面 dS を考え，その法線方向の単位ベクトルを $\boldsymbol{n}$ とする．dS には表裏を定め，裏から表へ向かうように $\boldsymbol{n}$ の向きを決める．ある時刻 t における dS のところの流速を $\boldsymbol{V}$ とすると，t から $t + \delta t$ までの短い時間に dS を通りぬける流体の体積はA－8図の斜円筒の体積に等しいから

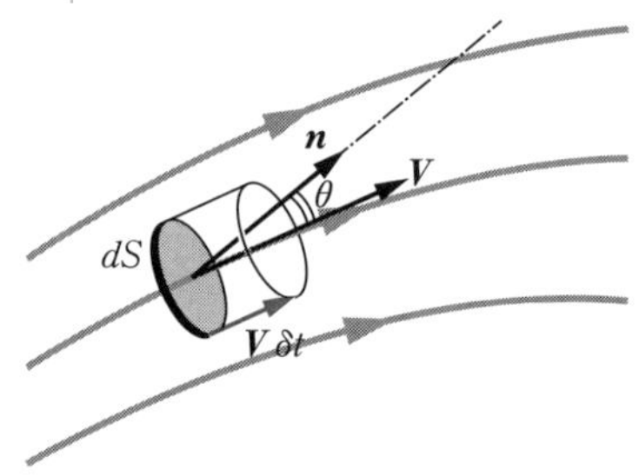

A－8図

$$V\,\delta t\cos\theta\,dS = \boldsymbol{V}\cdot\boldsymbol{n}\,dS\,\delta t = V_n\,dS\,\delta t$$

となる．V_n は $\boldsymbol{V}$ の $\boldsymbol{n}$ 方向の成分という意味である．これに密度 ρ を掛けたものが，この流体の質量であり，それは

$$\boldsymbol{w}\cdot\boldsymbol{n}\,dS\,\delta t = w_n\,dS\,\delta t$$

で与えられる．これを δt で割った $w_n\,dS$ は，単位時間に dS を通る流量を表すことになる．

x, y, z 軸に平行な3辺 dx, dy, dz をもつ微小直方体を考え，x 軸に垂直な2つの面（面積は $dy\,dz$）を δt の間に通る流体の質量を考えよう．A－9図の灰色に塗った面からこの直方体に流れこむ量は

$$\rho(x, y, z)\,V_x(x, y, z)dy\,dz\,\delta t$$
$$= w_x(x, y, z)dy\,dz\,\delta t$$

赤茶色に塗った面から流れ出す量は

$$\rho(x + dx, y, z)V_x(x + dx, y, z)dy\,dz\,\delta t$$
$$= w_x(x + dx, y, z)dy\,dz\,\delta t$$

となるから，差し引きして正味の流出量は

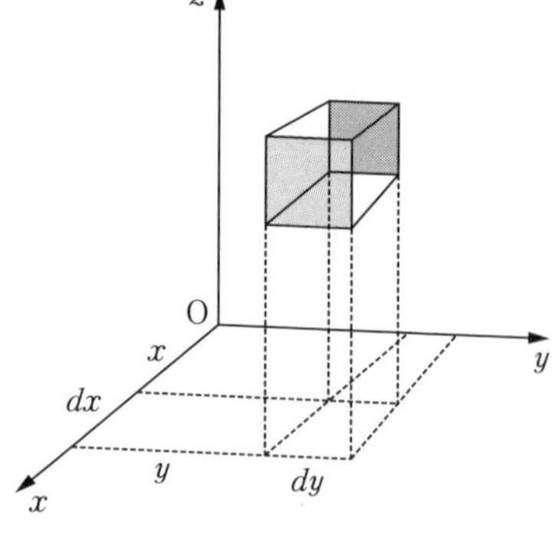

A－9図

$$\{w_x(x+dx,y,z) - w_x(x,y,z)\} \times dy\,dz\,\delta t = \frac{\delta w_x}{\partial x}dx\,dy\,dz\,\delta t$$

になることがわかる．上下，左右の面にも同様なことを考えれば，この直方体全体から δt の間に流出する量は

$$\left(\frac{\partial w_x}{\partial x} + \frac{\partial w_y}{\partial y} + \frac{\partial w_z}{\partial z}\right)dx\,dy\,dz\,\delta t = \mathrm{div}\,\boldsymbol{w}\,dx\,dy\,dz\,\delta t$$

ということになる．$\left(\frac{\partial}{\partial x}, \frac{\partial}{\partial y}, \frac{\partial}{\partial z}\right)$ を3成分とするナブラベクトル ∇ と (w_x, w_y, w_z) とのスカラー積を $\nabla\cdot\boldsymbol{w}$ または $\mathrm{div}\,\boldsymbol{w}$ と記す．上の式はこの $\mathrm{div}\,\boldsymbol{w}$ という量が，この直方体の位置の**単位体積から単位時間に流れ出していく流量**を表すことを示す．発散（divergence）という名はそこから来ている．

空間に閉曲面を考えてそれをSとし，これを細分してその各片について $\boldsymbol{w}\cdot\boldsymbol{n}\,dS = w_n\,dS$ を計算し，それを閉曲面全体で合計したものを

$$\iint_S w_n\,dS$$

とする．$\boldsymbol{n}$ としては外向き法線をとることにすれば，これはSを通って単位時間に外へ流出する流量である．それは，$\mathrm{div}\,\boldsymbol{w}\,dx\,dy\,dz$ をSで囲まれた空間の領域（Vとする）全体で合計したものに等しい．

$$\iint_S w_n\,dS = \iiint_V \mathrm{div}\,\boldsymbol{w}\,dx\,dy\,dz \tag{A.22}$$

これをガウスの定理という．

A - 6　ベクトルの回転とストークスの定理

A - 10図のように，y 方向に流れる川があって，流速が岸からの距離 x とともにそれに比例して増加している場合を考えよう．$V_x = V_z = 0$，$V_y = kx\ (k > 0)$．明らかに

$$\frac{\partial V_y}{\partial x} = k > 0$$

であり，この川に浮かんで流れていく木の葉は図の矢印の向きに回転（自転）しながら流れていくであろう．右ねじの関係で規定すれば，これは $+z$ 方向の回転である．

今度は，z 軸の周りを一定の角速度 ω で全体として回転している流体を考えると（96ページ参照），浮かんだ木の葉の並進運動は

$$V_x = -\omega y, \qquad V_y = \omega x, \qquad V_z = 0$$

で与えられるが，微分係数

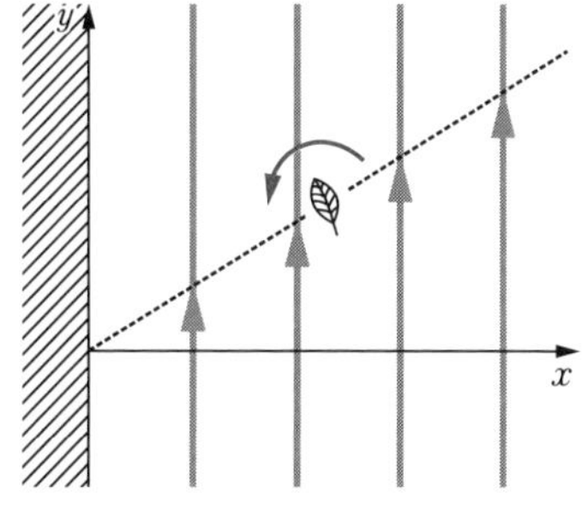

A - 10図

$$\frac{\partial V_y}{\partial x} = \omega, \quad -\frac{\partial V_x}{\partial y} = \omega$$

のどちらも浮かんだ木の葉の z 方向の**自転**に寄与するので，これらを合わせた

$$\frac{\partial V_y}{\partial x} - \frac{\partial V_x}{\partial y} = 2\omega$$

は（z 軸方向の）回転（自転）角速度（の 2 倍）になっている．

一般に流体の各部分は自転しながら流れていくのであるが，自転を角速度ベクトル $\vec{\omega}$（大きさ ω，方向は右ねじの進む向き）で表すと，$2\vec{\omega}$ はナブラと $\boldsymbol{V}$ のベクトル積

$$\begin{aligned} 2\vec{\omega} &= \mathrm{rot}\,\boldsymbol{V} = \nabla \times \boldsymbol{V} \\ &= \left(\frac{\partial V_z}{\partial y} - \frac{\partial V_y}{\partial z}\right)\boldsymbol{i} + \left(\frac{\partial V_x}{\partial z} - \frac{\partial V_z}{\partial x}\right)\boldsymbol{j} + \left(\frac{\partial V_y}{\partial x} - \frac{\partial V_x}{\partial y}\right)\boldsymbol{k} \end{aligned}$$

で与えられる．これを $\boldsymbol{V}$ の回転とよぶのはそのためである．

いま，xy 平面に平行な微小長方形（辺の長さ dx と dy）を A－11 図のようにとり，各辺の中点のところの $\boldsymbol{V}(\boldsymbol{r})$ を $\boldsymbol{V}(\boldsymbol{r}_{\mathrm{PQ}})$ などと表すことにする．そうして

$$\begin{aligned} \alpha_{\mathrm{PQRS}} = \boldsymbol{V}(\boldsymbol{r}_{\mathrm{PQ}})\cdot\overrightarrow{\mathrm{PQ}} + \boldsymbol{V}(\boldsymbol{r}_{\mathrm{QR}})\cdot\overrightarrow{\mathrm{QR}} \\ + \boldsymbol{V}(\boldsymbol{r}_{\mathrm{RS}})\cdot\overrightarrow{\mathrm{RS}} + \boldsymbol{V}(\boldsymbol{r}_{\mathrm{SP}})\cdot\overrightarrow{\mathrm{SP}} \end{aligned} \tag{A.23}$$

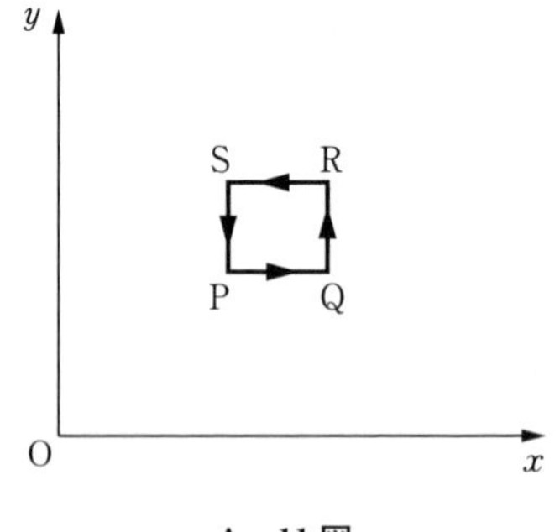

A－11 図

という量を考えると

$$\begin{aligned} \alpha_{\mathrm{PQRS}} &= \{V_x(\boldsymbol{r}_{\mathrm{PQ}}) - V_x(\boldsymbol{r}_{\mathrm{RS}})\}dx \\ &\qquad + \{V_y(\boldsymbol{r}_{\mathrm{QR}}) - V_y(\boldsymbol{r}_{\mathrm{SP}})\}dy \\ &= \frac{\partial V_x}{\partial y}dy\,dx - \frac{\partial V_y}{\partial x}dx\,dy \\ &= (\mathrm{rot}\,\boldsymbol{V})_z\,dx\,dy \end{aligned}$$

と表されることがわかる．これは面積が $dS = dx\,dy$ の面についてとった，rot $\boldsymbol{V}$ の法線成分と dS の積 $(\mathrm{rot}\,\boldsymbol{V})\cdot\boldsymbol{n}\,dS$ である．

上の関係は微小面が xy 面に平行な場合であるが，座標軸と微小面の関係がどうであっても，(A.23) 式の量は

$$\alpha_{\mathrm{PQRS}} = (\mathrm{rot}\,\boldsymbol{V})_n\,dS$$

と書けるはずである．そして，この α_{PQRS} は積分

$$\oint \boldsymbol{V}\cdot d\boldsymbol{r} \tag{A.24}$$

を微小長方形に適用した結果にほかならない．

積分（A.24）式を，微小長方形でない一般の閉曲線 C に適用したらどうなるであろうか．C を周縁とする面 S を考え，この面を互いに直交する多数の曲線群で

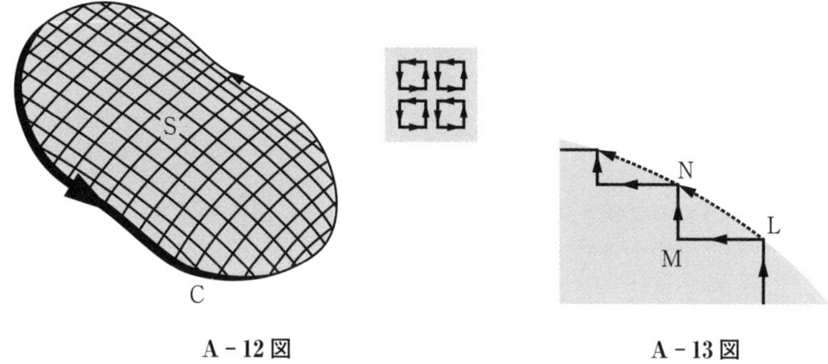

A－12図　　A－13図

A－12図のように細分する．細分した各片は，端を除き，長方形とみなしてよいから，それに沿って一周する経路について（A.23）式と同じものを計算し，それをS全体で合計する．そうすると，細片と細片の境界のところでは $\boldsymbol{V}(\boldsymbol{r}_{\mathrm{PQ}})\cdot\overrightarrow{\mathrm{PQ}}$ と $\boldsymbol{V}(\boldsymbol{r}_{\mathrm{PQ}})\cdot\overrightarrow{\mathrm{QP}}$ が相殺するので，全部合わせると残るのはCに沿ったA－13図のような折線に関する $\boldsymbol{V}\cdot(\overrightarrow{\text{経路}})$ の和である．ところで，端の微小三角形（図のLMNなど）のところでは，$\boldsymbol{V}$ はほぼ一定とみなしてよいから

$$\boldsymbol{V}\cdot\overrightarrow{\mathrm{LM}}+\boldsymbol{V}\cdot\overrightarrow{\mathrm{MN}}=\boldsymbol{V}\cdot(\overrightarrow{\mathrm{LM}}+\overrightarrow{\mathrm{MN}})=\boldsymbol{V}\cdot\overrightarrow{\mathrm{LN}}$$

となり，結局（A.23）式のような量の和は，Cに沿って $\boldsymbol{V}\cdot d\boldsymbol{r}$ を合計した（A.24）式に帰着する．

$$\oint_{\mathrm{C}}\boldsymbol{V}\cdot d\boldsymbol{r}=\sum\alpha_{\mathrm{PQRS}}$$

ところで，右辺は $(\mathrm{rot}\,\boldsymbol{V})_n\,dS$ を面S全体で積分したものになるから

$$\oint_{\mathrm{C}}\boldsymbol{V}\cdot d\boldsymbol{r}=\iint_{\mathrm{S}}(\mathrm{rot}\,\boldsymbol{V})_n\,dS \tag{A.25}$$

が得られる．これをストークスの定理という．

この定理を（8.23）式の左辺に適用し，右辺を

$$\sum_j I_j+\frac{d}{dt}\iint_{\mathrm{S}}D_n\,dS=\iint\left(\boldsymbol{i}+\frac{\partial\boldsymbol{D}}{\partial t}\right)_n dS$$

と変形したものと比べて

$$\mathrm{rot}\,\boldsymbol{H}=\boldsymbol{i}+\frac{\partial\boldsymbol{D}}{\partial t}$$

が得られる．

物理量と単位

B－1　SI 基本単位

物理ではいろいろな量を扱う．量を数で表すには，長さを何メートルとか時間を何時間何分というように，適当な単位を決めてそれの何倍になっているかで示す．単位は国際的に統一することが望ましいので，国際単位系（SI 系と略称）というものが定められている．そのうち最も基本になるのは，力学では“長さ”と“質量”と“時間”である．SI 系の単位は次のように定義されている.*

長さは メートル（記号 m）；1 m は光が（1/299 792 458）秒の間に真空中を伝わる長さ，

質量は キログラム（kg）；国際キログラム原器の質量が 1 kg，

時間は 秒（s）；^{133}Cs 原子の基底状態の 2 つの超微細準位間の遷移に対応する放射の周期の 9 192 631 770 倍の時間が 1 s，

電磁気学や熱，物質の原子的構造まで含めると，さらに次のものが必要になる．

電流の単位 アンペア（A）；真空中に 1 m の間隔で置かれた無限に細い円形断面積をもつ無限に長い 2 本の直線状導線を流れ，これらの導線の長さ 1 m ごとに 2×10^{-7} N の力をおよぼし合うような一定の電流の強さ，

熱力学的温度 ケルビン（K）；水の三重点の熱力学的温度の 1/273.16，

物質量 モル（mol）；純粋の ^{12}C 0.012 kg 中に含まれる原子の数と同数の要素体（分子や原子など）を含む系の物質量，

光度カンデラ（cd）；周波数 540×10^{12} Hz の単色光を出し，ある方向の放射輝度が単位立体角当たり (1/683) W であるような光源のその方向での光度．

なお，角のラジアン（rad）と立体角のステラジアン（sr）は比で定義される無次元の量なので，単位を記さないことも多いが，rad や sr を明示することもある．たとえば角速度を s^{-1} としたり rad/s で表すなど．rad と sr は SI 補助単位とよばれる．

* なお，SI 系の定義は 2019 年 5 月 20 日に改定されたが，三訂版刊行当時の記述のままとした．

B-2 組立単位

たとえば，速さは，時速60キロ（60 km/h）の制限速度とか，秒速12メートル（12 m/s）の強風というように，必ず

$$[\text{速さ}] = \frac{[\text{長さ}]}{[\text{時間}]}$$

という単位で表される．このとき，速さは，長さを時間で割った次元またはディメンジョンをもつ量であると言い，その関係を上のように表す．面積は長さの2乗，体積は長さの3乗の次元をもつ，といった具合である．

そうすると，面積のSI単位は m^2（平方メートル，平米），速さのSI単位は m/s または $m \cdot s^{-1}$（メートル毎秒）ということになる．

よく用いられる組立単位のうちには特別の名称をもったものも多い．それらをB-1表に示す．

B-1表 特別の名をもったSI組立単位

物理量	単位の名称	単位記号	基本単位，補助単位の乗べきの積で表した場合の乗べきの数値								
			m	kg	s	A	K	mol	cd	rad	sr
周波数	ヘルツ	Hz			−1						
力	ニュートン	N	1	1	−2						
圧力，応力	パスカル	Pa	−1	1	−2						
エネルギー，仕事，熱量	ジュール	J	2	1	−2						
仕事率，放射束	ワット	W	2	1	−3						
電気量，電荷	クーロン	C			1	1					
電圧，電位(差)，起電力	ボルト	V	2	1	−3	−1					
電気容量	ファラッド	F	−2	−1	4	2					
電気抵抗	オーム	Ω	2	1	−3	−2					
(電気の)コンダクタンス	ジーメンス	S	−2	−1	3	−1					
磁　束	ウェーバー	Wb	2	1	−2	−1					
磁束密度	テスラ	T		1	−2	−1					
インダクタンス	ヘンリー	H	2	1	−2	−2					
セルシウス温度	セルシウス度	℃					1				
光　束	ルーメン	lm							1		1
照　度	ルクス	lx	−2						1		1

B-3 SI 接頭語

そのままでは大きすぎたり小さすぎたりして使いにくい場合には，mの代りにkmというように，もとの単位の10のべき乗倍を用いると便利である．10^3倍をkで示し，キロとよぶのはその一例である．これらの接頭語と記号をB-2表に示す．

B-2表 SI 接頭語

接頭語	記号	倍数	接頭語	記号	倍数
エクサ	E	10^{18}	デシ	d	10^{-1}
ペタ	P	10^{15}	センチ	c	10^{-2}
テラ	T	10^{12}	ミリ	m	10^{-3}
ギガ	G	10^{9}	マイクロ	μ	10^{-6}
メガ	M	10^{6}	ナノ	n	10^{-9}
キロ	k	10^{3}	ピコ	p	10^{-12}
ヘクト	h	10^{2}	フェムト	f	10^{-15}
デカ	da	10	アト	a	10^{-18}

問 題 解 答

第 1 章

［問］：§1.1　$y = \frac{c}{b}x - \frac{ca}{b}$ で表される直線．　§1.2　10 km/h，流れに垂直から $\tan^{-1}\frac{3}{4} \approx 37°$ 下流へそれた方向．　§1.6　13.5 m/s．　§1.7　0.126 m/s，1.58 m/s^2．　§1.8　約 25 cm．　§1.10　$\mu \approx 0.2$．

1. 0.83 m/s^2，167 m
2. 約 4 m/s^2 $\approx g/2.5$
3. 0.3×10^{-8} s
5. （i）$\xi = v - (mg/C)$ とすると，$\dot{\xi} = -(C/m)\xi$ となるから，これを積分して $\xi = \xi_0\,\mathrm{e}^{-Ct/m}$（$\xi_0$：定数）．

   （ii）$v = \frac{mg}{C}(1 - \mathrm{e}^{-Ct/m})$

   （iii）$v_\infty = mg/C$　（終速度という）

   （iv）$x = \frac{mg}{C}t - \frac{m^2g}{C^2}(1 - \mathrm{e}^{-Ct/m})$

   （v）指数関数を展開すると，$x = \frac{g}{2}t^2 - \frac{Cg}{6m}t^3 + \cdots$．
7. $F_x = -kx$，$F_y = -ky$ であるから，$\ddot{x} = -(k/m)x$，$\ddot{y} = -(k/m)y$ はどちらも角振動数が ω の単振動を与える．
   $$x = A\cos(\omega t + \alpha), \qquad y = B\cos(\omega t + \beta)$$
   $\alpha = \beta$ のときは直線上の単振動，それ以外のときは楕円．
8. 1.67×10^{-9} N
9. $\cos^{-1}(g/l\omega^2)$，$ml\omega^2$
10. 地表から h の高さにおける万有引力は $mg' = mgR^2/(R + h)^2$ であり，これが $m(R + h)\omega^2$（ω は自転の角速度，24 h で 2π ラジアン）に等しい．これから $h \approx 36000$ km．速さは約 3000 m/s．

第 2 章

[問]：§2.3　5.8 kg·m/s，3.5 kg·m^2/s.　　§2.8　$\sqrt{3g/l}$.　　§2.9　$\sqrt{7/5}a$.
§2.10　中空球.

2.　水平方向の運動量保存から $MV = mv' \cos\theta'$. また，図からわかるように，$v' \sin\theta' = v \sin\theta$, $v' \cos\theta' + V = v\cos\theta$. これらから

$$V = \frac{mv}{M+m}\cos\theta, \qquad \tan\theta' = \frac{M+m}{M}\tan\theta$$

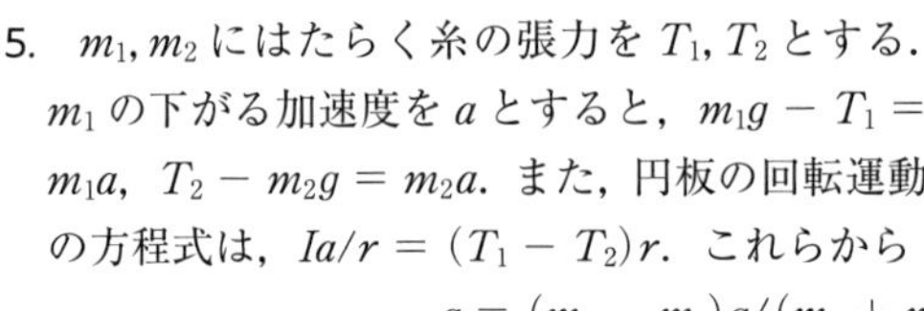

S-1 図

5.　m_1, m_2 にはたらく糸の張力を T_1, T_2 とする. m_1 の下がる加速度を a とすると，$m_1 g - T_1 = m_1 a$, $T_2 - m_2 g = m_2 a$. また，円板の回転運動の方程式は，$Ia/r = (T_1 - T_2)r$. これらから

$$a = (m_1 - m_2)g/(m_1 + m_2 + I/r^2)$$

6.　t だけたったとき，m_1 は $at^2/2$ だけ下がり，m_2 は同じだけ上がり，速さはどちらも at になっている. このとき円板は角速度 at/r で回っている. したがってエネルギーの関係は

$$\frac{1}{2}(m_1 + m_2)(at)^2 + \frac{1}{2}I\left(\frac{at}{r}\right)^2 = (m_1 - m_2)g\frac{at^2}{2}$$

となる. 前問の結果は確かにこれを満たす.

7.　直交する二直径を x, y 軸にとれば $I_x = I_y$. また (2.61) 式より $I_z = I_x + I_y$. [例 2] により，$I_z = Ma^2/2$ であるから，$I_x = I_y = I_z/2 = Ma^2/4$.

8.　$I = \int_0^a x^2 (M/ab)\, b\, dx = Ma^2/3$. これから　(周期) $= 2\pi\sqrt{2a/3g}$.

9.　$(5/7)g \sin\theta$

10.　鉛直方向の外力の合力が 0 という条件から，張力 $= Mg$. これによる重心の周りの回転は等角加速度 ($\ddot{\varphi} = Mga/I$) であるから，$\dot{\varphi} = Mgat/I +$ (定数). 糸の速さは $v = a\dot{\varphi} = (Mga^2/I)t +$ (定数).

第 3 章

[問]：§3.1　大きさ $(l - x)\rho g$ の鉛直方向の張力.　§3.3　$\sigma \approx 0.5$, $E \approx 3n \ll k$.
§3.4　0.2 J，2 N.　　§3.8　比例する.

1. $(1-2\sigma)Fl/E$
2. 3×10^{-2} J
3. 上端から x のところの法線応力は $\rho g(l-x)$ であるから，この部分にある自然の長さ dx の部分の伸びは $d\lambda=\{\rho g(l-x)/E\}\,dx$ である．ゆえに，全体の伸びは

$$\Delta l=\int d\lambda=\frac{\rho g}{E}\int_0^l(l-x)\,dx=\frac{\rho g}{2E}l^2$$

4. §3.6 の［例］にならい，外力として右端に mg のみを考えてやればよい．

$$\text{棒の形：}\quad y=\frac{mg}{6EI}(3l-x)x^2,\quad \text{端の下がり：}\quad \frac{mg}{3EI}l^3$$

5. 海中の圧力 (ρgh) は，$10^3\times9.8\times10^3=0.98\times10^7\,\mathrm{N/m^2}$．$\Delta V=V\times10^{-11}\times0.98\times10^7=V\times0.98\times10^{-4}\approx0.04\,\mathrm{cm^3}=40\,\mathrm{mm^3}$.
7. 12.1 m/s
8. 2 点 A, B について，ベルヌーイの定理から

$$p_\mathrm{A}+\frac{1}{2}\rho V_\mathrm{A}{}^2=p_\mathrm{B}+\frac{1}{2}\rho V_\mathrm{B}{}^2$$

連続の式から $\pi r_\mathrm{A}{}^2V_\mathrm{A}=\pi r_\mathrm{B}{}^2V_\mathrm{B}$ であるから，

$$p_\mathrm{A}+\frac{a}{r_\mathrm{A}{}^4}=p_\mathrm{B}+\frac{a}{r_\mathrm{B}{}^4}\qquad(a\text{ は定数})$$

9. §3.10 の途中の式 $r\dfrac{dV}{dr}=-\dfrac{\Delta p}{2l\eta}r^2+C$ で $C=0$ とせず，両辺を r で割って積分すれば

$$V=-\frac{\Delta p}{4l\eta}r^2+C\log r+C'$$

を得る．$r=a$ と $r=b$ で $V=0$ になるように C, C' を決めると

$$V=\frac{\Delta p}{4l\eta}\left\{-r^2+\frac{a^2-b^2}{\log(a/b)}\log r-\frac{a^2\log b-b^2\log a}{\log(a/b)}\right\}$$

これを用い，(3.23) 式と同様に計算（積分は b から a まで）すれば，与えられた式が求められる．
10. $N=(\pi\eta a^4/2d)\omega$

第 4 章

［問］：§4.5　$2^7:1=128:1$.　　§4.9　$\dfrac{c_\mathrm{I}}{c_\mathrm{II}}=\dfrac{\sin r}{\sin i}$.　　§4.10　［問 1］　30 cm,［問 2］　7.6 cm.　　§4.11　［問 1］　0.6 mm,［問 2］　一方の光は反射を 2 回余計にするから．

1. $x = C\sin(\omega t + \phi)$ より $p = m\dot{x} = Cm\omega\cos(\omega t + \phi)$ であるから

$$\frac{x^2}{C^2} + \frac{p^2}{C^2m^2\omega^2} = 1 \qquad (\text{楕円})$$

エネルギーは

$$\frac{p^2}{2m} + \frac{1}{2}m\omega^2x^2 = \frac{1}{2}C^2m\omega^2$$

であるが，上記楕円の面積は $\pi\cdot C\cdot Cm\omega = \pi C^2m\omega$ であるから，（エネルギー）$=$（楕円の面積）$\times\ \omega/2\pi$.

2. $y = 4x^3 - 3x$

3. $f(t) = \dfrac{4}{\pi}\left(\sin\dfrac{2\pi}{T}t + \dfrac{1}{3}\sin\dfrac{6\pi}{T}t + \dfrac{1}{5}\sin\dfrac{10\pi}{T}t + \cdots\right)$

4. $d^2X/dt^2 = -(\omega^2 - \gamma^2)X$

5. 65 cm

6. 張力は l に，単位面積当たりの張力の強さは l^2 に比例する.

7. （i） $k = \sqrt{\rho/E}\,\omega$，$k' = \sqrt{\rho'/E'}\,\omega$

（ii） 与えられた 2 つの u の式が $x = 0$ で一致することから，$C = A - B$.

（iii） $x = 0$ の両側が互いにおよぼし合う力（作用・反作用）の大きさが等しい.

（iv） $(A + B)kE = Ck'E'$ あるいは $(A + B)\sqrt{\rho E} = C\sqrt{\rho' E'}$

（v） $B/A = (k'E' - kE)/(k'E' + kE) = (\sqrt{\rho'E'} - \sqrt{\rho E})/(\sqrt{\rho'E'} + \sqrt{\rho E})$

$C/A = 2kE/(k'E' + kE) = 2\sqrt{\rho E}/(\sqrt{\rho'E'} + \sqrt{\rho E})$

（vi） $\sqrt{\rho'E'} > \sqrt{\rho E}$ なら 4 - 20 図と同様の反射，正弦波なら位相が逆転する反射.

$\sqrt{\rho'E'} < \sqrt{\rho E}$ なら波は（振幅だけ減って）そのまま反射.

8. 物体の位置が Δa だけずれたときの像のずれを Δb とすると，

$$\frac{1}{a} - \frac{1}{b} = \frac{1}{f}, \quad \frac{1}{a + \Delta a} - \frac{1}{b + \Delta b} = \frac{1}{f}$$

より

$$\Delta b = \frac{b^2}{a^2}\Delta a = \left(\frac{f}{a - f}\right)^2 \Delta a$$

を得るが，いまの場合 $a \gg f > 0$ であるから，a が大きいほど Δb は小さく，b にフィルムを置いたときのぼけは小さい.

9. レンズの焦点距離は，$\dfrac{1}{f} = (1.5 - 1)\left(\dfrac{1}{20} - \dfrac{1}{-20}\right)$ より $f = 20$ cm. したがって，レンズを 1 回通ったときにできるはずの像の位置は

$$\frac{1}{100} - \frac{1}{b} = \frac{1}{20} \qquad \text{より} \qquad b = -25\ \text{cm}$$

である．これがおう面鏡の存在によって

$$\frac{1}{-25}+\frac{1}{b'}=\frac{2}{20} \qquad \text{より} \qquad b'=\frac{50}{7}\,\text{cm}$$

のところに像をつくるように反射される．これが再びレンズを通るために屈折されて（以下，左右を逆転して考える）

$$-\frac{7}{50}-\frac{1}{b''}=\frac{1}{20} \qquad \text{より} \qquad -b''=\frac{100}{19}=5.3\,\text{cm}$$

つまり，レンズの前方 5.3 cm のところに実像を結ぶ．

10.　0.15 mm

11.　105 cm

12.　傾きの角を θ とすると，$2n(l_{j+1}-l_j)\theta=\lambda$ より

$$\theta=\frac{\lambda}{2n(l_{j+1}-l_j)}=\frac{4860\times10^{-8}}{2\times1.33\times0.09}=2.03\times10^{-4}=42''\ (\text{秒})$$

13.　$2nd\cos r=m\lambda\ (m=0,1,2,\cdots)$ のときに暗いことを用いる．$n=\sin i/\sin r$ であるから，上の式は

$$2nd\sqrt{1-\frac{1}{n^2}\sin^2 i}=m\lambda$$

となるが，$n=1.33$，$i=\pi/4$ を入れると $d/m\lambda=0.444$ となる．観測された暗線が $m=1$ に対するものだとすると，$d=2.65\times10^{-5}$ cm となり，しかもこの d で $m=2,3,\cdots$ に対する λ は 3×10^{-5} cm，1.5×10^{-5} cm，… となり，可視部にはないことがわかる．もし観測された暗線が $m=2$ に対するものだとすると，$d=5.3\times10^{-5}$ cm となり，この d で $m=1,3,\cdots$ に相当する暗線は 12×10^{-5} cm，4×10^{-5} cm，… となり，可視部に別の暗線があることになる．与えられた暗線が $m=3,4,\cdots$ に対するものとすると，これ以外に可視部にあるべき暗線はもっと増加する．観測された暗線は 1 か所だけなので，これは $m=1$ に対応し，したがって $d=2.65\times10^{-5}$ cm である．

14.　逆回りの 2 つの円偏光は，たとえば

$$\begin{cases} E_{1y}=E_0\cos\omega t \\ E_{1z}=E_0\sin\omega t \end{cases} \qquad \begin{cases} E_{2y}=E_0\cos\omega t \\ E_{2z}=-E_0\sin\omega t \end{cases}$$

と書ける．これを合成すれば

$$\begin{cases} E_y=E_{1y}+E_{2y}=2E_0\cos\omega t \\ E_z=E_{1z}+E_{2z}=0 \end{cases}$$

となって，y 方向の直線偏光となる．位相差があると

$$\begin{cases} E_{1y}=E_0\cos\omega t \\ E_{1z}=E_0\sin\omega t \end{cases} \qquad \begin{cases} E_{2y}=E_0\cos(\omega t-\alpha) \\ E_{2z}=-E_0\sin(\omega t-\alpha) \end{cases}$$

となるから

$$\begin{cases} E_y = E_{1y} + E_{2y} = 2E_0 \cos\dfrac{\alpha}{2}\cos\left(\omega t - \dfrac{\alpha}{2}\right) \\ E_z = E_{1z} + E_{2z} = 2E_0 \sin\dfrac{\alpha}{2}\cos\left(\omega t - \dfrac{\alpha}{2}\right) \end{cases}$$

が得られるが，このとき

$$\frac{E_z}{E_y} = \tan\frac{\alpha}{2}$$

は時間によらず一定である．これは y 軸との角が $\dfrac{\alpha}{2}$ の方向の（振幅 $2E_0$ の）直線偏光である．

第 5 章

[**問**]：§5.2　$5.1 \times 10^6\,\mathrm{N/m^2} \approx 50$ 気圧．　§5.4　流体の内部エネルギーの増加．§5.5　$U = C_V T$．　§5.6　$600\,\mathrm{K} = 327\,℃$．　§5.7　$180\,\mathrm{W} = 43\,\mathrm{cal/s}$．§5.11　$\dfrac{mv^2}{2(T - T_0)}\log\dfrac{T}{T_0}$．　§5.12　2.7 MJ．　§5.13　$v_{\mathrm{G}} = 33\,\mathrm{m^3/kg}$，$L = 2.5 \times 10^6\,\mathrm{J/kg} \approx 600\,\mathrm{cal/g}$．　§5.14　熱平衡状態．

1. $Q_1 = c_1 t_1 + c_2 t_1^2$，$Q_2 = c_1 t_2 + c_2 t_2^2$ より $\bar{c} = \dfrac{Q_2 - Q_1}{t_2 - t_1} = c_1 + c_2(t_1 + t_2)$．$t$ ℃ での比熱は $c = \dfrac{dQ}{dt} = c_1 + 2c_2 t$．
2. $RT\left\{\log\dfrac{V_2}{V_1} + B\left(\dfrac{1}{V_1} - \dfrac{1}{V_2}\right) + \dfrac{C}{2}\left(\dfrac{1}{V_1^2} - \dfrac{1}{V_2^2}\right)\right\}$
3. 0.34 J
4. 2457 ℃
5. （i）10260 J　（ii）614.3 K　（iii）3530 K　（iv）1.08×10^5 J
6. $Q_{\mathrm{AB}} = \dfrac{M}{R}c_p p_1(V_2 - V_1)$，　$Q_{\mathrm{BC}} = p_1 V_2 \log(V_3/V_2)$

   $W_{\mathrm{AB}} = p_1(V_2 - V_1)$，　$W_{\mathrm{BC}} = p_1 V_2 \log(V_3/V_2)$

   $U_{\mathrm{AB}} = \dfrac{M}{\gamma R}c_p p_1(V_2 - V_1)$，　$U_{\mathrm{BC}} = 0$

   $S_{\mathrm{AB}} = mc_p \log(V_2/V_1)$，　$S_{\mathrm{BC}} = \dfrac{mR}{M}\log(V_3/V_2)$
7. $W = (n-1)pV = (n-1)mRT$　（m はモル数）

   $Q = mC_p(T' - T) = C_p(n-1)mT$

ゆえに

$$\frac{W}{Q} = \frac{(n-1)mRT}{C_p(n-1)mT} = \frac{R}{C_p} = 1 - \frac{C_V}{C_p} = 1 - \frac{1}{1.41} = 0.29$$

8. （i） 最初から液面は存在しない．
（ii） 液面は次第に下がり，最後に全部気化する．
（iii） 液面は次第に上がり，最後に全部液化する．

9. 1.91×10^3 m/s

10. 断熱変化では，(5.20)′式（168ページ）が示すように $TV^{\gamma-1}$ が一定に保たれるから（V は体積），圧縮前と圧縮後の温度を T_1, T_2 とすると，$T_2/T_1 = 2^{\gamma-1}$ である．圧縮前後の二乗平均速度を $\sqrt{\langle V_1{}^2\rangle}, \sqrt{\langle V_2{}^2\rangle}$ とすると

$$\frac{\langle V_2{}^2\rangle}{\langle V_1{}^2\rangle} = \frac{T_2}{T_1} = 2^{\gamma-1} \qquad \text{なので} \qquad \sqrt{\langle V_2{}^2\rangle} = \sqrt{2^{\gamma-1}}\sqrt{\langle V_1{}^2\rangle}$$

11. デューロン‐プティの法則によると，Pb の比熱は 0.029 cal/g，ダイヤモンドの比熱は 0.50 cal/g.

12. 0.281 nm

第 6 章

［問］：§6.1 大きさ $\dfrac{Q}{4\pi\varepsilon_0 l^2}$，$Q$ と $-Q$ を結ぶ直線に平行． §6.2 (6.13)式を見よ．

§6.3 $V(r) = \begin{cases} \dfrac{Q}{4\pi\varepsilon_0}\dfrac{3a^2 - r^2}{2a^3} & (r < a) \\ \dfrac{Q}{4\pi\varepsilon_0 r} & (r > a) \end{cases}$

§6.4 $E_1 < E_2$. §6.5 C，$V/2$.

1. $E(r) = \begin{cases} \dfrac{1}{4\pi\varepsilon_0}\left(\dfrac{1}{r^2} - \dfrac{r}{a^3}\right)Q & (r \leqq a) \\ 0 & (r \geqq a) \end{cases}$

2. 両極板間にのみ，強さ σ/ε_0 の電場が面に垂直にできる．

3. $E(r) = \begin{cases} (\rho/2\varepsilon_0)r & (r \leqq a) \\ (\rho/2\varepsilon_0)a^2/r & (r \geqq a) \end{cases}$ r は円柱の軸からの距離

4. 力を F とすると，x を $x + dx$ にするのに要する仕事は $F\,dx$ である．このときのエネルギーの増し高は，$dW = (Q^2/2\varepsilon S)\,dx$ である．ゆえに $F = Q^2/2\varepsilon S$. 極板間の電場は $E = Q/\varepsilon S$ であるから，全電荷 Q がこの電場を感じているのな

ら受ける力は $Q^2/\varepsilon S$ になるはずである．上に求めた値はこの半分である．

5. （i） $10^5\,\mathrm{V/m}$ （ii） $8.85\times10^{-7}\,\mathrm{C/m^2}$

（iii） 上記問題4の解答参照．$F=Q^2/2\varepsilon_0 S=\varepsilon_0 SE^2/2=1.77\times10^{-3}\,\mathrm{N}$

（iv） (6.38) 式により，$1.77\times10^{-5}\,\mathrm{J}$

6. 真電荷は極板にあるものだけであるから，それの面密度を σ とすると，電束密度は，真空中も誘電体中も同じで，$D=\sigma$ である（(6.36) 式）．真空中および誘電体中の電場をそれぞれ E, E_d とすると，$\varepsilon_0 E=D$，$\varepsilon E_d=D$ であるから，$E=\sigma/\varepsilon_0$，$E_d=\sigma/\varepsilon=\sigma/k_\mathrm{e}\varepsilon_0=E/k_\mathrm{e}$ が得られる．$V=E(d-t)+E_d t$ であるから $V=(\sigma/\varepsilon_0)(d-t+t/k_\mathrm{e})$．これから

$$\sigma=\frac{\varepsilon_0 V}{d-(1-1/k_\mathrm{e})t},\qquad E=\frac{V}{d-(1-1/k_\mathrm{e})t},\qquad E_d=\frac{V}{k_\mathrm{e}d-(k_\mathrm{e}-1)t}$$

を得る．容量は

$$C=\frac{\sigma S}{V}=\frac{\varepsilon_0 S}{d-(1-1/k_\mathrm{e})t}$$

7. 静電誘導で外球の内側に $-Q$ の電荷が現れ，$+Q$ はアースに逃げる．電場は両球の間にのみ存在し，ガウスの法則により，$E=Q/4\pi\varepsilon_0 r^2$，電位差は $V=\int_a^b E\,dr=\dfrac{Q}{4\pi\varepsilon_0}\left(\dfrac{1}{a}-\dfrac{1}{b}\right)$．容量は $C=\dfrac{Q}{V}=\dfrac{4\pi\varepsilon_0 ab}{b-a}$．

第 7 章

[**問**]：§7.1　$2.16\times10^{-2}\,\Omega$．　§7.2　1.5倍になる．　§7.3　$R_0/\sqrt{3}$．
§7.5　内：$H=\sigma_\mathrm{m}/\mu_0$，$P_\mathrm{m}=\sigma_\mathrm{m}$，$B=0$，$H$ と P_m は逆向き，外：$H=0$，$P_\mathrm{m}=0$，$B=0$．　§7.6　$2.8\times10^{10}\,\mathrm{s^{-1}}$．　§7.7　$I/2a$，円に垂直．

1. $0.026\,\Omega$，$0.37\,\Omega$

2. 起電力を V_e，電流計の1目盛を i A，電流計の内部抵抗を R_G とする．R が大きいから，電池および R を流れる電流は $I=V_\mathrm{e}/R$ であるとしてよい．そのうちで G を通るものは $I_\mathrm{G}=Ir/(R_\mathrm{G}+r)=V_\mathrm{e}r/R(R_\mathrm{G}+r)$ である．$r=50$ と $r=100$ の場合の I_G の比から，$R_\mathrm{G}=50\,\Omega$ を得る．R と $r=50\,\Omega$ の場合，$20000\,\Omega$ と $r=0.4\,\Omega$ の場合の I_G の式を連立させて，$R=2.52\times10^6\,\Omega=2.52\,\mathrm{M\Omega}$ を得る．

3. $I=2.1-0.02t$，$W=\int_0^{10}I^2R\,dt=\int_0^{10}(2.1-0.02t)^2\,dt=40.0\,\mathrm{Wh}$

4. 抵抗を $R = \alpha T$，単位時間の放熱量を σT^4 とおく．電流は $I = V/\alpha T$ であるから，発熱量は $IV = V^2/\alpha T$ であり，これが σT^4 に等しいときに平衡になる．ゆえに $V^2/\alpha T = \sigma T^4$ より $V \propto T^{5/2}$．

5. $$\frac{q_{\mathrm{m}} q_{\mathrm{m}}'}{4\pi\mu_0}\left\{\frac{1}{\left(r+\frac{l}{2}+\frac{l'}{2}\right)^2}+\frac{1}{\left(r-\frac{l}{2}-\frac{l'}{2}\right)^2}-\frac{1}{\left(r+\frac{l}{2}-\frac{l'}{2}\right)^2}-\frac{1}{\left(r-\frac{l}{2}+\frac{l'}{2}\right)^2}\right\}$$

$r \gg l, l'$ のときは $l/r, l'/r$ のべき級数に展開して高次の項を省略すれば，$F = 6\,p_{\mathrm{m}} p_{\mathrm{m}}'/4\pi\mu_0 r^4$（$p_{\mathrm{m}} = lq_{\mathrm{m}}$，$p_{\mathrm{m}}' = l'q_{\mathrm{m}}'$ は磁気モーメント）．

6. 磁極がないから，湧き出し口も吸い込み口もない $\boldsymbol{H}$ はいたるところで 0 である．外部では $\boldsymbol{B} = \mu_0 \boldsymbol{H}$ より $\boldsymbol{B} = 0$．内部では $\boldsymbol{B} = \mu_0 \boldsymbol{H} + \boldsymbol{P}_{\mathrm{m}} = \boldsymbol{P}_{\mathrm{m}}$．

7. ds 部分のつくる $d\boldsymbol{H}$ は図のようになるから，これを OP に平行な成分 $d\boldsymbol{H}_1$ と垂直な成分 $d\boldsymbol{H}_2$ に分ける．後者は，ds を円電流全体にわたって積分すると互いに打ち消し合ってしまうから，前者だけ考えればよい．

$$|d\boldsymbol{H}_1| = \sin\varphi\,|d\boldsymbol{H}| = \frac{I}{4\pi}\sin\varphi\frac{ds}{r^2}$$

S－2 図

であるから，積分して

$$H_1 = \frac{I}{4\pi}\frac{\sin\varphi}{r^2}\int ds = \frac{Ia\sin\varphi}{2r^2} = \frac{Ia^2}{2r^3} = \frac{Ia^2}{2(a^2+x^2)^{3/2}}$$

8. （i） 無限に長い棒磁石は磁極がないから外部では $\boldsymbol{H} = 0$ であり，したがって $\boldsymbol{B} = \mu_0 \boldsymbol{H}$ も 0 である．

（ii） 図のような ABCD に沿ってアンペールの法則を適用すると

$$\oint \boldsymbol{H}\cdot d\boldsymbol{r} = Hl = nlI \qquad \therefore \quad H = nI$$

これは AB をどこにとるかによらない．

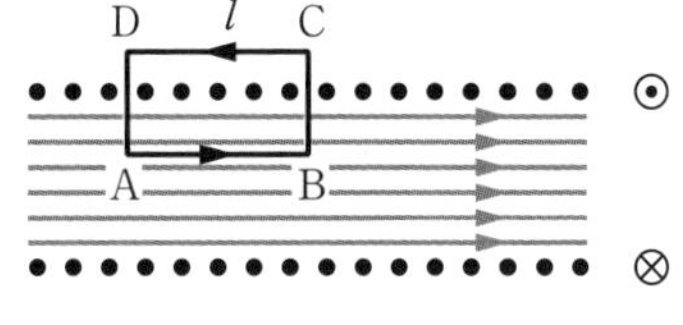

S－3 図

第 8 章

［問］：§8.1　5 m/s.　§8.2　2 乗.　§8.3　［問 1］　$nSB\omega$，［問 2］　$\omega = 10^6\,\mathrm{s}^{-1}$ のとき 20 Ω.　§8.4　8.1 pF.　§8.5　「流線」が 7‐10 図の磁場（灰色の曲線）と同様になる.　§8.8　$4n_1{}^2/(n_1+n_2)^2$，光速の差による.

1. $B \approx \mu_0 nI$ であるから $\Phi \approx \pi a^2\mu_0 nI$. ゆえに，一巻きに対する自己誘導の起電力は

$$-\frac{d\Phi}{dt} \approx \pi a^2\mu_0 n\frac{dI}{dt}$$

全体（nl 巻き）はこの nl 倍である．したがって，$L = \pi a^2 n^2 l\mu_0$ となる.（ソレノイドのなかに透磁率が μ の鉄心などを入れると，μ_0 の代りに μ を入れた式 $L = \pi a^2 n^2 l\mu$ になる.）

2. $Z = \sqrt{R^2 + \left(L\omega - \dfrac{1}{C\omega}\right)^2}$ （$\omega = 2\pi\nu$）を用いると，インピーダンスはそれぞれ，13.99, 0.06, 7.84, 14.16 kΩ.

3.
$$L\frac{dI_1}{dt} = V_0\cos\omega t \qquad \text{より} \qquad I_1 = \frac{V_0}{L\omega}\sin\omega t$$

$$\frac{1}{C}q = V_0\cos\omega t, \quad I_2 = \frac{dq}{dt} \qquad \text{より} \qquad I_2 = -C\omega V_0\sin\omega t$$

したがって

$$I = I_1 + I_2 = \left(\frac{1}{L\omega} - C\omega\right)V_0\cos\left(\omega t - \frac{\pi}{2}\right)$$

つまり，$Z = 1\Big/\left(\dfrac{1}{L\omega} - C\omega\right)$，$\cos\phi = 0$ である．$\omega = 1/\sqrt{LC}$ のとき $I = 0$ になる．これを反共振という．

4.
$$\nu = 1/2\pi\sqrt{LC} = 0.5\times 10^3\,\mathrm{s}^{-1} = 0.5\,\mathrm{kHz}$$

$$\tan\phi = \frac{L\omega - 1/C\omega}{R} = 4.69 \qquad \text{より} \qquad \phi = 78^\circ$$

また，$\tan\phi = \pm 1$ になる ω を求めて 2π で割ると，0.59 kHz および 0.43 kHz.

5. $V^2R/(R^2 + L^2\omega^2) = 79.5$

6. $\nu = 1/2\pi\sqrt{LC} = 1.59\times 10^6\,\mathrm{s}^{-1} = 1.59\,\mathrm{MHz}$

波長は　$\lambda = \dfrac{c}{\nu} = \dfrac{3\times 10^8}{1.59\times 10^6} = 188\,\mathrm{m}$

7. $I_0^2 = \dfrac{V_0^2}{R^2 + \left(L\omega - \dfrac{1}{C\omega}\right)^2}$ は $\omega = \omega_0 = \dfrac{1}{\sqrt{LC}}$ のところに最大値 $\dfrac{V_0^2}{R^2}$ をもつ.

I_0^2 がこの最大値の半分になる ω が ω_0 の両側にあるが，それを ω_1, ω_2 とするとき $\omega_2 - \omega_1$ のことを半値幅とよぶ．ω_1, ω_2 は

$$\left(L\omega - \frac{1}{C\omega}\right)^2 = R^2$$

を満たすから,

$$\left.\begin{matrix}\omega_1 \\ \omega_2\end{matrix}\right\} = \frac{\sqrt{4LC + C^2R^2} \mp CR}{2LC}$$

であることがわかる．これから

$$半値幅 \quad \omega_2 - \omega_1 = \frac{R}{L}$$

が求まる.

共鳴の鋭さを表すのには

$$Q = \frac{\omega_0}{\omega_2 - \omega_1} = \frac{L}{R}\frac{1}{\sqrt{CL}} = \frac{1}{R}\sqrt{\frac{L}{C}}$$

がよく用いられ，これを回路の Q 値とよぶ.

8. $C = 150\,\mathrm{pF}$ で $0.5\,\mathrm{MHz}$ に共振するための L は

$$L = \frac{1}{\omega^2 C} = 6.75 \times 10^{-4}\,\mathrm{H}$$

この L で $1.6\,\mathrm{MHz}$ に共振する C は $14.7 \times 10^{-12}\,\mathrm{F}$ になるから，与えられたコンデンサーで $0.5 \sim 1.6\,\mathrm{MHz}$ のすべてに同調可能なことがわかる．この L に対して

$$\omega_2 - \omega_1 \leqq R/L = 2\pi \times 5 \times 10^3$$

にするような抵抗は，前問の結果を用いれば $R \leqq 21.2\,\Omega$.

9. $$\Phi = -abB\sin\omega t, \qquad V = abB\omega\cos\omega t$$

であるが，長さ a のコイルの 2 辺には大きさ aIB の力が反対向きにはたらき，その距離は $b\cos\omega t$ なので，モーメントは

$$N = -abBI\cos\omega t = -\frac{VI}{\omega}$$

となる（負号は，電流と磁束線の関係が図のようなとき反時計向きだから）．dt 時間にはコイルは $\omega\,dt$ だけ回るから，仕事は $N\omega\,dt$ であり，仕事率は $N\omega = VI$ となる.

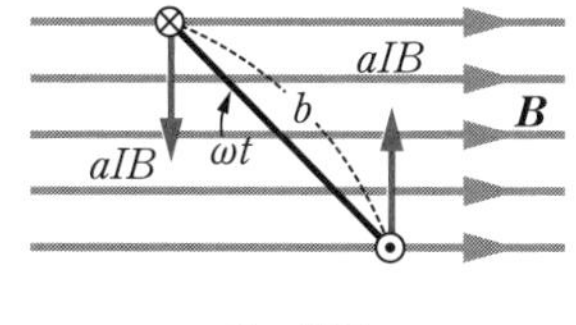

S－4 図

10. $n = 1.50$，$\varepsilon/\varepsilon_0 = n^2 = 2.25$，$\{(n-1)/(n+1)\}^2 = 0.0402$

第 9 章

［問］：§9.1 $\dfrac{l_0/c}{\sqrt{1-\beta^2}}$, $\dfrac{(1+2\beta)l_0/c}{\sqrt{1-\beta^2}}$. §9.2 $x=\dfrac{v+V'}{1+vV'/c^2}t$.
§9.5 ［問 1］ 約 1360 W/m^2. §9.7 0.133 nm. §9.8 $v=E/B$.
§9.9 $\hbar=h/2\pi$ の正整数倍. §9.13 $|\psi|^2=$（一定），どこにいるか全くわからない. §9.15 伝導電子の数は固体中の原子の数と同じ（1 価金属）か，その数倍.

1. （i） $1+3.9\times10^{-14}$ （ii） 1.005 （iii） 1.155 （iv） 2.294 （v） 22.4
2. 2.56×10^5 V，$0.75c$
3. （i） $x'=(5-1.35\times10^9)$ m，$t'=(7.5-10^{-8})$ s；
$x'=4.25\times10^8$ m，$t'=0.75$ s
（ii） $x=1.21\times10^{10}$ m，$t=27.5$ s； $x=1.36\times10^{11}$ m，$t=312.5$ s
4. （9.3b）式の第 1 式で $t'=\tau$（寿命），$x'=0$ としたときの x を求めればよい. 1.36 km，4.6 km，14.5 km.
5. K 系の原点から出す光を K′ 系の原点で観測すると考える．光源は $t=0$ から $t=1$ までの間に ν_0 個の山と谷を出す．$t=0$ に出した最初の山は直ちに（$t'=0$ に）観測者が受けとる．$t=1$ に出した ν_0 番目の山が O′ に到達するという事象を K 系で (x,t)，K′ 系で $(0,t')$ に観測したとすると
$$x=vt,\quad x=c(t-1)\qquad \text{より}\qquad t=\frac{1}{1-v/c},\quad x=\frac{v}{1-v/c}$$
ローレンツ変換の式に入れて，$t'=\sqrt{\dfrac{1+v/c}{1-v/c}}$．O′ の観測者は t' だけの間に ν_0 個の山と谷を受けとるのであるから $\nu=\dfrac{\nu_0}{t'}=\nu_0\sqrt{\dfrac{1-v/c}{1+v/c}}$
6. （i） $V_x=0.917c$，$V_y=0$ （ii） $V_x=0.1c$，$V_y=0.896c$
7. 0.2814 nm，0.1407 nm，0.0938 nm，等. 8. 6100 K 9. 1.96 V
10. ポテンシャルが Z 倍になるだけの違い．$E_n=-(mZ^2e^4/8\varepsilon_0{}^2h^2)n^{-2}$
11. 932 MeV 12. 23.8 MeV
13. $-dN=aN\,dt$ すなわち $\dfrac{dN}{dt}=-aN$ であるから，積分して $N=N_0\,\mathrm{e}^{-at}$ を得る．$a=1/\tau$ である．半減期を T とすると，$\mathrm{e}^{-T/\tau}=1/2$. ゆえに $T=\tau\log_e 2$.
14. 前問によれば $a=1/\tau=0.693/T$ であるから $-\dfrac{dN}{dt}=\dfrac{0.693}{T}N$．これの値が 3.7×10^{10} になる N を求めれば，^{226}Ra は 1.02 g，^{214}Po は 3.03×10^{-15} g.

さらに勉強したい読者のために

本書に述べられているのは物理学のほんの入口に過ぎない．昔は「自然哲学」といわれていた物理学の，基本になっている考え方についても，さまざまな式の運用に関しても，実験技術やそのめざましい成果についても，学ぶべきことは無限にあるとさえ言える．われわれは自らを生涯にわたって教育し続けなければならない．そのための参考書として，それぞれの分野での名著と思われるものをあげておく．汗牛充棟といえるほど出版物の多い時代なので，漏れや偏りは避けられないことをお断りしておくが，長く書架に備えて随時参考にすることのできるようなものを選んだつもりである．

全般に関するもの

用語については

「物理学辞典」（培風館）

「岩波 理化学辞典」（岩波書店）

がくわしくて，信頼できる．公式集，ハンドブック的なものとしては

戸田盛和，宮島龍興 編：「物理学ハンドブック」（朝倉書店）

などがある．

物理学は計算技術ではないので，「考え方」が重要なのであるが，計算して答は出せても内容がさっぱり理解できていない人が案外多い．その意味で文科系の人のための本として書かれた

朝永振一郎 編：「物理学読本」（みすず書房）

ヒューエット：「物理のコンセプト」全3巻（共立出版）

などは，理科系の人にもすすめたい本である．

理工科系用で，本書よりも程度の高い教科書はいくらでもあるが，

小出昭一郎，兵藤申一，阿部龍蔵：「物理概論（上，下）」（裳華房）

金原寿郎 編：「基礎物理学（上，下）」（裳華房）

もっと進んだ分冊ものとして

戸田盛和，中嶋貞雄 編：「物理入門コース」全10巻（岩波書店）

「バークレー物理学コース」全12冊（丸善出版）

さらに程度の高い世界的名著として

「ランダウ＝リフシッツ理論物理学教程」（東京図書，一部は岩波書店）

「ファインマン物理学」全5冊（岩波書店）

などがある．これらは全部そろえる必要はないが，含蓄の深い名著である．

質点・剛体の力学と解析力学

やさしいものから並べると

原島 鮮：「質点の力学」,「質点系・剛体の力学」(裳華房, 基礎物理学選書 1, 3)

原島 鮮：「力学Ⅰ, Ⅱ (新装版)」(裳華房) (Ⅱは解析力学)

藤原邦男：「物理学序論としての 力学」(東京大学出版会)

さらに程度の高い本として

山内恭彦：「一般力学」(岩波書店)

ゴールドスタイン (矢野 忠, 他 訳)：「古典力学 (上, 下)」(吉岡書店)

特色のある演習書として,

野上茂吉郎：「力学演習」(裳華房, 基礎物理学選書 22)

などがある.

弾性体と流体の力学

流体力学の本も多いが, 第一人者による

今井 功：「流体力学」(岩波書店, 物理テキストシリーズ 9)

今井 功：「流体力学 (前編)」(裳華房, 物理学選書 14)

をあげれば十分であろう. ランダウ = リフシッツの流体力学も特色のある名著であり,

ラム (今井 功, 橋本英典 訳)：「ラム 流体力学」全 3 巻 (東京図書)

は古典として名高い本の訳である. 弾性体の力学は工学的応用を主としたものが多いが

ランダウ = リフシッツ：「弾性理論」(東京図書)

はノーベル賞物理学者による特徴的な本といえる.

振動・波動・光

有山正孝：「振動・波動」(裳華房, 基礎物理学選書 8)

藤原邦男：「振動と波動」(サイエンス社, サイエンスライブラリ物理学 6)

寺沢徳雄：「振動と波動」(岩波書店, 物理テキストシリーズ 7)

はどれも大学初年級向きに書かれた親切な教科書.

バークレー物理学コース「波動」(丸善出版)

もわかりやすい.

光学の本としては

石黒浩三：「光学」(裳華房, 基礎物理学選書 23)

ボルン = ウォルフ (草川 徹 訳)：「光学の原理 (Ⅰ, Ⅱ, Ⅲ)」(東海大学出版会)

をあげておく. ボルンとウォルフの本は本格的な光学に関する世界的名著である.

熱学，統計力学

押田勇雄，藤城敏幸：「熱力学」（裳華房，基礎物理学選書 7）
小出昭一郎：「熱学」（東京大学出版会）
原島 鮮：「熱力学・統計力学」（培風館）

特色のある外国書の訳書として

キッテル（山下次郎，福地 充 共訳）：「キッテル 熱物理学」（丸善出版）

統計力学の本としては

久保亮五：「統計力学」（共立全書 11）
中村 伝：「統計力学」（岩波書店，物理テキストシリーズ 10）
市村 浩：「統計力学」（裳華房，基礎物理学選書 10）

英訳までされている世界的名著で，きわめて内容濃密な演習書として

久保亮五 編：「大学演習 熱学・統計力学（修訂版）」（裳華房）

があるが，この問題がすらすら解けたら相当な専門家といえよう．なお，熱学史ともいえる次の本もぜひ読んでほしい．

朝永振一郎：「物理学とは何だろうか（上，下）」（岩波新書）

電磁気学

金原寿郎：「電磁気学 I，II」（裳華房，基礎物理学選書 12 A，12 B）
砂川重信：「電磁気学」（岩波書店，物理テキストシリーズ 4）
高橋秀俊：「電磁気学」（裳華房，物理学選書 3）

など良書が多いが，本によっては本書のような $\boldsymbol{E}$-$\boldsymbol{H}$ 対応ではなくて $\boldsymbol{E}$-$\boldsymbol{B}$ 対応のものもあるから，磁気のところでは気をつけて混乱しないようにする必要がある．

相対性理論

啓蒙書をはじめ訳書も多い．

高橋 康：「初等相対性理論」（講談社）
ボルン（林 一訳）：「アインシュタインの相対性理論」（東京図書）
藤井保憲：「時空と重力」（産業図書）

アインシュタイン自身による

アインシュタイン（矢野健太郎 訳）：「相対論の意味」（岩波書店）

は歴史的古典になりつつあるといえようか．もっと本格的には

内山龍雄：「相対性理論」（岩波書店，物理テキストシリーズ 8）

一般相対性理論の手引きとしては

内山龍雄：「一般相対性理論」（裳華房，物理学選書 15）
ディラック（江沢 洋 訳）：「ディラック 一般相対性理論」（筑摩書房）

をあげておこう．

現代物理学，量子論

量子力学の入門書としては，

原島 鮮：「初等量子力学」(裳華房)

小出昭一郎：「量子論 (新装版)」，「量子力学Ⅰ，Ⅱ (新装版)」(裳華房，基礎物理学選書 2，5 A，5 B)

砂川重信：「量子力学」(岩波書店)

標準的教科書としては，

シッフ (井上 健 訳)：「量子力学 (上，下)」(吉岡書店)

さらに進んだものとしては

メシア (小出昭一郎，田村二郎 訳)：「メシア 量子力学 1，2，3」(東京図書)

がある．また，

朝永振一郎「量子力学Ⅰ，Ⅱ」(みすず書房)

ディラック (朝永振一郎，他 訳)「ディラック 量子力学」(岩波書店)

は著者の特色や人柄のにじみ出た世界的名著である．もっと先の専門書となるときりがないので，特徴的な読みやすい本だけ並べると

パージェル (黒星瑩一 訳)：「量子の世界」(地人書館)

中嶋貞雄：「量子の世界」(東京大学出版会，UP 選書)

小出昭一郎：「量子力学のはなし」(東京図書)

黒沢達美：「物性論 (改訂版)」(裳華房，基礎物理学選書 9)

野上茂吉郎：「原子核」(裳華房，基礎物理学選書 13)

有馬朗人：「原子と原子核」(朝倉書店，基礎の物理 9)

野上茂吉郎：「原子物理学」(サイエンス社，サイエンスライブラリ物理学 10)

演 習 書

読んだだけでは知識は身につかない．問題を解くことは力を確実なものにするのに不可欠である．そのための演習書もたくさんあるが，本書に近いものをあげておく．

小出昭一郎 編：基礎演習シリーズ「物理学」(裳華房)

金原寿郎 編：大学演習「一般物理学」(裳華房)

索　　引

エ

オ

カ

キ

ス

セ

ソ

タ

チ

ツ

テ

ヤ

ユ

ヨ

ラ

リ

レ

ロ

著者略歴

小出　昭一郎（こいで　しょういちろう）

1927年生まれ．旧制静岡高等学校より東京大学理学部卒業．東京大学助手，助教授，教授，山梨大学学長を歴任．東京大学・山梨大学名誉教授．理学博士．専攻は分子物理学，固体物理学．

物理学〈新装版〉

1975年 2月15日	第 1 版発行
1984年12月 1日	改訂第26版発行
1997年11月10日	三訂第45版発行
2022年 1月25日	第60版6刷発行
2023年 2月25日	新装第1版1刷発行
2024年 2月10日	新装第1版2刷発行

検印省略

定価はカバーに表示してあります．

著作者	小出昭一郎
発行者	吉野和浩
発行所	東京都千代田区四番町 8-1 電話 03-3262-9166（代） 郵便番号 102-0081 株式会社 裳華房
印刷所	中央印刷株式会社
製本所	牧製本印刷株式会社

一般社団法人
自然科学書協会会員

ISBN 978-4-7853-2277-9

物理定数表

万有引力定数	G	$6.67430 \times 10^{-11}\ \mathrm{N \cdot m^2/kg^2}$
氷点の絶対温度		$273.15\ \mathrm{K}$
熱の仕事当量		$4.1855\ \mathrm{J/cal}$
真空誘電率	ε_0	$8.8541878128 \times 10^{-12}\ \mathrm{C/V \cdot m}$
真空透磁率	μ_0	$1.25663706212 \times 10^{-6}\ \mathrm{H/m}$
真空中の光速度	c	$2.99792458 \times 10^{8}\ \mathrm{m/s}$
電子の質量	m	$9.1093837015 \times 10^{-31}\ \mathrm{kg}$
陽子の質量	M_p	$1.67262192369 \times 10^{-27}\ \mathrm{kg}$
素電荷	e	$1.602176634 \times 10^{-19}\ \mathrm{C}$
電子の比電荷	e/m	$1.75882001076 \times 10^{11}\ \mathrm{C/kg}$
プランクの定数	h	$6.62607015 \times 10^{-34}\ \mathrm{J \cdot s}$
アボガドロ定数	N_A	$6.02214076 \times 10^{23}\ \mathrm{mol^{-1}}$
ボルツマン定数	k	$1.380649 \times 10^{-23}\ \mathrm{J/K}$
ボーア半径	a_0	$5.29177210903 \times 10^{-11}\ \mathrm{m}$
リュードベリ定数	R	$1.0973731568160 \times 10^{7}\ \mathrm{m^{-1}}$
原子質量単位	u	$1.66053906660 \times 10^{-27}\ \mathrm{kg}$
$^{12}\mathrm{C}$ の質量		$12.000000\ \mathrm{u}$
$^{16}\mathrm{O}$ の質量		$15.995\ \mathrm{u}$

1 eV のエネルギー $= 1.602176634 \times 10^{-19}\ \mathrm{J}$